AF326540

HANDBUCH

DER LEHRE VON DER VERTEILUNG

DER PRIMZAHLEN.

VON

Dr. EDMUND LANDAU,

ORDENTLICHEM PROFESSOR DER MATHEMATIK AN DER KÖNIGLICHEN
GEORG-AUGUST-UNIVERSITÄT ZU GÖTTINGEN.

ZWEITER BAND.

LEIPZIG UND BERLIN.

DRUCK UND VERLAG VON B. G. TEUBNER.

1909.

Inhalt zum zweiten Bande.

Drittes Buch.
Die Funktion $\mu(n)$ und die Verteilung der quadratfreien Zahlen.

Neunter Teil.
Historische Einleitung zum dritten Buch.

Achtunddreißigstes Kapitel.
Historische Einleitung zum dritten Buch.

Zehnter Teil.
Elementare Methoden (einschließlich der Anwendung reeller Dirichletscher Reihen).

Neununddreißigstes Kapitel.
Identitäten über $\mu(n)$.

Vierzigstes Kapitel.
Über die Summen, welche $\mu(n)$ enthalten.

Elfter Teil.
Benutzung der klassischen funktionentheoretischen Hilfsmittel.

Einundvierzigstes Kapitel.
Elementare Folgerungen aus dem Primzahlsatz.

Zweiundvierzigstes Kapitel.
Direkte Anwendung der Zetafunktion.

Dreiundvierzigstes Kapitel.
Der Primzahlsatz als Folge von $\displaystyle\sum_{n=1}^{\infty}\frac{\mu(n)\log n}{n} = -1$.

Vierundvierzigstes Kapitel.

Die Funktion $Q(x)$.

Seite

Zwölfter Teil.

Anwendung der Sätze über die Nullstellen der Zetafunktion.

Fünfundvierzigstes Kapitel.

Hilfssätze über $\dfrac{1}{\zeta(s)}$.

Sechsundvierzigstes Kapitel.

Anwendung auf $M(x)$, $g(x)$, $f(x)$.

Siebenundvierzigstes Kapitel.

Weitere Sätze über $\dfrac{1}{\zeta(s)}$.

Dreizehnter Teil.

Die Funktion $\lambda(n)$.

Achtundvierzigstes Kapitel.

Identitäten.

Neunundvierzigstes Kapitel.

Abschätzungen von $L(x)$ und Folgerungen.

Viertes Buch.

Die Funktion $\mu(n)$ und die Verteilung der quadratfreien Zahlen in einer arithmetischen Progression.

Vierzehnter Teil.

Historische Einleitung zum vierten Buch.

Fünfzigstes Kapitel.

Historische Einleitung zum vierten Buch.

Fünfzehnter Teil.
Über die Verteilung der Zeichen $\lambda(n)$ in der arithmetischen Reihe.

Einundfünfzigstes Kapitel.
Reduktion auf ein anderes Problem.

Zweiundfünfzigstes Kapitel.
Hilfssätze über die erzeugende Funktion und Beweis des Hauptsatzes.

Sechzehnter Teil.
Über die Verteilung der Werte von $\mu(n)$ in der arithmetischen Reihe.

Dreiundfünfzigstes Kapitel.
Die Summe $\sum_{n \leqq x} \mu(n)$ in der Progression.

Vierundfünfzigstes Kapitel.
Die quadratfreien Zahlen der Progression.

Fünftes Buch.
Andere Primzahlprobleme.

Siebzehnter Teil.
Historische Einleitung zum fünften Buch.

Fünfundfünfzigstes Kapitel.
Historische Einleitung zum fünften Buch.

Achtzehnter Teil.
Über die Funktion $\sum_{n=1}^{x} 2^{\nu(n)} \Theta(n)$.

Sechsundfünfzigstes Kapitel.
Die erzeugende Dirichletsche Reihe und ihre analytischen Eigenschaften.

Siebenundfünfzigstes Kapitel.
Beweis des Hauptsatzes.

Achtundfünfzigstes Kapitel.
Erweiterung der Voraussetzungen.

Neunzehnter Teil.
Konvergenzbeweis einiger klassischer Reihen aus der Primzahltheorie.

Neunundfünfzigstes Kapitel.
Hilfssatz über die Dirichletsche Multiplikation unendlicher Reihen.

Sechzigstes Kapitel.
Eulers Reihen.

Einundsechzigstes Kapitel.
Möbius' Reihen.

Zweiundsechzigstes Kapitel.
Cesàros Reihen.

Dreiundsechzigstes Kapitel.
Herrn Kluyvers Reihen.

Zwanzigster Teil.
Ein Satz über Dirichletsche Reihen mit Koeffizienten $\geqq 0$ und seine Anwendungen auf die Primzahltheorie.

Vierundsechzigstes Kapitel.
Beweis des Satzes.

Fünfundsechzigstes Kapitel.

Der Überschuß der Primzahlmenge $4y+3$ über die Primzahlmenge $4y+1$.

Sechsundsechzigstes Kapitel.

Sätze über $\pi(x)$.

Sechstes Buch.

Theorie der Dirichletschen Reihen.

Einundzwanzigster Teil.

Historische Einleitung zum sechsten Buch.

Siebenundsechzigstes Kapitel.

Historische Einleitung zum sechsten Buch.

Zweiundzwanzigster Teil.

Grundlagen der Theorie.

Achtundsechzigstes Kapitel.

Das Konvergenzgebiet einer Dirichletschen Reihe.

Neunundsechzigstes Kapitel.

Die gleichmäßige Konvergenz und der analytische Charakter der Dirichletschen Reihen.

Siebzigstes Kapitel.

Die Nullstellen in der Konvergenzhalbebene.

Dreiundzwanzigster Teil.

Das Multiplikationsproblem.

Einundsiebzigstes Kapitel.

Das Dirichletsche Produkt einer konvergenten und einer absolut konvergenten Reihe.

Zweiundsiebzigstes Kapitel.

Das Dirichletsche Produkt zweier konvergenter Reihen.

Dreiundsiebzigstes Kapitel.

**Eine spezielle Eigenschaft der Zetafunktion mit Anwendung
auf das Multiplikationsproblem.**

Vierundzwanzigster Teil.

Ein Mittelwertsatz.

Vierundsiebzigstes Kapitel.

Der Satz im absoluten Konvergenzbereich.

Fünfundsiebzigstes Kapitel.

**Hinreichende Bedingungen für die Gültigkeit des Mittelwertsatzes
außerhalb des absoluten Konvergenzbereiches.**

Sechsundsiebzigstes Kapitel.

**Mittelwerte bei $\zeta(s)$ auf dem Rande und außerhalb des
Konvergenzgebietes.**

Fünfundzwanzigster Teil.

**Darstellung der endlichen Koeffizientensumme einer
Dirichletschen Reihe.**

Siebenundsiebzigstes Kapitel.

Abschätzung der Dirichletschen Reihen.

Achtundsiebzigstes Kapitel.

Die Darstellung der Koeffizientensumme für Reihen mit absolutem Konvergenzbereich.

Neunundsiebzigstes Kapitel.

Die Darstellung der Koeffizientensumme für allgemeine Dirichletsche Reihen.

Sechsundzwanzigster Teil.

Hinreichende Bedingungen für die Entwickelbarkeit von Funktionen in Dirichletsche Reihen.

Achtzigstes Kapitel.

Hauptgesetze.

Einundachtzigstes Kapitel.

Anwendungen.

Siebenundzwanzigster Teil.

Dirichletsche Reihen mit positiven Koeffizienten.

Zweiundachtzigstes Kapitel.

Abschätzung der Koeffizientensumme.

Dreiundachtzigstes Kapitel.

Das Verhalten der Funktion auf der Konvergenzgeraden.

DRITTES BUCH.

DIE FUNKTION $\mu(n)$ UND DIE VERTEILUNG DER QUADRATFREIEN ZAHLEN.

Neunter Teil.

Historische Einleitung zum dritten Buch.

Achtunddreißigstes Kapitel.

Historische Einleitung zum dritten Buch.

---

§ 150.

Historische Einleitung zum dritten Buch.

Definition: Eine quadratfreie Zahl ist eine positive ganze Zahl, welche durch kein von 1 verschiedenes Quadrat, d. h. durch kein Primzahlquadrat teilbar ist:

$$1,\ 2,\ 3,\ 5,\ 6,\ \cdots.$$

Definition: Es bezeichnet $\mu(n)$ folgende zahlentheoretische Funktion:

$$\mu(1) = 1,$$
$$\mu(n) = 0 \qquad \text{für nicht quadratfreie } n,$$
$$\mu(n) = (-1)^{\varrho} \quad \text{für ein quadratfreies } n, \text{ welches}$$

aus ϱ verschiedenen Primfaktoren besteht.

Es ist also

$$\mu(1) = 1,$$
$$\mu(2) = -1,$$
$$\mu(3) = -1,$$
$$\mu(4) = 0,$$
$$\mu(5) = -1,$$
$$\mu(6) = 1,$$
$$\mu(7) = -1,$$
$$\mu(8) = 0,$$
$$\mu(9) = 0,$$
$$\mu(10) = 1$$

usw.

Euler[1] vermutete 1748 mit heuristischem Beweis, daß die Reihe

$$\sum_{n=1}^{\infty} \frac{\mu(n)}{n} = 1 - \tfrac{1}{2} - \tfrac{1}{3} - \tfrac{1}{5} + \tfrac{1}{6} - \cdots$$

konvergiert und $= 0$ ist.

Möbius[2] vermutete 1832, daß

$$\sum_{n=1}^{\infty} \frac{\mu(n)\log n}{n}$$

konvergiert und $= -1$ ist, gleichfalls mit heuristischer Begründung.

Herr Gram[3] bewies 1884, daß

$$\sum_{n=1}^{x} \frac{\mu(n)}{n} = O(1)$$

ist.

Erst 1897, unter Benutzung der Hadamardschen Sätze über die Produktzerlegung von

$$(s-1)\zeta(s),$$

konnte Herr von Mangoldt[4] die Eulersche Behauptung beweisen, daß

$$\sum_{n=1}^{\infty} \frac{\mu(n)}{n} = 0$$

ist, d. h.,

$$\sum_{n=1}^{x} \frac{\mu(n)}{n} = g(x)$$

gesetzt, daß

(1) $$g(x) = o(1)$$

ist; gleichzeitig bewies er, wenn

$$\sum_{n=1}^{x} \mu(n) = M(x)$$

gesetzt wird, daß

(2) $$M(x) = o(x)$$

ist.

---

1) 2, S. 229.
2) 1a, S. 122; 1b, S. 611.
3) 1, S. 197—198.
4) 4; 5.

1899 bewies ich[1] die Eulersche Vermutung (1), sowie die Relation (2) auf Grund des Primzahlsatzes durch daran anschließende elementare Schlüsse, ohne nochmals die Theorie der Zetafunktion zur Anwendung zu bringen.

Gleichzeitig erschien 1899 Herrn de la Vallée Poussins bahnbrechende Arbeit[2], die den Primzahlsatz zu

$$(3) \qquad \pi(x) = Li(x) + O\left(x e^{-\alpha \sqrt{\log x}}\right)$$

verschärfte; damit konnte Herr de la Vallée Poussin, wie er im Schlußkapitel[3] ausführte, statt (1) sogar

$$g(x) = O\left(\frac{1}{\log x}\right)$$

beweisen.

Aus (3) schloß ich[4] noch 1899 durch eine Kette elementarer Überlegungen weiter, daß

$$\sum_{n=1}^{\infty} \frac{\mu(n) \log n}{n} = -1$$

ist, d. h. ich bewies die Möbiussche Behauptung. Ebenso schloß ich[5] im Jahre 1901 aus (3) unter äußerster Ausnutzung meiner elementaren Schlußkette weiter, daß

$$g(x) = o\left(\frac{1}{\log x}\right)$$

und sogar für ein gewisses konstantes c

$$g(x) = O\left(\frac{1}{\log x \, e^{c\sqrt{\log \log x}}}\right)$$

ist; gleichzeitig bewies ich, daß

$$M(x) = O\left(\frac{x}{\log x \, e^{c\sqrt{\log \log x}}}\right)$$

ist, und, wenn

$$f(x) = \sum_{n=1}^{x} \frac{\mu(n) \log n}{n}$$

---

1) **1.**
2) **9.**
3) S. 63—67.
4) **2.**
5) **6.**

gesetzt wird, daß

$$f(x) = -1 + O\left(e^{-c\sqrt{\log\log x}}\right)$$

ist.

Ich[1] mußte 1903 den üblichen Weg der Behandlung der Primzahlprobleme verlassen und ab ovo meine Methoden anwenden, um endlich — mit gleicher Annäherung wie bei jenen Problemen — beweisen zu können, daß für jedes q

$$(4) \qquad\qquad g(x) = O\left(\frac{1}{\log^q x}\right),$$

$$(5) \qquad\qquad f(x) = -1 + O\left(\frac{1}{\log^q x}\right),$$

$$(6) \qquad\qquad M(x) = O\left(\frac{x}{\log^q x}\right)$$

ist. Ich bewies nämlich

$$(7) \qquad\qquad M(x) = O\left(x e^{-\frac{12}{\sqrt{\log x}}}\right),$$

woraus (6) unmittelbar, (4) und (5) leicht folgen. In (7) hätte ich damals 12 durch jede Zahl > 10 ersetzen, aber nicht weiter verkleinern können.

Erst 1908 bewies ich[2], daß bei passend gewähltem konstanten α

$$M(x) = O\left(x e^{-\alpha\sqrt{\log x}}\right)$$

ist, was für $g(x)$ und $f(x)$ die entsprechende verbesserte Restabschätzung liefert, also insbesondere

$$g(x) = O\left(e^{-\gamma\sqrt{\log x}}\right)$$

und

$$f(x) = -1 + O\left(e^{-\gamma\sqrt{\log x}}\right)$$

für alle $\gamma > 2$.

Parallel zu diesen Eigenschaften von $\mu(n)$ konnten die — mehr oder weniger von den betreffenden Autoren besonders hervorgehobenen — Eigenschaften der Funktion $\lambda(n)$ bewiesen werden, welche folgendermaßen definiert ist:

$$\lambda(1) = 1,$$

$$\lambda(n) = (-1)^\varrho \qquad \text{für ein aus } \varrho \text{ Primfaktoren (mehrfache mehr-}$$

fach gezählt) zusammengesetztes n:

---

1) **14.**
2) **34,** S. 250—252.

$$\lambda(1) \;= 1,$$
$$\lambda(2) \;= -1,$$
$$\lambda(3) \;= -1,$$
$$\lambda(4) \;= 1,$$
$$\lambda(5) \;= -1,$$
$$\lambda(6) \;= 1,$$
$$\lambda(7) \;= -1,$$
$$\lambda(8) \;= -1,$$
$$\lambda(9) \;= 1,$$
$$\lambda(10) = 1$$

usw.

Insbesondere hatte schon Euler[1] heuristisch begründet, daß

$$\sum_{n=1}^{\infty} \frac{\lambda(n)}{n} = 0$$

ist.

Im folgenden werde ich erst die Sätze über $\mu(n)$ beweisen und daraus durch eine gewisse Transformation die betreffenden Eigenschaften von $\lambda(n)$ rasch entwickeln.

Insbesondere ist die summatorische Funktion

$$L(x) = \sum_{n=1}^{x} \lambda(n)$$
$$= O\left(x e^{-\alpha \sqrt{\log x}}\right).$$

Bereits die erste, zuerst von Herrn von Mangoldt bewiesene, nicht triviale Abschätzung

$$L(x) = o(x)$$

besagt ein wichtiges zahlentheoretisches Gesetz:

Es gibt bis x asymptotisch ebensoviele Zahlen, welche aus einer geraden Anzahl von Primfaktoren zusammengesetzt sind, als solche, die aus einer ungeraden Anzahl von Primzahlen bestehen.

Der entsprechende, zuerst von Herrn von Mangoldt bewiesene Satz über $M(x)$

$$(2) \qquad\qquad M(x) = o(x)$$

---

1) **1,** S. 186.

bedeutet, wenn man hinzunimmt (was später[1] bewiesen werden wird), daß die Anzahl der quadratfreien Zahlen bis x

$$Q(x) = \frac{6}{\pi^2} x + o(x),$$

also

$$\lim_{x=\infty} \frac{Q(x)}{x}$$

vorhanden und > 0 ist:

Unter den quadratfreien Zahlen bis x gibt es asymptotisch ebensoviele, die aus einer geraden, als solche, die aus einer ungeraden Anzahl von Primfaktoren zusammengesetzt sind.

Der Satz (2) läßt auch eine geometrische Interpretation zu, durch die natürlich sein Beweis um nichts gefördert wird. Bekanntlich hat die Summe der primitiven $n$ten Einheitswurzeln genau den Wert, den wir oben mit $\mu(n)$ bezeichnet haben. Das beweist man, wenn jene Summe vorläufig mit $\mathfrak{m}(n)$ bezeichnet wird, so:

1. Es ist

$$\mathfrak{m}(1) = 1.$$

2. Für $n = p$ (Primzahl) ist die Gleichung, der die primitiven $n$ten Einheitswurzeln genügen,

$$\frac{x^p - 1}{x - 1} = x^{p-1} + x^{p-2} + \cdots + 1$$
$$= 0,$$

also die Wurzelsumme

$$\mathfrak{m}(p) = -1.$$

3. Für $n = p^\nu (\nu \geqq 2)$ ist jene Gleichung

$$\frac{x^{p^\nu} - 1}{x^{p^{\nu-1}} - 1} = x^{p^{\nu-1}(p-1)} + x^{p^{\nu-1}(p-2)} + \cdots + 1$$
$$= 0,$$

also, da das Glied mit $x^{p^{\nu-1}(p-1)-1}$ fehlt,

$$\mathfrak{m}(p^\nu) = 0.$$

4. Für

$$(n_1, n_2) = 1$$

ist

$$\mathfrak{m}(n_1 n_2) = \mathfrak{m}(n_1) \mathfrak{m}(n_2);$$

---

1) In § 152.

denn bekanntlich entstehen die $\varphi(n_1 n_2) = \varphi(n_1)\varphi(n_2)$ primitiven $n_1 n_2$ ten Einheitswurzeln durch Multiplikation einer der $\varphi(n_1)$ primitiven n_1 ten mit einer der $\varphi(n_2)$ primitiven n_2 ten.

Daher ist allgemein, wenn die Zerlegung von n in Primzahlpotenzen

$$n = p_1^{\nu_1} \cdots p_\varrho^{\nu_\varrho}$$

lautet,

$$\mathfrak{m}(n) = \mathfrak{m}\left(p_1^{\nu_1}\right) \cdots \mathfrak{m}\left(p_\varrho^{\nu_\varrho}\right),$$

also, falls auch nur ein $\nu \geq 2$ ist,

$$\mathfrak{m}(n) = 0$$

und, falls alle $\nu = 1$ sind,

$$\mathfrak{m}(n) = (-1)^\varrho.$$

Folglich ist immer

$$\mathfrak{m}(n) = \mu(n).$$

Daher ist für $x \geq 1$

$$M(x) = \sum_{n=1}^{x} \mu(n)$$

die Summe aller primitiven Einheitswurzeln 1ten, 2ten, $\cdots$, $[x]$ten Grades, d. h. die Summe aller Zahlen, welche Einheitswurzel vom Grade $\leq x$ sind, jede solche (wenn sie Einheitswurzel verschiedener Grade ist) nur einmal gerechnet. $M(x)$ ist also die Summe der komplexen Zahlenwerte der Eckpunkte des in den Einheitskreis einbeschriebenen regulären 1-Ecks, 2-Ecks, 3-Ecks, $\cdots$, $[x]$-Ecks, wo jedes dieser Polygone vom Punkte 1 aus einbeschrieben ist, und wo jeder geometrische Punkt nur einmal zählt. Der Schwerpunkt dieses Punktsystems ist also, da es $\varphi(n)$ primitive $n$te Einheitswurzeln gibt, wenn

$$\sum_{n=1}^{x} \varphi(n) = \Phi(x)$$

gesetzt wird,

$$\frac{M(x)}{\Phi(x)}.$$

Nun beweist man leicht

$$\Phi(x) \sim \frac{3}{\pi^2} x^2,$$

wie später[1] ausgeführt werden wird; daher ist der Satz (2) wegen

$$x\,\frac{M(x)}{\Phi(x)} = \frac{\dfrac{M(x)}{x}}{\dfrac{\Phi(x)}{x^2}}$$

---

1) Vgl. § 152.

völlig identisch mit

$$\lim_{x=\infty} x\, \frac{M(x)}{\Phi(x)} = 0,$$

d. h., x ganzzahlig angenommen, mit der Tatsache:

Konstruiert man in einem Kreise von einem festen Peripheriepunkt aus alle regulären Polygone bis zum x-Eck, so nähert sich der Schwerpunkt des entstehenden Punktsystems so stark dem Mittelpunkt des Kreises, daß er sogar bei x-facher Vergrößerung der Figur für $x = \infty$ in den Mittelpunkt rückt.

Zehnter Teil.

Elementare Methoden (einschließlich der Anwendung reeller Dirichletscher Reihen).

Neununddreißigstes Kapitel.

Identitäten über $\mu(n)$.

———

§ 151.

Fundamentaleigenschaften.

Satz: Es ist

$$(1) \qquad \sum_{d\,|\,n} \mu(d) \begin{cases} = 1 \ \text{für} \ n = 1, \\ = 0 \ \text{für} \ n > 1. \end{cases}$$

Beweise: 1. Für $n = 1$ ist die Summe

$$\mu(1) = 1.$$

Für $n > 1$ sei, in Primzahlpotenzen zerlegt,

$$n = p_1^{v_1} \cdots p_\varrho^{v_\varrho}.$$

Dann hat

$$\sum_{d\,|\,n} \mu(d)$$

2^ϱ nicht verschwindende Glieder, welche den Divisoren

$$d = p_1^{\beta_1} \cdots p_\varrho^{\beta_\varrho} \qquad (\beta_1 = 0, 1; \ \cdots; \ \beta_\varrho = 0, 1)$$

entsprechen. Die Summe ist also, wenn zuerst $d = 1$, dann die $\binom{\varrho}{1}$ Zahlen $d = p_\varkappa$, dann die $\binom{\varrho}{2}$ Zahlen $d = p_\varkappa p_{\varkappa'}$, $\cdots$ berücksichtigt werden,

$$1 - \varrho + \binom{\varrho}{2} - \cdots = (1 - 1)^\varrho$$
$$= 0.$$

2. Der Satz folgt aus der für $s > 1$ gültigen Identität[1]

$$\sum_{n=1}^{\infty} \frac{\mu(n)}{n^s} = \prod_p \left(1 - \frac{1}{p^s}\right);$$

denn nach ihr ist für $s > 1$

$$\sum_{n=1}^{\infty} \frac{\mu(n)}{n^s} = \frac{1}{\zeta(s)},$$

$$1 = \sum_{n=1}^{\infty} \frac{\mu(n)}{n^s} \cdot \zeta(s)$$

$$(2) \qquad = \sum_{n=1}^{\infty} \frac{\mu(n)}{n^s} \sum_{n=1}^{\infty} \frac{1}{n^s};$$

folglich ist nach dem Eindeutigkeitssatz des § 35

$$\sum_{d \mid n} \mu(d) \cdot 1$$

gleich dem Koeffizienten von $\frac{1}{n^s}$ links, d. h. 1 für $n = 1$, sonst 0.

Satz: Es ist für alle $x \geqq 1$

$$\sum_{n=1}^{x} \mu(n) \left[\frac{x}{n}\right] = 1.$$

Beweise: 1. Wird (1) über $n = 1, \cdots, [x]$ summiert, so erhält man

$$1 = \sum_{n=1}^{x} \sum_{d \mid n} \mu(d)$$

$$(3) \qquad = \sum_{d\,m \leqq x} \mu(d) \cdot 1$$

$$= \sum_{d=1}^{x} \mu(d) \sum_{m=1}^{\frac{x}{d}} 1$$

---

1) Deren Richtigkeit ersieht man in oftmals angewendeter Manier aus

$$\prod_{p \leqq x} \left(1 - \frac{1}{p^s}\right) = \sum_{n=1}^{\infty}{}' \frac{\mu(n)}{n^s}$$

$$= \sum_{n=1}^{x}{}' \frac{\mu(n)}{n^s} + \sum_{n=x+1}^{\infty}{}' \frac{\mu(n)}{n^s}.$$

$$= \sum_{d=1}^{x} \mu(d) \left[\frac{x}{d}\right]$$

$$= \sum_{n=1}^{x} \mu(n) \left[\frac{x}{n}\right].$$

2. Aus (2) folgt die Behauptung durch Gleichsetzen der Summe der ersten $[x]$ Koeffizienten auf beiden Seiten, welche eben sofort zu (3) führt.

§ 152.

Umkehrungsformeln.

Satz: Es sei $F(n)$ irgend eine zahlentheoretische Funktion und $G(n)$ aus ihr durch die Gleichung

(1)
$$G(n) = \sum_{d \mid n} F(d)$$

definiert. Dann ist

$$F(n) = \sum_{d \mid n} \mu(d) G\left(\frac{n}{d}\right).$$

Daß überhaupt durch $G(n)$ umgekehrt $F(n)$ eindeutig bestimmt ist, ist klar, da nach (1)

$$F(n) = G(n) - \sum_{\substack{d \mid n \\ d < n}} F(d)$$

ist, was eine Rekursionsformel darstellt.

Beweis: Aus (1) folgt

$$G\left(\frac{n}{d}\right) = \sum_{l \mid \frac{n}{d}} F(l),$$

$$\mu(d) G\left(\frac{n}{d}\right) = \mu(d) \sum_{l \mid \frac{n}{d}} F(l),$$

$$\sum_{d \mid n} \mu(d) G\left(\frac{n}{d}\right) = \sum_{d \mid n} \mu(d) \sum_{l \mid \frac{n}{d}} F(l)$$

$$= \sum_{d l \mid n} \mu(d) F(l)$$

$$= \sum_{l \mid n} F(l) \sum_{d \mid \frac{n}{l}} \mu(d)$$

$$= F(n),$$

da nach dem ersten Satz des § 151 die innere Summe

$$\sum_{d\,\left|\,\frac{n}{l}\right.} \mu(d)$$

nur für $\frac{n}{l} = 1$, d. h. für $l = n$ den Wert 1, sonst den Wert 0 hat.

Beispiel: Bekanntlich ist

$$n = \sum_{d\,|\,n} \varphi(d)$$

und wirklich

$$\varphi(n) = \sum_{d\,|\,n} \mu(d)\,\frac{n}{d}$$

$$(2) \qquad\qquad = n \sum_{d\,|\,n} \frac{\mu(d)}{d},$$

was ja nichts anderes ist als der bekannte Ausdruck

$$\varphi(n) = n \prod_{p\,|\,n} \left(1 - \frac{1}{p}\right).$$

Aus (2) folgt weiter

$$\Phi(x) = \sum_{n=1}^{x} \varphi(n)$$

$$= \sum_{n=1}^{x} n \sum_{d\,|\,n} \frac{\mu(d)}{d}$$

$$= \sum_{d\,m\,\leqq\,x} m\,\mu(d)$$

$$= \sum_{d=1}^{x} \mu(d) \sum_{m=1}^{\frac{x}{d}} m$$

$$= \frac{1}{2} \sum_{d=1}^{x} \mu(d) \left(\left[\frac{x}{d}\right]^2 + \left[\frac{x}{d}\right]\right),$$

also für $x \geqq 1$ nach dem zweiten Satz des § 151

$$\Phi(x) = \frac{1}{2} \sum_{d=1}^{x} \mu(d) \left[\frac{x}{d}\right]^2 + \frac{1}{2}$$

$$= \frac{1}{2} \sum_{d=1}^{x} \mu(d) \left(\frac{x}{d} - \Theta\right)^2 + \frac{1}{2},$$

wo

$$0 \leqq \Theta = \Theta(d, x) < 1$$

ist, folglich

$$\Phi(x) = \frac{1}{2} \sum_{d=1}^{x} \mu(d)\, \frac{x^2}{d^2} + O \sum_{d=1}^{x} 1 \cdot \frac{x}{d} + O \sum_{d=1}^{x} 1 + \frac{1}{2}$$

$$\text{(3)} \qquad = \frac{x^2}{2} \sum_{d=1}^{x} \frac{\mu(d)}{d^2} + O(x \log x),$$

$$\lim_{x=\infty} \frac{\Phi(x)}{x^2} = \frac{1}{2} \sum_{d=1}^{\infty} \frac{\mu(d)}{d^2}$$

$$= \frac{1}{2\,\zeta(2)}$$

$$= \frac{3}{\pi^2},$$

wie in § 150 angekündigt war. Übrigens ist nach (3) wegen

$$\sum_{d=1}^{x} \frac{\mu(d)}{d^2} = \sum_{d=1}^{\infty} \frac{\mu(d)}{d^2} - \sum_{d=x+1}^{\infty} \frac{\mu(d)}{d^2}$$

$$= \sum_{d=1}^{\infty} \frac{\mu(d)}{d^2} + O \sum_{n=x+1}^{\infty} \frac{1}{n^2}$$

$$= \frac{6}{\pi^2} + O\left(\frac{1}{x}\right)$$

genauer

$$\text{(4)} \qquad \Phi(x) = \frac{3}{\pi^2}\, x^2 + O(x \log x).$$

Trotzdem man in der Primzahltheorie alle elementar erhaltenen Abschätzungen weit verschärfen konnte, ist über $\Phi(x)$ auch unter Zuhilfenahme aller Werkzeuge nichts weiter zutage gefördert worden als diese so naheliegende Abschätzung (4).

Satz: Es sei $F(x)$ irgend eine für alle[1] $x \geqq 1$ definierte Funktion und $G(x)$ alsdann durch die Gleichung

$$G(x) = \sum_{n=1}^{x} F\left(\frac{x}{n}\right)$$

---

1) Nicht nur für ganze $x \geqq 1$.

definiert. Dann ist für $x \geqq 1$

$$F(x) = \sum_{n=1}^{x} \mu(n)\, G\left(\frac{x}{n}\right).$$

Beweis: Es ist für $1 \leqq n \leqq x$

$$G\left(\frac{x}{n}\right) = \sum_{m=1}^{\frac{x}{n}} F\left(\frac{x}{nm}\right),$$

$$\sum_{n=1}^{x} \mu(n)\, G\left(\frac{x}{n}\right) = \sum_{n=1}^{x} \mu(n) \sum_{m=1}^{\frac{x}{n}} F\left(\frac{x}{nm}\right)$$

$$= \sum_{k=1}^{x} F\left(\frac{x}{k}\right) \sum_{n \mid k} \mu(n)$$

$$= F(x).$$

Wenn $F(x)$ für $0 < x < 1$ als 0 definiert ist, bleibt die gefundene Identität für alle $x > 0$ richtig.

Beispiele: 1. Es mögen $\psi(x)$ und $T(x)$ die gewöhnliche Bedeutung haben. Aus

$$T(x) = \sum_{n=1}^{x} \psi\left(\frac{x}{n}\right)$$

folgt für $x > 0$

$$\psi(x) = \sum_{n=1}^{x} \mu(n)\, T\left(\frac{x}{n}\right).$$

Dies ist übrigens nichts anderes als eine Übersetzung der Gleichung

$$-\frac{\zeta'(s)}{\zeta(s)} = \frac{1}{\zeta(s)} \cdot (-\zeta'(s)),$$

$$\sum_{n=1}^{\infty} \frac{\varLambda(n)}{n^s} = \sum_{n=1}^{\infty} \frac{\mu(n)}{n^s} \cdot \sum_{n=1}^{\infty} \frac{\log n}{n^s}.$$

2. Wenn alle Zahlen bis x nach ihrem größten. quadratischen Teiler q^2 klassifiziert werden, gibt es offenbar zu q^2 genau

$$Q\left(\frac{x}{q^2}\right)$$

derartige Zahlen; denn der Quotient jeder Zahl $\leq x$ durch ihren größten quadratischen Teiler q^2 ist quadratfrei und $\leq \dfrac{x}{q^2}$. Daher ist für $x > 0$

$$[x] = \sum_{q=1}^{\sqrt{x}} Q\left(\frac{x}{q^2}\right),$$

$$[x^2] = \sum_{q=1}^{x} Q\left(\left(\frac{x}{q}\right)^2\right).$$

Wenn also

$$F(x) = Q(x^2),$$
$$G(x) = [x^2]$$

gesetzt wird, so liefert der Satz

$$Q(x^2) = \sum_{n=1}^{x} \mu(n)\left[\frac{x^2}{n^2}\right],$$

(5)
$$Q(x) = \sum_{n=1}^{\sqrt{x}} \mu(n)\left[\frac{x}{n^2}\right].$$

(Natürlich könnte auch direkt zu

$$\mathfrak{G}(x) = \sum_{n=1}^{\sqrt{x}} \mathfrak{F}\left(\frac{x}{n^2}\right)$$

die Umkehrungsformel

$$\mathfrak{F}(x) = \sum_{n=1}^{\sqrt{x}} \mu(n)\,\mathfrak{G}\left(\frac{x}{n^2}\right)$$

bewiesen werden.)

Aus (5) folgt weiter

$$Q(x) = \sum_{n=1}^{\sqrt{x}} \mu(n)\,\frac{x}{n^2} + O\sum_{n=1}^{\sqrt{x}} 1\cdot 1$$

$$= x\sum_{n=1}^{\sqrt{x}} \frac{\mu(n)}{n^2} + O(\sqrt{x}),$$

also

$$\lim_{x=\infty} \frac{Q(x)}{x} = \sum_{n=1}^{\infty} \frac{\mu(n)}{n^2}$$

$$= \frac{6}{\pi^2},$$

wie in § 150 angekündigt war, und genauer

$$Q(x) = x\left(\sum_{n=1}^{\infty}\frac{\mu(n)}{n^2} + O\left(\frac{1}{\sqrt{x}}\right)\right) + O(\sqrt{x})$$

$$= \frac{6}{\pi^2}x + O(\sqrt{x}).$$

Vierzigstes Kapitel.

Über die Summen, welche $\mu(n)$ enthalten.

§ 153.

Über $g(x)$.

Satz: Es ist

$$\sum_{n=1}^{x}\frac{\mu(n)}{n} = O(1).$$

D. h. die Reihe

$$\sum_{n=1}^{\infty}\frac{\mu(n)}{n}$$

ist entweder konvergent oder schwankt zwischen endlichen Schranken.

Beweis: Aus der für $x \geqq 1$ gültigen Identität

$$(1) \qquad \sum_{n=1}^{x}\mu(n)\left[\frac{x}{n}\right] = 1$$

folgt

$$1 = \sum_{n=1}^{x}\mu(n)\frac{x}{n} + O\sum_{n=1}^{x}1$$

$$= x\sum_{n=1}^{x}\frac{\mu(n)}{n} + O(x)$$

$$= xg(x) + O(x),$$

$$xg(x) = O(x),$$

$$g(x) = O(1).$$

Übrigens ergibt sich so ohne Mühe die Abschätzung

$$\left|\sum_{n=1}^{x}\frac{\mu(n)}{n}\right| \leqq 1.$$

Denn für ganzzahliges $x \geq 1$ bewirkt die Weglassung der eckigen Klammern bei (1) im Gliede $n = 1$ keinen Fehler, in den übrigen $x - 1$ Gliedern je einen Fehler, der absolut < 1 ist, so daß für ganze $x \geq 1$

$$\left| \sum_{n=1}^{x} \mu(n) \frac{x}{n} \right| \leq 1 + x - 1$$

$$= x,$$

also für alle x

$$|g(x)| \leq 1$$

herauskommt.

Satz: Wenn

$$\lim_{x = \infty} g(x)$$

existiert, so ist der Grenzwert 0. Genauer: Es ist

$$\liminf_{x = \infty} g(x) \leq 0,$$

$$\limsup_{x = \infty} g(x) \geq 0.$$

Beweis: Es ist

$$1 = \sum_{k=1}^{x} \frac{1}{k} \sum_{n \mid k} \mu(n)$$

$$= \sum_{nm \leq x} \frac{\mu(n)}{nm}$$

$$= \sum_{m=1}^{x} \frac{1}{m} \sum_{n=1}^{\frac{x}{m}} \frac{\mu(n)}{n}$$

$$(2) \qquad = \sum_{m=1}^{x} \frac{1}{m} \, g\left(\frac{x}{m}\right).$$

1. Wäre für alle $x \geq \xi$

$$g(x) > \delta,$$

wo $\delta > 0$ ist und $\xi \geq 1$ sei, so wäre bei allen $x \geq \xi$

$$1 = \sum_{m=1}^{\frac{x}{\xi}} \frac{1}{m} \, g\left(\frac{x}{m}\right) + \sum_{m=\frac{x}{\xi}+1}^{x} \frac{1}{m} \, g\left(\frac{x}{m}\right)$$

$$> \delta \sum_{m=1}^{\frac{x}{\xi}} \frac{1}{m} - \sum_{m=\frac{x}{\xi}+1}^{x} \frac{1}{m}$$

$$\sim \delta \log x$$

(da

$$\sum_{m=\frac{x}{\xi}+1}^{x} \frac{1}{m} = O(1)$$

ist), was ein Widerspruch ist.

2. Wäre für $x \geqq \xi$

$$g(x) < - \delta,$$

wo $\delta > 0$ ist und $\xi \geqq 1$ sei, so wäre bei allen $x \geqq \xi$

$$- 1 = - \sum_{m=1}^{\frac{x}{\xi}} \frac{1}{m} g\left(\frac{x}{m}\right) - \sum_{m=\frac{x}{\xi}+1}^{x} \frac{1}{m} g\left(\frac{x}{m}\right)$$

$$> \delta \sum_{m=1}^{\frac{x}{\xi}} \frac{1}{m} - \sum_{m=\frac{x}{\xi}+1}^{x} \frac{1}{m}$$

$$\sim \delta \log x,$$

was auch unmöglich ist.

Damit ist der Satz bewiesen.

Übrigens folgt auch aus

$$\sum_{n=1}^{\infty} \frac{\mu(n)}{n^s} = \frac{1}{\zeta(s)} \qquad\qquad (s > 1),$$

$$\lim_{s=1} \sum_{n=1}^{\infty} \frac{\mu(n)}{n^s} = 0$$

nach dem Stetigkeitssatz Dirichletscher Reihen, daß

$$\sum_{n=1}^{\infty} \frac{\mu(n)}{n}$$

entweder divergiert oder konvergiert und $= 0$ ist.

Die Betrachtung der Identität (2) liefert sogar, daß

$$(3) \qquad \liminf_{x=\infty} g(x) \log x \leqq 0$$

und

$$\limsup_{x=\infty} g(x) \log x \geqq 0$$

ist. Denn, wäre z. B. (3) nicht erfüllt, so wäre bei passender Wahl von $\delta > 0$ für $x > \xi$ (wo $\xi \geqq 3$ sei)

$$g(x) > \frac{\delta}{\log x},$$

also

$$1 > \delta \sum_{m=1}^{\frac{x}{\xi}} \frac{1}{m} \, \frac{1}{\log \frac{x}{m}} - \sum_{m=\frac{x}{\xi}+1}^{x} \frac{1}{m}$$

$$(4) \qquad = \delta \sum_{m=1}^{\frac{x}{\xi}} \frac{1}{m} \, \frac{1}{\log \frac{x}{m}} + O(1);$$

wegen

$$\frac{d}{du}\left(\frac{1}{u} \, \frac{1}{\log x - \log u}\right) = -\frac{1}{u^2} \, \frac{1}{\log x - \log u} + \frac{1}{u^2} \, \frac{1}{(\log x - \log u)^2}$$

$$= \frac{-\log \frac{x}{eu}}{u^2 (\log x - \log u)^2}$$

nimmt

$$\frac{1}{u} \, \frac{1}{\log x - \log u}$$

für $1 \leqq u < \frac{x}{e}$ mit wachsendem u ab; daher ist

$$\sum_{m=1}^{\frac{x}{\xi}} \frac{1}{m} \, \frac{1}{\log \frac{x}{m}} = O\left(\frac{1}{\log x}\right) + \int_{1}^{\frac{x}{\xi}} \frac{du}{u \, (\log x - \log u)}$$

$$= O\left(\frac{1}{\log x}\right) + \int_{0}^{\log x - \log \xi} \frac{dv}{\log x - v}$$

$$= O\left(\frac{1}{\log x}\right) + \log \log x - \log \log \xi$$

$$\sim \log \log x,$$

was mit (4) in Widerspruch steht.

§ 154.

$M(x)$ und $f(x)$.

Über $M(x)$ folgt aus

$$(1) \qquad\qquad g(x) = O(1)$$

merkwürdigerweise nichts genaueres als die triviale Abschätzung

$$M(x) = O(x);$$

die partielle Summation ergibt nämlich für $x \geqq 1$

$$M(x) = \sum_{n=1}^{x} \mu(n)$$

$$= \sum_{n=1}^{x} n\big(g(n) - g(n-1)\big)$$

$$= \sum_{n=1}^{x} g(n)\big(n - (n+1)\big) + g(x)([x]+1)$$

$$= O \sum_{n=1}^{x} 1 + O(x)$$

$$= O(x).$$

Aber über $f(x)$ folgt aus (1) mehr als die triviale Abschätzung

$$f(x) = O \sum_{n=1}^{x} \frac{\log n}{n}$$

$$= O(\log^2 x),$$

nämlich

$$f(x) = O(\log x)$$

folgendermaßen: Es ist für $x \geqq 1$

$$f(x) = \sum_{n=1}^{x} \frac{\mu(n) \log n}{n}$$

$$= \sum_{n=1}^{x} \log n \,\big(g(n) - g(n-1)\big)$$

$$= \sum_{n=1}^{x} g(n)\,\big(\log n - \log(n+1)\big) + g(x)\log([x]+1)$$

$$= O \sum_{n=1}^{x} \big(\log(n+1) - \log n\big) + O(\log x)$$

$$= O(\log x).$$

Satz: Die Reihe

$$\sum_{n=1}^{\infty} \frac{\mu(n) \log n}{n}$$

ist entweder divergent oder konvergent und $= -1$.

Beweis: Für $s > 1$ ist

$$\sum_{n=1}^{\infty} \frac{\mu(n)}{n^s} = \frac{1}{\zeta(s)},$$

also

$$\sum_{n=1}^{\infty} \frac{\mu(n) \log n}{n^s} = \frac{\zeta'(s)}{\zeta^2(s)}.$$

Da

$$\lim_{s=1} \frac{\zeta'(s)}{\zeta^2(s)} = -1$$

ist, ist die Behauptung nach dem Stetigkeitssatz Dirichletscher Reihen bewiesen.

Satz: Es ist

$$\liminf_{x=\infty} \frac{M(x)}{x} \leqq 0,$$

$$\limsup_{x=\infty} \frac{M(x)}{x} \geqq 0.$$

Beweis: Aus

$$\sum_{n=1}^{\infty} \frac{\mu(n)}{n^s} = \frac{1}{\zeta(s)},$$

$$\lim_{s=1} (s-1) \sum_{n=1}^{\infty} \frac{\mu(n)}{n^s} = \lim_{s=1} (s-1) \frac{1}{\zeta(s)}$$

$$= 0 \cdot 0$$

$$= 0$$

folgt die Behauptung nach dem zweiten Satz des § 31.

Elfter Teil.

Benutzung der klassischen funktionentheoretischen Hilfsmittel.

Einundvierzigstes Kapitel.

Elementare Folgerungen aus dem Primzahlsatz.

§ 155.

Beweis von $M(x) = o(x)$.

Der Primzahlsatz gehört zu denjenigen Sätzen, welche im dritten Teil ohne Benutzung der modernen Sätze über ganze Funktionen und der Existenz der Nullstellen der Zetafunktion bewiesen waren. Aus ihm soll jetzt der

Satz:

$$M(x) = o(x)$$

gefolgert werden.

Beweis: Es werde

$$\sum_{n=1}^{x} \mu(n) \log n = H(x)$$

gesetzt. Dann ist für $\sigma > 1$ wegen

$$- \frac{\zeta'(s)}{\zeta^2(s)} = \frac{1}{\zeta(s)} \cdot \left(- \frac{\zeta'(s)}{\zeta(s)} \right)$$

$$(1) \qquad - \sum_{n=1}^{\infty} \frac{\mu(n) \log n}{n^s} = \sum_{n=1}^{\infty} \frac{\mu(n)}{n^s} \sum_{n=1}^{\infty} \frac{\varLambda(n)}{n^s},$$

also

$$- H(x) = \sum_{n=1}^{x} \mu(n) \sum_{m=1}^{\frac{x}{n}} \varLambda(m)$$

$$= \sum_{n=1}^{x} \mu(n) \psi\left(\frac{x}{n} \right).$$

Aus
$$\psi(x) = x + o(x)$$

folgt nun: Bei gegebenem $\delta > 0$ ist für alle $x \geq \xi = \xi(\delta)$, wo $\xi \geq 1$ gewählt sei,
$$|\psi(x) - x| < \delta x,$$

d. h. für $x \geq \xi$, $n \leq \dfrac{x}{\xi}$
$$\left|\psi\left(\frac{x}{n}\right) - \frac{x}{n}\right| < \delta \frac{x}{n}.$$

Daher ist für $x \geq \xi$

$$|H(x)| \leq \left|\sum_{n=1}^{\frac{x}{\xi}} \mu(n)\psi\left(\frac{x}{n}\right)\right| + \left|\sum_{n=\frac{x}{\xi}+1}^{x} \mu(n)\psi\left(\frac{x}{n}\right)\right|$$

$$\leq \left|\sum_{n=1}^{\frac{x}{\xi}} \mu(n)\left(\psi\left(\frac{x}{n}\right) - \frac{x}{n}\right)\right| + \left|\sum_{n=1}^{\frac{x}{\xi}} \mu(n)\frac{x}{n}\right| + \left|\sum_{n=\frac{x}{\xi}+1}^{x} \mu(n)\psi\left(\frac{x}{n}\right)\right|$$

$$< \delta \sum_{n=1}^{\frac{x}{\xi}} \frac{x}{n} + x\left|g\left(\frac{x}{\xi}\right)\right| + \sum_{n=\frac{x}{\xi}+1}^{x} \psi(\xi)$$

$$\leq \delta x \sum_{n=1}^{x} \frac{1}{n} + x + x\psi(\xi)$$

$$\sim \delta x \log x,$$

$$\limsup_{x=\infty} \frac{|H(x)|}{x \log x} \leq \delta.$$

Da dies für alle $\delta > 0$ gilt, ist
$$\lim_{x=\infty} \frac{H(x)}{x \log x} = 0,$$
$$H(x) = o(x \log x),$$

und hieraus folgt weiter für $x \geq 2$

$$M(x) = 1 + \sum_{n=2}^{x} \frac{H(n) - H(n-1)}{\log n}$$

$$= 1 + \sum_{n=2}^{x} H(n)\left(\frac{1}{\log n} - \frac{1}{\log(n+1)}\right) + \frac{H(x)}{\log([x]+1)}$$

$$= \sum_{n=2}^{x} o\left(\frac{n \log n}{n \log^2 n}\right) + o(x)$$

$$= \sum_{n=2}^{x} O\left(\frac{1}{\log n}\right) + o(x)$$

$$= O \sum_{n=2}^{x} \frac{1}{\log n} + o(x)$$

$$(2) \qquad\qquad = o(x).$$

Übrigens ist es nicht möglich, durch partielle Summation hieraus auf

$$(3) \qquad\qquad g(x) = o(1)$$

weiter zu schließen; denn die partielle Summation liefert für $x \geq 1$

$$g(x) = \sum_{n=1}^{x} \frac{M(n) - M(n-1)}{n}$$

$$= \sum_{n=1}^{x} M(n)\left(\frac{1}{n} - \frac{1}{n+1}\right) + \frac{M(x)}{[x]+1}$$

$$= o \sum_{n=1}^{x} \frac{1}{n} + o(1)$$

$$= o(\log x),$$

also weniger, als durch die ganz elementare Methode bekannt war.

(3) liegt eben tiefer als (2); umgekehrt kann man aus der Relation (3) (welche im nächsten Paragraphen bewiesen wird) durch partielle Summation zu (2) übergehen: Aus (3) folgt für $x \geq 1$

$$M(x) = \sum_{n=1}^{x} n(g(n) - g(n-1))$$

$$= \sum_{n=1}^{x} g(n)(n - (n+1)) + g(x)([x]+1)$$

$$= \sum_{n=1}^{x} o(1) + o(x)$$

$$= o(x).$$

§ 156.

Beweis von $g(x) = o(1)$.

Satz: Es ist
$$g(x) = o(1).$$

Beweis: Es ist
$$1 = \sum_{nm \leq x} \frac{\mu(n)}{nm}$$
$$= \sum_{n=1}^{x} \frac{\mu(n)}{n} \sum_{m=1}^{\frac{x}{n}} \frac{1}{m},$$

also wegen
$$\sum_{m=1}^{y} \frac{1}{m} = \log y + C + O\left(\frac{1}{y}\right)$$
$$1 = \sum_{n=1}^{x} \frac{\mu(n)}{n}\left(\log \frac{x}{n} + C\right) + O \sum_{n=1}^{x} \frac{1}{n} \frac{n}{x}$$
$$= (\log x + C)g(x) - f(x) + O(1),$$
$$\log x\, g(x) - f(x) = - Cg(x) + O(1)$$
$$= O(1);$$

man sieht daraus, daß die Behauptung
$$g(x) = o(1)$$

mit der (bequemer angreifbaren)
$$f(x) = o\,(\log x)$$

identisch ist.

Nun ist nach § 155, (1)
$$- f(x) = \sum_{n=1}^{x} \frac{\varLambda(n)}{n} \sum_{m=1}^{\frac{x}{n}} \frac{\mu(m)}{m}$$
$$= \sum_{n=1}^{x} \frac{\varLambda(n)}{n} g\left(\frac{x}{n}\right)$$
$$= \sum_{n=1}^{x} \frac{\psi(n) - \psi(n-1)}{n} g\left(\frac{x}{n}\right).$$

Ich setze
$$\psi(x) = x + x\,\varepsilon(x),$$

wo also

$$\varepsilon(x) = o(1)$$

ist und

$$\varepsilon(0) = 0$$

definiert sei; dann wird

$$-f(x) = \sum_{n=1}^{x} \frac{1}{n} g\left(\frac{x}{n}\right) + \sum_{n=1}^{x} \frac{n\,\varepsilon(n) - (n-1)\,\varepsilon(n-1)}{n} g\left(\frac{x}{n}\right)$$

$$= \sum_{n=1}^{x} \frac{1}{n} g\left(\frac{x}{n}\right) + \sum_{n=1}^{x} n\,\varepsilon(n)\left(\frac{g\left(\frac{x}{n}\right)}{n} - \frac{g\left(\frac{x}{n+1}\right)}{n+1}\right).$$

Nun ist nach § 153, (2)

$$\sum_{n=1}^{x} \frac{1}{n} g\left(\frac{x}{n}\right) = 1,$$

also

$$-f(x) = 1 + \sum_{n=1}^{x} \varepsilon(n)\left(g\left(\frac{x}{n}\right) - g\left(\frac{x}{n+1}\right)\right) + \sum_{n=1}^{x} \frac{\varepsilon(n)}{n+1} g\left(\frac{x}{n+1}\right)$$

$$= 1 + \sum_1 + \sum_2.$$

Hierin ist

$$\left|\sum_1\right| \leqq \sum_{n=1}^{x} |\varepsilon(n)| \sum_{m=\frac{x}{n+1}+1}^{\frac{x}{n}} \frac{1}{m}.$$

Nach Annahme von $\delta > 0$ gibt es ein ganzes $\nu = \nu(\delta) \geqq 1$, so daß für alle $n > \nu$

$$|\varepsilon(n)| < \delta$$

ist; für alle n ist

$$|\varepsilon(n)| < c;$$

für $x > \nu$ ist also

$$\left|\sum_1\right| < c \sum_{n=1}^{\nu} \sum_{m=\frac{x}{n+1}+1}^{\frac{x}{n}} \frac{1}{m} + \delta \sum_{n=\nu+1}^{x} \sum_{m=\frac{x}{n+1}+1}^{\frac{x}{n}} \frac{1}{m}$$

$$= c \sum_{m=\frac{x}{\nu+1}+1}^{x} \frac{1}{m} + \delta \sum_{m=1}^{\frac{x}{\nu+1}} \frac{1}{m}$$

$$\sim \delta \log x;$$

daher ist

$$\Sigma_1 = o\,(\log x).$$

Endlich ist

$$\Sigma_2 = \sum_{n=1}^{x} \frac{o(1)}{n}$$

$$= o \sum_{n=1}^{x} \frac{1}{n}$$

$$= o\,(\log x),$$

also

$$f(x) = o\,(\log x),$$

$$g(x) = o\,(1).$$

Zweiundvierzigstes Kapitel.

Direkte Anwendung der Zetafunktion.

---

§ 157.

Die Funktion $M(x)$.

Die für $\sigma > 1$ durch die Dirichletsche Reihe

$$\sum_{n=1}^{\infty} \frac{\mu(n)}{n^s}$$

definierte Funktion

$$K(s) = \frac{1}{\zeta(s)}$$

hat nach § 65 folgende Eigenschaften:

$K(s)$ ist regulär in dem Teil der Ebene, welcher rechts von der stetigen Kurve

$$\sigma = 1 - \frac{1}{c \log^7 t} \qquad \text{für } t \geqq 3,$$

$$\sigma = 1 - \frac{1}{c \log^7 3} \qquad \text{für } -3 \leqq t \leqq 3,$$

$$\sigma = 1 - \frac{1}{c \log^7(-t)} \quad \text{für } t \leqq -3$$

liegt, inkl. der Kurve selbst, und es ist für $|t| \geqq 3$, $\sigma \geqq 1 - \dfrac{1}{c \log^7 |t|}$

$$|K(s)| < b \log^5 |t|.$$

Die Anwendung des Cauchyschen Satzes im Sinne des § 65 gilt unverändert mit der Erleichterung, daß hier $s = 1$ regulär ist. Da die Abschätzungen des Randintegrals wörtlich unverändert bleiben, ergibt sich aus

$$\sum_{n=1}^{x} \mu(n) \log \frac{x}{n} = \frac{1}{2\pi i} \int_{2-\infty i}^{2+\infty i} \frac{x^s}{s^2} \frac{1}{\zeta(s)} \, ds$$

durch jene Anwendung des Cauchyschen Satzes für alle $\varepsilon > 0$

$$\sum_{n=1}^{x} \mu(n) \log \frac{x}{n} = O\left(x e^{-8+\varepsilon \sqrt{\log x}} \right);$$

hieraus folgt,

$$\delta = e^{-8+2\varepsilon \sqrt{\log x}}$$

gesetzt, weiter

$$\sum_{n=1}^{x+\delta x} \mu(n) \log \frac{(1+\delta)x}{n} = O\left(x e^{-8+\varepsilon \sqrt{\log x}} \right),$$

$$\log(1+\delta) M(x) + \sum_{n=x+1}^{x+\delta x} \mu(n) \log \frac{(1+\delta)x}{n} = O\left(x e^{-8+\varepsilon \sqrt{\log x}} \right),$$

$$\log(1+\delta) M(x) = O\left(x e^{-8+\varepsilon \sqrt{\log x}} \right) + O(\delta x \log(1+\delta))$$

$$= O(\delta^2 x),$$

$$M(x) = O(\delta x),$$

also für $\gamma > 8$ (übrigens ebenso für alle $\gamma > U+2$, also auch für $\gamma = 8$)

$$M(x) = O\left(x e^{-\gamma \sqrt{\log x}} \right),$$

insbesondere für jedes q

$$M(x) = O\left(\frac{x}{\log^q x} \right).$$

§ 158.

$g(x)$ und $f(x)$.

Aus dem Ergebnis des vorigen Paragraphen folgt weiter, daß für jedes reelle q und jedes reelle t die Reihe

$$\sum_{n=2}^{\infty} \frac{\mu(n) \log^q n}{n^{1+ti}}$$

konvergiert; das ergibt sich nämlich wörtlich so, wie in § 121 aus

$$\sum_{p \leqq x} \chi(p) = O\left(x e^{-\gamma\sqrt{\log x}}\right)$$

die Konvergenz von

$$\sum_{p} \frac{\chi(p)\log^q p}{p^{1+ti}}.$$

Ich wiederhole hier den Schluß, zumal dies dritte Buch auch für einen Leser geschrieben ist, der das zweite Buch mit seinen zahlentheoretischen Entwicklungen über die Charaktere überschlagen hat und nur die Gesetze der Verteilung der Primzahlen überhaupt, nicht die in der arithmetischen Progression, kennen lernen will.

Aus

$$M(x) = O\left(\frac{x}{\log^{q+2} x}\right)$$

folgt für $x \geqq 2$

$$M_q(x) = \sum_{n=2}^{x} \mu(n)\log^q n$$

$$= \sum_{n=2}^{x} (M(n) - M(n-1))\log^q n$$

$$\text{(1)} \qquad = \sum_{n=2}^{x} M(n)(\log^q n - \log^q(n+1)) - \log^q 2 + M(x)\log^q([x]+1)$$

$$= O\sum_{n=2}^{x} \frac{n}{\log^{q+2} n}\,\frac{\log^{q-1} n}{n} + O\left(\frac{x}{\log^2 x}\right)$$

$$= O\sum_{n=2}^{x} \frac{1}{\log^3 n} + O\left(\frac{x}{\log^2 x}\right)$$

$$= O\left(\frac{x}{\log^2 x}\right),$$

also bei ganzen v, w, wo $w \geqq v \geqq 2$ ist,

$$\sum_{n=v}^{w} \frac{\mu(n)\log^q n}{n^{1+ti}} = \sum_{n=v}^{w} \frac{M_q(n) - M_q(n-1)}{n^{1+ti}}$$

$$\text{(2)} \qquad = \sum_{n=v}^{w} M_q(n)\left(\frac{1}{n^{1+ti}} - \frac{1}{(n+1)^{1+ti}}\right) - \frac{M_q(v-1)}{v^{1+ti}} + \frac{M_q(w)}{(w+1)^{1+ti}}$$

$$= \sum_{n=v}^{w} O\left(\frac{n}{\log^2 n}\cdot\frac{1}{n^2}\right) + O\left(\frac{1}{\log^2 v}\right) + O\left(\frac{1}{\log^2 w}\right),$$

was für $v = \infty$, $w = \infty$ den Limes 0 hat.

Schärfer ergibt sich wegen

$$M(x) = O\left(x\, e^{-\frac{U+2+\varepsilon}{\sqrt{\log x}}}\right),$$

wo ε eine beliebige positive Konstante bezeichnet, nach (1)

$$M_q(x) = O\sum_{n=2}^{x} n\, e^{-\frac{U+2+\varepsilon}{\sqrt{\log n}}}\frac{\log^{q-1} n}{n} + O\left(x\log^q x\, e^{-\frac{U+2+\varepsilon}{\sqrt{\log x}}}\right)$$

$$= O\sum_{n=2}^{x} e^{-\frac{U+2+2\varepsilon}{\sqrt{\log n}}} + O\left(x\, e^{-\frac{U+2+2\varepsilon}{\sqrt{\log x}}}\right)$$

$$= O\sum_{n=2}^{\sqrt{x}} 1 + O\sum_{n=\sqrt{x}+1}^{x} e^{-\frac{U+2+2\varepsilon}{\sqrt{\log (\sqrt{x})}}} + O\left(x\, e^{-\frac{U+2+2\varepsilon}{\sqrt{\log x}}}\right)$$

$$= O(\sqrt{x}) + O\left(x\, e^{-\frac{1}{U+2+2\varepsilon}\cdot\frac{U+2+2\varepsilon}{\sqrt{2}}\cdot\frac{1}{\sqrt{\log x}}}\right) + O\left(x\, e^{-\frac{U+2+2\varepsilon}{\sqrt{\log x}}}\right)$$

$$= O\left(x\, e^{-\frac{U+2+3\varepsilon}{\sqrt{\log x}}}\right),$$

also nach (2) die Restabschätzung

$$\sum_{n=x+1}^{\infty}\frac{\mu(n)\log^q n}{n^{1+ti}} = O\sum_{n=x+1}^{\infty} n\, e^{-\frac{U+2+3\varepsilon}{\sqrt{\log n}}}\frac{1}{n^2} + O\left(e^{-\frac{U+2+3\varepsilon}{\sqrt{\log x}}}\right)$$

$$= O\sum_{n=x+1}^{\infty} e^{-\frac{U+2+4\varepsilon}{\sqrt{\log n}}}\frac{1}{n\log^2 n} + O\left(e^{-\frac{U+2+3\varepsilon}{\sqrt{\log x}}}\right)$$

$$= O\left(e^{-\frac{U+2+4\varepsilon}{\sqrt{\log x}}}\sum_{n=x+1}^{\infty}\frac{1}{n\log^2 n}\right) + O\left(e^{-\frac{U+2+3\varepsilon}{\sqrt{\log x}}}\right)$$

$$= O\left(e^{-\frac{U+2+4\varepsilon}{\sqrt{\log x}}}\right),$$

folglich für alle $\gamma > U + 2$

$$\sum_{n=2}^{x}\frac{\mu(n)\log^q n}{n^{1+ti}} = \sum_{n=2}^{\infty}\frac{\mu(n)\log^q n}{n^{1+ti}} + O\left(e^{-\gamma\sqrt{\log x}}\right).$$

Speziell ist, $t = 0$, $q = 0$ gesetzt,

$$\sum_{n=2}^{x}\frac{\mu(n)}{n} = \sum_{n=2}^{\infty}\frac{\mu(n)}{n} + O\left(e^{-\gamma\sqrt{\log x}}\right),$$

folglich

$$g(x) = O\left(e^{-\sqrt[\gamma]{\log x}}\right)$$

und für $t = 0$, $q = 1$

$$f(x) = -1 + O\left(e^{-\sqrt[\gamma]{\log x}}\right).$$

Ich hebe noch besonders hervor, daß aus der in diesem Paragraphen bewiesenen Konvergenz von

$$\sum_{n=1}^{\infty} \frac{\mu(n)}{n^s}$$

auf der ganzen Geraden $\sigma = 1$ ebenda nach dem Stetigkeitssatz Dirichletscher Reihen die Gleichung

$$\frac{1}{\zeta(s)} = \sum_{n=1}^{\infty} \frac{\mu(n)}{n^s}$$

folgt.

Dreiundvierzigstes Kapitel.

Der Primzahlsatz als Folge von $\displaystyle\sum_{n=1}^{\infty} \frac{\mu(n)\log n}{n} = -1$.

§ 159.

Die Tragweite dieser Tatsache.

Aus dem Primzahlsatz allein hat sich oben zwar ergeben, daß

$$\sum_{n=1}^{\infty} \frac{\mu(n)}{n}$$

konvergiert, aber nicht, daß

$$\sum_{n=1}^{\infty} \frac{\mu(n)\log n}{n}$$

konvergiert. Dieser Satz liegt tiefer als der Primzahlsatz; aus ihm läßt sich umgekehrt, wie im nächsten Paragraphen gezeigt werden wird, der Primzahlsatz elementar ableiten. Das macht recht deutlich, wieso Tschebyschef und seine Nachfolger auf Grund der Identitäten

$$T(x) = \sum_{n=1}^{x} \psi\left(\frac{x}{n}\right)$$

und

$$\psi(x) = \sum_{n=1}^{x} \mu(n)\, T\left(\frac{x}{n}\right).$$

nicht zu dem Ziele gelangt sind, den Primzahlsatz elementar zu beweisen. Die Anfangsglieder der Ausdrücke $U(x)$ im Sinne der §§ 21 bis 23 kommen eben auf die von

$$\sum_{n} \mu(n)\, T\left(\frac{x}{n}\right)$$

hinaus; die Konstante, die bei Anwendung immer schärferer Ausdrücke 1 werden soll, ist gerade ein Aggregat, welches anfangs mit

$$(1) \qquad \sum_{n=1}^{\infty} \frac{-\mu(n)\log n}{n}$$

um so genauer übereinstimmt, je mehr Glieder der Ausdruck $U(x)$ enthält. Daß aber die Reihe (1) auch nur konvergiert, läßt sich zur Zeit nicht einmal aus dem Primzahlsatz (zu dessen Beweise es doch bei Anwendung der Tschebyschefschen Methode dienen soll) allein elementar erschließen.

§ 160.

Beweis des Überganges durch einen allgemeinen Grenzwertsatz.

Ich will den Übergang zum Primzahlsatz von

$$\sum_{n=1}^{\infty} \frac{\mu(n)\log n}{n} = -1$$

aus, um auch etwas Neues dabei herauszubekommen, gleich viel allgemeiner ausführen, indem ich einen Grenzwertsatz beweise, dessen Wortlaut fast von aller Zahlentheorie frei ist.

Ich erinnere an folgenden seit einiger Zeit in der Theorie der Funktionen reeller Variabeln mit Nutzen eingeführten Begriff (den der Leser übrigens noch nicht zu kennen braucht, da ich nur die Definition, keine Eigenschaften dieses Begriffes anwende): Eine reelle Funktion $f(x)$, die für $a \leq x \leq b\,(b > a)$ definiert ist, heißt in diesem Intervall von beschränkter Schwankung, wenn es eine Zahl g derart gibt, daß bei jeder Wahl von beliebig vielen Teilpunkten

$$a \leq x_1 < x_2 < \cdots < x_n \leq b$$

die Ungleichung

$$(1) \quad |f(x_1) - f(x_2)| + |f(x_2) - f(x_3)| + \cdots + |f(x_{n-1}) - f(x_n)| < g$$

erfüllt ist.

D. h. die „Schwankungssumme" auf der linken Seite von (1) hat eine endliche obere Grenze.

Zu den Funktionen, welche im Intervall $(a \cdots b)$ von beschränkter Schwankung sind, gehören gewiß folgende zwei Klassen:

1. Diejenigen, welche für jede Strecke $g \leq x < g + 1$, wo g ganz ist, soweit dieselbe dem Intervall $(a \cdots b)$ angehört, konstant sind.

2. Diejenigen, welche mit wachsendem x im Intervall $(a \cdots b)$ niemals abnehmen; in der Tat ist für letztere

$$|f(x_1) - f(x_2)| + \cdots + |f(x_{n-1}) - f(x_n)| = f(x_n) - f(x_1)$$
$$\leq f(b) - f(a).$$

Es besteht nun folgender Satz, bei dem $\psi(x)$ und $T(x)$ durchaus nicht die spezielle Bedeutung zu haben brauchen, die ihnen beim Primzahlproblem zukommt:

Satz: Es sei $\psi(x)$ eine für alle $x \geq 1$ definierte reelle (stetige oder unstetige) Funktion von x. $\psi(x)$ sei so beschaffen, daß die aus ihr durch die Gleichung

$$T(x) = \sum_{n=1}^{x} \psi\left(\frac{x}{n}\right)$$

für $x \geq 1$ entstehende Funktion folgende zwei Bedingungen erfüllt.

Erstens soll

$$(2) \qquad T(x) = x \log x + bx + O(\omega(x))$$

sein, wo b eine Konstante ist, $\omega(x)$ eine Funktion von x, welche von einer gewissen Stelle ξ an positiv ist, niemals abnimmt und so beschaffen ist, daß das Integral

$$\int_{\xi}^{\infty} \frac{\omega(x)}{x^2} \, dx$$

konvergiert.

Zweitens soll $T(x)$ für jedes endliche $y > 1$ im Intervall $1 \leq x \leq y$ von beschränkter Schwankung sein.

Dann ist

$$\lim_{x=\infty} \frac{\psi(x)}{x} = 1.$$

Vor dem Beweise will ich auf mehrere wichtige Spezialfälle dieses Satzes aufmerksam machen, deren jeder den Fall des Primzahlproblems noch in sich enthält.

Die erste Voraussetzung über $T(x)$ ist gewiß in folgenden Fällen erfüllt:

$$\omega(x) = \log x,$$
$$\omega(x) = x^{\Theta} \qquad (0 < \Theta < 1),$$
$$\omega(x) = \frac{x}{\log^2 x},$$
$$\omega(x) = \frac{x}{\log^{1+\delta} x} \qquad (\delta > 0),$$
$$\omega(x) = \frac{x}{\log x \, (\log\log x)^{1+\delta}} \qquad (\delta > 0)$$

usw.

Die zweite Voraussetzung ist insbesondere in folgenden zwei Fällen erfüllt:

1. Wenn für $g \leq x < g+1$ ($g \geq 1$ ganz) die Funktion $\psi(x)$ jedesmal konstant ist. In der Tat ist dann offenbar $T(x)$ auch jedesmal für $g \leq x < g+1$ konstant.

2. Wenn für $x \geq 1$ mit wachsendem x die Funktion $T(x)$ niemals abnimmt, also insbesondere, wenn dies von $\psi(x)$ gilt und $\psi(x) \geq 0$ ist.

Beweis: Ohne Beschränkung der Allgemeinheit darf $\xi = 1$ angenommen werden; sonst kann man ja auf der Strecke $(1 \cdots \xi)$ die Funktion $\omega(x)$ passend definieren.

Aus der vorausgesetzten Konvergenz von

$$\int\limits_{1}^{\infty} \frac{\omega(x)}{x^2}\, dx$$

und der Annahme, daß $\omega(x)$ mit wachsendem x von Anfang ($x = 1$) an niemals abnimmt, folgt wegen

$$\int\limits_{x}^{2x} \frac{\omega(u)}{u^2}\, du \geq \frac{\omega(x)}{4x^2} \cdot x$$
$$= \frac{\omega(x)}{4x}$$
$$\lim_{x=\infty} \frac{\omega(x)}{x} = 0,$$

also nach der Voraussetzung (2)

$$\lim_{x=\infty} \frac{T(x)}{x \log x} = 1.$$

Es bezeichne $V(y)$ für $y > 1$ die obere Grenze der Schwankungs-summe von $T(x)$ im Intervall $(1 \cdots y)$, für $y = 1$ den Wert 0. Dann nimmt offenbar $V(y)$ mit wachsendem y niemals ab. Es ist also entweder

$$\lim_{y=\infty} V(y)$$

vorhanden (endlich) oder

$$\lim_{y=\infty} V(y) = \infty.$$

Offenbar liegt der letztere Fall vor; denn es ist

$$V(y) \geqq |T(y) - T(1)|$$

und

$$\lim_{y=\infty} T(y) = \infty.$$

Ich definiere für alle $x \geqq 1$ die Funktion $z = z(x)$ als die Hälfte der oberen Grenze der Werte y, für welche

$$V(y) \leqq \log x$$

ist. Offenbar nimmt $z = z(x)$ mit wachsendem x niemals ab und wächst mit x ins Unendliche. Es ist ferner

$$V(\sqrt{x}) \geqq |T(\sqrt{x}) - T(1)|$$
$$\sim \tfrac{1}{2} \sqrt{x} \log x,$$

also von einer gewissen Stelle an

$$V(\sqrt{x}) > \log x,$$

folglich wegen

$$V(z) \leqq \log x$$

für alle hinreichend großen x

$$z < \sqrt{x}.$$

x sei gleich so groß $(x > \alpha)$ gewählt, daß

$$1 < z < \sqrt{x},$$

also

$$x > \frac{x}{z} > \sqrt{x}$$

ist.

Aus

$$T(x) = \sum_{n=1}^{x} \psi\left(\frac{x}{n}\right)$$

ergibt sich nach dem zweiten Satz des § 152

$$\psi(x) = \sum_{n=1}^{x} \mu(n)\, T\left(\frac{x}{n}\right),$$

also

$$\psi(x) = \sum_{n=1}^{\frac{x}{z}} \mu(n)\, T\left(\frac{x}{n}\right) + \sum_{n=\frac{x}{z}+1}^{x} \mu(n)\, T\left(\frac{x}{n}\right)$$

$$= \Sigma_1 + \Sigma_2.$$

Hierin ist

$$\sum_1 = \sum_{n=1}^{\frac{x}{z}} \mu(n)\left(\frac{x}{n}\log\frac{x}{n} + b\,\frac{x}{n}\right) + O\sum_{n=1}^{\frac{x}{z}} \omega\left(\frac{x}{n}\right)$$

$$(3) \qquad\qquad = (x\log x + bx)\, g\left(\frac{x}{z}\right) - x f\left(\frac{x}{z}\right) + O\sum_{n=1}^{\frac{x}{z}} \omega\left(\frac{x}{n}\right).$$

Wegen

$$f(x) = -1 + o(1)$$

ist

$$g(x) = o\left(\frac{1}{\log x}\right);$$

denn wegen der Konvergenz von

$$\sum_{n=1}^{\infty} \frac{\mu(n)\log n}{n}$$

konvergiert

$$\sum_{n=1}^{\infty} \frac{\mu(n)}{n}$$

nach dem zweiten Satz des § 30; daher ist nach § 153

$$\sum_{n=1}^{\infty} \frac{\mu(n)}{n} = 0,$$

also für $x \geq 1$

$$g(x) = -\sum_{n=x+1}^{\infty} \frac{(1 + f(n)) - (1 + f(n-1))}{\log n}$$

$$= -\sum_{n=x+1}^{\infty} (1 + f(n))\left(\frac{1}{\log n} - \frac{1}{\log(n+1)}\right) + \frac{1 + f(x)}{\log([x]+1)}$$

$$= o \sum_{n=x+1}^{\infty} \left(\frac{1}{\log n} - \frac{1}{\log(n+1)} \right) + o \left(\frac{1}{\log x} \right)$$

$$= o \left(\frac{1}{\log x} \right).$$

Da ferner $\omega\left(\dfrac{x}{u}\right)$ für $1 \leq u \leq \dfrac{x}{z}$ positiv ist und mit wachsendem u niemals zunimmt, liefert (3)

$$\Sigma_1 = (x \log x + bx) o \left(\frac{1}{\log \frac{x}{z}} \right) + x + x o(1) + O(\omega(x)) + O \int_1^{\frac{x}{z}} \omega\left(\frac{x}{u}\right) du,$$

also, da oben

$$\omega(x) = o(x)$$

festgestellt war,

$$\Sigma_1 = o \left(x \log x \frac{1}{\log(\sqrt{x})} \right) + x + o(x) + o(x) + O \left(x \int_z^x \frac{\omega(v)}{v^2} dv \right)$$

$$= x + o(x) + O \left(x \int_z^x \frac{\omega(v)}{v^2} dv \right),$$

folglich wegen

$$\lim_{x = \infty} \int_z^x \frac{\omega(v)}{v^2} dv = 0$$

$$\Sigma_1 = x + o(x).$$

Für Σ_2 konstatiere ich zunächst, daß aus

$$g(x) = o \left(\frac{1}{\log x} \right)$$

für $x \geq 1$ folgt:

$$M(x) = \sum_{n=1}^{x} n(g(n) - g(n-1))$$

$$= \sum_{n=1}^{x} g(n)(n - (n+1)) + g(x)([x] + 1)$$

$$= \sum_{n=2}^{x} o \left(\frac{1}{\log n} \right) + o \left(\frac{x}{\log x} \right)$$

$$= o \sum_{n=2}^{x} \frac{1}{\log n} + o \left(\frac{x}{\log x} \right)$$

$$= o \left(\frac{x}{\log x} \right).$$

Daher ist

$$\sum{}_{\!2} = \sum_{n=\frac{x}{z}+1}^{x} (M(n) - M(n-1))\, T\!\left(\frac{x}{n}\right)$$

$$= \sum_{n=\frac{x}{z}+1}^{x-1} M(n)\left(T\!\left(\frac{x}{n}\right) - T\!\left(\frac{x}{n+1}\right)\right) - M\!\left(\frac{x}{z}\right) T\!\left(\frac{x}{\left[\frac{x}{z}\right]+1}\right) + M(x)\, T\!\left(\frac{x}{[x]}\right)$$

$$= o\sum_{n=\frac{x}{z}+1}^{x-1} \frac{n}{\log n}\left| T\!\left(\frac{x}{n}\right) - T\!\left(\frac{x}{n+1}\right)\right| + o\!\left(\frac{x}{\log x}\right) O\!\left(V\!\left(\frac{x}{\frac{x}{z}}\right)\right) + o\!\left(\frac{x}{\log x}\right)$$

$$= o\!\left(\frac{x}{\log x}\sum_{n=\frac{x}{z}+1}^{x-1}\left| T\!\left(\frac{x}{n}\right) - T\!\left(\frac{x}{n+1}\right)\right|\right) + o\!\left(\frac{x}{\log x}\,V(z)\right) + o\!\left(\frac{x}{\log x}\right)$$

$$= o\!\left(\frac{x}{\log x}\,V(z)\right) + o\!\left(\frac{x}{\log x}\,V(z)\right) + o\!\left(\frac{x}{\log x}\right)$$

$$= o\!\left(\frac{x}{\log x}\,\log x\right) + o\!\left(\frac{x}{\log x}\right)$$

$$= o(x).$$

Zusammengenommen ergibt sich

$$\psi(x) = \sum{}_{\!1} + \sum{}_{\!2}$$
$$= x + o(x),$$

was zu beweisen war.

Vierundvierzigstes Kapitel.

Die Funktion $Q(x)$.

§ 161.

Identitäten und elementare Abschätzungen.

Als Beispiel hatten wir schon in § 152 bewiesen, daß für $x \geq 0$

$$(1) \qquad Q(x) = \sum_{n=1}^{\sqrt{x}} \mu(n)\left[\frac{x}{n^2}\right]$$

und infolgedessen

$$(2) \qquad Q(x) = \frac{6}{\pi^2}x + O(\sqrt{x})$$

ist.

Hinter der Relation (1) steckt eine Identität für Dirichletsche Reihen. Für $s > 1$ ist, wenn q die quadratfreien Zahlen durchläuft,

$$\sum_q \frac{1}{q^s} = \prod_p \left(1 + \frac{1}{p^s}\right)$$

$$= \prod_p \frac{1 - \dfrac{1}{p^{2s}}}{1 - \dfrac{1}{p^s}}$$

$$= \frac{\zeta(s)}{\zeta(2s)}$$

$$= \sum_{n=1}^\infty \frac{1}{n^s} \sum_{n=1}^\infty \frac{\mu(n)}{n^{2s}}.$$

Hieraus liest man direkt für $x \geqq 0$ ab:

$$Q(x) = \sum_{n^2 m \leqq x} \mu(n)$$

$$= \sum_{n=1}^{\sqrt{x}} \mu(n) \left[\frac{x}{n^2}\right]$$

und übrigens auch:

$$Q(x) = \sum_{m=1}^{x} \sum_{n=1}^{\sqrt{\frac{x}{m}}} \mu(n)$$

$$= \sum_{m=1}^{x} M\left(\sqrt{\frac{x}{m}}\right).$$

Ebenso folgt aus

$$\zeta(s) = \zeta(2s) \sum_q \frac{1}{q^s},$$

$$\sum_{n=1}^\infty \frac{1}{n^s} = \sum_{n=1}^\infty \frac{1}{n^{2s}} \sum_q \frac{1}{q^s}$$

für $x \geqq 0$ die Identität

$$[x] = \sum_{n^2 q \leqq x} 1$$

$$= \sum_{n=1}^{\sqrt{x}} \sum_{q \leqq \frac{x}{n^2}} 1$$

$$= \sum_{n=1}^{\sqrt{x}} Q\left(\frac{x}{n^2}\right)$$

und übrigens auch

$$[x] = \sum_{q \leq x} \sum_{n=1}^{\sqrt{\frac{x}{q}}} 1$$

$$= \sum_{q \leq x} \left[\sqrt{\frac{x}{q}} \right].$$

Aus (2) folgt, wenn $Q_1(x)$ bzw. $Q_2(x)$ die Anzahl der quadratfreien Zahlen bis x bezeichnet, für welche

$$\mu(n) = + 1$$

bzw.

$$\mu(n) = - 1$$

ist, d. h. für welche die Primfaktorenzahl gerade bzw. ungerade ist,

$$Q_1(x) + Q_2(x) \sim \frac{6}{\pi^2} x.$$

Da nun

$$Q_1(x) - Q_2(x) = M(x)$$
$$= o(x)$$

ist, so ist

$$Q_1(x) \sim \frac{3}{\pi^2} x,$$

$$Q_2(x) \sim \frac{3}{\pi^2} x,$$

$$Q_1(x) \sim Q_2(x),$$

wie in § 150 angekündigt war.

§ 162.

Genauere Abschätzung von $Q(x)$ mit Hilfe von $M(x) = o(x)$.

Ich will nun, und zwar, da es möglich ist, nur unter Benutzung von

$$M(x) = o(x),$$

beweisen:

Satz:

$$Q(x) = \frac{6}{\pi^2} x + o(\sqrt{x}).$$

Beweis: Es sei $x \geq 1$ und $\eta(x)$ der größte Wert von

$$\sqrt{\frac{|M(z)|}{z}}$$

für alle $z \geq \sqrt{x}$. Ein solcher größter Wert existiert natürlich, da

$$(1) \qquad\qquad \lim_{z = \infty} \frac{|M(z)|}{z} = 0$$

ist und in jedem ganzzahligen Intervall $g \leq z < g + 1$ der Ausdruck

$$\frac{|M(z)|}{z}$$

in g am größten ist. Wegen (1) ist

$$\lim_{x = \infty} \eta(x) = 0.$$

Es sei ferner

$$\delta(x) = \text{Max.}\left(\frac{1}{\sqrt[4]{x}},\ \eta(x)\right);$$

dann ist $\delta(x)$ positiv und

$$\lim_{x = \infty} \delta(x) = 0.$$

x werde gleich so groß gewählt, daß $\delta < 1$ ist. Es ist

$$Q(x) = \sum_{n^2 m \leq x} \mu(n)$$

$$= \sum_{n=1}^{\delta\sqrt{x}} \mu(n) \sum_{m=1}^{\frac{x}{n^2}} 1 + \sum_{m=1}^{\frac{1}{\delta^2}} \sum_{n=1}^{\sqrt{\frac{x}{m}}} \mu(n) - \sum_{n=1}^{\delta\sqrt{x}} \mu(n) \sum_{m=1}^{\frac{1}{\delta^2}} 1$$

$$(2) \qquad = \sum_{n=1}^{\delta\sqrt{x}} \mu(n)\left[\frac{x}{n^2}\right] + \sum_{m=1}^{\frac{1}{\delta^2}} M\left(\sqrt{\frac{x}{m}}\right) - M(\delta\sqrt{x})\left[\frac{1}{\delta^2}\right].$$

Hierin ist

$$\sum_{n=1}^{\delta\sqrt{x}} \mu(n)\left[\frac{x}{n^2}\right] = \sum_{n=1}^{\delta\sqrt{x}} \mu(n)\frac{x}{n^2} + O(\delta\sqrt{x})$$

$$= x \sum_{n=1}^{\delta\sqrt{x}} \frac{\mu(n)}{n^2} + o(\sqrt{x})$$

$$= x\left(\frac{6}{\pi^2} - \sum_{n=\delta\sqrt{x}+1}^{\infty} \frac{\mu(n)}{n^2}\right) + o(\sqrt{x})$$

$$= \frac{6}{\pi^2}x + o(\sqrt{x}) - x \sum_{n=\delta\sqrt{x}+1}^{\infty} \frac{M(n) - M(n-1)}{n^2}$$

$$= \frac{6}{\pi^2}x + o(\sqrt{x}) - x \sum_{n=\delta\sqrt{x}+1}^{\infty} M(n)\left(\frac{1}{n^2} - \frac{1}{(n+1)^2}\right) + x \frac{M(\delta\sqrt{x})}{([\delta\sqrt{x}] + 1)^2}.$$

Da in der Summe rechts wegen

$$n > \delta \sqrt{x}$$
$$\geqq \sqrt[4]{x}$$

der absolute Betrag des ersten Faktors

$$|M(n)| = \left|\frac{M(n)}{n}\right| n$$
$$\leqq (\eta(x))^2 n$$
$$\leqq (\delta(x))^2 n$$

ist und im letzten Einzelglied analog

$$|M(\delta\sqrt{x})| \leqq (\delta(x))^2 \delta\sqrt{x}$$
$$= (\delta(x))^3 \sqrt{x}$$

ist, so ergibt sich

$$\sum_{n=1}^{\delta\sqrt{x}} \mu(n)\left[\frac{x}{n^2}\right] = \frac{6}{\pi^2}x + o(\sqrt{x}) + O\left(\delta^2 x \sum_{n=\delta\sqrt{x}+1}^{\infty} n \cdot \frac{1}{n^3}\right) + O\left(x\frac{\delta^3\sqrt{x}}{\delta^2 x}\right)$$
$$= \frac{6}{\pi^2}x + o(\sqrt{x}) + O\left(\frac{\delta^2 x}{\delta\sqrt{x}}\right) + O(\delta\sqrt{x})$$
$$= \frac{6}{\pi^2}x + o(\sqrt{x}) + O(\delta\sqrt{x})$$
$$= \frac{6}{\pi^2}x + o(\sqrt{x}).$$

Auch in

$$\sum_{m=1}^{\frac{1}{\delta^2}} M\left(\sqrt{\frac{x}{m}}\right)$$

ist jedes auftretende Argument von M

$$\sqrt{\frac{x}{m}} \geqq \delta\sqrt{x}$$
$$\geqq \sqrt[4]{x},$$

also

$$\left|M\left(\sqrt{\frac{x}{m}}\right)\right| \leqq (\delta(x))^2 \sqrt{\frac{x}{m}};$$

das gibt

$$\sum_{m=1}^{\frac{1}{\delta^2}} M\left(\sqrt{\frac{x}{m}}\right) = O\left(\delta^2\sqrt{x} \sum_{m=1}^{\frac{1}{\delta^2}} \frac{1}{\sqrt{m}}\right)$$

$$= O\left(\delta^2 \sqrt{x}\; \frac{1}{\delta}\right)$$

$$= O(\delta \sqrt{x})$$

$$= o(\sqrt{x}).$$

Endlich ist

$$M(\delta\sqrt{x})\left[\frac{1}{\delta^2}\right] = O\left(\delta^3\sqrt{x}\;\frac{1}{\delta^2}\right)$$

$$= O(\delta\sqrt{x})$$

$$= o(\sqrt{x}).$$

Zusammengenommen ergibt sich also aus (2)

$$Q(x) = \frac{6}{\pi^2}x + o(\sqrt{x}) + o(\sqrt{x}) + o(\sqrt{x})$$

$$= \frac{6}{\pi^2}x + o(\sqrt{x}).$$

Zwölfter Teil.

Anwendung der Sätze über die Nullstellen der Zetafunktion.

Fünfundvierzigstes Kapitel.

Hilfssätze über $\dfrac{1}{\zeta(s)}$.

§ 163.

Hilfssätze über $\dfrac{1}{\zeta(s)}$.

Satz: Es habe das positive a die Bedeutung von §§ 79—80:
Für $t \geqq t_0$ (wo $t_0 \geqq 3$ ist), $\sigma \geqq 1 - \dfrac{1}{a}\dfrac{1}{\log t}$ ist

$$\zeta(s) \neq 0.$$

Dann ist bei jedem positiven $b < \dfrac{1}{a}$ für $t \geqq t_0$, $\sigma \geqq 1 - \dfrac{b}{\log t}$

$$\left| \frac{1}{\zeta(s)} \right| < \log^{c_1} t.$$

Das folgt nicht etwa schon aus den früheren Resultaten; denn aus der in § 80 nebenbei bewiesenen Relation

$$\log \zeta(s) = O\left(\log t \log \log t\right)$$

folgt nur

$$\frac{1}{\zeta(s)} = O\left(t^{c \log \log t}\right)$$

$$= O\left((\log t)^{c \log t}\right).$$

Beweis: Es sei b_1 so gewählt, daß

$$b < b_1 < \frac{1}{a}$$

ist.

In die Formel des § 73

$$|\Re F(s)| \leqq |\beta|\,\frac{r+\varrho}{r-\varrho} + 2A\,\frac{\varrho}{r-\varrho} \quad \text{für } |s - s_0| \leqq \varrho < r$$

setze ich

$$F(s) = \log \zeta(s),$$

$$s_0 = 1 + \frac{1}{\log t} + ti,$$

$$r = \frac{1 + b_1}{\log t},$$

$$\varrho = \frac{1 + b}{\log t}.$$

Für $t \geq t_1$, wo t_1 passend wählbar ist, gehören alle Punkte $u + vi$ des Kreises $|s - s_0| \leq r$ dem Gebiete

$$v \geq t_0, \quad u \geq 1 - \frac{1}{a}\,\frac{1}{\log v}$$

an, und es ist ferner

$$|\beta| = \left| \Re \log \zeta\left(1 + \frac{1}{\log t} + ti\right) \right|$$

$$\leq \left| \log \zeta\left(1 + \frac{1}{\log t} + ti\right) \right|$$

$$\leq \log \zeta\left(1 + \frac{1}{\log t}\right)$$

$$< \log\left(c_2 \log t\right)$$

$$< c_3 \log \log t$$

und, da nach § 80 für $\sigma \geq 1 - \frac{1}{a}\,\frac{1}{\log t}$

$$\zeta(s) = O\left(\log t\right),$$

d. h. für $t \geq 3$, $\sigma \geq 1 - \frac{1}{a}\,\frac{1}{\log t}$

$$\Re \log \zeta(s) = \log |\zeta(s)|$$

$$< c_4 \log \log t$$

ist,

$$A < c_4 \log \log \left(t + \frac{1 + b_1}{\log t}\right)$$

$$< c_5 \log \log t.$$

Daher ist für $|s - s_0| \leq \varrho$

$$|\Re \log \zeta(s)| < c_3 \log \log t \, \frac{\frac{2 + b + b_1}{\log t}}{\frac{b_1 - b}{\log t}} + 2\,c_5 \log \log t \, \frac{\frac{1 + b}{\log t}}{\frac{b_1 - b}{\log t}}$$

$$= c_6 \log \log t,$$

also speziell für $s = \sigma + ti$, $t \geq t_1$, $1 - \frac{b}{\log t} \leq \sigma \leq 1 + \frac{1}{\log t}$

$$|\Re \log \zeta(s)| < c_6 \log \log t.$$

Für $t \geqq t_1$, $\sigma \geqq 1 + \dfrac{1}{\log t}$ ist

$$\left| \Re \log \zeta(s) \right| \leqq \left| \log \zeta(s) \right|$$

$$\leqq \log \zeta\left(1 + \frac{1}{\log t}\right)$$

$$< c_3 \log \log t.$$

Daher ist für $t \geqq t_1$, $\sigma \geqq 1 - \dfrac{b}{\log t}$

$$\left| \Re \log \zeta(s) \right| < c_7 \log \log t,$$

folglich für $t \geqq t_0$, $\sigma \geqq 1 - \dfrac{b}{\log t}$

$$\left| \Re \log \zeta(s) \right| < c_1 \log \log t,$$

$$\left| \log \left| \zeta(s) \right| \right| < c_1 \log \log t,$$

$$\log \left| \zeta(s) \right| > - c_1 \log \log t,$$

$$\left| \zeta(s) \right| > \frac{1}{\log^{c_1} t},$$

$$\frac{1}{\left| \zeta(s) \right|} < \log^{c_1} t.$$

Sechsundvierzigstes Kapitel.

Anwendungen auf $M(x)$, $g(x)$, $f(x)$.

§ 164.

Anwendungen auf $M(x)$, $g(x)$, $f(x)$.

Die Anwendung des Cauchyschen Satzes ergibt also wie in § 81, da in

$$(1) \qquad \left| \frac{1}{\zeta(s)} \right| < \log^{c_1} t$$

der Wert des Exponenten ganz unerheblich ist und nur die Konstante b des Gebietes $t \geqq t_0$, $\sigma \geqq 1 - \dfrac{b}{\log t}$, in dem (1) gilt, wesentlich ist, für alle

$$\alpha < \sqrt{b},$$

d. h. für alle

$$\alpha < \frac{1}{\sqrt{a}}$$

die Relation

(2) $$M(x) = O\left(x e^{-\alpha\sqrt{\log x}}\right);$$

da nämlich $s = 1$ eine reguläre Stelle ist, tritt das damalige Glied x hier nicht auf.

Hierin kann z. B. α die Konstante $\frac{1}{5}$ bedeuten.

Aus (2) folgt für dieselben $\alpha < \frac{1}{\sqrt{a}}$

$$g(x) = O\left(e^{-\alpha\sqrt{\log x}}\right)$$

und

$$f(x) = -1 + O\left(e^{-\alpha\sqrt{\log x}}\right).$$

In der Tat kann (analog zu § 158) aus (2) auf die Konvergenz von

$$\sum_{n=2}^{\infty} \frac{\mu(n)\log^q n}{n^{1+ti}} \quad (q \gtrless 0,\ t \gtrless 0)$$

nunmehr mit der Restabschätzung

$$\sum_{n=x+1}^{\infty} \frac{\mu(n)\log^q n}{n^{1+ti}} = O\left(e^{-\alpha\sqrt{\log x}}\right)$$

geschlossen werden; denn für das damalige

$$M_q(x) = \sum_{n=2}^{x} \mu(n)\log^q n$$

ergibt sich nunmehr, falls bei gegebenem positivem $\alpha < \frac{1}{\sqrt{a}}$ die Zahlen α_1 und $\alpha_2 < \alpha_1$ zwischen α und $\frac{1}{\sqrt{a}}$ gewählt werden,

$$M_q(x) = O\sum_{n=2}^{x} n\, e^{-\alpha_1\sqrt{\log n}}\,\frac{\log^{q-1} n}{n} + O\left(x\log^q x\, e^{-\alpha_1\sqrt{\log x}}\right)$$

$$= O\left(x e^{-\alpha_1\sqrt{\log x}} \sum_{n=2}^{x} \frac{\log^{q-1} n}{n}\right) + O\left(x e^{-\alpha_2\sqrt{\log x}}\right)$$

$$= O\left(x e^{-\alpha_2\sqrt{\log x}}\right)$$

und hieraus

$$\sum_{n=x+1}^{\infty} \frac{\mu(n)\log^q n}{n^{1+ti}} = O \sum_{n=x+1}^{\infty} \frac{1}{n} e^{-\alpha_2 \sqrt{\log n}} + O\left(e^{-\alpha_2 \sqrt{\log x}}\right)$$

$$= O \sum_{n=x+1}^{\infty} \frac{1}{n} e^{-\alpha \sqrt{\log n}} \frac{1}{\log^2 n} + O\left(e^{-\alpha_2 \sqrt{\log x}}\right)$$

$$= O\left(e^{-\alpha \sqrt{\log x}} \sum_{n=x+1}^{\infty} \frac{1}{n} \frac{1}{\log^2 n}\right) + O\left(e^{-\alpha_2 \sqrt{\log x}}\right)$$

$$= O\left(e^{-\alpha \sqrt{\log x}}\right).$$

Siebenundvierzigstes Kapitel.

Weitere Sätze über $\frac{1}{\zeta(s)}$.

§ 165.

Weitere Sätze über $\frac{1}{\zeta(s)}$.

Der Satz des § 163 ohne nähere Angabe von c_1 genügte für die vorliegenden Zwecke. Es erscheint aber doch von Interesse, insbesondere die obere Abschätzung von

$$\frac{1}{|\zeta(1+ti)|}$$

so genau auszuführen, als es die vorliegenden Mittel gestatten. In § 65 hatte sich

$$\frac{1}{\zeta(1+ti)} = O(\log^5 t),$$

allerbestens

$$\frac{1}{\zeta(1+ti)} = O(\log^{U-1} t)$$

ergeben, was ich jetzt erheblich verschärfen werde, durch den

Satz: Es ist

$$\frac{1}{\zeta(1+ti)} = O(\log t \, \log\log t).$$

Beweis: In

$$|\Re F(s)| \leqq |\beta| \frac{r+\varrho}{r-\varrho} + 2A \frac{\varrho}{r-\varrho}$$

setze ich

$$F(s) = \log \zeta(s),$$

$$s_0 = 1 + \frac{1}{\log t \, \log\log t} + t\,i,$$

$$r = \frac{1}{2\,a\,\log t} + \frac{1}{\log t \, \log\log t},$$

$$\varrho = \frac{1}{\log t \, \log\log t}.$$

Für $t \geqq t_1$ gehören alle Punkte $u + vi$ des Kreises $|s - s_0| \leqq r$ dem Gebiet

$$v \geqq t_0, \quad u \geqq 1 - \frac{1}{a}\,\frac{1}{\log v},$$

wie erforderlich, an. Ferner ist

$$|\beta| \leqq \left| \log \zeta \big(1 + \frac{1}{\log t \, \log\log t} + t i\big) \right|$$

$$\leqq \log \zeta \big(1 + \frac{1}{\log t \, \log\log t}\big)$$

$$< \log (c_8 \log t \, \log\log t)$$

$$= \log\log t + \log\log\log t + c_9$$

und, da für $\sigma \geqq 1 - \frac{1}{a}\,\frac{1}{\log t}$

$$\zeta(s) = O\,(\log t),$$

also für $t \geqq 3$, $\sigma \geqq 1 - \frac{1}{a}\,\frac{1}{\log t}$

$$\Re \log \zeta(s) < \log\log t + c_{10}$$

ist,

$$A < \log\log \big(t + \frac{1}{2\,a\,\log t} + \frac{1}{\log t \, \log\log t}\big) + c_{10}$$

$$< \log\log t + c_{11}.$$

Daher ist für $t \geqq t_1$ im Kreise $|s - s_0| \leqq \varrho$, also speziell im Punkte $s = 1 + ti$

$$|\Re \log \zeta(s)| < (\log\log t + \log\log\log t + c_9)\,\frac{\frac{1}{2\,a} + \frac{2}{\log\log t}}{\frac{1}{2\,a}}$$

$$+ 2\,(\log\log t + c_{11})\,\frac{\frac{1}{\log\log t}}{\frac{1}{2\,a}}$$

$$< \log\log t + \log\log\log t + c_{12},$$

40*

$$\Re \log \zeta(1 + ti) = \log |\zeta(1 + ti)|$$
$$> - \log \log t - \log \log \log t - c_{12},$$
$$|\zeta(1 + ti)| > \frac{1}{c_{13} \log t \log \log t},$$
$$\frac{1}{\zeta(1 + ti)} = O(\log t \log \log t).$$

Dies stellt im Verein mit

$$\zeta(1 + ti) = O(\log t)$$

die genaueste bekannte Abschätzung der Zetafunktion auf der Geraden $\sigma = 1$ nach oben und unten dar.

Dreizehnter Teil.

Die Funktion $\lambda(n)$.

Achtundvierzigstes Kapitel.

Identitäten.

§ 166.

Identitäten.

Ich will für $\lambda(n)$ nicht sukzessive die ganze Tragweite der einzelnen Methoden rekapitulieren, sondern nur die ersten arithmetischen Eigenschaften angeben und dann gleich mit Hilfe einer Identität zwischen $\lambda(n)$ und $\mu(n)$ den schärfsten Satz über

$$L(x) = \sum_{n=1}^{x} \lambda(n)$$

beweisen, welcher

$$L(x) = O\left(x e^{-\alpha \sqrt{\log x}}\right)$$

lautet.

$\lambda(n)$ genügt nach seiner Definition (vgl. § 150) für jedes Wertepaar a, b der Gleichung

$$\lambda(a b) = \lambda(a) \lambda(b),$$

was bei $\mu(n)$ nicht zutrifft.

Die erzeugende Funktion zu $\lambda(n)$ ist die für $s > 1$ konvergente[1] Dirichletsche Reihe

$$\sum_{n=1}^{\infty} \frac{\lambda(n)}{n^s} = \prod_{p} \left(1 - \frac{1}{p^s} + \frac{1}{p^{2s}} - \cdots\right).$$

$$= \prod_{p} \frac{1}{1 + \dfrac{1}{p^s}}$$

---

1) Damit soll hier, wie stets, nicht gesagt sein, daß **1** die genaue Konvergenzgrenze ist. Zu entscheiden, welches der genaue Konvergenzbereich dieser und der entsprechenden zu $\mu(n)$ gehörigen Reihe ist, ist eines der wichtigsten ungelösten Probleme der Primzahltheorie.

$$= \prod_p \frac{1 - \dfrac{1}{p^s}}{1 - \dfrac{1}{p^{2s}}}$$

$$= \frac{\zeta(2s)}{\zeta(s)}.$$

Dies zeigt

$$\lim_{s=1} \sum_{n=1}^{\infty} \frac{\lambda(n)}{n^s} = 0;$$

die Reihe

$$\sum_{n=1}^{\infty} \frac{\lambda(n)}{n}$$

ist also entweder divergent oder 0.

Weiter ist für $s > 1$

$$- \sum_{n=1}^{\infty} \frac{\lambda(n) \log n}{n^s} = - \frac{\zeta(2s)\, \zeta'(s)}{\zeta^2(s)} + \frac{2\,\zeta'(2s)}{\zeta(s)},$$

$$\lim_{s=1} \sum_{n=1}^{\infty} \frac{\lambda(n) \log n}{n^s} = - \zeta(2)$$

$$= - \frac{\pi^2}{6},$$

also

$$\sum_{n=1}^{\infty} \frac{\lambda(n) \log n}{n}$$

entweder divergent oder $= - \dfrac{\pi^2}{6}$.

Die Identität

$$\sum_{n=1}^{\infty} \frac{\lambda(n)}{n^s}\, \zeta(s) = \zeta(2s),$$

$$\sum_{n=1}^{\infty} \frac{\lambda(n)}{n^s} \sum_{n=1}^{\infty} \frac{1}{n^s} = \sum_{n=1}^{\infty} \frac{1}{n^{2s}}$$

liefert

$$\sum_{m \mid n} \lambda(m) \begin{cases} = 1 & \text{für Quadrate,} \\ = 0 & \text{für Nichtquadrate} \end{cases}$$

und für alle $x \geq 0$

$$\sum_{n=1}^{x} \lambda(n)\left[\frac{x}{n}\right] = \sum_{n=1}^{\sqrt{x}} 1$$

$$= [\sqrt{x}].$$

Die Identität

$$\sum_{n=1}^{\infty} \frac{\lambda(n)}{n^s} = \frac{1}{\zeta(s)}\,\zeta(2s)$$

(1)
$$= \sum_{n=1}^{\infty} \frac{\mu(n)}{n^s} \sum_{n=1}^{\infty} \frac{1}{n^{2s}}$$

liefert

(2)
$$\lambda(n) = \sum_{m^2 \mid n} \mu\left(\frac{n}{m^2}\right),$$

wo also m alle Zahlen durchläuft, deren Quadrat in n aufgeht.

(2) kann man direkt so einsehen: Die Summe rechts hat in Wahrheit nur ein von Null verschiedenes Glied, nämlich das, welches dem größten quadratischen Teiler m^2 von n entspricht. Für diesen ist aber, da $\frac{n}{m^2}$ quadratfrei ist,

$$\lambda(n) = \lambda(m^2)\,\lambda\left(\frac{n}{m^2}\right)$$

$$= \lambda(m^2)\,\mu\left(\frac{n}{m^2}\right)$$

$$= \mu\left(\frac{n}{m^2}\right).$$

Ferner ist nach (1) oder (2)

$$L(x) = \sum_{n=1}^{x} \lambda(n)$$

$$= \sum_{n=1}^{x} \sum_{m^2 \mid n} \mu\left(\frac{n}{m^2}\right)$$

$$= \sum_{l m^2 \leq x} \mu(l),$$

wo also l, m alle Zahlenpaare durchlaufen, für welche $l m^2 \leq x$ ist. Daraus folgt weiter für $x \geq 0$

$$L(x) = \sum_{m=1}^{\sqrt{x}} \sum_{l=1}^{\frac{x}{m^2}} \mu(l)$$

$$= \sum_{m=1}^{\sqrt{x}} M\left(\frac{x}{m^2}\right)$$

$$= \sum_{n=1}^{\sqrt{x}} M\left(\frac{x}{n^2}\right),$$

wo die Summe natürlich auch bis $n = \infty$ erstreckt werden kann.

Neunundvierzigstes Kapitel.

Abschätzungen von $L(x)$ und Folgerungen.

§ 167.

Abschätzungen von $L(x)$ und Folgerungen.

Aus der für gewisse positive α in § 164 bewiesenen Relation

$$M(x) = O\left(x\, e^{-\alpha\sqrt{\log x}}\right)$$

folgt

$$L(x) = \sum_{n=1}^{\sqrt{x}} M\left(\frac{x}{n^2}\right)$$

$$= O \sum_{n=1}^{\sqrt{x}} \frac{x}{n^2}\, e^{-\alpha\sqrt{\log x - 2\log n}}$$

$$= O\left(x \sum_{n=1}^{e^{\alpha\sqrt{\log x}}} \frac{1}{n^2}\, e^{-\alpha\sqrt{\log x - 2\log n}}\right) + O\left(x \sum_{n=e^{\alpha\sqrt{\log x}}+1}^{\sqrt{x}} \frac{1}{n^2}\, e^{-\alpha\sqrt{\log x - 2\log n}}\right)$$

$$= O\left(x\, e^{-\alpha\sqrt{\log x - 2\alpha\sqrt{\log x}}} \sum_{n=1}^{e^{\alpha\sqrt{\log x}}} \frac{1}{n^2}\right) + O\left(x \sum_{n=e^{\alpha\sqrt{\log x}}+1}^{\sqrt{x}} \frac{1}{n^2}\right)$$

$$= O\left(x\, e^{-\alpha\sqrt{\log x - 2\alpha\sqrt{\log x}}}\right) + O\left(x \sum_{n=e^{\alpha\sqrt{\log x}}+1}^{\infty} \frac{1}{n^2}\right)$$

$$= O\left(x\, e^{-\alpha\sqrt{\log x}}\right) + O\left(x\, e^{-\alpha\sqrt{\log x}}\right)$$

$$= O\left(x\, e^{-\alpha\sqrt{\log x}}\right).$$

Wenn $L_1(x)$ bzw. $L_2(x)$ die Anzahl der Zahlen $\leq x$ bezeichnet, für welche

$$\lambda(n) = 1$$

bzw.

$$\lambda(n) = -1$$

ist, ist daher

$$L_1(x) - L_2(x) = L(x)$$
$$= o(x),$$

andererseits für $x \geq 0$

$$L_1(x) + L_2(x) = [x]$$
$$\sim x,$$

folglich

$$L_1(x) \sim \tfrac{1}{2}\, x,$$
$$L_2(x) \sim \tfrac{1}{2}\, x,$$
$$L_1(x) \sim L_2(x).$$

Ferner folgt aus

$$L(x) = O\left(x\, e^{-\alpha \sqrt{\log x}}\right)$$

genau wie in § 164 bei $\mu(n)$, daß für $q \gtrless 0$, $t \gtrless 0$

$$\sum_{n=2}^{\infty} \frac{\lambda(n) \log^q n}{n^{1+ti}}$$

konvergiert und daß für alle $\alpha < \dfrac{1}{\sqrt{a}}$ (z. B. $\alpha = 0{,}2$)

$$\sum_{n=x+1}^{\infty} \frac{\lambda(n) \log^q n}{n^{1+ti}} = O\left(e^{-\alpha \sqrt{\log x}}\right)$$

ist.

DIE FUNKTION $\mu(n)$ UND DIE VERTEILUNG DER QUADRATFREIEN ZAHLEN IN EINER ARITHMETISCHEN PROGRESSION.

Vierzehnter Teil.

Historische Einleitung zum vierten Buch.

Fünfzigstes Kapitel.

Historische Einleitung zum vierten Buch.

§ 168.
Historische Einleitung zum vierten Buch.

Herr Kluyver[1] wurde 1904 durch heuristische Überlegungen zu der Vermutung geführt, daß für jede arithmetische Progression $ky + l$

$$(1) \qquad \sum_{n \equiv l} \frac{\mu(n)}{n}$$

konvergiert. Die Konvergenz von (1) konnte ich[2] 1905 beweisen, zugleich mit der viel weittragenderen Relation

$$(2) \qquad \sum_{\substack{n = 1 \\ n \equiv l}}^{x} \mu(n) = O\big(x\, e^{-\sqrt{\log x}}\big);$$

ich werde hier sogar

$$(3) \qquad \sum_{\substack{n = 1 \\ n \equiv l}}^{x} \mu(n) = O\big(x\, e^{-\alpha \sqrt{\log x}}\big)$$

beweisen, wo noch obendrein die Konstante α von k und l unabhängig ist und z. B. $= \frac{1}{5}$ gewählt werden kann. Aus (3) oder schon (2) folgt natürlich (vgl. den entsprechenden Schluß in § 158), daß

$$\sum_{\substack{n = 2 \\ n \equiv l}}^{\infty} \frac{\mu(n) \log^q n}{n^{1 + t i}}$$

für jedes reelle Wertepaar q, t konvergiert.

Zugleich gelten diese Gesetze für $\lambda(n)$. Zur Abwechselung und auch, weil es in einem bestimmten Punkte vorteilhafter ist, will ich

<hr>

1) **6; 7.**
2) **18; 19.**

in diesem vierten Buch alle jene Gesetze durch meine Methoden zunächst für $\lambda(n)$ beweisen und dann durch eine Identität auf $\mu(n)$ übertragen.

Ich mache gleich darauf aufmerksam, daß ich hier (im Gegensatz zum zweiten Buch, dessen Ergebnisse vielfach benutzt werden) auch den Fall behandeln muß, daß k und l einen größten gemeinsamen Teiler $d > 1$ haben. Nur, wenn d einen quadratischen Faktor > 1 hat, wären die in Betracht kommenden Sätze über $\mu(n)$ wegen

$$\mu(ky + l) = 0$$

trivial.

Da für quadratfreies d leicht bewiesen werden kann[1], daß die Anzahl der quadratfreien Zahlen bis x in der Progression $\sim cx$ ist, wo $c > 0$ ist, so läßt sich auch hier das Hauptergebnis

$$\sum_{\substack{n=1 \\ n \equiv l}}^{x} \mu(n) = o(x)$$

so interpretieren:

Es gibt bis x in der arithmetischen Progression $ky + l$, wo (k, l) quadratfrei ist, asymptotisch ebensoviele quadratfreie Zahlen, die aus einer geraden, als solche, die aus einer ungeraden Anzahl von Primfaktoren bestehen.

Es darf bei den folgenden Untersuchungen ohne Beschränkung der Allgemeinheit $1 \leq l \leq k$ angenommen werden.

---

1) Vgl. § 174.

Fünfzehnter Teil.

Über die Verteilung der Zeichen $\lambda(n)$ in der arithmetischen Reihe.

Einundfünfzigstes Kapitel.

Reduktion auf ein anderes Problem.

§ 169.

Zurückführung von $d > 1$ auf $d = 1$.

Das Ziel lautet

$$\sum_{\substack{n=1 \\ n \equiv l}}^{x} \lambda(n) = O\left(x\, e^{-\alpha \sqrt{\log x}}\right).$$

Das sei schon in allen Fällen bewiesen, wo

$$(k, l) = 1$$

ist.

Es sei nun ein Fall vorgelegt, wo

$$(k, l) = d > 1$$

ist, und

$$k = d\mathfrak{k},$$
$$l = d\mathfrak{l}$$

gesetzt. Dann ist für $s > 1$

$$\sum_{n \equiv l} \frac{\lambda(n)}{n^s} = \sum_{y=0}^{\infty} \frac{\lambda(ky + l)}{(ky + l)^s}$$

$$= \frac{\lambda(d)}{d^s} \sum_{y=0}^{\infty} \frac{\lambda(\mathfrak{k}y + \mathfrak{l})}{(\mathfrak{k}y + \mathfrak{l})^s}$$

$$= \frac{\lambda(d)}{d^s} \sum_{n \equiv \mathfrak{l}\,(\mathrm{mod.}\,\mathfrak{k})} \frac{\lambda(n)}{n^s},$$

d. h. (wie auch direkt ersichtlich ist)

$$\sum_{\substack{n=1 \\ n \equiv l \,(\mathrm{mod}.\,k)}}^{x} \lambda(n) = \lambda(d) \sum_{\substack{n=1 \\ n \equiv l \,(\mathrm{mod}.\,\mathfrak{l})}}^{\frac{x}{d}} \lambda(n),$$

woraus die behauptete Reduktion folgt:

$$\sum_{\substack{n=1 \\ n \equiv l \,(\mathrm{mod}.\,k)}}^{x} \lambda(n) = O\left(x\,e^{-\alpha\sqrt{\log x}}\right).$$

§ 170.

Zurückführung auf eine andere Klasse von Summen.

Ich darf also ohne Beschränkung der Allgemeinheit

$$(k,\ l) = 1$$

annehmen; dann ist offenbar, wenn

$$\sum_{n=1}^{\infty} \frac{\chi_\varkappa(n)\lambda(n)}{n^s} = K_\varkappa(s)$$

gesetzt wird,

$$\sum_{n \equiv l} \frac{\lambda(n)}{n^s} = \frac{1}{h} \sum_{\varkappa=1}^{h} \frac{1}{\chi_\varkappa(l)}\, K_\varkappa(s),$$

$$\sum_{\substack{n=1 \\ n \equiv l}}^{x} \lambda(n) = \frac{1}{h} \sum_{\varkappa=1}^{h} \frac{1}{\chi_\varkappa(l)} \sum_{n=1}^{x} \chi_\varkappa(n)\,\lambda(n).$$

Die Untersuchung reduziert sich also auf den Beweis der Relation

$$\sum_{n=1}^{x} \chi_\varkappa(n)\,\lambda(n) = O\left(x\,e^{-\alpha\sqrt{\log x}}\right)$$

für einen beliebigen[1] Charakter modulo k.

---

1) Für den Hauptcharakter ließe sich dies übrigens unschwer aus den Ergebnissen von Teil 13 elementar ableiten.

Zweiundfünfzigstes Kapitel.

Hilfssätze über die erzeugende Funktion und Beweis des Hauptsatzes.

§ 171.

Hilfssätze.

Zur. summatorischen Funktion

$$\sum_{n=1}^{x} \chi_\varkappa(n)\,\lambda(n) = \sum_{n=1}^{x} \chi(n)\,\lambda(n)$$

gehört als erzeugende, für $\sigma > 1$ konvergente Dirichletsche Reihe

$$
(1) \qquad \sum_{n=1}^{\infty} \frac{\chi(n)\,\lambda(n)}{n^s} = \prod_p \left(1 - \frac{\chi(p)}{p^s} + \frac{\chi(p^2)}{p^{2s}} - \cdots\right)
$$

$$
= \prod_p \frac{1}{1 + \dfrac{\chi(p)}{p^s}}
$$

$$
= \prod_p \frac{1 - \dfrac{\chi(p)}{p^s}}{1 - \dfrac{\chi(p^2)}{p^{2s}}}
$$

$$
= \prod_p \frac{1}{1 - \dfrac{\chi(p^2)}{p^{2s}}} \; \frac{1}{L_\varkappa(s)},
$$

wo $L_\varkappa(s)$ die Funktion des zweiten Buches ist.

Wörtlich wie in § 163 ergibt sich hier aus dem Resultat des § 131, daß für jedes $b < \dfrac{1}{a}$ im Gebiet $\sigma \geqq 1 - \dfrac{b}{\log t}$

$$\frac{1}{L_\varkappa(s)} = O\left(\log^c t\right)$$

ist. Da für $\sigma > \tfrac{1}{2} + \delta,\ \delta > 0$

$$\prod_p \frac{1}{1 - \dfrac{\chi(p^2)}{p^{2s}}} = O(1)$$

ist, erfüllt also die durch die erzeugende Dirichletsche Reihe (1) definierte und für $s = 1$ reguläre Funktion die Bedingungen, welchen in § 81 die Funktion $\dfrac{\zeta'(s)}{\zeta(s)}$, in § 164 die Funktion $\dfrac{1}{\zeta(s)}$ genügte.

§ 172.

Beweis des Satzes.

Daher ergibt die Anwendung des Cauchyschen Satzes wörtlich wie in §§ 81 und 164

$$\sum_{n=1}^{x} \chi(n)\,\lambda(n) = O\left(x\,e^{-\alpha\sqrt{\log x}}\right)$$

und damit nach dem Obigen für alle, auch gemeinteilige Wertepaare k, l die angekündigte Relation

$$\sum_{\substack{n=1\\n\equiv l}}^{x} \lambda(n) = O\left(x\,e^{-\alpha\sqrt{\log x}}\right),$$

also die Konvergenz von

$$\sum_{\substack{n=2\\n\equiv l}}^{\infty} \frac{\lambda(n)\log^q n}{n^{1+ti}}$$

für alle reellen q, t mit der Restabschätzung

$$\sum_{\substack{n=x+1\\n\equiv l}}^{\infty} \frac{\lambda(n)\log^q n}{n^{1+ti}} = O\left(e^{-\alpha\sqrt{\log x}}\right).$$

Hierbei ist α eine beliebige Zahl $< \dfrac{1}{\sqrt{a}}$, also z. B.

$$\alpha = 0{,}2.$$

Da die Anzahl der Zahlen $ky + l \leq x$ offenbar

$$\frac{x}{k} + O(1) \sim \frac{x}{k}$$

ist, so läßt sich die u. a. gefundene Relation

$$\sum_{\substack{n=1\\n\equiv l}}^{x} \lambda(n) = o(x)$$

auch so interpretieren:

Es gibt bis x in der arithmetischen Progression $ky+l$ asymptotisch ebensoviele Zahlen, die aus einer geraden, als solche, die aus einer ungeraden Anzahl von Primfaktoren bestehen.

Hierbei sind mehrfache Primfaktoren mehrfach gezählt.

Sechzehnter Teil.

Über die Verteilung der Werte von $\mu(n)$ in der arithmetischen Reihe.

Dreiundfünfzigstes Kapitel.

Die Summe $\sum\limits_{n \leqq x} \mu(n)$ in der Progression.

---

§ 173.

Die Summe $\sum\limits_{n \leqq x} \mu(n)$ in der Progression.

Es sei jetzt

$$(k,\, l) = d$$

entweder $= 1$ oder > 1, aber jedenfalls quadratfrei[1]. Für $s > 1$ ist

$$\frac{1}{\zeta(s)} = \frac{1}{\zeta(2s)} \frac{\zeta(2s)}{\zeta(s)},$$

$$\sum_{n=1}^{\infty} \frac{\mu(n)}{n^s} = \sum_{n=1}^{\infty} \frac{\mu(n)}{n^{2s}} \sum_{n=1}^{\infty} \frac{\lambda(n)}{n^s};$$

daher ist

$$\mu(n) = \sum_{m^2 \mid n} \mu(m)\, \lambda\left(\frac{n}{m^2}\right),$$

also

$$\sum_{\substack{n=1 \\ n \equiv l}}^{x} \mu(n) = \sum_{\substack{n=1 \\ n \equiv l}}^{x} \sum_{m^2 \mid n} \mu(m)\, \lambda\left(\frac{n}{m^2}\right)$$

$$= \sum_{\substack{m^2 g \leqq x \\ m^2 g \equiv l}} \mu(m)\, \lambda(g)$$

$$= \sum_{m=1}^{\sqrt{x}} \mu(m) \sum_{\substack{g=1 \\ m^2 g \equiv l}}^{\frac{x}{m^2}} \lambda(g).$$

---

1) Sonst wäre $\mu(ky + l)$ stets 0.

Für solche m, bei denen

$$m^2 g \equiv l \,(\text{mod.}\, k)$$

in g unlösbar ist, ist eben die innere Summe Null. Für jedes feste m ist also die innere Summe entweder 0 oder ein $L_v\left(\dfrac{x}{m^2}\right)$ oder die Summe mehrerer, wobei

$$L_v(x) = \sum_{\substack{n=1 \\ n \equiv v}}^{x} \lambda(n)$$

ist und v die zwischen 1 und k gelegenen Wurzeln der Kongruenz

$$m^2 v \equiv l \,(\text{mod.}\, k)$$

durchläuft. Genauer: Die innere Summe ist $\sum\limits_{v} L_v\left(\dfrac{x}{m^2}\right)$ oder 0, je nachdem

$$(m^2,\, k)\,|\,l$$

ist oder nicht. Auf alle Fälle gibt es eine Konstante b derart, daß für alle $x \geq 1$ und alle $m \leq \sqrt{x}$ die innere Summe absolut genommen

$$\leq b\,\frac{x}{m^2}\, e^{-\alpha\sqrt{\log \frac{x}{m^2}}}$$

ist. Daher ist

$$\sum_{\substack{n=1 \\ n \equiv l}}^{x} \mu(n) = O \sum_{m=1}^{\sqrt{x}} \frac{x}{m^2}\, e^{-\alpha\sqrt{\log x - 2\log m}},$$

also nach der in § 167 ausgeführten Rechnung

$$= O\left(x\, e^{-\alpha\sqrt{\log x}}\right).$$

Hierin kann α z. B. die Zahl 0,2 bedeuten.

Also ist für reelle q, t

$$\sum_{\substack{n=2 \\ n \equiv l}}^{\infty} \frac{\mu(n)\,\log^q n}{n^{1+ti}}$$

konvergent und für alle $\alpha < \dfrac{1}{\sqrt{a}}$

$$\sum_{\substack{n=x+1 \\ n \equiv l}}^{\infty} \frac{\mu(n)\,\log^q n}{n^{1+ti}} = O\left(e^{-\alpha\sqrt{\log x}}\right).$$

Vierundfünfzigstes Kapitel.
Die quadratfreien Zahlen der Progression.

§ 174.
Hilfssatz über $Q(x; k, l)$.

Definition: Es bezeichne $Q(x; k, l)$ die Anzahl der quadratfreien Zahlen $\leq x$, welche $\equiv l \,(\text{mod.}\,k)$ sind.

Wenn

$$(k,\, l) = d$$

nicht quadratfrei ist, ist offenbar

$$Q(x; k, l) = 0.$$

Sonst gilt der

Satz: Wenn d quadratfrei ist, existiert

$$\lim_{x=\infty} \frac{Q(x; k, l)}{x}$$

und ist positiv.

Beweis: Wie immer darf $1 \leq l \leq k$ angenommen werden.

1. Es sei

$$d = 1,$$

d. h.

$$(k,\, l) = 1.$$

Es bezeichne $A(x; k, l, n)$ bei ganzzahligem positivem n die Anzahl der Zahlen $y \geq 0$, für welche

$$ky + l \equiv 0 \,(\text{mod.}\,n)$$

nebst

$$ky + l \leq x$$

ist, d. h. die Anzahl der positiven Multipla von n bis x in der Progression. Falls

$$(n,\, k) > 1$$

ist, ist identisch

$$A(x; k, l, n) = 0.$$

Falls

$$(n,\, k) = 1$$

ist, hat die Kongruenz modulo n genau eine Wurzel; für alle $x \geq l$ ist also die Anzahl der Wurzeln im Intervall

$$0 \leq y \leq \frac{x - l}{k}$$

entweder

$$\left[\frac{x-l+k}{nk}\right]$$

oder

$$\left[\frac{x-l+k}{nk}\right]+1;$$

daher ist für alle $x>0$

$$A(x; k, l, n) = \frac{x}{nk} + \Theta,$$

wo

$$-1 < \Theta = \Theta(x; k, l, n) < 2$$

ist.

Nun ist

$$\sum_{m^2\,|\,n} \mu(m) \begin{cases} = 1 & \text{für quadratfreies } n, \\ = 0 & \text{für nicht quadratfreies } n, \end{cases}$$

also

$$Q(x; k, l) = \sum_{\substack{z=1 \\ z \equiv l}}^{x} \sum_{m^2\,|\,z} \mu(m)$$

$$= \sum_{m=1}^{\sqrt{x}} \mu(m)\, A(x; k, l, m^2)$$

$$= \sum_{m=1}^{\sqrt{x}}{}' \mu(m)\,\frac{x}{m^2 k} + O(\sqrt{x}),$$

wo m die zu k teilerfremden Zahlen durchläuft, folglich

$$Q(x; k, l) = \frac{x}{k} \sum_{m=1}^{\sqrt{x}}{}' \frac{\mu(m)}{m^2} + O(\sqrt{x})$$

$$= \frac{x}{k}\left(\sum_{m=1}^{\infty}{}' \frac{\mu(m)}{m^2} + O\left(\frac{1}{\sqrt{x}}\right)\right) + O(\sqrt{x})$$

$$= \frac{x}{k} \prod_{p}{}' \left(1 - \frac{1}{p^2}\right) + O(\sqrt{x})$$

$$\sim \frac{x}{k} \prod_{p} \left(1 - \frac{1}{p^2}\right) \frac{1}{\prod_{p\,|\,k}\left(1 - \frac{1}{p^2}\right)}$$

$$= \frac{6}{\pi^2}\,\frac{1}{k \prod_{p\,|\,k}\left(1 - \frac{1}{p^2}\right)}\, x.$$

Es verdient bemerkt zu werden, daß dieser positive Grenzwert

$$\lim_{x=\infty} \frac{Q(x; k, l)}{x} = \frac{6}{\pi^2} \frac{1}{k \prod_{p \mid k} \left(1 - \frac{1}{p^2}\right)}$$

von l unabhängig ist.

2. Es sei

$$(k, l) = d$$
$$> 1$$

und d quadratfrei; es werde

$$k = d\mathfrak{k},$$
$$l = d\mathfrak{l}$$

gesetzt. Die quadratfreien Zahlen

$$ky + l \leqq x$$

sind identisch mit den Zahlen $d(\mathfrak{k}y + \mathfrak{l})$, für welche $\mathfrak{k}y + \mathfrak{l}$ quadratfrei, $\leqq \frac{x}{d}$ und zu d teilerfremd ist.

Die Zahlen $\mathfrak{k}y + \mathfrak{l}$, welche zu d teilerfremd sind, sind gewisse volle Restklassen modulo

$$\mathfrak{k}d = k;$$

denn, wenn δ irgend eine zu d teilerfremde Zahl ist, ist

$$z \equiv \mathfrak{l} \,(\mathrm{mod.}\, \mathfrak{k})$$

mit

$$z \equiv \delta \,(\mathrm{mod.}\, d) \cdot$$

entweder inkompatibel oder durch eine volle Restklasse modulo des kleinsten gemeinsamen Vielfachen von $\mathfrak{k}$ und d, d. h. durch eine oder mehrere volle Restklassen modulo $\mathfrak{k}d = k$ erfüllt. Es sei ϱ die Anzahl der Restklassen modulo k, welche $\equiv \mathfrak{l} \,(\mathrm{mod.}\, \mathfrak{k})$ und zu d teilerfremd sind. Auf den Wert von ϱ kommt es hier nicht an, wohl aber auf die Konstatierung, daß

$$\varrho > 0$$

ist. Es seien $p', p'', \cdots$ die etwaigen Primfaktoren von d, die nicht in $\mathfrak{k}$ vorkommen. Eine Zahl $\equiv \mathfrak{l} \,(\mathrm{mod.}\, \mathfrak{k})$ ist zu d dann und nur dann teilerfremd, wenn sie zu $p'p'' \cdots$ teilerfremd ist; denn ein Primfaktor von d, der $\mathfrak{k}$ teilt, geht wegen

$$(\mathfrak{k}, \mathfrak{l}) = 1$$

in keiner Zahl $\mathfrak{k}y + \mathfrak{l}$ auf. Da $\mathfrak{k}$ zu $p'p'' \cdots$ teilerfremd ist, sind die beiden Kongruenzen

$$z \equiv \mathfrak{l} \,(\mathrm{mod.}\, \mathfrak{k})$$

und
$$z \equiv 1 \,(\mathrm{mod}.\,p'p'' \cdots)$$

kompatibel, also $\varrho > 0$ bewiesen[1].

Wenn $l_1, \cdots, l_\varrho$ die ϱ Restklassen bezeichnen, deren Zahlen $\equiv 1 \,(\mathrm{mod}.\,\mathfrak{k})$ und zu d teilerfremd sind, ist nun nach dem Obigen

$$Q(x; k, l) = \sum_{\nu=1}^{\varrho} Q\left(\frac{x}{d}; k, l_\nu\right),$$

also wegen
$$(k, l_\nu) = 1$$

nach dem Ergebnis des ersten Falles
$$\lim_{x=\infty} \frac{Q(x; k, l)}{x} = \frac{6}{\pi^2} \frac{\varrho}{dk\prod_{p\,|\,k}\left(1 - \frac{1}{p^2}\right)}$$
$$> 0.$$

Obgleich es auf den Wert von ϱ nicht ankommt, möge er doch berechnet werden[2]. ϱ ist die Anzahl der Zahlen

(1) $$1, 1 + \mathfrak{k}, 1 + 2\mathfrak{k}, \cdots, 1 + (d-1)\mathfrak{k},$$

welche zu d teilerfremd sind; wenn $p', p'', \cdots$ die nicht in $\mathfrak{k}$ aufgehenden Primfaktoren von d bezeichnen, ist also ϱ die Anzahl der Zahlen (1), welche zu
$$p'p'' \cdots = P$$

teilerfremd sind[3]. Nun stellt
$$0, 1, \cdots, d-1$$

$\frac{d}{P}$ vollständige Restsysteme modulo P dar; wegen
$$(\mathfrak{k}, P) = 1$$

stellt
$$0 \cdot \mathfrak{k}, 1 \cdot \mathfrak{k}, \cdots, (d-1)\mathfrak{k}$$

ebenfalls $\frac{d}{P}$ solche Restsysteme dar, also die Reihe (1) ebenfalls Daher ist

$$\varrho = \frac{d}{P}\varphi(P)$$
$$= d\prod_{p\,|\,P}\left(1 - \frac{1}{p}\right).$$

---

1) Hierbei braucht d nicht quadratfrei zu sein.
2) Vgl. die vorige Anmerkung.
3) Falls jeder Primfaktor von d in $\mathfrak{k}$ aufgeht, ist natürlich $P = 1$ und $\varrho = d$.

§ 175.

Anwendung auf die Verteilung der Werte von $\mu(n)$ in der Progression.

Es sei (k, l) quadratfrei. Es bezeichne $M_1(x; k, l)$ bzw. $M_2(x; k, l)$ die Anzahl der quadratfreien Zahlen $\leq x$, welche $\equiv l \,(\mathrm{mod.}\, k)$ sind und welche aus einer geraden bzw. ungeraden Anzahl von Primfaktoren bestehen. Dann ist nach den Ergebnissen der beiden letzten Paragraphen

$$M_1(x; k, l) - M_2(x; k, l) = \sum_{\substack{n=1 \\ n \equiv l}}^{x} \mu(n)$$

$$= o(x),$$

$$M_1(x; k, l) + M_2(x; k, l) = Q(x; k, l)$$

$$\sim cx,$$

wo

$$c > 0$$

ist, also

$$M_1(x; k, l) \sim \frac{c}{2}x,$$

$$M_2(x; k, l) \sim \frac{c}{2}x,$$

$$M_1(x; k, l) \sim M_2(x; k, l),$$

womit der am Schlusse des § 168 ausgesprochene Satz bewiesen ist.

FÜNFTES BUCH.

ANDERE PRIMZAHLPROBLEME.

Siebzehnter Teil.

Historische Einleitung zum fünften Buch.

Fünfundfünfzigstes Kapitel.

Historische Einleitung zum fünften Buch.

§ 176.

Historische Einleitung zum fünften Buch.

Die weiteren Primzahlprobleme, um welche es sich in diesem Buch handelt, sind keineswegs so beschaffen, daß ihre Lösung sich durch unmittelbare Anwendung der Ergebnisse und Methoden der ersten vier Bücher ergibt[1]. Vielmehr muß dazu eine Reihe weiterer Überlegungen allgemeiner Art hinzutreten, insbesondere in Bezug auf die bisher nur gelegentlich[2] vorgekommene Benutzung Dirichletscher Reihen, welche bei freier Bahn mehrdeutige Funktionen definieren. Nachdem einige typische Probleme durch die modifizierten Methoden erledigt sind, lassen sich leicht weitere Gruppen von Fragestellungen neu konstruieren und mühelos beantworten. In dieser Hinsicht will ich keine unnötigen Beispiele anhäufen; vielmehr beschränke ich mich fast ausschließlich darauf, in der Literatur vor mir ohne Lösung vorhanden gewesene Probleme (die untereinander noch ziemlich heterogener Art sind und die verschiedenen Typen daher gut repräsentieren) zu erledigen.

Im achtzehnten Teil beweise ich im Anschluß an eine meiner Publikationen[3] aus dem Jahre 1909 die Richtigkeit einer schon 1900 von Herrn Lehmer[4] ausgesprochenen Vermutung, wobei ich dessen Wortlaut etwas berichtigen mußte und wesentlich verschärfen konnte:

---

1) Derartige Probleme ließen sich in beliebiger Menge stellen, z. B.: Die Anzahl der Zahlen $ky + l \leq x$ abzuschätzen, welche aus genau v Primfaktoren zusammengesetzt sind, usw. usw.

2) Im § 64 und im Kapitel 33.

3) **43.**

4) **1.**

Es seien λ verschiedene zu k teilerfremde Restklassen gegeben: $ky + l_1, \cdots, ky + l_\lambda$. Es sei

$$\Theta(n) = 1 \quad \text{oder} \quad = 0,$$

je nachdem alle Primfaktoren von n einer jener λ Klassen angehören oder nicht; es sei $\nu(n)$ die Anzahl der verschiedenen Primfaktoren von n. Es werde

$$\varphi(k) = h$$

gesetzt. Dann existiert

$$\lim_{x=\infty} \frac{\displaystyle\sum_{n=1}^{x} 2^{\nu(n)}\Theta(n)}{x}$$
$$(\log x)^{1-\frac{2\lambda}{h}}$$

und ist > 0.

Den Anlaß zu dieser Fragestellung hatte Herrn Lehmer ein ganz spezieller Fall gegeben, in welchem die Theorie der quadratischen Formen schon auf elementarem Wege den Beweis lieferte. Es sei

$$k = 4, \; \lambda = 1, \; l_1 = 1.$$

Dann konnte Herr Lehmer aus der Theorie der quadratischen Formen[1] schließen, daß

$$\lim_{x=\infty} \frac{\displaystyle\sum_{n=1}^{x} 2^{\nu(n)}\Theta(n)}{x} = \frac{1}{\pi}$$

ist. Ebenso erledigte er die Fälle

$$k = 3, \; \lambda = 1, \; l_1 = 1$$

und

$$k = 6, \; \lambda = 1, \; l_1 = 1.$$

Übrigens waren bereits für

$$k = 4, \; \lambda = 1, \; l_1 = 3$$

meine transzendenten Methoden nötig; diesen Fall, wo Herr Lehmer

$$\lim_{x=\infty} \frac{\displaystyle\sum_{n=1}^{x} 2^{\nu(n)}\Theta(n)}{x} = \frac{2}{\pi}$$

---

1) Er benutzte nämlich hier für ungerades $n > 1$ die Interpretation von

$$2^{\nu(n)}\Theta(n)$$

als Anzahl der Darstellungen von n als Summe zweier teilerfremden Quadrate positiver Zahlen.

vermutet hatte, nebst den Fällen

$$k = 3, \ \lambda = 1, \ l_1 = 2$$

und

$$k = 6, \ \lambda = 1, \ l_1 = 5,$$

d. h. alle übrig gebliebenen Fälle, in denen $h = 2$, $\lambda = 1$ ist, hatte ich[1] schon 1904 erledigt. Bei ihnen waren gewisse später eingeführte Hilfsmittel (Anwendung der Beziehungen zwischen $\Re F(s)$ und $|F(s)|$ im Sinne des § 73 und Einführung mehrdeutiger Integranden) noch nicht nötig.

Ferner beweise ich, was auch in jener Arbeit[2] vom Jahre 1909 steht, als unmittelbares Korollar aus den Hilfssätzen des vorigen Problems, daß unter den obigen Voraussetzungen

$$\lim_{x = \infty} \frac{\displaystyle\sum_{n=1}^{x} \Theta(n)}{x} \Big/ (\log x)^{1 - \frac{\lambda}{h}}$$

existiert und > 0 ist. Dasselbe gilt, wenn statt $\Theta(n)$ eine folgendermaßen definierte Funktion gesetzt wird: 1, wenn jeder Primfaktor von n entweder einer der Formen $ky + l_1, \cdots, ky + l_\lambda$ angehört oder in k aufgeht oder, soweit er nicht zu diesen beiden Kategorien gehört, in gerader Vielfachheit auftritt; 0 für die übrigen n.

Insbesondere, wie ich[3] schon 1908 entwickelt hatte: Bekanntlich[4] ist n in zwei Quadrate dann und nur dann zerlegbar, wenn jeder etwa vorhandene Primfaktor $4y + 3$ in gerader Vielfachheit auftritt.

$$\sum_{n=1}^{x} \Theta(n)$$

im Sinne der letzten Definition von $\Theta(n)$ für $k = 4$, $\lambda = 1$, $l_1 = 1$ ist also die Anzahl der in zwei Quadrate zerlegbaren Zahlen bis x, und diese Anzahl ist daher nach dem angekündigten Satz

$$\sim b \, \frac{x}{\sqrt{\log x}},$$

wo

$$b > 0$$

1) **17.**
2) **43.**
3) **38.** Dieser Fall ging etwas einfacher zu erledigen, da für $h = 2$ keine komplexen Charaktere vorhanden sind.
4) Vgl. § 143.

ist. Damit war eine Ergänzung zu einer altbekannten Tatsache aus der elementaren Zahlentheorie gegeben. Bekanntlich[1] ist jede Zahl in vier Quadrate zerlegbar; sogar in drei dann und nur dann, wenn sie nicht die Form $4^a(8y + 7)$ $(a \geqq 0,\ y \geqq 0)$ hat; sogar in zwei dann und nur dann, wenn sie keinen Primfaktor $4y + 3$ in ungerader Potenz enthält; sogar in eines dann und nur dann, wenn sie ein Quadrat ist. Es bezeichne $A(x)$, $B(x)$, $C(x)$, $D(x)$ bzw. die Anzahl der in 1, 2, 3, 4 Quadrate zerlegbaren Zahlen $\leqq x$. Dann ist offenbar für $x \geqq 1$

$$A(x) = \left[\sqrt{x}\,\right]$$
$$\sim \sqrt{x},$$

ferner

$$D(x) = [x]$$
$$\sim x.$$

Über $C(x)$ ist für $x \geqq 7$ leicht entwickelbar:

$$[x] - C(x) = \left[\frac{x+1}{8}\right] + \left[\frac{\frac{x}{4}+1}{8}\right] + \left[\frac{\frac{x}{4^2}+1}{8}\right] + \cdots + \left[\frac{\frac{x}{4^z}+1}{8}\right],$$

wo

$$z = \left[\frac{\log x - \log 7}{\log 4}\right]$$

ist, also

$$x - C(x) = \frac{x+1}{8} + \frac{\frac{x}{4}+1}{8} + \frac{\frac{x}{4^2}+1}{8} + \cdots + \frac{\frac{x}{4^z}+1}{8} + O(z)$$

$$= \frac{1}{8}\left(x + \frac{x}{4} + \frac{x}{4^2} + \cdots + \frac{x}{4^z}\right) + O(z)$$

$$= \frac{x}{8}\left(1 + \frac{1}{4} + \frac{1}{4^2} + \cdots \text{ ad inf.}\right) + O\left(\frac{x}{4^z}\right) + O(z)$$

$$= \frac{x}{6} + O(1) + O(\log x),$$

$$C(x) \sim \frac{5}{6}\,x.$$

Aber über $B(x)$ war eben noch kein asymptotischer Vergleich mit einer elementaren Funktion positiven Argumentes bekannt, ehe ich

$$B(x) \sim b\,\frac{x}{\sqrt{\log x}}$$

bewiesen hatte.

---

1) Vgl. § 144.

Setzt man noch

$$\mathfrak{A}(x) = A(x),$$
$$\mathfrak{B}(x) = B(x) - A(x),$$
$$\mathfrak{C}(x) = C(x) - B(x),$$
$$\mathfrak{D}(x) = D(x) - C(x),$$

d. h. versteht unter $\mathfrak{A}(x)$, $\mathfrak{B}(x)$, $\mathfrak{C}(x)$, $\mathfrak{D}(x)$ die Anzahl der Zahlen $\leq x$, zu deren Darstellung genau 1, 2, 3, 4 Quadrate erforderlich sind, so bedeutet dies

$$\mathfrak{A}(x) \sim \sqrt{x},$$
$$\mathfrak{B}(x) \sim b\,\frac{x}{\sqrt{\log x}},$$
$$\mathfrak{C}(x) \sim \frac{5}{6}\,x,$$
$$\mathfrak{D}(x) \sim \frac{1}{6}\,x.$$

Im neunzehnten Teil beweise ich — dem historischen Problem entsprechend unter Verzicht auf alles über den bloßen Konvergenzbeweis nebst Wertbestimmung hinausgehende — im Anschluß an eine Arbeit von mir[1] (1907) die Konvergenz

1. sämtlicher in dem berühmten fünfzehnten Kapitel des ersten Bandes von Eulers[2] „Introductio in analysin infinitorum" auftretenden Reihen, welche von der Verteilung der Primzahlen abhängen; es waren bis 1907 einige übrig geblieben, für die ich zuerst den Konvergenzbeweis erbracht habe, nachdem die anderen nicht durch allgemeine Konvergenzsätze erledigten von den Herren Mertens[3] (1874) und von Mangoldt[4] (1897) bewältigt waren;

2. sämtlicher bei Möbius[5] (1832) vorkommenden Reihen;

3. sämtlicher in einer Arbeit Cesàros[6] (1885) auftretenden Reihen, bei denen das, was er als Konvergenzbeweis von

$$\sum_{n=1}^{\infty} a_n$$

ausführte, durchweg nur der Existenzbeweis des Limes

$$\lim_{s=0} \sum_{n=1}^{\infty} \frac{a_n}{n^s}$$

war;

------

1) **33.**
2) **2.**
3) **2.**
4) **4; 5.**
5) **1.**
6) **5.**

4. einiger Reihen, welche Herr Kluyver[1] mir brieflich mit heuristischer Wertbestimmung vorgelegt hatte.

Wie gesagt, will ich auf diese meist klassischen Probleme nicht neue häufen.

In diesem neunzehnten Teil, in welchem ich von der komplexen Integration keinen Gebrauch mehr mache, sondern alle Ergebnisse aus früheren elementar herleite, schicke ich, um eine möglichst einheitliche Darstellung zu gewinnen, ein allgemeines Kapitel über Multiplikation Dirichletscher Reihen[2] voraus.

Im zwanzigsten Teil gehe ich zu einer ganz anderen Art von Primzahlproblemen über. Tschebyschef[3] hatte 1853 ohne Beweis den folgenden Wortlaut veröffentlicht:

„Si de la totalité des nombres premiers de la forme $4n + 3$, on retranche celle des nombres premiers de la forme $4n + 1$, et que l'on divise ensuite cette différence par la quantité $\dfrac{\sqrt{x}}{\log x}$, on trouvera plusieurs valeurs de x telles, que ce quotient s'approchera de l'unité aussi près qu'on le voudra."

In Formeln: Wenn $f(x)$ die Anzahl der Primzahlen $4n + 1 \leqq x$, $g(x)$ die Anzahl der Primzahlen $4n + 3 \leqq x$ ist, so gibt es nach Annahme von δ und ξ ein $x = x(\xi, \delta) > \xi$ derart, daß

$$\left| \frac{g(x) - f(x)}{\dfrac{\sqrt{x}}{\log x}} - 1 \right| < \delta,$$

d. h.

$$1 - \delta < \frac{g(x) - f(x)}{\dfrac{\sqrt{x}}{\log x}} < 1 + \delta$$

ist.

Diese Behauptung liegt in ganz anderer Richtung wie die bisherigen Sätze über die Primzahlen in arithmetischen Progressionen, welche für den vorliegenden Fall in

$$g(x) - f(x) = O\left(x\, e^{-\alpha \sqrt{\log x}} \right)$$

gipfeln.

Für jene Behauptung existiert noch kein **elementarer** Beweis; Tschebyschefs Ankündigung, er habe einen solchen, scheint mir

---

1) Vgl. meine Arbeit **33**, S. 145—153.

2) So lautet auch der Titel meiner Arbeit **33**, in der die obigen Konvergenzbeweise zuerst geführt sind.

3) **5.**

umsomehr auf Irrtum zu beruhen, als für zwei andere Behauptungen[1], welche er gleichzeitig als aus derselben Identität[2] fließend ausspricht, bis heute unter Benutzung aller Hilfsmittel kein Beweis (übrigens auch keine Widerlegung) vorhanden ist. Aber funktionentheoretisch ist der obige Tschebyschefsche Wortlaut schon zweimal bewiesen worden: Zuerst 1891 von Herrn Phragmén[3], zuzweit 1905 einfacher von mir[4].

Ich setze im zwanzigsten Teil meinen Beweis auseinander, der sich auf einen allgemeinen Satz[5] über Dirichletsche Reihen mit Koeffizienten ≥ 0 gründet:

Wenn die endliche Zahl α die Konvergenzabszisse einer Dirichletschen Reihe

$$\sum_{n=1}^{\infty} \frac{a_n}{n^s}$$

ist, deren Koeffizienten ≥ 0 sind, so ist α ein singulärer Punkt der für $\sigma > \alpha$ durch die Reihe definierten analytischen Funktion.

Die Tragweite dieses Satzes liegt darin, daß eine Dirichletsche Reihe gar keinen singulären Punkt auf ihrer Konvergenzgeraden zu haben braucht, wie z. B. die ganze Funktion

$$1 - \frac{1}{2^s} + \frac{1}{3^s} - \frac{1}{4^s} + \cdots = (1 - 2^{1-s})\zeta(s)$$

zeigt.

---

1) Wenn $\chi(p) = 0, 1, -1$ für $p = 2$, $p \equiv 1 \,(\mathrm{mod.}\ 4)$, $p \equiv 3 \,(\mathrm{mod.}\ 4)$ (d. h. $\chi(n)$ der Nicht-Hauptcharakter modulo 4) ist, so sei

1.
$$\lim_{\delta = +0} \sum_p \chi(p) e^{-p\delta} = -\infty,$$

2. im Falle der Konvergenz von

$$\sum_p \chi(p) f(p),$$

wo $f(x)$ monoton abnimmt,

$$\lim_{x = \infty} \sqrt{x}\, f(x) = 0.$$

2) Die Identität, auf die er anspielt, ist natürlich

$$\sum_{n=1}^{x} \chi(n) \log n = \sum_{p^m n \leqq x} \chi(p^m) \log p\, \chi(n).$$

3) **1.**
4) **21.**
5) Derselbe ist in meiner Arbeit **21** zuerst bewiesen.

Nachdem ich wegen der historischen Wichtigkeit den Phragménschen (von Tschebyschef vermuteten) Satz bewiesen haben werde, der sich auf das spezielle

$$k = 4$$

bezieht, mache ich einige Bemerkungen über den Fall des beliebigen k. Alsdann beweise ich mit derselben Methode über $\pi(x)$ eine Reihe von Sätzen ähnlicher Art („gewisse Ungleichungen gelten unendlich oft"), welche in unwesentlich geringerem Umfange zuerst, aber nicht so einfach von Herrn Schmidt[1] bewiesen worden sind.

---

[1] **1.**

Achtzehnter Teil.

Über die Funktion $\sum\limits_{n=1}^{\infty} 2^{\nu(n)} \Theta(n)$.

Sechsundfünfzigstes Kapitel.

Die erzeugende Dirichletsche Reihe und ihre analytischen Eigenschaften.

––––

§ 177.

Einführung der Dirichletschen Reihe $\mathfrak{F}(s)$.

Es bezeichne $\Theta(n)$ die Zahl 1 oder die Zahl 0, je nachdem jeder der $\nu(n)$ Primfaktoren von n einer der λ arithmetischen Progressionen

$$ky + l_1, \cdots, ky + l_\lambda$$

angehört oder nicht, wo $l_1, \cdots, l_\lambda$ gewisse verschiedene, im Intervall $(1 \cdots k)$ befindliche, zu k teilerfremde Zahlen sind und λ einen der Werte $1, 2, \cdots, h = \varphi(k)$ hat. Dabei ist unter $\Theta(1)$ der Wert 1 zu verstehen.

Es ist offenbar für $\sigma > 1$

$$\mathfrak{F}(s) = \sum_{n=1}^{\infty} \frac{2^{\nu(n)} \Theta(n)}{n^s}$$

$$= \prod_q \left(1 + \frac{2}{q^s} + \frac{2}{q^{2s}} + \cdots + \frac{2}{q^{ms}} + \cdots\right),$$

wo q alle Primfaktoren durchläuft, welche einer der λ Progressionen angehören; für $\sigma > 1$ ist daher

$$\mathfrak{F}(s) = \prod_q \frac{1 + \dfrac{1}{q^s}}{1 - \dfrac{1}{q^s}}$$

$$= \prod_{\nu=1}^{\lambda} \prod_{p \equiv l_\nu} \frac{1 + \dfrac{1}{p^s}}{1 - \dfrac{1}{p^s}}.$$

§ 178.

Beziehung zu $L_\varkappa(s)$.

Für jeden einzelnen solchen Faktor

$$\prod_{p\,\equiv\,l} \frac{1+\dfrac{1}{p^s}}{1-\dfrac{1}{p^s}},$$

der also die erzeugende Funktion im Falle eines einzigen l (d. h. $\lambda = 1$) liefert, ist

$$f(s) = \prod_{p\,\equiv\,l} \frac{1+\dfrac{1}{p^s}}{1-\dfrac{1}{p^s}}$$

$$= \prod_{p\,\equiv\,l} \frac{1}{\left(1-\dfrac{1}{p^s}\right)^2} \prod_{p\,\equiv\,l}\left(1-\frac{1}{p^{2s}}\right)$$

eine für $\sigma > 1$ reguläre und nicht verschwindende Funktion. Es werde $\log f(s)$ für $s > 1$ reell definiert. Dann ist, wenn $g_1(s)$, $g_2(s)$, $\cdots$ lauter in der Halbebene $\sigma > \tfrac{1}{2}$ absolut konvergente Dirichletsche Reihen bezeichnen,

$$\log f(s) = -2\sum_{p\,\equiv\,l} \log\left(1-\frac{1}{p^s}\right) + \sum_{p\,\equiv\,l} \log\left(1-\frac{1}{p^{2s}}\right)$$

$$= 2\sum_{p\,\equiv\,l} \frac{1}{p^s} + g_1(s).$$

Nun ist aber

$$\sum_{p\,\equiv\,l} \frac{1}{p^s} = \frac{1}{h} \sum_{\varkappa=1}^{h} \frac{1}{\chi_\varkappa(l)} \log L_\varkappa(s) + g_2(s);$$

also ist

$$\log f(s) = \frac{2}{h} \sum_{\varkappa=1}^{h} \frac{1}{\chi_\varkappa(l)} \log L_\varkappa(s) + g_3(s),$$

folglich, wenn dies für $l = l_1, \cdots, l_\lambda$ angesetzt und summiert wird,

$$\log \mathfrak{F}(s) = \frac{2}{h} \sum_{v=1}^{\lambda} \sum_{\varkappa=1}^{h} \frac{1}{\chi_\varkappa(l_v)} \log L_\varkappa(s) + g_4(s)$$

$$= e_1 \log L_1(s) + \cdots + e_h \log L_h(s) + g_4(s),$$

wo $e_1, \cdots, e_h$ Konstanten sind und insbesondere

$$e_1 = \frac{2}{h} \sum_{v=1}^{\lambda} \frac{1}{\chi_1(l_v)}$$

$$= \frac{2\lambda}{h}$$

ist.

§ 179.
Analytische Eigenschaften von $\mathfrak{F}(s)$.

Nach § 131 ist bei passender Wahl eines $t_0 \geq 3$ und eines $a > 0$ für $t \geq t_0$, $\sigma \geq 1 - \dfrac{1}{a \log t}$

$$L_{\varkappa}(s) \neq 0.$$

Hieraus folgt gerade so, wie bei $\log \zeta(s)$ in § 163 geschlossen wurde: Wenn

$$0 < b < \frac{1}{a}$$

ist, so ist für $t \geq t_0$, $\sigma \geq 1 - \dfrac{b}{\log t}$

$$|\Re \log L_{\varkappa}(s)| < c_1 \log \log t.$$

Es ergibt sich sogar

$$|\log L_{\varkappa}(s)| < c_2 \log \log t;$$

denn, wenn statt der dort angewendeten Formel aus § 73

$$|\Re F(s)| \leq |\beta| \frac{r + \varrho}{r - \varrho} + 2A \frac{\varrho}{r - \varrho}$$

die hier erforderliche andere Formel aus § 73

$$|F(s)| \leq |\gamma| + |\beta| \frac{r + \varrho}{r - \varrho} + 2A \frac{\varrho}{r - \varrho}$$

verwendet wird, so kommt eben das eine Glied

$$|\gamma| = \left| \Im \log L_{\varkappa}\left(1 + \frac{1}{\log t} + ti\right) \right|$$

$$\leq \left| \log L_{\varkappa}\left(1 + \frac{1}{\log t} + ti\right) \right|$$

$$\leq \log \zeta\left(1 + \frac{1}{\log t}\right)$$

$$= O(\log \log t)$$

hinzu. c_2 kann gleichmäßig für alle $\varkappa = 1, \cdots, h$ gewählt werden. Dann ist für $|t| \geq t_0$, $\sigma \geq 1 - \dfrac{b}{\log|t|}$, $\varkappa = 1, \cdots, h$

$$|\log L_\varkappa(s)| < c_2 \log\log|t|,$$

d. h., da bei passender Wahl von t_0 jenes Gebiet der Halbebene $\sigma > \frac{1}{2}$ angehört,

$$|\log \mathfrak{F}(s)| < c_3 \log\log|t|,$$
$$\mathfrak{R}\log \mathfrak{F}(s) < c_3 \log\log|t|,$$
$$|\mathfrak{F}(s)| < \log^{c_3}|t|.$$

Da ich in dem vorliegenden Primzahlproblem nur das höchste Glied berechnen will, verkleinere ich b, indem ich es durch eine solche kleinere positive Zahl $b_0 < \frac{1}{2}$ ersetze, daß für

$$|t| \geq 3, \quad \sigma \geq 1 - \frac{b_0}{\log|t|}$$

und für

$$|t| \leq 3, \quad \sigma \geq 1 - \frac{b_0}{\log 3} = \vartheta$$
$$L_\varkappa(s) \neq 0$$

ist. Dann ist also bewiesen:

Es gibt zwei positive Konstanten $b_0 < \frac{1}{2}$ und c_4 derart, daß in dem durch den Schnitt von ϑ bis 1 aufgetrennten Gebiete

$$\sigma \geq 1 - \frac{b_0}{\log t} \qquad \text{für } t \geq 3,$$
$$\sigma \geq \vartheta = 1 - \frac{b_0}{\log 3} \qquad \text{für } 3 \geq t \geq -3,$$
$$\sigma \geq 1 - \frac{b_0}{\log(-t)} \qquad \text{für } t \leq -3$$

$\mathfrak{F}(s)$ regulär ist und für

$$|t| \geq 3, \quad \sigma \geq 1 - \frac{b_0}{\log|t|}$$

die Relation

$$|\mathfrak{F}(s)| < \log^{c_4}|t|$$

erfüllt.

Wegen

$$\log \mathfrak{F}(s) = \frac{2\lambda}{h} \log L_1(s) + e_2 \log L_2(s) + \cdots + e_h \log L_h(s) + g_4(s)$$

ist $\mathfrak{F}(s)$ auch auf dem Schnitt, exkl. $s = 1$, regulär und am unteren Ufer gleich dem Werte am oberen Ufer mal

$$e^{\frac{2\lambda}{h} 2\pi i}$$

Im Punkte $s = 1$, also in dem ganzen Gebiet ohne Schnitt, ist

$$\log \mathfrak{F}(s) - \frac{2\lambda}{h} \log \frac{1}{s-1}$$

regulär. In der Umgebung von $s = 1$ gilt für die Funktion $\mathfrak{F}(s)$ die Entwicklung

$$\mathfrak{F}(s) = \frac{1}{(s-1)^{\frac{2\lambda}{h}}} \; (A_0 + A_1(s-1) + A_2(s-1)^2 + \cdots)$$

$$= \frac{1}{(s-1)^{\frac{2\lambda}{h}}} \; \mathfrak{P}(s-1),$$

wo

$$A_0 \neq 0$$

ist.

Siebenundfünfzigstes Kapitel.

Beweis des Hauptsatzes.

----

§ 180.

Die komplexe Integration.

Da nun

$$\sum_{n=1}^{x}{}' 2^{\nu(n)} \Theta(n) \log \frac{x}{n} = \frac{1}{2\pi i} \int_{2 - x^2 i}^{2 + x^2 i} \frac{x^s}{s^2} \mathfrak{F}(s)\, ds + O(1)$$

ist, so ergibt die bekannte Anwendung des Cauchyschen Satzes (vgl. § 81), bei der hier nur 1. das obere Ufer des Schnittes von ϑ bis $1 - \delta$ (wo δ positiv und hinreichend klein ist), 2. alsdann von $1 - \delta$ an der Kreis um 1 als Mittelpunkt und mit δ als Radius im negativen Sinn bis $1 - \delta$, 3. schließlich das untere Ufer des Schnittes von $1 - \delta$ bis ϑ einzuschalten ist, nach den im vorigen Paragraphen zusammengestellten Eigenschaften von $\mathfrak{F}(s)$

$$-2\pi i \sum_{n=1}^{x}{}' 2^{\nu(n)} \Theta(n) \log \frac{x}{n} = \int_{\vartheta}^{\vartheta} \frac{x^s}{s^2} \mathfrak{F}(s)\, ds + O\left(x e^{-\alpha \sqrt{\log x}}\right),$$

wo $(\vartheta \cdots \vartheta)$ den oben angegebenen dreiteiligen Weg bezeichnet[1] und α eine positive Konstante ist.

----

1) Die Vorsichtsmaßregel des Kreises um 1 ist im Fall $\frac{2\lambda}{h} < 1$, d. h. $\lambda < \frac{h}{2}$ unnötig. Alsdann darf ruhig am oberen Ufer von ϑ nach 1 hinein integriert werden und dann am unteren Ufer zurück nach ϑ.

Nun gilt in der Umgebung von $s = 1$ die am Schluß des vorigen Paragraphen angegebene Entwicklung. Wenn $(s-1)^{\frac{2\lambda}{h}}$ für $s > 1$ reell gemeint ist, sind A_0, A_1, $\cdots$ reelle Koeffizienten. An beiden Ufern des Schnittes bedeutet dann $(s-1)^{\frac{2\lambda}{h}}$ je einen bestimmten Wert; die Amplituden sind $e^{\pm\frac{2\lambda}{h}\pi i}$. Für $\frac{\mathfrak{F}(s)}{s^2}$ ergibt sich an beiden Ufern mit dem betreffenden Wert von $(s-1)^{\frac{2\lambda}{h}}$

$$\frac{\mathfrak{F}(s)}{s^2} = \frac{1}{(s-1)^{\frac{2\lambda}{h}}} \; (A_0 + B_1(s-1) + B_2(s-1)^2 + \cdots).$$

Auf der Strecke $\vartheta \leq s \leq 1$ ist nun

$$|B_2(s-1)^2 + B_3(s-1)^3 + \cdots| \leq B(s-1)^2,$$

$$\left| x^s \frac{B_2(s-1)^2 + \cdots}{(s-1)^{\frac{2\lambda}{h}}} \right| \leq B x^s (1-s)^{2-\frac{2\lambda}{h}},$$

was in $s = 1$ hinein integriert werden kann und auf dem Wege hin und zurück den Beitrag

$$O\int_0^1 x^s (1-s)^{2-\frac{2\lambda}{h}}\, ds$$

liefert. Daher ergibt sich

$$\int_\vartheta^\vartheta \frac{x^s}{s^2}\mathfrak{F}(s)\, ds = A_0 \int_\vartheta^\vartheta \frac{x^s}{(s-1)^{\frac{2\lambda}{h}}}\, ds + B_1 \int_\vartheta^\vartheta \frac{x^s}{(s-1)^{\frac{2\lambda}{h}-1}}\, ds + O\int_0^1 x^s(1-s)^{2-\frac{2\lambda}{h}}\, ds,$$

wo die beiden ersten Integrale rechts über den dreiteiligen Weg zu erstrecken sind.

Wenn

$$\frac{2\lambda}{h} = \eta$$

gesetzt wird, ist also, da

$$x^\vartheta = O\big(x e^{-\alpha\sqrt{\log x}}\big)$$

ist,

$$(1)\begin{cases} -2\pi i \sum_{n=1}^{x} 2^{\nu(n)}\, \Theta(n) \log\frac{x}{n} = A_0 \int_0^0 \frac{x^s}{(s-1)^\eta}\, ds + B_1 \int_0^0 \frac{x^s}{(s-1)^{\eta-1}}\, ds \\[2ex] \qquad\qquad + O\int_0^1 x^s(1-s)^{2-\eta}\, ds + O\big(x e^{-\alpha\sqrt{\log x}}\big), \end{cases}$$

wo die beiden ersten Integrale am oberen Ufer von 0 bis $1-\delta$, über den Kreis um 1 im negativen Sinn bis $1-\delta$ und dann am unteren Ufer bis 0 zu erstrecken sind.

In Bezug auf η unterscheide ich nun vier Fälle:

$$
\begin{aligned}
&1. &&0 < \eta < 1,\\
&2. &&\eta = 1,\\
&3. &&1 < \eta < 2,\\
&4. &&\eta = 2.
\end{aligned}
$$

1. Es sei

$$0 < \lambda < \frac{h}{2},$$

d. h.

$$0 < \eta < 1.$$

Dann können beide Integrale auch nach 1 hinein erstreckt werden, und man hat einfacher

$$
-2\pi i \sum_{n=1}^{x} 2^{\nu\,(n)}\,\Theta(n)\log\frac{x}{n} = A_0\left(e^{-\pi i\eta} - e^{\pi i\eta}\right)\int_0^1 \frac{x^s}{(1-s)^\eta}\,ds
$$

$$
+ O\int_0^1 x^s(1-s)^{1-\eta}\,ds + O\int_0^1 x^s(1-s)^{2-\eta}\,ds + O\left(xe^{-\alpha\sqrt{\log x}}\right)
$$

$$
= \gamma\int_0^1 \frac{x^s}{(1-s)^\eta}\,ds + O\int_0^1 x^s(1-s)^{1-\eta}\,ds + O\left(xe^{-\alpha\sqrt{\log x}}\right),
$$

wo

$$\gamma \neq 0$$

ist und $(1-s)^\eta$ den reellen Wert bezeichnet. Nun ist

$$
\int_0^1 \frac{x^s}{(1-s)^\eta}\,ds = \int_0^1 \frac{x^{1-u}}{u^\eta}\,du
$$

$$
= x\int_0^1 e^{-u\log x}u^{-\eta}\,du
$$

$$
= \frac{x}{(\log x)^{1-\eta}}\int_0^{\log x} e^{-v}v^{-\eta}\,dv
$$

$$
\sim \frac{x}{(\log x)^{1-\eta}}\,\Gamma(1-\eta)
$$

und

$$O \int_0^1 x^s (1-s)^{1-\eta} ds = O\left(x \int_0^1 e^{-u \log x} u^{1-\eta} du\right)$$

$$= O\left(\frac{x}{(\log x)^{2-\eta}}\right),$$

also

(2)
$$\lim_{x = \infty} \frac{\sum_{n=1}^{x} 2^{\nu(n)} \Theta(n) \log \frac{x}{n}}{\frac{x}{(\log x)^{1-\eta}}} = b,$$

wo

$$b = -\frac{\gamma}{2\pi i} \Gamma(1-\eta)$$

$$\neq 0,$$

also eo ipso — ohne genauere Realitäts- oder Vorzeichendiskussion[1] —

$$b > 0$$

ist.

Dasselbe Ergebnis (2) mit

$$b > 0$$

werde ich nun, ehe ich weiter schließe, in den drei anderen Fällen finden.

2. Es sei

$$\lambda = \frac{h}{2},$$

d. h.

$$\eta = 1.$$

Dann hat $\mathfrak{F}(s)$ einfach einen Pol erster Ordnung im Punkte $s = 1$, und der Weg von 0 um 1 und zurück liefert jedenfalls

$$-2\pi i b x$$

mit

$$b \neq 0$$

und daher (2) mit

$$b > 0.$$

3. Es sei

$$\frac{h}{2} < \lambda < h;$$

dann ist

$$1 < \eta < 2,$$

und in (1) kann wenigstens das zweite Integral in den Punkt $s = 1$ hinein erstreckt werden:

---

[1] Diese Diskussion ist natürlich sehr einfach.

$$(3) \quad \left| -2\pi i \sum_{n=1}^{x} 2^{\nu(n)} \Theta(n) \log \frac{x}{n} = A_0 \int_0^0 \frac{x^s}{(s-1)^\eta} ds + O \int_0^1 x^s (1-s)^{1-\eta} ds \right.$$

$$+ O\left(x e^{-\alpha \sqrt{\log x}}\right).$$

Durch partielle Integration ergibt sich

$$\int_0^0 \frac{x^s}{(s-1)^\eta} ds = -\frac{1}{\eta-1} \frac{x^s}{(s-1)^{\eta-1}} + \frac{1}{\eta-1} \log x \int \frac{x^s}{(s-1)^{\eta-1}} ds,$$

$$\int_0^0 \frac{x^s}{(s-1)^\eta} ds = O(1) + \frac{1}{\eta-1} \log x \int_0^0 \frac{x^s}{(s-1)^{\eta-1}} ds$$

$$= O(1) + \gamma_0 \log x \int_0^1 \frac{x^s}{(1-s)^{\eta-1}} ds,$$

wo

$$\gamma_0 \neq 0$$

ist; wegen $0 < \eta - 1 < 1$ ist nach dem Falle 1.

$$\int_0^1 \frac{x^s}{(1-s)^{\eta-1}} ds \sim \frac{x}{(\log x)^{2-\eta}} \Gamma(2-\eta);$$

ferner ist nach dem Falle 1.

$$O \int_0^1 x^s (1-s)^{1-\eta} ds = O\left(\frac{x}{(\log x)^{2-\eta}}\right).$$

Aus (3) folgt also auch hier die Richtigkeit von (2) mit

$$b > 0.$$

4. Es sei

$$\lambda = h,$$

$$\eta = 2;$$

dann ist $s = 1$ ein Pol zweiter Ordnung von $\frac{\mathfrak{F}(s)}{s^2}$; aus

$$\frac{\mathfrak{F}(s)}{s^2} = \frac{A_0}{(s-1)^2} + \frac{B_1}{s-1} + \cdots$$

mit

$$A_0 \neq 0$$

folgt

$$x^s \frac{\mathfrak{F}(s)}{s^2} = (x + (s-1)x \log x + \cdots) \frac{\mathfrak{F}(s)}{s^2}$$

$$= \frac{A_0 x}{(s-1)^2} + \frac{A_0 x \log x + B_1 x}{s-1} + \cdots,$$

wo das Residuum

$$A_0 x \log x + B_1 x$$

ist. Daher ist hier

$$\sum_{n=1}^{x} 2^{\nu(n)} \Theta(n) \log \frac{x}{n} = A_0 x \log x + B_1 x + O\!\left(x e^{-\alpha \sqrt{\log x}}\right),$$

also

$$\lim_{x=\infty} \frac{\displaystyle\sum_{n=1}^{x} 2^{\nu(n)} \Theta(n) \log \frac{x}{n}}{\dfrac{x}{(\log x)^{1-\frac{2\lambda}{h}}}} = A_0 = b,$$

wo

$$b \neq 0,$$

d. h.

$$b > 0$$

ist, wie in (2) gerade verlangt wird.

In jedem Fall haben wir also gefunden:

$$(4) \qquad \sum_{n=1}^{x} 2^{\nu(n)} \Theta(n) \log \frac{x}{n} = b \, \frac{x}{(\log x)^{1-\frac{2\lambda}{h}}} + o\!\left(\frac{x}{(\log x)^{1-\frac{2\lambda}{h}}}\right),$$

wo

$$b > 0$$

ist; anders geschrieben:

$$\sum_{n=1}^{x} 2^{\nu(n)} \Theta(n) \log \frac{x}{n} \sim b \, \frac{x}{(\log x)^{1-\frac{2\lambda}{h}}}.$$

§ 181.

Übergang zur Endformel.

Daraus folgt bei gegebenem konstanten $\delta > 0$ weiter

$$\sum_{n=1}^{x+\delta x} 2^{\nu(n)} \Theta(n) \log \frac{x+\delta x}{n} \sim b \, \frac{x+\delta x}{(\log(x+\delta x))^{1-\frac{2\lambda}{h}}}$$

$$\sim b \, \frac{x+\delta x}{(\log x)^{1-\frac{2\lambda}{h}}},$$

d. h.

$$\sum_{n=1}^{x+\delta x} 2^{\nu(n)}\,\Theta(n)\,\log\frac{x+\delta x}{n} = b\,\frac{x+\delta x}{(\log x)^{1-\frac{2\lambda}{h}}} + o\left(\frac{x}{(\log x)^{1-\frac{2\lambda}{h}}}\right),$$

also durch Subtraktion von § 180, (4)

$$\log(1+\delta)\sum_{n=1}^{x} 2^{\nu(n)}\,\Theta(n) + \sum_{n=x+1}^{x+\delta x} 2^{\nu(n)}\,\Theta(n)\,\log\frac{x+\delta x}{n}$$

$$= b\,\delta\,\frac{x}{(\log x)^{1-\frac{2\lambda}{h}}} + o\left(\frac{x}{(\log x)^{1-\frac{2\lambda}{h}}}\right).$$

Wegen

$$0 \leqq \sum_{n=x+1}^{x+\delta x} 2^{\nu(n)}\,\Theta(n)\,\log\frac{x+\delta x}{n}$$

$$\leqq \log(1+\delta)\sum_{n=x+1}^{x+\delta x} 2^{\nu(n)}\,\Theta(n)$$

folgt hieraus einerseits

$$\sum_{n=1}^{x} 2^{\nu(n)}\,\Theta(n) \leqq b\,\frac{\delta}{\log(1+\delta)}\,\frac{x}{(\log x)^{1-\frac{2\lambda}{h}}} + o\left(\frac{x}{(\log x)^{1-\frac{2\lambda}{h}}}\right),$$

andererseits

$$\sum_{n=1}^{x+\delta x} 2^{\nu(n)}\,\Theta(n) \geqq b\,\frac{\delta}{\log(1+\delta)}\,\frac{x}{(\log x)^{1-\frac{2\lambda}{h}}} + o\left(\frac{x}{(\log x)^{1-\frac{2\lambda}{h}}}\right),$$

also, wenn $\dfrac{x}{1+\delta}$ statt x geschrieben wird,

$$\sum_{n=1}^{x} 2^{\nu(n)}\,\Theta(n) \geqq b\,\frac{\delta}{\log(1+\delta)}\,\frac{\dfrac{x}{1+\delta}}{\left(\log\dfrac{x}{1+\delta}\right)^{1-\frac{2\lambda}{h}}} + o\left(\frac{x}{(\log x)^{1-\frac{2\lambda}{h}}}\right)$$

$$= b\,\frac{\delta}{(1+\delta)\log(1+\delta)}\,\frac{x}{(\log x)^{1-\frac{2\lambda}{h}}} + o\left(\frac{x}{(\log x)^{1-\frac{2\lambda}{h}}}\right);$$

daher ist erstens

$$\limsup_{x=\infty}\frac{\displaystyle\sum_{n=1}^{x} 2^{\nu(n)}\,\Theta(n)}{\dfrac{x}{(\log x)^{1-\frac{2\lambda}{h}}}} \leqq b\,\frac{\delta}{\log(1+\delta)},$$

$$\limsup_{x=\infty} \frac{\displaystyle\sum_{n=1}^{x} 2^{\nu(n)}\,\Theta(n)}{\dfrac{x}{(\log x)^{1-\frac{2\lambda}{h}}}} \leqq b,$$

zweitens

$$\liminf_{x=\infty} \frac{\displaystyle\sum_{n=1}^{x} 2^{\nu(n)}\,\Theta(n)}{\dfrac{x}{(\log x)^{1-\frac{2\lambda}{h}}}} \geqq b\,\frac{\delta}{(1+\delta)\log(1+\delta)},$$

$$\liminf_{x=\infty} \frac{\displaystyle\sum_{n=1}^{x} 2^{\nu(n)}\,\Theta(n)}{\dfrac{x}{(\log x)^{1-\frac{2\lambda}{h}}}} \geqq b$$

und somit

$$\lim_{x=\infty} \frac{\displaystyle\sum_{n=1}^{x} 2^{\nu(n)}\,\Theta(n)}{\dfrac{x}{(\log x)^{1-\frac{2\lambda}{h}}}} = b\,.$$

Der Wert der positiven Konstanten b ist folgendermaßen zu bestimmen. Es besteht der

Satz: Die Dirichletsche Reihe

$$F(s) = \sum_{n=1}^{\infty} \frac{a_n}{n^s}$$

sei für $s > 1$ konvergent, und es gebe ein $\eta > 0$, so daß

$$\lim_{x=\infty} \frac{\displaystyle\sum_{n=1}^{x} a_n}{\dfrac{x}{(\log x)^{1-\eta}}} = b$$

existiert[1]. Dann ist für zu 1 abnehmendes s

$$\lim_{s=1} (s-1)^{\eta} F(s) = b\,\Gamma(\eta).$$

Den Spezialfall $\eta = 1$ hatten wir in § 31.

---

1) Natürlich folgt hieraus die erste Voraussetzung.

Beweis: Wenn

$$\sum_{n=1}^{x} a_n = S(x)$$

gesetzt wird, ist für $s > 1$

$$F(s) = \sum_{n=1}^{\infty} \frac{S(n) - S(n-1)}{n^s}$$

$$= \sum_{n=1}^{\infty} S(n)\left(\frac{1}{n^s} - \frac{1}{(n+1)^s}\right).$$

Nun ist (sogar für alle komplexen[1] s)

$$\frac{1}{n^s} - \frac{1}{(n+1)^s} = s\int_{n}^{n+1} \frac{du}{u^{s+1}},$$

$$\frac{1}{n^s} - \frac{1}{(n+1)^s} - \frac{s}{n^{s+1}} = s\int_{n}^{n+1} \left(\frac{1}{u^{s+1}} - \frac{1}{n^{s+1}}\right) du$$

$$= s(s+1)\int_{n}^{n+1} du \int_{u}^{n} \frac{dv}{v^{s+2}},$$

also

(1) $$\left|\frac{1}{n^s} - \frac{1}{(n+1)^s} - \frac{s}{n^{s+1}}\right| \leq |s||s+1|\frac{1}{n^{\sigma+2}}.$$

Für $s > 1$ ist infolgedessen

$$\left|\frac{1}{n^s} - \frac{1}{(n+1)^s} - \frac{s}{n^{s+1}}\right| \leq \frac{s(s+1)}{n^3};$$

wenn für $s > 1$

$$F(s) - s\sum_{n=1}^{\infty} \frac{S(n)}{n^{s+1}} = \sum_{n=1}^{\infty} S(n)\left(\frac{1}{n^s} - \frac{1}{(n+1)^s} - \frac{s}{n^{s+1}}\right)$$

$$= G(s)$$

gesetzt wird, ist daher

$$|G(s)| \leq s(s+1)\sum_{n=1}^{\infty} \frac{|S(n)|}{n^3},$$

$$\lim_{s=1} (s-1)^{\eta} G(s) = 0,$$

---

1) Hierfür wird die zu entwickelnde Relation (1) in § 198 zur Anwendung kommen.

d. h.

$$(2) \qquad \lim_{s=1} \left((s-1)^\eta F(s) - (s-1)^\eta s \sum_{n=1}^{\infty} \frac{S(n)}{n^{s+1}} \right) = 0.$$

Nach Voraussetzung ist

$$S(n) = b\,\frac{n}{(\log n)^{1-\eta}} + o\left(\frac{n}{(\log n)^{1-\eta}} \right),$$

also, wie leicht ersichtlich,

$$\sum_{n=1}^{\infty} \frac{S(n)}{n^{s+1}} = b \sum_{n=2}^{\infty} \frac{1}{n^s (\log n)^{1-\eta}} + H(s),$$

wo

$$\lim_{s=1} \frac{H(s)}{\displaystyle\sum_{n=2}^{\infty} \frac{1}{n^s (\log n)^{1-\eta}}} = 0$$

ist, d. h.

$$(3) \qquad \lim_{s=1} \frac{\displaystyle\sum_{n=1}^{\infty} \frac{S(n)}{n^{s+1}}}{\displaystyle\sum_{n=2}^{\infty} \frac{1}{n^s (\log n)^{1-\eta}}} = b.$$

Nun gibt es bei gegebenem η ein festes ganzes v, so daß für $u \geqq v$ die Funktion von $u > 1$

$$u^s (\log u)^{1-\eta}$$

beständig mit u wächst, welches auch der Wert $s > 1$ sei; denn ihre Ableitung nach u, nämlich

$$s u^{s-1} (\log u)^{1-\eta} + (1-\eta) u^{s-1} (\log u)^{-\eta},$$

ist (u überdies > 1 angenommen) positiv für

$$s \log u + 1 - \eta > 0,$$

also sicher für

$$\log u + 1 - \eta > 0.$$

Daher ist

$$\frac{1}{v^s (\log v)^{1-\eta}} + \int_v^{\infty} \frac{du}{u^s (\log u)^{1-\eta}} > \sum_{n=v}^{\infty} \frac{1}{n^s (\log n)^{1-\eta}} > \int_v^{\infty} \frac{du}{u^s (\log u)^{1-\eta}},$$

folglich, wenn das Zeichen $\sim$ asymptotische Gleichheit für zu 1 abnehmendes s bezeichnet,

$$\sum_{n=2}^{\infty} \frac{1}{n^s (\log n)^{1-\eta}} \sim \sum_{n=v}^{\infty} \frac{1}{n^s (\log n)^{1-\eta}}$$

$$\sim \int_{v}^{\infty} \frac{du}{u^s (\log u)^{1-\eta}}$$

$$\sim \int_{e}^{\infty} \frac{du}{u^s (\log u)^{1-\eta}}$$

$$= \int_{1}^{\infty} \frac{e^z\, dz}{e^{zs} z^{1-\eta}}$$

$$= \int_{1}^{\infty} e^{-z(s-1)} z^{\eta-1}\, dz$$

$$= \frac{1}{(s-1)^\eta} \int_{s-1}^{\infty} e^{-w} w^{\eta-1}\, dw,$$

$$(s-1)^\eta \sum_{n=2}^{\infty} \frac{1}{n^s (\log n)^{1-\eta}} \sim \int_{s-1}^{\infty} e^{-w} w^{\eta-1}\, dw$$

$$\sim \int_{0}^{\infty} e^{-w} w^{\eta-1}\, dw$$

$$= \Gamma(\eta).$$

Daher ist wegen (3)

$$\lim_{s=1} (s-1)^\eta \sum_{n=1}^{\infty} \frac{S(n)}{n^{s+1}} = b\, \Gamma(\eta),$$

$$\lim_{s=1} (s-1)^\eta s \sum_{n=1}^{\infty} \frac{S(n)}{n^{s+1}} = b\, \Gamma(\eta),$$

folglich nach (2)

$$\lim_{s=1} (s-1)^\eta F(s) = b\, \Gamma(\eta),$$

wie behauptet.

Bei unserem Problem ist

$$\log \mathfrak{F}(s) = \frac{2\lambda}{h} \log \frac{1}{s-1} + \frac{2\lambda}{h} \log((s-1)\, L_1(s))$$
$$+ e_2 \log L_2(s) + \cdots + e_h \log L_h(s) + g_4(s),$$

also

$$\lim_{s=1}\left(\log \mathfrak{F}(s) - \frac{2\lambda}{h}\log\frac{1}{s-1}\right) = \frac{2\lambda}{h}\lim_{s=1}\log\left((s-1)L_1(s)\right)$$
$$+ e_2\log L_2(1) + \cdots + e_h\log L_h(1) + g_4(1),$$

folglich

$$\lim_{s=1}(s-1)^{\frac{2\lambda}{h}}\,\mathfrak{F}(s)$$

gleich e hoch dem vorigen Ausdruck, demnach b gleich dem Quotienten hiervon durch $\Gamma\left(\frac{2\lambda}{h}\right)$.

Wegen

$$L_1(s) = \prod_{p\mid k}\left(1 - \frac{1}{p^s}\right)\zeta(s)$$

ist hierin noch

$$\lim_{s=1}\log\left((s-1)L_1(s)\right) = \log\frac{h}{k} + \lim_{s=1}\log\left((s-1)\zeta(s)\right)$$
$$= \log\frac{h}{k}.$$

Übrigens läßt sich im Falle $\eta = 2$ (nicht aber im Falle[1] $\eta = 1$, wo der Integrand in $s = 1$ auch nur einen Pol hat) das Ergebnis

$$\sum_{n=1}^{x} 2^{\nu(n)}\Theta(n) \sim b\,x\log x$$

auf ganz elementarem Wege erzielen.

Es ist im Falle $\eta = 2\ (\lambda = h)$

$$\sum_{n=1}^{x} 2^{\nu(n)}\Theta(n) = {\sum_{n=1}^{x}}'\,2^{\nu(n)},$$

über alle zu k teilerfremden $n \leq x$ erstreckt. Hier ist für $s > 1$

$$\mathfrak{F}(s) = {\prod_{p}}'\,\frac{1}{\left(1-\frac{1}{p^s}\right)^2}\,{\prod_{p}}'\left(1-\frac{1}{p^{2s}}\right),$$

wo p alle nicht in k aufgehenden Primzahlen durchläuft.

Wird zunächst

$$\zeta^2(s) = \prod_{p}\frac{1}{\left(1-\frac{1}{p^s}\right)^2}$$

---

1) Dieser Fall ist sogar der allerinteressanteste unter denjenigen, für welche die transzendente Methode erforderlich ist.

$$= \sum_{n=1}^{\infty} \frac{1}{n^s} \cdot \sum_{m=1}^{\infty} \frac{1}{m^s}$$

$$= \sum_{n=1}^{\infty} \frac{\tau(n)}{n^s}$$

betrachtet, so ergibt sich bei wachsendem x für die zugehörige summatorische Funktion

$$P(x) = \sum_{n=1}^{x} \tau(n)$$

$$= \sum_{nm \leq x} 1$$

$$= \sum_{n=1}^{\sqrt{x}} \sum_{m=1}^{\frac{x}{n}} 1 + \sum_{m=1}^{\sqrt{x}} \sum_{n=1}^{\frac{x}{m}} 1 - \sum_{n=1}^{\sqrt{x}} 1 \cdot \sum_{m=1}^{\sqrt{x}} 1$$

$$= \sum_{n=1}^{\sqrt{x}} \left[\frac{x}{n}\right] + \sum_{m=1}^{\sqrt{x}} \left[\frac{x}{m}\right] - [\sqrt{x}] \cdot [\sqrt{x}]$$

$$= 2 \sum_{n=1}^{\sqrt{x}} \left[\frac{x}{n}\right] - [\sqrt{x}]^2$$

$$= 2 \sum_{n=1}^{\sqrt{x}} \frac{x}{n} + O \sum_{n=1}^{\sqrt{x}} 1 - (\sqrt{x} + O(1))^2$$

$$= 2x \left(\frac{1}{2}\log x + C + O\left(\frac{1}{\sqrt{x}}\right)\right) + O(\sqrt{x}) - x$$

$$= x \log x + (2C - 1)x + O(\sqrt{x}).$$

Nun ist

$$\mathfrak{F}(s) = \zeta^2(s) \prod_{p}' \left(1 - \frac{1}{p^{2s}}\right) \prod_{p \mid k} \left(1 - \frac{1}{p^s}\right)^2$$

$$= \zeta^2(s) \prod_{p} \left(1 - \frac{1}{p^{2s}}\right) \prod_{p \mid k} \frac{1 - \frac{1}{p^s}}{1 + \frac{1}{p^s}}$$

$$= \zeta^2(s) \sum_{n=1}^{\infty} \frac{\mu(n)}{n^{2s}} \prod_{p \mid k} \frac{1 - \frac{1}{p^s}}{1 + \frac{1}{p^s}}.$$

Es ist für $s > 1$

$$\zeta^2(s) \sum_{n=1}^{\infty} \frac{\mu(n)}{n^{2s}} = \sum_{n=1}^{\infty} \frac{c_n}{n^s}$$

und die zur rechten Seite gehörige summatorische Funktion[1]

$$R(x) = \sum_{n=1}^{x} c_n$$

$$= \sum_{n=1}^{\sqrt{x}} \mu(n)\, P\left(\frac{x}{n^2}\right)$$

$$= \sum_{n=1}^{\sqrt{x}} \mu(n)\left(\frac{x}{n^2}\log\frac{x}{n^2} + (2C-1)\frac{x}{n^2}\right) + O\sum_{n=1}^{\sqrt{x}}\sqrt{\frac{x}{n^2}}$$

$$= x\log x \sum_{n=1}^{\sqrt{x}}\frac{\mu(n)}{n^2} - 2x\sum_{n=1}^{\sqrt{x}}\frac{\mu(n)\log n}{n^2} + (2C-1)x\sum_{n=1}^{\sqrt{x}}\frac{\mu(n)}{n^2} + O\left(\sqrt{x}\sum_{n=1}^{\sqrt{x}}\frac{1}{n}\right)$$

$$= x\log x\left(\frac{6}{\pi^2} + O\left(\frac{1}{\sqrt{x}}\right)\right) - 2x\left(\sum_{n=1}^{\infty}\frac{\mu(n)\log n}{n^2} + O\left(\frac{\log x}{\sqrt{x}}\right)\right)$$

$$\qquad + (2C-1)x\left(\frac{6}{\pi^2} + O\left(\frac{1}{\sqrt{x}}\right)\right) + O\left(\sqrt{x}\log x\right)$$

$$= \frac{6}{\pi^2}x\log x + Ex + O\left(\sqrt{x}\log x\right).$$

Aus

$$\mathfrak{F}(s) = \sum_{n=1}^{\infty}\frac{c_n}{n^s}\sum_{n=1}^{\infty}\frac{d_n}{n^s},$$

wo

$$\sum_{n=1}^{\infty}\frac{d_n}{n^s} = \prod_{p\,|\,k}\left(1 - \frac{2}{p^s} + \frac{2}{p^{2s}} - \frac{2}{p^{3s}} + \cdots\right)$$

eine für $s > 0$ absolut konvergente und nicht verschwindende Dirichletsche Reihe darstellt, folgt nun

$$\sum_{n=1}^{x} 2^{\nu(n)}\,\Theta(n) = \sum_{n=1}^{x} d_n R\left(\frac{x}{n}\right)$$

$$= \sum_{n=1}^{x} d_n\left(\frac{6}{\pi^2}\frac{x}{n}\log\frac{x}{n} + E\frac{x}{n}\right) + O\sum_{n=1}^{x}|d_n|\sqrt{\frac{x}{n}}\log\frac{x}{n}$$

$$= \left(\frac{6}{\pi^2}x\log x + Ex\right)\sum_{n=1}^{x}\frac{d_n}{n} - \frac{6}{\pi^2}x\sum_{n=1}^{x}\frac{d_n\log n}{n} + O\left(\sqrt{x}\log x\sum_{n=1}^{x}\frac{|d_n|}{\sqrt{n}}\right),$$

---

1) Es wird über $\mu(n)$ nur die triviale Abschätzung $|\mu(n)| \leqq 1$ benutzt.

also a fortiori

$$\sum_{n=1}^{x} 2^{\nu(n)}\,\Theta(n) \sim \frac{6}{\pi^2} \sum_{n=1}^{\infty} \frac{d_n}{n}\, x \log x$$

$$= \frac{6}{\pi^2} \prod_{p\,|\,k} \frac{1 - \dfrac{1}{p}}{1 + \dfrac{1}{p}}\, x \log x.$$

Achtundfünfzigstes Kapitel.

Erweiterung der Voraussetzungen.

§ 182.

Andere Definition von $\Theta(n)$.

$\Theta(n)$ möge jetzt auch stets 1 oder 0 sein, aber 0 nur dann, wenn n mindestens einen solchen Primfaktor in ungerader Potenz enthält, welcher einer der $h - \lambda$ von $ky + l_1, \cdots, ky + l_\lambda$ verschiedenen teilerfremden Restklassen angehört. Wenn $l_{\lambda+1}, \cdots, l_h$ diese Restklassen repräsentieren, so ist die erzeugende Funktion offenbar

$$\sum_{n=1}^{\infty} \frac{2^{\nu(n)}\Theta(n)}{n^s}$$

$$= \prod_{v=1}^{\lambda} \prod_{p \equiv l_v} \left(1 + \frac{2}{p^s} + \frac{2}{p^{2s}} + \cdots\right) \cdot \prod_{p\,|\,k} \left(1 + \frac{2}{p^s} + \frac{2}{p^{2s}} + \cdots\right) \cdot \prod_{v=\lambda+1}^{h} \prod_{p \equiv l_v} \left(1 + \frac{2}{p^{2s}} + \frac{2}{p^{4s}} + \cdots\right)$$

$$= \prod_{v=1}^{\lambda} \prod_{p \equiv l_v} \frac{1 + \dfrac{1}{p^s}}{1 - \dfrac{1}{p^s}} \cdot \prod_{p\,|\,k} \frac{1 + \dfrac{1}{p^s}}{1 - \dfrac{1}{p^s}} \cdot \prod_{v=\lambda+1}^{h} \prod_{p \equiv l_v} \frac{1 + \dfrac{1}{p^{2s}}}{1 - \dfrac{1}{p^{2s}}}.$$

Zu dem alten $\mathfrak{F}(s)$ tritt also nur ein Faktor hinzu, dessen Logarithmus eine für $s > \frac{1}{2}$ absolut konvergente Dirichletsche Reihe ist. Daher bleiben die analytischen Eigenschaften von $\mathfrak{F}(s)$ unverändert, ebenso die Endformel

$$\lim_{x=\infty} \frac{\displaystyle\sum_{n=1}^{x} 2^{\nu(n)}\,\Theta(n)}{\dfrac{x}{(\log x)^{1 - \frac{2\lambda}{h}}}} > 0.$$

Der Limes ist gleich dem alten Limes mal

$$\prod_{p\,|\,k} \frac{1 + \frac{1}{p}}{1 - \frac{1}{p}} \prod_{v = \lambda+1}^{h} \prod_{p \equiv l_v} \frac{1 + \frac{1}{p^2}}{1 - \frac{1}{p^2}}.$$

§ 183.

Analoge Behandlung der Summe $\sum_{n=1}^{x} \Theta(n)$.

Ich mache über $\Theta(n)$ die Annahme, daß es entweder der ersten oder der zweiten obigen Definition entspricht. Dann gehört zu $\Theta(n)$ (an Stelle des früheren $2^{\nu(n)}\,\Theta(n)$) im ersten Fall die erzeugende Funktion

$$\sum_{n=1}^{\infty} \frac{\Theta(n)}{n^s} = \prod_{v=1}^{\lambda} \prod_{p \equiv l_v} \left(1 + \frac{1}{p^s} + \frac{1}{p^{2s}} + \cdots \right)$$

$$= \prod_{v=1}^{\lambda} \prod_{p \equiv l_v} \frac{1}{1 - \frac{1}{p^s}}$$

$$= \prod_{v=1}^{\lambda} e^{\sum\limits_{p \equiv l_v} \frac{1}{p^s} + g_1(s)}$$

$$= \prod_{v=1}^{\lambda} e^{\frac{1}{h} \sum\limits_{\varkappa=1}^{h} \frac{1}{\chi_\varkappa(l_v)} \log L_\varkappa(s) + g_2(s)}$$

$$= e^{e_1 \log L_1(s) + \cdots + e_h \log L_h(s) + g_3(s)},$$

wo jetzt gegen früher nur die Änderung vorliegt, daß

$$e_1 = \frac{\lambda}{h}$$

$\left(\text{nicht } \frac{2\lambda}{h}\right)$ ist. Im zweiten Fall tritt nur der Faktor

$$\prod_{p\,|\,k} \left(1 + \frac{1}{p^s} + \frac{1}{p^{2s}} + \cdots \right) \prod_{v=\lambda+1}^{h} \prod_{p \equiv \lambda_v} \left(1 + \frac{1}{p^{2s}} + \frac{1}{p^{4s}} + \cdots \right) = e^{g_4(s)}$$

hinzu, der nichts ändert.

Daher liefern die Untersuchungen der Kapitel 56—57

$$\lim_{x = \infty} \frac{\dfrac{\sum\limits_{n=1}^{x} \Theta(n)}{x}}{(\log x)^{1 - \frac{\lambda}{h}}} > 0.$$

Insbesondere für

$$k = 4,\; \lambda = 1,\; l_1 = 1$$

bei der zweiten Definition von $\Theta(n)$ ergibt sich für die in §.176 erklärte Funktion $B(x)$

$$B(x) \sim b \frac{x}{\sqrt{\log x}},$$

wo b nach § 181 den Wert

$$b = \frac{1}{\Gamma\left(\frac{1}{2}\right)} \lim_{s=1} \left(\sqrt{s-1} \prod_{p\equiv 1} \frac{1}{1-\dfrac{1}{p^s}} \frac{1}{1-\dfrac{1}{2^s}} \prod_{p\equiv 3} \frac{1}{1-\dfrac{1}{p^{2s}}} \right)$$

hat, der sich noch so transformiert: Es ist für $s > 1$

$$\zeta(s) = \frac{1}{1-\dfrac{1}{2^s}} \prod_{p\equiv 1} \frac{1}{1-\dfrac{1}{p^s}} \prod_{p\equiv 3} \frac{1}{1-\dfrac{1}{p^s}},$$

$$L(s) = \sum_{n=1}^{\infty} \frac{\chi(n)}{n^s}$$

$$= 1 - \frac{1}{3^s} + \frac{1}{5^s} - \frac{1}{7^s} + \cdots$$

$$= \prod_{p\equiv 1} \frac{1}{1-\dfrac{1}{p^s}} \prod_{p\equiv 3} \frac{1}{1+\dfrac{1}{p^s}},$$

$$\zeta(s)\,L(s) = \frac{1}{1-\dfrac{1}{2^s}} \left(\prod_{p\equiv 1} \frac{1}{1-\dfrac{1}{p^s}} \right)^2 \prod_{p\equiv 3} \frac{1}{1-\dfrac{1}{p^{2s}}},$$

$$\lim_{s=1} (s-1)\,\zeta(s)\,L(s) = L(1)$$

$$= \frac{\pi}{4},$$

$$\frac{\sqrt{\pi}}{2} = \lim_{s=1} \left(\sqrt{s-1} \prod_{p\equiv 1} \frac{1}{1-\dfrac{1}{p^s}} \right) \sqrt{\frac{1}{\dfrac{1}{2}}} \sqrt{\prod_{p\equiv 3} \frac{1}{1-\dfrac{1}{p^2}}},$$

$$b = \frac{1}{\sqrt{\pi}} \frac{\sqrt{\pi}}{2} \frac{1}{\sqrt{2}} \sqrt{\prod_{p\equiv 3} \left(1-\frac{1}{p^2}\right)} \frac{1}{\dfrac{1}{2}} \prod_{p\equiv 3} \frac{1}{1-\dfrac{1}{p^2}}$$

$$= \frac{1}{\sqrt{2}} \sqrt{\prod_{p\equiv 3} \frac{1}{1-\dfrac{1}{p^2}}}.$$

Neunzehnter Teil.

Konvergenzbeweis einiger klassischer Reihen aus der Primzahltheorie.

Neunundfünfzigstes Kapitel.

Hilfssatz über die Dirichletsche Multiplikation unendlicher Reihen.

—

§ 184.

Begriff der Dirichletschen Multiplikation.

Es seien

$$(1) \qquad \sum_{n=1}^{\infty} \alpha_n$$

und

$$(2) \qquad \sum_{n=1}^{\infty} \beta_n$$

zwei konvergente Reihen. Wenn beide absolut konvergieren, so konvergiert bekanntlich die Reihe

$$\sum_{n,\,m=1}^{\infty} \alpha_n \beta_m$$

bei jeder Anordnung der Glieder und ist dem Produkte der beiden gegebenen Reihen gleich. Insbesondere konvergiert die Reihe

$$\alpha_1\beta_1 + (\alpha_1\beta_2 + \alpha_2\beta_1) + (\alpha_1\beta_3 + \alpha_2\beta_2 + \alpha_3\beta_1) + (\alpha_1\beta_4 + \alpha_2\beta_3 + \alpha_3\beta_2 + \alpha_4\beta_1) + \cdots,$$

wo die Glieder mit gleicher Indexsumme zusammengefaßt sind, und die Reihe

$$\alpha_1\beta_1 + (\alpha_1\beta_2 + \alpha_2\beta_1) + (\alpha_1\beta_3 + \alpha_3\beta_1) + (\alpha_1\beta_4 + \alpha_2\beta_2 + \alpha_4\beta_1) + \cdots,$$

wo die Glieder mit gleichem Indexprodukt zusammengefaßt sind. Die letztere Reihe ist so zu bezeichnen:

$$(3) \qquad \sum_{n=1}^{\infty} \gamma_n,$$

wo

$$\gamma_n = \sum_{l\,|\,n} \alpha_l\,\beta_{\frac{n}{l}}$$

ist.

Ich nenne (3) auch ohne die Voraussetzung der absoluten Konvergenz von (1) und (2) das formale Dirichletsche Produkt der Reihen (1) und (2) und suche hinreichende Bedingungen dafür, daß (3) konvergiert. Nach dem Obigen ist absolute Konvergenz von (1) und (2) eine solche hinreichende Bedingung.

Die Quelle der ersteren „Cauchyschen" Multiplikationsregel (konstante Indexsumme) liegt darin, daß die zwei Potenzreihen

$$\sum_{n=1}^{\infty} \alpha_n x^n$$

und

$$\sum_{n=1}^{\infty} \beta_n x^n$$

bei ihrer Multiplikation und Zusammenfassung der Glieder mit gleichen Potenzen zu

$$\sum_{n=2}^{\infty} \sum_{l=1}^{n-1} \alpha_l\,\beta_{n-l}\,x^n$$

führen. Ebenso spreche ich bei der zweiten Regel von Dirichletscher Multiplikation, weil im Falle absoluter Konvergenz

$$\sum_{n=1}^{\infty} \frac{\alpha_n}{n^s} \cdot \sum_{n=1}^{\infty} \frac{\beta_n}{n^s} = \sum_{n=1}^{\infty} \frac{\gamma_n}{n^s}$$

ist, wo γ_n die obige Bedeutung hat.

§ 185.

Über die Dirichletsche Multiplikation einer konvergenten mit einer absolut konvergenten Reihe.

Es gilt nun der
Satz: Wenn

$$\sum_{n=1}^{\infty} \alpha_n = A$$

absolut konvergiert und

$$\sum_{n=1}^{\infty} \beta_n = B$$

konvergiert, so ist

$$\sum_{n=1}^{\infty} \gamma_n,$$

wo

$$\gamma_n = \sum_{l \mid n} \alpha_l \beta_{\frac{n}{l}}$$

gesetzt ist, konvergent und

$$\sum_{n=1}^{\infty} \gamma_n = AB.$$

Beweis: Es werde

$$\sum_{n=1}^{u} \alpha_n = A(u),$$

$$\sum_{n=1}^{u} |\alpha_n| = \mathfrak{A}(u),$$

$$\sum_{n=1}^{u} \beta_n = B(u)$$

gesetzt. Nach Voraussetzung gibt es u. a. ein g, so daß für jedes u

$$\mathfrak{A}(u) < g$$

und

$$|B(u)| < g$$

ist. Es sei $\delta > 0$ gegeben. Dann gibt es nach Voraussetzung ein $\lambda = \lambda(\delta) \geqq 1$, so daß für alle $q \geqq \lambda$ und alle $r \geqq 0$ erstens

$$\sum_{n=q}^{q+r} |\alpha_n| < \frac{\delta}{6g},$$

zweitens

$$|B(q+r) - B(q)| < \frac{\delta}{3g},$$

drittens

$$|A(q)B(q) - AB| < \frac{\delta}{3}$$

ist.

Nun ist

$$\sum_{n=1}^{x} \gamma_n = \sum_{lm \leqq x} \alpha_l \beta_m$$

$$= \sum_{l=1}^{x} \alpha_l B\left(\frac{x}{l}\right),$$

$$\sum_{n=1}^{x} \gamma_n - A(x)\,B(x) = \sum_{l=1}^{x} \alpha_l \left(B\left(\tfrac{x}{l}\right) - B(x) \right)$$

$$= \sum_{l=1}^{\sqrt{x}} \alpha_l \left(B\left(\tfrac{x}{l}\right) - B(x) \right) + \sum_{l=\sqrt{x}+1}^{x} \alpha_l \left(B\left(\tfrac{x}{l}\right) - B(x) \right),$$

also für $x \geq \lambda^2$, da alsdann in der ersten Summe jedes Argument eines B mindestens λ, in der zweiten Summe jeder Index eines α größer als λ ist,

$$\left| \sum_{n=1}^{x} \gamma_n - A(x)\,B(x) \right| \leq \frac{\delta}{3g} \sum_{l=1}^{\sqrt{x}} |\alpha_l| + 2g \sum_{l=\sqrt{x}+1}^{x} |\alpha_l|$$

$$< \frac{\delta}{3g}\, g + 2g\, \frac{\delta}{6g}$$

$$= \tfrac{2}{3}\, \delta,$$

$$\left| \sum_{n=1}^{x} \gamma_n - A B \right| \leq \left| \sum_{n=1}^{x} \gamma_n - A(x)\,B(x) \right| + \left| A(x)\,B(x) - A B \right|$$

$$< \tfrac{2}{3}\, \delta + \tfrac{1}{3}\, \delta$$

$$= \delta,$$

$$\lim_{x=\infty} \sum_{n=1}^{x} \gamma_n = A B,$$

was zu beweisen war.

Sechzigstes Kapitel.

Eulers Reihen.

§ 186.

Eulers Reihen.

Bei Euler[1] steht gedruckt:

$$(1) \qquad 1 + \frac{1}{3} - \frac{1}{5} + \frac{1}{7} + \frac{1}{9} + \frac{1}{11} - \frac{1}{13} - \frac{1}{15} - \cdots = \frac{\pi}{2},$$

wo nach seinen Erläuterungen und seinem vermeintlichen Beweise die linke Seite in moderner Schreibweise die Reihe

$$\sum_{n=1}^{\infty} \frac{\chi(n)\,\lambda(n)}{n}$$

---

1) **1,** S. 182—183; **2,** S. 244.

ist und hierin $\chi(n)$ den Nicht-Hauptcharakter modulo 4 bezeichnet:

$$\chi(n) = 0,\ 1,\ 0,\ -1 \quad \text{für } n \equiv 0,\ 1,\ 2,\ 3 \,(\text{mod. }4).$$

Die Konvergenz dieser Reihe habe ich in § 172 bewiesen; was die Wertbestimmung — die nunmehr keine Mühe macht — betrifft, so kommt sie folgendermaßen heraus: Für $s > 1$ ist

$$\sum_{n=1}^{\infty} \frac{\chi(n)\lambda(n)}{n^s} = \prod_p \left(1 - \frac{\chi(p)}{p^s} + \frac{\chi(p^2)}{p^{2s}} - \cdots\right)$$

$$= \prod_p \frac{1}{1 + \dfrac{\chi(p)}{p^s}}$$

$$= \prod_p \frac{1 - \dfrac{\chi(p)}{p^s}}{1 - \dfrac{\chi(p^2)}{p^{2s}}}$$

$$= \frac{1}{\displaystyle\sum_{n=1}^{\infty}\frac{\chi(n)}{n^s}} \prod_p \frac{1}{1 - \dfrac{\chi(p^2)}{p^{2s}}}$$

$$= \frac{1}{\displaystyle\sum_{n=1}^{\infty}\frac{\chi(n)}{n^s}} \prod_p \frac{1}{1 - \dfrac{1}{p^{2s}}} \cdot \left(1 - \frac{1}{2^{2s}}\right)$$

$$= \left(1 - \frac{1}{2^{2s}}\right) \frac{\zeta(2s)}{\displaystyle\sum_{n=1}^{\infty}\frac{\chi(n)}{n^s}}$$

$$= \left(1 - \frac{1}{2^{2s}}\right) \frac{1 + \dfrac{1}{2^{2s}} + \dfrac{1}{3^{2s}} + \dfrac{1}{4^{2s}} + \cdots}{1 - \dfrac{1}{3^s} + \dfrac{1}{5^s} - \dfrac{1}{7^s} + \cdots},$$

folglich

$$\sum_{n=1}^{\infty} \frac{\chi(n)\lambda(n)}{n} = \lim_{s=1} \sum_{n=1}^{\infty} \frac{\chi(n)\lambda(n)}{n^s}$$

$$= \left(1 - \frac{1}{2^2}\right) \frac{1 + \dfrac{1}{2^2} + \dfrac{1}{3^2} + \dfrac{1}{4^2} + \cdots}{1 - \dfrac{1}{3} + \dfrac{1}{5} - \dfrac{1}{7} + \cdots}$$

$$= \frac{3}{4} \frac{\dfrac{\pi^2}{6}}{\dfrac{\pi}{4}}$$

$$= \frac{\pi}{2}.$$

Durch Dirichletsche Multiplikation der in der Form

$$(2) \qquad 1 + 0 + \frac{1}{3} + 0 - \frac{1}{5} + 0 + \frac{1}{7} + \cdots = \frac{\pi}{2}$$

geschriebenen Gleichung (1) mit

$$1 + \frac{1}{2} + 0 + \frac{1}{4} + 0 + 0 + 0 + \frac{1}{8} + \cdots = 2,$$

wo die linke Seite absolut konvergiert, folgt nach dem Satz des § 185 die weitere bei Euler[1] unbewiesen stehende Gleichung

$$(3) \qquad 1 + \frac{1}{2} + \frac{1}{3} + \frac{1}{4} - \frac{1}{5} + \frac{1}{6} + \frac{1}{7} + \frac{1}{8} + \frac{1}{9} - \frac{1}{10} + \cdots = \pi,$$

in der links $\frac{1}{n}$ das Vorzeichen $\chi(v)\lambda(v)$ hat, wo v der größte ungerade Teiler von n ist.

Ebenso ergibt sich aus (2) durch Dirichletsche Multiplikation mit der absolut konvergenten Reihe

$$1 - \frac{1}{2} + 0 + \frac{1}{4} + 0 + 0 + 0 - \frac{1}{8} + \cdots = \frac{2}{3}$$

die von Euler[2] heuristisch hergeleitete Gleichung

$$1 - \frac{1}{2} + \frac{1}{3} + \frac{1}{4} - \frac{1}{5} - \frac{1}{6} + \frac{1}{7} - \frac{1}{8} + \frac{1}{9} + \frac{1}{10} + \cdots = \frac{\pi}{3},$$

in der links $\frac{1}{n}$ das Vorzeichen $\chi(v)\lambda(n)$ hat, wo v der größte ungerade Teiler von n ist.

Endlich folgt aus (3) durch Dirichletsche Multiplikation mit

$$\sum_{n=1}^{\infty} \frac{a_n}{n} = \frac{1 + \frac{1}{5}}{1 - \frac{1}{5}}$$
$$= \frac{3}{2},$$

wo

$$a_1 = 1,$$
$$a_{5\varrho} = 2 \quad (\varrho \geqq 1),$$

sonst

$$a_n = 0$$

ist, die bei Euler[3] unbewiesene Gleichung

$$1 + \frac{1}{2} + \frac{1}{3} + \frac{1}{4} + \frac{1}{5} + \frac{1}{6} + \frac{1}{7} + \frac{1}{8} + \frac{1}{9} + \cdots = \frac{3\pi}{2},$$

---

1) **2**, S. 245.
2) **2**, S. 245.
3) **2**, S. 246.

deren linke Seite formal aus dem unendlichen Produkt

$$\frac{1}{\left(1-\frac{1}{2}\right)\left(1-\frac{1}{3}\right)\left(1-\frac{1}{5}\right)\left(1-\frac{1}{7}\right)\left(1-\frac{1}{11}\right)\left(1+\frac{1}{13}\right)\left(1+\frac{1}{17}\right)\cdots}$$

entsteht, wo 2, 5 und die Primzahlen $4y+3$ das Minuszeichen, die anderen Primzahlen das Pluszeichen haben[1].

Einundsechzigstes Kapitel.

Möbius' Reihen.

§ 187.

Möbius' Reihen.

Neben der Relation

$$\sum_{n=1}^{\infty} \frac{\mu(n)\log n}{n} = -1,$$

von der schon früher[2] die Rede war, steht bei Möbius[3] noch — mit vermeintlichem, aber unrichtigem Beweis — die Gleichung

$$1 + \frac{1}{3} - \frac{1}{5} + \frac{1}{7} + \frac{1}{11} - \frac{1}{13} - \frac{1}{15} - \frac{1}{17} + \cdots = \frac{4}{\pi},$$

in der die linke Seite

$$\sum_{n=1}^{\infty} \frac{\chi(n)\mu(n)}{n}$$

für den Nicht-Hauptcharakter modulo 4 ist. Die Konvergenz ist im § 173 bewiesen; der Wert $\frac{4}{\pi}$ ist richtig, wie aus der für $s > 1$ gültigen Rechnung

---

1) Daß dies Produkt konvergiert, ergibt sich aus der in § 109 bewiesenen Konvergenz von

$$\sum_{p} \frac{\chi(p)}{p}.$$

Daraus folgt natürlich gar nichts über die Eulersche Summe.

2) In § 150 und § 158.

3) **1 a,** S. 123; **1 b,** S. 612.

$$\sum_{n=1}^{\infty}{}'\frac{\chi(n)\,\mu(n)}{n^s} = \prod_p \left(1 - \frac{\chi(p)}{p^s}\right)$$

$$= \frac{1}{L(s)}$$

$$= \frac{1}{\displaystyle\sum_{n=1}^{\infty}{}'\frac{\chi(n)}{n^s}}$$

$$= \frac{1}{1 - \dfrac{1}{3^s} + \dfrac{1}{5^s} - \dfrac{1}{7^s} + \cdots}$$

folgt.

Zweiundsechzigstes Kapitel.

Cesàros Reihen.

---

§ 188.

Reihen mit $\lambda(n)\,2^{\nu(n)}$.

Außer solchen Reihen, welche schon hier vorgekommen sind, treten noch vier Arten hinzu. Es sei $\nu(n)$ wiederum die Anzahl der verschiedenen Primfaktoren von n. In diesem Paragraphen soll es sich um die Reihe[1]

$$(1) \qquad \frac{\lambda(1)\,2^{\nu(1)}}{1} - \frac{\lambda(3)\,2^{\nu(3)}}{3} + \frac{\lambda(5)\,2^{\nu(5)}}{5} - \frac{\lambda(7)\,2^{\nu(7)}}{7} + \cdots$$

handeln, welche, $k = 4$, $\chi(n) = $ Nicht-Hauptcharakter angenommen, formal aus der für $s > 1$ konvergenten Reihe entsteht:

$$\frac{\lambda(1)\,2^{\nu(1)}}{1^s} - \frac{\lambda(3)\,2^{\nu(3)}}{3^s} + \frac{\lambda(5)\,2^{\nu(5)}}{5^s} - \frac{\lambda(7)\,2^{\nu(7)}}{7^s} + \cdots = \sum_{n=1}^{\infty}{}'\frac{\chi(n)\,\lambda(n)\,2^{\nu(n)}}{n^s}$$

$$= \prod_p \left(1 - \frac{2\chi(p)}{p^s} + \frac{2\chi(p^2)}{p^{2s}} - \cdots\right)$$

$$= \prod_p \frac{1 - \dfrac{\chi(p)}{p^s}}{1 + \dfrac{\chi(p)}{p^s}}$$

---

1) **5a,** S. 319; **5b,** S. 85.

$$= \prod_p \frac{\left(1 - \frac{\chi(p)}{p^s}\right)^2}{1 - \frac{\chi(p^2)}{p^{2s}}}$$

$$= \frac{1}{(L(s))^2} \prod_p \frac{1}{1 - \frac{1}{p^{2s}}} \left(1 - \frac{1}{2^{2s}}\right)$$

$$= \left(1 - \frac{1}{4^s}\right) \frac{\zeta(2s)}{(L(s))^2}.$$

Daraus folgt zunächst nur, daß im Falle ihrer Konvergenz die Reihe (1) den Wert

$$\left(1 - \frac{1}{4}\right) \frac{\frac{\pi^2}{6}}{\left(\frac{\pi}{4}\right)^2} = \frac{3}{4} \frac{\pi^2 \cdot 16}{6 \cdot \pi^2}$$

$$= 2$$

hat.

Ich werde gleich allgemein für jedes k und jeden Charakter die Konvergenz von

$$(2) \qquad \sum_{n=1}^{\infty} \frac{\chi(n)\lambda(n)2^{\nu(n)}}{n}$$

beweisen. Für $s > 1$ ist wie oben

$$\sum_{n=1}^{\infty} \frac{\chi(n)\lambda(n)2^{\nu(n)}}{n^s} = \prod_p \frac{\left(1 - \frac{\chi(p)}{p^s}\right)^2}{1 - \frac{\chi(p^2)}{p^{2s}}}$$

$$= \left(\prod_p \left(1 - \frac{\chi(p)}{p^s}\right)\right)^2 \prod_p \frac{1}{1 - \frac{\chi(p^2)}{p^{2s}}}.$$

Da die rechte Seite von

$$\prod_p \frac{1}{1 - \frac{\chi(p^2)}{p^2}} = \sum_{n=1}^{\infty} \frac{\chi(n^2)}{n^2}$$

absolut konvergiert, brauche ich nach dem Satz des § 185 nur zu beweisen, daß die Dirichletsche Reihe für

$$\left(\prod_p \left(1 - \frac{\chi(p)}{p^s}\right)\right)^2 = \left(\sum_{n=1}^{\infty} \frac{\chi(n)\mu(n)}{n^s}\right)^2$$

im Punkte $s = 1$ konvergiert. Ich habe also nur nötig zu beweisen, daß das Dirichletsche „Quadrat" der konvergenten Reihe

$$\sum_{n=1}^{\infty} \frac{\chi(n)\,\mu(n)}{n}$$

konvergiert. Hierzu ist natürlich der Satz des § 185 nicht brauchbar. Nach § 173 ist

$$\sum_{n=1}^{x} \frac{\chi(n)\,\mu(n)}{n} = A + o\left(\frac{1}{\log x}\right);$$

wenn nun

$$\sum_{n=1}^{\infty} \alpha_n$$

irgend eine konvergente Reihe ist, für welche

$$\alpha_n = O\left(\frac{1}{n}\right)$$

und

$$A(x) = \sum_{n=1}^{x} \alpha_n$$

$$= A + o\left(\frac{1}{\log x}\right)$$

ist, so folgt,

$$\gamma_n = \sum_{l\,|\,n} \alpha_l \alpha_{\frac{n}{l}}$$

gesetzt,

$$\sum_{n=1}^{x} \gamma_n = \sum_{l\,m\,\leq\,x} \alpha_l \alpha_m$$

$$= \sum_{l=1}^{\sqrt{x}} \alpha_l \sum_{m=1}^{\frac{x}{l}} \alpha_m + \sum_{m=1}^{\sqrt{x}} \alpha_m \sum_{l=1}^{\frac{x}{m}} \alpha_l - \sum_{l=1}^{\sqrt{x}} \alpha_l \cdot \sum_{m=1}^{\sqrt{x}} \alpha_m$$

$$= \sum_{l=1}^{\sqrt{x}} \alpha_l A\left(\frac{x}{l}\right) + \sum_{m=1}^{\sqrt{x}} \alpha_m A\left(\frac{x}{m}\right) - A(\sqrt{x})\,A(\sqrt{x})$$

$$= 2 \sum_{l=1}^{\sqrt{x}} \alpha_l A\left(\frac{x}{l}\right) - \left(A(\sqrt{x})\right)^2,$$

44*

$$\sum_{n=1}^{x} \gamma_n - \left(A(\sqrt{x})\right)^2 = 2 \sum_{l=1}^{\sqrt{x}} \alpha_l \left(A\left(\frac{x}{l}\right) - A(\sqrt{x})\right)$$

$$= o\left(\frac{1}{\log x} \sum_{l=1}^{\sqrt{x}} \frac{1}{l}\right)$$

$$= o(1),$$

$$\sum_{n=1}^{\infty} \gamma_n = A^2.$$

Die Konvergenz von (2) ist daher bewiesen.

§ 189.

Reihen mit $\varphi(n)$.

Aus der für $s > 2$ gültigen Gleichung

$$\frac{\varphi(1)}{1^s} - \frac{\varphi(3)}{3^s} + \frac{\varphi(5)}{5^s} - \frac{\varphi(7)}{7^s} + \cdots = \sum_{n=1}^{\infty} \frac{\chi(n)\,\varphi(n)}{n^s}$$

$$= \prod_p \left(1 + \frac{\chi(p)\varphi(p)}{p^s} + \frac{\chi(p^2)\varphi(p^2)}{p^{2s}} + \cdots\right)$$

$$= \prod_p \left(1 + \frac{(p-1)\chi(p)}{p^s} + \frac{p(p-1)\chi(p^2)}{p^{2s}} + \cdots\right)$$

$$= \prod_p \left(1 + \frac{\dfrac{(p-1)\chi(p)}{p^s}}{1 - \dfrac{\chi(p)}{p^{s-1}}}\right)$$

$$= \prod_p \left(1 + \frac{(p-1)\chi(p)}{p(p^{s-1} - \chi(p))}\right)$$

$$= \prod_p \frac{p^s - p\chi(p) + p\chi(p) - \chi(p)}{p(p^{s-1} - \chi(p))}$$

$$= \prod_p \frac{p^s - \chi(p)}{p(p^{s-1} - \chi(p))}$$

$$= \prod_p \frac{1 - \dfrac{\chi(p)}{p^s}}{1 - \dfrac{\chi(p)}{p^{s-1}}}$$

$$= \frac{L(s-1)}{L(s)}$$

folgt

$$\lim_{s=2}\left(\frac{\varphi(1)}{1^s} - \frac{\varphi(3)}{3^s} + \frac{\varphi(5)}{5^s} - \frac{\varphi(7)}{7^s} + \cdots\right) = \frac{L(1)}{L(2)}$$
$$= \frac{\pi}{4\,L(2)}.$$

Daß wirklich

$$\frac{\varphi(1)}{1^2} - \frac{\varphi(3)}{3^2} + \frac{\varphi(5)}{5^2} - \frac{\varphi(7)}{7^2} + \cdots = \frac{\pi}{4\,L(2)}$$

ist[1], d. h. daß die Reihe links konvergiert, folgt gleich allgemein für

$$\sum_{n=1}^{\infty} \frac{\chi(n)\,\varphi(n)}{n^2}$$

bei jedem Nicht-Hauptcharakter modulo k und sogar für

$$\sum_{n=1}^{\infty} \frac{\chi(n)\,\varphi(n)}{n^s}$$

bei allen $s > 1$ und jedem Nicht-Hauptcharakter modulo k folgender-maßen. Für $s > 2$ ist, wie oben berechnet, bei jedem solchen Charakter

$$\sum_{n=1}^{\infty} \frac{\chi(n)\,\varphi(n)}{n^s} = L(s-1)\frac{1}{L(s)}$$
$$= \sum_{n=1}^{\infty} \frac{\chi(n)}{n^{s-1}} \sum_{n=1}^{\infty} \frac{\chi(n)\,\mu(n)}{n^s}.$$

Für $s > 1$ konvergieren beide Faktoren rechts, davon der zweite ab-solut, womit nach dem Satz des § 185 alles bewiesen ist.

§ 190.

Reihen mit $2^{\nu(n)}$.

Aus der für $s > 1$ gültigen Gleichung

$$\frac{2^{\nu(1)}}{1^s} - \frac{2^{\nu(3)}}{3^s} + \frac{2^{\nu(5)}}{5^s} - \frac{2^{\nu(7)}}{7^s} + \cdots = \sum_{n=1}^{\infty} \frac{\chi(n)\,2^{\nu(n)}}{n^s}$$
$$= \prod_p \left(1 + \frac{2\,\chi(p)}{p^s} + \frac{2\,\chi(p^2)}{p^{2s}} + \cdots\right)$$

---

1) Wie C e s à r o (**5 a**, S. 319; **5 b**, S. 85) unerlaubter Weise schließt.

$$= \prod_p \frac{1 + \dfrac{\chi(p)}{p^s}}{1 - \dfrac{\chi(p)}{p^s}}$$

$$= \prod_p \frac{1 - \dfrac{\chi(p^2)}{p^{2s}}}{\left(1 - \dfrac{\chi(p)}{p^s}\right)^2}$$

$$= (L(s))^2 \prod_p \left(1 - \frac{\chi(p^2)}{p^{2s}}\right)$$

$$= (L(s))^2 \prod_p \left(1 - \frac{1}{p^{2s}}\right) \frac{1}{1 - \dfrac{1}{2^{2s}}}$$

$$= \frac{4^s}{4^s - 1} \frac{(L(s))^2}{\zeta(2s)}$$

folgt

$$\lim_{s=1} \left(\frac{2^{\nu(1)}}{1^s} - \frac{2^{\nu(3)}}{3^s} + \frac{2^{\nu(5)}}{5^s} - \frac{2^{\nu(7)}}{7^s} + \cdots \right) = \frac{4}{4-1} \frac{\dfrac{\pi^2}{16}}{\dfrac{\pi^2}{6}}$$

$$= \frac{1}{2}.$$

Daß

$$\frac{2^{\nu(1)}}{1} - \frac{2^{\nu(3)}}{3} + \frac{2^{\nu(5)}}{5} - \frac{2^{\nu(7)}}{7} + \cdots = \frac{1}{2}$$

ist[1], beweise ich durch den allgemein für jeden Nicht-Hauptcharakter modulo k zu erbringenden Nachweis der Konvergenz von

$$(1) \qquad \sum_{n=1}^{\infty} \frac{\chi(n)\, 2^{\nu(n)}}{n}.$$

Da für $s > 1$ auch in diesem allgemeinen Falle

$$\sum_{n=1}^{\infty} \frac{\chi(n)\, 2^{\nu(n)}}{n^s} = (L(s))^2 \prod_p \left(1 - \frac{\chi(p^2)}{p^{2s}}\right)$$

ist, wo das Produkt eine für $s > \frac{1}{2}$ absolut konvergente **Dirichlet**sche Reihe darstellt, ist nur erforderlich, die Konvergenz des formalen Quadrates

$$(L(1))^2 = \sum_{n=1}^{\infty} \frac{\chi(n)}{n} \cdot \sum_{n=1}^{\infty} \frac{\chi(n)}{n}$$

---

1) Vgl (ohne Konvergenzbeweis) **Cesàro 5a,** S. 319; **5b,** S. 85.

festzustellen. Dies geschieht durch die Hilfsbetrachtung am Schluß des § 188, deren Voraussetzungen

$$\alpha_n = O\left(\frac{1}{n}\right),$$

$$\sum_{n=x+1}^{\infty} \alpha_n = o\left(\frac{1}{\log x}\right)$$

hier wegen

$$\alpha_n = \frac{\chi(n)}{n},$$

$$\sum_{n=x+1}^{\infty} \alpha_n = O\left(\frac{1}{x}\right)$$

reichlich erfüllt sind.

Übrigens liefert ein allgemeiner Satz, den wir später im § 214 beweisen werden, die Konvergenz von

$$(L(s))^2$$

und damit von

$$\sum_{n=1}^{\infty} \frac{\chi(n)\,2^{\nu(n)}}{n^s}$$

für alle $s > \frac{1}{2}$.

Aus der hier bewiesenen Konvergenz von (1) folgt speziell für

$$k = 5,$$

$$\chi(n) = 0,\ 1,\ i,\ -i,\ -1 \quad \text{für } n \equiv 0,\ 1,\ 2,\ 3,\ 4 \ (\text{mod. } 5)$$

die Konvergenz von

$$\frac{2^{\nu(1)}}{1} + i\,\frac{2^{\nu(2)}}{2} - i\,\frac{2^{\nu(3)}}{3} - \frac{2^{\nu(4)}}{4} + \frac{2^{\nu(6)}}{6} + \cdots,$$

also der beiden Reihen[1]

$$\frac{2^{\nu(1)}}{1} - \frac{2^{\nu(4)}}{4} + \frac{2^{\nu(6)}}{6} - \frac{2^{\nu(9)}}{9} + \cdots,$$

$$\frac{2^{\nu(2)}}{2} - \frac{2^{\nu(3)}}{3} + \frac{2^{\nu(7)}}{7} - \frac{2^{\nu(8)}}{8} + \cdots.$$

---

1) Vgl. (heuristisch) Cesàro **5a,** S. 321; **5b,** S. 87.

§ 191.

Reihen mit $\lambda(n)f(n)$.

Es sei $f(n)$ die Anzahl der Zerlegungen von n in zwei positive Quadratzahlen. Bekanntlich[1] ist $f(n)$ für nicht quadratische n gleich dem Überschuß der Anzahl der Teiler $4y+1$ von n über die Anzahl der Teiler $4y+3$ von n, für quadratische n um 1 kleiner; daher ist für $s > 1$

$$\sum_{n=1}^{\infty} \frac{\lambda(n)f(n)}{n^s} = \left(\frac{\lambda(1)}{1^s} + \frac{\lambda(2)}{2^s} + \frac{\lambda(3)}{3^s} + \cdots\right)\left(\frac{\lambda(1)}{1^s} - \frac{\lambda(3)}{3^s} + \frac{\lambda(5)}{5^s} - \cdots\right) - \sum_{n=1}^{\infty}\frac{\lambda(n^2)}{n^{2s}}$$

$$(1) \qquad = \sum_{n=1}^{\infty}\frac{\lambda(n)}{n^s}\sum_{n=1}^{\infty}\frac{\chi(n)\lambda(n)}{n^s} - \zeta(2s),$$

also

$$\lim_{s=1}\sum_{n=1}^{\infty}\frac{\lambda(n)f(n)}{n^s} = \sum_{n=1}^{\infty}\frac{\lambda(n)}{n}\cdot\sum_{n=1}^{\infty}\frac{\chi(n)\lambda(n)}{n} - \zeta(2)$$

$$= 0\cdot\sum_{n=1}^{\infty}\frac{\chi(n)\lambda(n)}{n} - \frac{\pi^2}{6}$$

$$= -\frac{\pi^2}{6}.$$

Der Konvergenzbeweis[2] von

$$\sum_{n=1}^{\infty}\frac{\lambda(n)f(n)}{n}$$

erfordert den Konvergenzbeweis des **Dirichletschen** Produktes der beiden bedingt konvergenten Reihen

$$\sum_{n=1}^{\infty}\frac{\lambda(n)}{n}\cdot\sum_{n=1}^{\infty}\frac{\chi(n)\lambda(n)}{n},$$

den ich für jedes k und jeden Charakter folgendermaßen erbringen werde.

Die Schlußweise am Ende des § 188 liefert allgemeiner für das Produkt von zwei verschiedenen konvergenten Reihen den

---

1) Bei dieser speziellen Anwendung allgemeiner Sätze benutze ich diese aus der Zahlentheorie geläufige Tatsache, die in die Theorie der quadratischen Formen gehört, sich aber auch durch direkte Methoden beweisen läßt.

2) Der bei Cesàro (**5a,** S. 317; **5b,** S. 83) fehlt.

Satz: Es sei

$$\alpha_n = O\left(\frac{1}{n}\right),$$

$$A(x) = \sum_{n=1}^{x} \alpha_n$$

$$= A + o\left(\frac{1}{\log x}\right),$$

$$\beta_n = O\left(\frac{1}{n}\right),$$

$$B(x) = \sum_{n=1}^{x} \beta_n$$

$$= B + o\left(\frac{1}{\log x}\right).$$

Dann ist,

$$\gamma_n = \sum_{l\,|\,n} \alpha_l\, \beta_{\frac{n}{l}}$$

gesetzt,

$$\sum_{n=1}^{\infty} \gamma_n = AB.$$

Beweis:

$$C(x) = \sum_{n=1}^{x} \gamma_n$$

$$= \sum_{l\,m \leqq x} \alpha_l \beta_m$$

$$= \sum_{l=1}^{\sqrt{x}} \alpha_l\, B\left(\frac{x}{l}\right) + \sum_{m=1}^{\sqrt{x}} \beta_m\, A\left(\frac{x}{m}\right) - A\left(\sqrt{x}\right) B\left(\sqrt{x}\right),$$

$$C(x) - A(\sqrt{x})B(\sqrt{x}) = \sum_{l=1}^{\sqrt{x}} \alpha_l\left(B\left(\frac{x}{l}\right) - B(\sqrt{x})\right) + \sum_{m=1}^{\sqrt{x}} \beta_m\left(A\left(\frac{x}{m}\right) - A(\sqrt{x})\right)$$

$$= o\left(\frac{1}{\log x}\sum_{l=1}^{\sqrt{x}} \frac{1}{l}\right) + o\left(\frac{1}{\log x}\sum_{m=1}^{\sqrt{x}} \frac{1}{m}\right)$$

$$= o(1),$$

$$\lim_{x=\infty} C(x) = \lim_{x=\infty} A\left(\sqrt{x}\right) B\left(\sqrt{x}\right)$$

$$= AB.$$

Dieser Satz liefert den gewünschten Beweis, da die Relationen

$$\frac{\lambda(n)}{n} = O\left(\frac{1}{n}\right),$$

$$\sum_{n=x+1}^{\infty} \frac{\lambda(n)}{n} = o\left(\frac{1}{\log x}\right),$$

$$\frac{\chi(n)\,\lambda(n)}{n} = O\left(\frac{1}{n}\right),$$

$$\sum_{n=x+1}^{\infty} \frac{\chi(n)\,\lambda(n)}{n} = o\left(\frac{1}{\log x}\right)$$

nach § 172 erfüllt sind.

Aus (1) folgt für $s > 1$ durch Differentiation

$$-\sum_{n=1}^{\infty} \frac{\lambda(n)\,f(n)\log n}{n^s} = -\sum_{n=1}^{\infty} \frac{\lambda(n)\log n}{n^s} \sum_{n=1}^{\infty} \frac{\chi(n)\,\lambda(n)}{n^s}$$

$$-\sum_{n=1}^{\infty} \frac{\lambda(n)}{n^s} \sum_{n=1}^{\infty} \frac{\chi(n)\,\lambda(n)\log n}{n^s} - 2\zeta'(2s),$$

also

$$\lim_{s=1} \sum_{n=1}^{\infty} \frac{\lambda(n)\,f(n)\log n}{n^s} = \sum_{n=1}^{\infty} \frac{\lambda(n)\log n}{n} \sum_{n=1}^{\infty} \frac{\chi(n)\,\lambda(n)}{n}$$

$$+ \sum_{n=1}^{\infty} \frac{\lambda(n)}{n} \sum_{n=1}^{\infty} \frac{\chi(n)\,\lambda(n)\log n}{n} + 2\zeta'(2)$$

$$= -\frac{\pi^2}{6}\,\frac{\pi}{2} + 2\zeta'(2)$$

$$= -\frac{\pi^3}{12} + 2\zeta'(2).$$

Der folgende Konvergenzbeweis[1] von

$$\sum_{n=1}^{\infty} \frac{\lambda(n)\,f(n)\log n}{n}$$

erfordert zweimal die Rechtfertigung der Dirichletschen Multiplikation bedingt konvergenter Reihen; diese ist jedesmal nach dem Satz gestattet, welcher aus dem oben bewiesenen durch folgende Abänderung der Voraussetzungen entsteht:

$$\alpha_n = O\left(\frac{\log n}{n}\right),$$

$$A(x) = A + o\left(\frac{1}{\log^2 x}\right),$$

---

1) Den Cesàro (**5a,** S. 317; **5b,** S. 83) nicht erbringen konnte.

$$\beta_n = O\left(\frac{\log n}{n}\right),$$

$$B(x) = B + o\left(\frac{1}{\log^2 x}\right).$$

Der neue Hilfssatz ist richtig, da die obige Beweismethode mit der Modifikation

$$o\left(\frac{1}{\log^2 x} \sum_{l=1}^{\sqrt{x}} \frac{\log l}{l}\right) = o(1)$$

zum Ziele führt, und die Voraussetzungen des neuen Hilfssatzes sind bei den vorliegenden Reihen wegen der durch § 172 festgestellten Relationen

$$\sum_{n=x+1}^{\infty} \frac{\lambda(n)\log n}{n} = o\left(\frac{1}{\log^2 x}\right),$$

$$\sum_{n=x+1}^{\infty} \frac{\chi(n)\,\lambda(n)}{n} = o\left(\frac{1}{\log^2 x}\right),$$

$$\sum_{n=x+1}^{\infty} \frac{\lambda(n)}{n} = o\left(\frac{1}{\log^2 x}\right),$$

$$\sum_{n=x+1}^{\infty} \frac{\chi(n)\,\lambda(n)\log n}{n} = o\left(\frac{1}{\log^2 x}\right)$$

erfüllt.

Dreiundsechzigstes Kapitel.

Herrn Kluyvers Reihen.

§ 192.

Reduktion auf Charaktere.

Im folgenden soll die Konvergenz der Reihe

$$\sum_{n=1}^{\infty} \frac{\mu(n)\,\nu(n)}{n}$$

und allgemeiner von

$$(1) \qquad \sum_{n\equiv l \,(\mathrm{mod.}\,k)} \frac{\mu(n)\,\nu(n)}{n} = \sum_{y=0}^{\infty} \frac{\mu(ky+l)\,\nu(ky+l)}{ky+l}$$

für $1 \leq l \leq k$ bewiesen werden.

Hierzu ist nur nötig, die Konvergenz von

$$(2) \qquad \sum_{n=1}^{\infty} \frac{\chi(n)\,\mu(n)\,\nu(n)}{n}$$

für jedes k und jeden Charakter zu beweisen. Denn im Falle

$$(k,\,l) = 1$$

folgt es daraus unmittelbar durch Multiplikation mit $\dfrac{1}{\chi(l)}$ und Summation über alle Charaktere. Im Falle

$$(k,\,l) = d > 1$$

ist für $s > 1$, wenn $\mathfrak{k}$, $\mathfrak{l}$, ϱ, $l_1,\,\cdots,\,l_\varrho$ die Bedeutung von § 174 haben,

$$\sum_{y=0}^{\infty} \frac{\mu(ky+l)\,\nu(ky+l)}{(ky+l)^s} = \sum_{y=0}^{\infty}{}' \frac{\mu(d)\,\mu(\mathfrak{k}y+\mathfrak{l})\,(\nu(d)+\nu(\mathfrak{k}y+\mathfrak{l}))}{d^s\,(\mathfrak{k}y+\mathfrak{l})^s},$$

wo Σ' andeutet, daß

$$(\mathfrak{k}y + \mathfrak{l},\, d) = 1$$

ist, also

$$\sum_{n\equiv l} \frac{\mu(n)\,\nu(n)}{n^s} = \frac{\mu(d)\,\nu(d)}{d^s} \sum_{\alpha=1}^{\varrho} \sum_{n\equiv l_\alpha} \frac{\mu(n)}{n^s} + \frac{\mu(d)}{d^s} \sum_{\alpha=1}^{\varrho} \sum_{n\equiv l_\alpha} \frac{\mu(n)\,\nu(n)}{n^s},$$

wo für $s = 1$ jeder der endlich vielen Bestandteile rechts konvergiert, also auch die Reihe (1).

Es ist also allgemein der Konvergenzbeweis von (2) zu führen. Derselbe wird sich auf die für $s > 1$ gültige Identität stützen:

$$(3) \qquad -\sum_{n=1}^{\infty} \frac{\chi(n)\,\mu(n)\,\nu(n)}{n^s} = \sum_{n=1}^{\infty} \frac{\chi(n)\,\gamma(n)}{n^s} \sum_{n=1}^{\infty} \frac{\chi(n)\,\mu(n)}{n^s},$$

wo

$$\gamma(1) = 0,$$
$$\gamma(n) = 1 \qquad \text{für Primzahlen und Primzahlpotenzen,}$$

sonst

$$\gamma(n) = 0$$

ist. Die Richtigkeit von (3) ergibt sich daraus, daß

$$\sum_{l\mid n} \chi(l)\,\gamma(l)\,\chi\!\left(\frac{n}{l}\right) \mu\!\left(\frac{n}{l}\right) = \chi(n) \sum_{l\mid n} \gamma(l)\,\mu\!\left(\frac{n}{l}\right)$$

ist; denn hierin ist für quadratfreie $n = p_1 \cdots p_\nu$

$$\sum_{l\mid n} \gamma(l)\,\mu\!\left(\frac{n}{l}\right) = \nu(-1)^{\nu-1}$$
$$= -\,\mu(n)\,\nu(n);$$

dagegen kann für nicht quadratfreie $n = p_1^{\alpha_1} \cdots p_\nu^{\alpha_\nu}$, wo etwa $\alpha_1 \geq 2$ ist, in

$$\sum_{l \mid n} \gamma(l)\, \mu\left(\frac{n}{l}\right)$$

ein Glied nur dann von Null verschieden sein, wenn l eine Potenz von p_1 ist, und zwar sind es höchstens die zwei Glieder

$$\gamma(p_1^{\alpha_1})\, \mu\left(\frac{n}{p_1^{\alpha_1}}\right) = \mu\left(\frac{n}{p_1^{\alpha_1}}\right)$$

und

$$\gamma(p_1^{\alpha_1-1})\, \mu\left(\frac{n}{p_1^{\alpha_1-1}}\right) = -\,\mu\left(\frac{n}{p_1^{\alpha_1}}\right);$$

deren Summe ist jedenfalls Null, so daß auch hier

$$\sum_{l \mid n} \gamma(l)\, \mu\left(\frac{n}{l}\right) = -\,\mu(n)\, \nu(n)$$

ist.

§ 193.
Behandlung des Hauptcharakters.

Für den Hauptcharakter ist infolge § 192, (3) die Konvergenz des Dirichletschen Produktes der divergenten Reihe

$$\sum_{n=1}^{\infty}{}' \frac{\gamma(n)}{n}$$

mit der konvergenten Reihe

$$\sum_{n=1}^{\infty}{}' \frac{\mu(n)}{n},$$

wo n die zu k teilerfremden Zahlen durchläuft, zu beweisen. Wenn alsdann die Konvergenz von

$$\sum_{n=1}^{\infty} \frac{\chi(n)\, \mu(n)\, \nu(n)}{n} = \sum_{n=1}^{\infty}{}' \frac{\mu(n)\, \nu(n)}{n}$$

bewiesen ist, so ist als Wert dieser Reihe jedenfalls 0 zu erwarten, da

$$\lim_{s=1} \frac{1}{\log \frac{1}{s-1}} \sum_{n=1}^{\infty}{}' \frac{\gamma(n)}{n^s} = \lim_{s=1} \frac{1}{\log \frac{1}{s-1}} \sum_{p,m}{}' \frac{1}{p^{ms}}$$

$$= 1,$$

$$\lim_{s=1} \frac{1}{s-1} \sum_{n=1}^{\infty}{}' \frac{\mu(n)}{n^s} = \lim_{s=1} \frac{1}{(s-1)\,\zeta(s)} \frac{1}{\prod_{p\,|\,k}\left(1-\frac{1}{p^s}\right)}$$

$$= 1 \cdot \frac{\frac{1}{h}}{\frac{1}{k}}$$

$$= \frac{k}{h},$$

also

$$\lim_{s=1} \sum_{n=1}^{\infty}{}' \frac{\gamma(n)}{n^s} \sum_{n=1}^{\infty}{}' \frac{\mu(n)}{n^s} = 0$$

ist.

Nun ist nach § 28

$$\sum_{n=1}^{x} \frac{\gamma(n)}{n} = \sum_{p^m \leqq x} \frac{1}{p^m}$$

$$= \sum_{p \leqq x} \frac{1}{p} + a + o(1)$$

$$= \log\log x + b + o(1)$$

und andererseits

$$\sum_{n=1}^{x}{}' \frac{\mu(n)}{n} = \sum_{n=1}^{\infty}{}' \frac{\mu(n)}{n} + o\left(\frac{1}{\log x}\right)$$

$$= \lim_{s=1} \sum_{n=1}^{\infty}{}' \frac{\mu(n)}{n^s} + o\left(\frac{1}{\log x}\right)$$

$$= o\left(\frac{1}{\log x}\right);$$

wenn daher

$$\alpha_n = \frac{\chi(n)\,\gamma(n)}{n},$$

$$\beta_n = \frac{\chi(n)\,\mu(n)}{n},$$

$$c_n = \frac{\chi(n)\,\mu(n)\,\nu(n)}{n}$$

gesetzt wird, ist

$$-\sum_{n=1}^{x} c_n = -\sum_{n=1}^{x}{}' \frac{\mu(n)\, v(n)}{n}$$

$$= \sum_{n=1}^{x} \alpha_n \sum_{m=1}^{\frac{x}{n}} \beta_m$$

$$= \sum_{n=1}^{\frac{x}{\log x}} \alpha_n \sum_{m=1}^{\frac{x}{n}} \beta_m + \sum_{n=\frac{x}{\log x}+1}^{x} \alpha_n \sum_{m=1}^{\frac{x}{n}} \beta_m$$

$$= o \sum_{n=1}^{\frac{x}{\log x}} \frac{\gamma(n)}{n}\, \frac{1}{\log \frac{x}{n}} + O \sum_{n=\frac{x}{\log x}+1}^{x} \frac{\gamma(n)}{n}$$

$$= o \left(\frac{1}{\log\log x} \sum_{n=1}^{\frac{x}{\log x}} \frac{\gamma(n)}{n} \right) + O \sum_{n=\frac{x}{\log x}+1}^{x} \frac{\gamma(n)}{n}$$

$$= o \left(\frac{1}{\log\log x} \log\log \left(\frac{x}{\log x} \right) \right) + O \left(\log\log x + b - \log\log \left(\frac{x}{\log x} \right) - b \right) + o(1)$$

$$= o(1) + O \left(\log \frac{\log x}{\log x - \log\log x} \right) + o(1)$$

$$= o(1),$$

folglich

$$\sum_{n=1}^{\infty} c_n = 0.$$

§ 194.

Behandlung der Nicht-Hauptcharaktere.

Für einen Nicht-Hauptcharakter ist die Konvergenz des Dirichletschen Produktes der beiden (nach § 109 und § 173) konvergenten Reihen

$$\sum_{n=1}^{\infty}{}' \frac{\chi(n)\, \gamma(n)}{n} = \sum_{p}{}' \frac{\chi(p)}{p} + \sum_{\substack{p,\, m \\ m \geq 2}} \frac{\chi(p^m)}{p^m}$$

und

$$\sum_{n=1}^{\infty}{}' \frac{\chi(n)\, \mu(n)}{n}$$

zu beweisen. Sie folgt aus dem Satz des § 191, dessen Voraussetzungen wegen der nach § 121 und § 173 richtigen Relationen

$$\sum_{n=x+1}^{\infty} \frac{\chi(n)\,\gamma(n)}{n} = o\left(\frac{1}{\log x}\right)$$

und

$$\sum_{n=x+1}^{\infty} \frac{\chi(n)\,\mu(n)}{n} = o\left(\frac{1}{\log x}\right)$$

erfüllt sind.

§ 195.

Folgerungen.

Es werde für nicht ganze y

$$P(y) = y - [y] - \tfrac{1}{2}$$

gesetzt, für ganze y

$$P(y) = 0;$$

das ist eine Funktion von der Periode 1; nach der allgemein bewiesenen Konvergenz von

$$\sum_{n \equiv l} \frac{\mu(n)\,v(n)}{n}$$

ist also für jeden zu π kommensurablen Wert

$$\psi = \frac{2\,a}{k}\,\pi\,,$$

wo k positiv und zu a teilerfremd angenommen werden kann, die Reihe

$$(1) \qquad \sum_{n=1}^{\infty} \frac{\mu(n)\,v(n)}{n}\, P\left(\frac{n\psi}{2\pi}\right)$$

konvergent, da

$$P\left(\frac{n\psi}{2\pi}\right)$$

als Funktion von n die Periode k hat.

Ferner hat

$$\left| \sin \frac{n\psi}{2} \right|$$

die Periode k, so daß, falls k nicht quadratfrei ist, auch die Reihe

$$(2) \qquad \sum_{n=1}^{\infty} \frac{\mu(n)\,v(n)}{n}\, \log \left| \sin \frac{n\psi}{2} \right|$$

konvergiert; diese Reihe ist so zu verstehen, daß die Glieder mit nicht
quadratfreiem n Null bedeuten. In den übrigen Gliedern hat der Logarithmus gewiss einen Sinn; denn

$$\sin \frac{n\psi}{2} = 0$$

erfordert

$$\sin \frac{na}{k}\pi = 0,$$
$$k \mid n,$$

so daß dann stets

$$\mu(n) = 0$$

ist.

Das Ziel dieses Paragraphen ist nun, die Übereinstimmung des
Wertes der Reihen (1) und (2) mit zwei anderen zu beweisen, nämlich die Gleichungen zu begründen:

$$(3) \qquad \pi \sum_{n=1}^{\infty} \frac{\mu(n)\nu(n)}{n} P\left(\frac{n\psi}{2\pi}\right) = \sum_{n=1}^{\infty} \frac{\gamma(n)}{n} \sin n\psi,$$

$$(4) \qquad \sum_{n=1}^{\infty} \frac{\mu(n)\nu(n)}{n} \log\left|\sin \frac{n\psi}{2}\right| = \sum_{n=1}^{\infty} \frac{\gamma(n)}{n} \cos n\psi,$$

wo also

$$\psi = \frac{2a}{k}\pi, \quad k > 0, \quad (a,k) = 1$$

ist und bei (4) überdies k einen quadratischen Teiler > 1 haben muß.

Ich beginne damit, die Konvergenz der Reihen rechts in (3) und
(4) zu beweisen. Wird

$$e^{\frac{2\pi ai}{k}} = e^{\psi i}$$
$$= \varepsilon$$

gesetzt, so ist wegen der für $(k,l) = 1$ gültigen Relation aus § 110

$$\sum_{p \equiv l} \frac{1}{p} = \frac{1}{h} \log\log x + A + o(1),$$

wenn $l_1, \cdots, l_h$ ein Restsystem teilerfremder Zahlen modulo k ist,

$$\sum_{p \leq x} \frac{\varepsilon^p}{p} = \varepsilon^{l_1} \sum_{\substack{p \equiv l_1 \\ p \leq x}} \frac{1}{p} + \cdots + \varepsilon^{l_h} \sum_{\substack{p \equiv l_h \\ p \leq x}} \frac{1}{p} + \sum_{\substack{p \mid k \\ p \leq x}} \frac{\varepsilon^p}{p}$$

$$= \left(\varepsilon^{l_1} + \cdots + \varepsilon^{l_h}\right) \frac{1}{h} \log\log x + B + o(1),$$

also, da die Summe der primitiven $k$ten Einheitswurzeln

$$\varepsilon^{l_1} + \cdots + \varepsilon^{l_h} = \mu(k)$$

ist,

$$\sum_{p \leqq x}{}' \frac{\varepsilon^p}{p} = \sum_{p \leqq x}{}' \frac{e^{\frac{2\pi p a i}{k}}}{p}$$

$$= \sum_{p \leqq x}{}' \frac{e^{p\psi i}}{p}$$

$$= \sum_{p \leqq x}{}' \frac{\cos p\psi}{p} + i \sum_{p \leqq x}{}' \frac{\sin p\psi}{p}$$

$$= \frac{\mu(k)}{h} \log\log x + B + o(1),$$

$$\sum_{p \leqq x}{}' \frac{\cos p\psi}{p} = \frac{\mu(k)}{h} \log\log x + B_1 + o(1),$$

$$\sum_{p \leqq x}{}' \frac{\sin p\psi}{p} = B_2 + o(1);$$

daher konvergiert stets

$$\sum_p{}' \frac{\sin p\psi}{p},$$

also auch

$$\sum_{n=1}^{\infty}{}' \frac{\gamma(n)}{n} \sin n\psi,$$

und es konvergiert für alle nicht quadratfreien k

$$\sum_p{}' \frac{\cos p\psi}{p},$$

also

$$\sum_{n=1}^{\infty}{}' \frac{\gamma(n)}{n} \cos n\psi.$$

In (3) und (4) konvergieren also beide Seiten.

Um nun die Richtigkeit dieser Relationen festzustellen, verstehe ich unter l irgend eine ganze Zahl und gehe von der für $s > 1$ gültigen Gleichung aus:

$$(5) \qquad \sum_{m \equiv l (\mathrm{mod.}\, k)}{}' \frac{\mu(m)\nu(m)}{m^s} \sum_{n=1}^{\infty} \frac{\varepsilon^{ln}}{n^s} = \sum_{n=1}^{\infty}{}' \frac{c_n}{n^s},$$

wo

$$c_n = \sum_{\substack{m \equiv l \\ m \mid n}} \mu(m)\,\nu(m)\,\varepsilon^{l\frac{n}{m}}$$

ist. Hierin ist für jedes $m \equiv l$

$$\varepsilon^{l\frac{n}{m}} = \varepsilon^n;$$

denn, wenn

$$m = Mk + l$$

gesetzt wird, ist

$$\varepsilon^{l\frac{n}{m}} = \varepsilon^{(m - Mk)\frac{n}{m}}$$
$$= \varepsilon^{n - Mk\frac{n}{m}}$$
$$= \varepsilon^n.$$

Es ist also

$$c_n = \varepsilon^n \sum_{\substack{m \equiv l \\ m \mid n}} \mu(m)\,\nu(m).$$

Wird die Gleichung (5) über $l = 1, 2, \cdots, k$ summiert, so ergibt sich für $s > 1$

$$\sum_{l=1}^{k} \sum_{m \equiv l} \frac{\mu(m)\,\nu(m)}{m^s} \sum_{n=1}^{\infty} \frac{\varepsilon^{ln}}{n^s} = \sum_{l=1}^{k} \sum_{n=1}^{\infty} \frac{\varepsilon^n \sum_{\substack{m \equiv l \\ m \mid n}} \mu(m)\,\nu(m)}{n^s}$$

$$= \sum_{n=1}^{\infty} \frac{\varepsilon^n}{n^s} \sum_{m \mid n} \mu(m)\,\nu(m).$$

Nun ist für $s > 1$

$$-\sum_{n=1}^{\infty} \frac{\mu(n)\,\nu(n)}{n^s} = \sum_{n=1}^{\infty} \frac{\gamma(n)}{n^s} \sum_{n=1}^{\infty} \frac{\mu(n)}{n^s},$$

also

$$-\sum_{n=1}^{\infty} \frac{\gamma(n)}{n^s} = \sum_{n=1}^{\infty} \frac{\mu(n)\,\nu(n)}{n^s} \sum_{n=1}^{\infty} \frac{1}{n^s},$$

$$-\gamma(n) = \sum_{m \mid n} \mu(m)\,\nu(m),$$

folglich

$$(6) \qquad -\sum_{l=1}^{k} \sum_{m \equiv l} \frac{\mu(m)\,\nu(m)}{m^s} \sum_{n=1}^{\infty} \frac{\varepsilon^{ln}}{n^s} = \sum_{n=1}^{\infty} \frac{\gamma(n)\,\varepsilon^n}{n^s}.$$

1. Es habe k einen quadratischen Teiler. In (6) konvergiert für $s = 1$ die rechte Seite, wie oben festgestellt wurde; ferner konvergiert in jedem der endlich vielen Glieder $l = 1, \cdots, k$ links der erste Faktor

$$\sum_{m \equiv l} \frac{\mu(m)\,\nu(m)}{m},$$

wie gleichfalls oben bewiesen wurde, und, da zufolge des sonst verschwindenden ersten Faktors nur solche l in Betracht kommen, für welche (k, l) quadratfrei, also $\dfrac{l\,a}{k}$ gewiß nicht ganz ist, der zweite Faktor

$$\sum_{n=1}^{\infty} \frac{\varepsilon^{l\,n}}{n} = \sum_{n=1}^{\infty} \frac{e^{n\,l\,\psi\,i}}{n}$$
$$= - \log\left(1 - e^{l\,\psi\,i}\right),$$

wo der Zweig des Logarithmus gemeint ist, dessen imaginärer Teil zwischen $-\pi$ und π (und alsdann eo ipso sogar zwischen $-\dfrac{\pi}{2}$ und $\dfrac{\pi}{2}$) liegt. In diesem Sinne ist für reelle, nicht durch 2π teilbare α

$$- \log\left(1 - e^{\alpha i}\right) = - \log\left(2\left|\sin\frac{\alpha}{2}\right|\right) - \pi i\, P\left(\frac{\alpha}{2\pi}\right),$$

also hier

$$\sum_{n=1}^{\infty} \frac{\varepsilon^{l\,n}}{n} = - \log\left(2\left|\sin\frac{l\,\psi}{2}\right|\right) - \pi i\, P\left(\frac{l\,\psi}{2\pi}\right).$$

(6) ergibt also beim Grenzübergang zu $s = 1$

$$\sum_{n=1}^{\infty} \frac{\gamma(n)\,\varepsilon^{n}}{n} = \sum_{l=1}^{k} {\sum_{m \equiv l}}' \frac{\mu(m)\,\nu(m)}{m} \log\left(2\left|\sin\frac{l\,\psi}{2}\right|\right) + \pi i \sum_{l=1}^{k} {\sum_{m \equiv l}}' \frac{\mu(m)\,\nu(m)}{m} P\left(\frac{l\,\psi}{2\pi}\right),$$

also, da in $l = 1, \cdots, k$ nebst $m \equiv l$ einfach m alle positiven ganzen Zahlen durchläuft und k konvergente Reihen gliedweise addiert werden dürfen, unter Benutzung von

$$\sum_{l=1}^{k} {\sum_{m \equiv l}}' \frac{\mu(m)\,\nu(m)}{m} \log 2 = \log 2 \sum_{m=1}^{\infty}{}' \frac{\mu(m)\,\nu(m)}{m}$$
$$= 0$$

$$\sum_{n=1}^{\infty}{}' \frac{\gamma(n)\,\varepsilon^{n}}{n} = \sum_{n=1}^{\infty}{}' \frac{\mu(n)\,\nu(n)}{n} \log\left|\sin\frac{n\,\psi}{2}\right| + \pi i \sum_{n=1}^{\infty}{}' \frac{\mu(n)\,\nu(n)}{n} P\left(\frac{n\,\psi}{2\pi}\right),$$

woraus durch Trennung des Reellen und Imaginären die behaupteten Gleichungen (3) und (4) folgen.

    2. Es sei k quadratfrei. Dann werde in (6) zuvörderst der imaginäre Teil genommen:

$$-\sum_{l=1}^{k} {\sum_{m \equiv l}}' \frac{\mu(m)\,\nu(m)}{m^{s}} \sum_{n=1}^{\infty} \frac{\sin l\,n\,\psi}{n^{s}} = \sum_{n=1}^{\infty} \frac{\gamma(n)\,\sin n\,\psi}{n^{s}}.$$

Alsdann kann wegen der Konvergenz aller auftretenden Reihen zur Grenze $s = 1$ übergegangen werden, und man erhält die behauptete Relation (3).

Zwanzigster Teil.

Ein Satz über Dirichletsche Reihen mit Koeffizienten ≥ 0 und seine Anwendungen auf die Primzahltheorie.

Vierundsechzigstes Kapitel.

Beweis des Satzes.

§ 196.
Erste Formulierung.

Satz: Es sei für $n = 1, 2, \cdots$

$$a_n \geq 0;$$

die Dirichletsche Reihe

$$\sum_{n=1}^{\infty} \frac{a_n}{n^s}$$

konvergiere für[1] $\sigma > \gamma$. Es sei die für $\sigma > \gamma$ durch die Reihe definierte Funktion $f(s)$ im Punkte $s = \gamma$ regulär; dann konvergiert die Reihe über den Punkt $s = \gamma$ hinaus, d. h. die Konvergenzabszisse ist $< \gamma$.

Daß die Reihe im Punkte $s = \gamma$ konvergiert, wäre hier, wo alle Koeffizienten ≥ 0 sind, wegen der Existenz des Grenzwertes von rechts

$$\lim_{s = \gamma} \sum_{n=1}^{\infty} \frac{a_n}{n^s}$$

sehr leicht zu zeigen; das genügt aber nicht.

Beweis: In der Umgebung von $s = \gamma + 1$ und zwar für $|s - (\gamma + 1)| < r$, wo $r > 1$ ist, ist nach Voraussetzung $f(s)$ regulär, also

$$f(s) = \sum_{n=0}^{\infty} (s - \gamma - 1)^n \frac{f^{(n)}(\gamma + 1)}{n!}$$

$$= \sum_{n=0}^{\infty} \frac{(s - \gamma - 1)^n}{n!} \sum_{\nu=1}^{\infty} \frac{(-1)^n a_\nu \log^n \nu}{\nu^{\gamma + 1}}$$

$$= \sum_{n=0}^{\infty} \frac{(\gamma + 1 - s)^n}{n!} \sum_{\nu=1}^{\infty} \frac{a_\nu \log^n \nu}{\nu^{\gamma + 1}}.$$

---

1) Wie immer soll hier nicht gesagt sein, daß $\sigma = \gamma$ die genaue Konvergenzgerade ist. Im Gegenteil: Hier wird gerade bewiesen werden, daß die Reihe darüber hinaus konvergiert.

Da diese Doppelreihe für $\gamma + 1 \geqq s > \gamma + 1 - r$ lauter reelle, nicht negative Glieder hat, konvergiert dort auch die durch Vertauschung der Summationsfolge entstehende Reihe

$$\sum_{\nu=1}^{\infty} \frac{a_\nu}{\nu^{\gamma+1}} \sum_{n=0}^{\infty} \frac{(\gamma+1-s)^n \log^n \nu}{n!} = \sum_{\nu=1}^{\infty} \frac{a_\nu}{\nu^{\gamma+1}} e^{(\gamma+1-s)\log \nu}$$

$$= \sum_{\nu=1}^{\infty} \frac{a_\nu}{\nu^s};$$

die gegebene Dirichletsche Reihe konvergiert also wegen $r > 1$ über den Punkt γ hinaus, was zu beweisen war.

Folgerung: Wenn nur von einem gewissen $n = n_0$ an

$$a_n \geqq 0$$

ist, bleibt der Satz offenbar bestehen, da durch Weglassung der ersten $n_0 - 1$ Glieder, d. h. einer ganzen Funktion, der vorige Fall wieder eintritt. Kurz gesagt: Die Konvergenzgerade einer Dirichletschen Reihe, deren Koeffizienten von einer gewissen Stelle an $\geqq 0$ sind, trifft, wenn sie im Endlichen liegt, die reelle Achse in einem singulären Punkte der Funktion.

§ 197.

Zweite Formulierung.

Satz: Es sei für alle $n \geqq n_0$

$$a_n \geqq 0,$$

und es sei die Reihe

$$(1) \qquad\qquad \sum_{n=1}^{\infty} \frac{a_n}{n^s}$$

für $s > \alpha$ konvergent. Es sei

$$\beta < \alpha$$

und die durch die Reihe (1) für $\sigma > \alpha$ definierte Funktion bei Fortsetzung längs der reellen Achse für $\alpha \geqq s > \beta$ regulär. Dann konvergiert die Reihe (1) für $\sigma > \beta$.

Es ergibt sich also gleichzeitig, daß die Funktion für $\sigma > \beta$ regulär ist.

Beweis: γ sei die Konvergenzabszisse von (1); nach Voraussetzung ist

$$\gamma \leqq \alpha;$$

behauptet wird

$$\gamma \leqq \beta.$$

Wäre
$$\beta < \gamma \leqq \alpha,$$

so wäre $f(s)$ in γ regulär, also nach dem Satz des vorigen Paragraphen die Konvergenzabszisse $< \gamma$, was ein Widerspruch ist.

Fünfundsechzigstes Kapitel.

Der Überschuß der Primzahlmenge $4y + 3$ über die Primzahlmenge $4y + 1$.

§ 198.

Hilfssatz über eine Funktion $F(s)$.

Ich bezeichne im folgenden mit fortlaufender Numerierung durch $R_1(s)$, $R_2(s)$, $\cdots$ solche Funktionen von s, welche für $\sigma > 1$ und bei Fortsetzung längs der reellen Achse für $1 \geqq s \geqq \frac{1}{2}$ regulär sind.

Dann ist zunächst die für $\sigma > 1$ durch

$$\log\left(1 - \frac{1}{3^s} + \frac{1}{5^s} - \frac{1}{7^s} + \cdots\right) = \log L(s)$$
$$= \sum_{p,m} \frac{\chi(p^m)}{m\,p^{ms}}$$

$(k = 4,\ \chi(n)$ der Nicht-Hauptcharakter) definierte Funktion
$$= R_1(s);$$
denn für $1 \geqq s \geqq \frac{1}{2}$ ist

$$1 - \frac{1}{3^s} + \frac{1}{5^s} - \frac{1}{7^s} + \cdots > 0.$$

Ferner ist offenbar für $\sigma > 1$

$$\sum_{p,m} \frac{\chi(p^m)}{m\,p^{ms}} = \sum_p \frac{\chi(p)}{p^s} + \frac{1}{2}\sum_p \frac{\chi(p^2)}{p^{2s}} + R_2(s),$$

also

$$\sum_p \frac{\chi(p)}{p^s} = -\frac{1}{2}\sum_p \frac{\chi(p^2)}{p^{2s}} + R_3(s)$$
$$= -\frac{1}{2}\sum_p \frac{1}{p^{2s}} + R_4(s).$$

Andererseits ist
$$\log\left((s - \tfrac{1}{2})\zeta(2s)\right) = \log\zeta(2s) + \log\left(s - \frac{1}{2}\right)$$
$$= R_5(s)$$

und

$$\log \zeta(2s) = \sum_p \frac{1}{p^{2s}} + R_6(s),$$

also

$$\sum_p \frac{1}{p^{2s}} = -\log\left(s - \frac{1}{2}\right) + R_7(s),$$

$$\sum_p \frac{\chi(p)}{p^s} = \frac{1}{2}\log\left(s - \frac{1}{2}\right) + R_8(s).$$

Das besagt natürlich nicht etwa, daß die Reihe links für $s > \frac{1}{2}$ konvergiert. Für $\sigma = 1$ ist es zufällig noch bekannt.

Es sei nun $f(x)$ die Anzahl der Primzahlen $4y + 1 \leqq x$, $g(x)$ die Anzahl der Primzahlen $4y + 3 \leqq x$,

$$g(x) - f(x) = P(x).$$

Dann ist für $\sigma > 1$

$$\sum_p \frac{\chi(p)}{p^s} = -\sum_{n=2}^{\infty} \frac{P(n) - P(n-1)}{n^s}$$

$$= -\sum_{n=2}^{\infty} P(n)\left(\frac{1}{n^s} - \frac{1}{(n+1)^s}\right).$$

Nun wurde in § 181, (1) ausgerechnet:

$$(1) \qquad \left|\frac{1}{n^s} - \frac{1}{(n+1)^s} - \frac{s}{n^{s+1}}\right| \leqq |s|\,|s+1|\,\frac{1}{n^{\sigma+2}};$$

da

$$\sum_{n=2}^{\infty} P(n)\left(\frac{1}{n^s} - \frac{1}{(n+1)^s} - \frac{s}{n^{s+1}}\right)$$

somit für $\sigma > 0$ eine reguläre Funktion darstellt, ist für $\sigma > 1$

$$\sum_p \frac{\chi(p)}{p^s} = -s\sum_{n=2}^{\infty} \frac{P(n)}{n^{s+1}} + R_9(s),$$

$$\sum_{n=2}^{\infty} \frac{P(n)}{n^{s+1}} = -\frac{1}{2s}\log\left(s - \frac{1}{2}\right) + R_{10}(s).$$

Ferner ist für $\sigma > \frac{1}{2}$

$$\sum_{n=2}^{\infty} \frac{\sqrt{n}}{\log n}\cdot\frac{1}{n^{s+1}} = \sum_{n=2}^{\infty} \frac{1}{\log n \cdot n^{s+\frac{1}{2}}}$$

$$= \sum_{n=2}^{\infty} \frac{1}{\log n}\left(\frac{1}{n^{s+\frac{1}{2}}} - \frac{1}{n^{2+\frac{1}{2}}}\right) + c$$

$$= \int\limits_s^2 (\xi(u + \tfrac{1}{2}) - 1)\, du + c$$

$$= \int\limits_s^2 \frac{du}{u - \tfrac{1}{2}} + R_{11}(s)$$

$$= -\log\left(s - \frac{1}{2}\right) + R_{12}(s).$$

Für $\sigma > 1$ ist daher, wenn eine analytische Funktion $F(s)$ dort durch

$$F(s) = \sum_{n=2}^{\infty} \frac{P(n) - \dfrac{\sqrt{n}}{\log n}}{n^{s+1}}$$

definiert wird,

$$F(s) = \left(-\frac{1}{2s} + 1\right) \log\left(s - \frac{1}{2}\right) + R_{10}(s) - R_{12}(s)$$

$$= \frac{1}{s}\left(s - \frac{1}{2}\right) \log\left(s - \frac{1}{2}\right) + R_{13}(s).$$

Die Funktion $F(s)$ ist also bei direkter Fortsetzung für $1 \geqq s > \frac{1}{2}$ regulär, für $s = \frac{1}{2}$ singulär, aber so, daß bei zu $\frac{1}{2}$ abnehmendem s ihr Limes existiert.

§ 199.

Beweis des Satzes über $P(x)$.

Es soll nun der Satz bewiesen werden:

Satz: Die Ungleichung

$$\left| \frac{P(x)}{\dfrac{\sqrt{x}}{\log x}} - 1 \right| < \delta$$

ist bei gegebenem $\delta > 0$ immer wieder erfüllt; d. h. es ist für ein $x = x(\xi, \delta) > \xi$

$$-\delta\, \frac{\sqrt{x}}{\log x} < P(x) - \frac{\sqrt{x}}{\log x} < \delta\, \frac{\sqrt{x}}{\log x}.$$

Beweis: Wäre der Satz falsch, so wäre

$$Q(x) = \frac{P(x)}{\dfrac{\sqrt{x}}{\log x}} - 1$$

von einer gewissen Stelle an nie dem Intervall

$$(1) \qquad\qquad -\delta < Q(x) < \delta$$

angehörig. Nun ist $Q(x)$ als Funktion des stetigen $x > 1$ so beschaffen, daß es innerhalb zweier konsekutiver ganzer Zahlen stetig, für jede ganze Zahl nach rechts stetig ist und beim Durchgang durch eine ganze Zahl entweder auch stetig bleibt[1] oder einen Sprung

$$\lim_{\varepsilon = 0} \left(Q(x) - Q(x - \varepsilon) \right)$$

macht, welcher genau

$$= \pm \frac{1}{\dfrac{\sqrt{x}}{\log x}}$$

ist, also für $x = \infty$ den Limes 0 hat. Wenn daher (1) von einer gewissen Stelle an nie mehr gilt, so muß entweder für alle hinreichend großen x

$$Q(x) \geq \delta$$

oder für alle hinreichend großen x

$$Q(x) \leq - \delta$$

sein. Denn ohne Betreten des Innern von $(- \delta \cdots \delta)$ kann eben $Q(x)$ nicht mehr darüber hinweg, wenn nur x groß genug ist.

1. Es sei für $x \geq n_0$ ($n_0 \geq 2$ und ganz)

$$(2) \qquad Q(x) \geq \delta.$$

Dann erfüllt die für $\sigma > 1$ konvergente Dirichletsche Reihe

$$(3) \qquad F(s) = \sum_{n=2}^{\infty} \frac{P(n) - \dfrac{\sqrt{n}}{\log n}}{n^{s+1}}$$

die Voraussetzungen des Satzes aus § 197 mit $\alpha = 1$, $\beta = \frac{1}{2}$. Daher konvergiert die Reihe (3) für $s > \frac{1}{2}$; dort wäre

$$F(s) \geq - \sum_{n=2}^{n_0 - 1} \frac{\left| P(n) - \dfrac{\sqrt{n}}{\log n} \right|}{n^{s+1}} + \sum_{n=n_0}^{\infty} \frac{\delta \dfrac{\sqrt{n}}{\log n}}{n^{s+1}}$$

$$(4) \qquad \geq - \sum_{n=2}^{n_0 - 1} \frac{\left| P(n) - \dfrac{\sqrt{n}}{\log n} \right|}{n^{\frac{3}{2}}} + \delta \sum_{n=n_0}^{\infty} \frac{1}{n^{s+\frac{1}{2}} \log n}.$$

Nun existiert nach dem Ergebnis des vorigen Paragraphen

$$\lim_{s = \frac{1}{2}} F(s).$$

---

1) Wenn nämlich n keine Primzahl > 2 ist.

Aber die rechte Seite von (4) wächst mit zu $\frac{1}{2}$ abnehmendem s über alle Grenzen; denn

$$\sum_{n=2}^{\infty} \frac{1}{n \log n}$$

divergiert; nach Annahme von ω ist wegen dieser Divergenz bei passendem y

$$\sum_{n=n_0}^{y} \frac{1}{n \log n} > \omega,$$

$$\lim_{s=\frac{1}{2}} \sum_{n=n_0}^{y} \frac{1}{n^{s+\frac{1}{2}} \log n} > \omega,$$

$$\liminf_{s=\frac{1}{2}} \sum_{n=n_0}^{\infty} \frac{1}{n^{s+\frac{1}{2}} \log n} \geqq \liminf_{s=\frac{1}{2}} \sum_{n=n_0}^{y} \frac{1}{n^{s+\frac{1}{2}} \log n} > \omega,$$

d. h.

$$\lim_{s=\frac{1}{2}} \sum_{n=2}^{\infty} \frac{1}{n^{s+\frac{1}{2}} \log n} = \infty.$$

(4) enthält also einen Widerspruch; daher ist die Annahme (2) unzulässig.

2. Es sei für $x \geqq n_0$ ($n_0 \geqq 2$ und ganz)

$$Q(x) \leqq - \delta.$$

Dann liefert die Betrachtung von

$$- F(s) = \sum_{n=2}^{\infty} \frac{- \left(P(n) - \frac{\sqrt{n}}{\log n} \right)}{n^{s+1}}$$

$$= \sum_{n=2}^{\infty} \frac{- Q(n) \frac{\sqrt{n}}{\log n}}{n^{s+1}}$$

$$= \sum_{n=2}^{\infty} \frac{- Q(n)}{n^{s+\frac{1}{2}} \log n}$$

ganz denselben Widerspruch.

Natürlich beweist man genau ebenso, daß z. B. immer wieder sogar

$$- \frac{\delta}{\log \log x} < Q(x) < \frac{\delta}{\log \log x}$$

ist. Denn es ist bei jedem $x > 1$ für zu 0 abnehmendes ε einerseits

$$\lim_{\varepsilon=0} \log \log (x + \varepsilon)\, Q(x + \varepsilon) = \log \log x\, Q(x),$$

andererseits

$$\lim_{\varepsilon=0} \log \log (x - \varepsilon)\, Q(x - \varepsilon) = \log \log x \lim_{\varepsilon=0} Q(x - \varepsilon)$$

$$= \log \log x \left(Q(x) + O\left(\frac{\log x}{\sqrt{x}}\right)\right)$$

$$= \log \log x\, Q(x) + o(1),$$

und die Reihe

$$\sum_{n=3}^{\infty} \frac{1}{n \log n \log \log n}$$

ist divergent, worauf es hier beim Beweise allein ankommt.

Selbstverständlich ist auch immer wieder für passend wählbare ganzzahlige $x = n$

$$- \delta < Q(n) < \delta$$

und sogar für unendlich viele ganzzahlige n

$$- \frac{\delta}{\log \log n} < Q(n) < \frac{\delta}{\log \log n},$$

da ja

$$\log \log x\, Q(x) - \log \log [x]\, Q([x])$$

$$= (\log \log x - \log \log [x])\, Q(x) + (Q(x) - Q([x]))\, \log \log [x]$$

$$= O\left(\frac{1}{x \log x}\right) O\left(\sqrt{x}\right) + P(x) \left(\frac{1}{\dfrac{\sqrt{x}}{\log x}} - \frac{1}{\dfrac{\sqrt{[x]}}{\log [x]}}\right) \log \log [x]$$

$$= O\left(\frac{1}{\sqrt{x} \log x}\right) + O\left(\frac{x}{\log x} \cdot \frac{\log x}{x\sqrt{x}} \log \log x\right)$$

$$= O\left(\frac{\log \log x}{\sqrt{x}}\right)$$

$$= o(1)$$

ist.

§ 200.

Bemerkungen über beliebige k.

Es versteht sich von selbst, daß der Satz über $P(n)$ gültig bleibt, wenn $P(n)$ den Überschuß der Primzahlmenge $6y + 5 \leq x$ über die Primzahlmenge $6y + 1 \leq x$ bezeichnet. Denn auch hier ist $h = 2$ und für $\frac{1}{2} \leq s \leq 1$

$$L(s) = \sum_{n=1}^{\infty} \frac{\chi(n)}{n^s}$$

$$= 1 - \frac{1}{5^s} + \frac{1}{7^s} - \frac{1}{11^s} + \cdots$$

wegen der alternierenden Vorzeichen von Null verschieden, also $\log L(s)$ dort regulär, und alles andere bleibt völlig ungeändert.

Im allgemeinen Fall zweier zu vergleichender arithmetischer Progressionen modulo k kann man über die Funktionen $L_\varkappa(s)$ nicht aussagen, daß sie für $\frac{1}{2} \leq s \leq 1$ nicht verschwinden, sondern nur, daß sie für $s = 1$ nicht verschwinden. D. h. zu k gibt es immerhin ein $\Theta < 1$ derart, daß für $\Theta < s \leq 1$ die h Funktionen nicht verschwinden. Es sei gleich Θ genau die größte der reellen Nullstellen aller h Funktionen zusammen. Dann ist jedenfalls

$$\Theta < 1,$$

und es besteht der gleich in der etwas schärferen Form des ganzzahligen n formulierte

Satz: Es seien l und l' zwei modulo k inkongruente zu k teilerfremde Zahlen, $f(x)$ die Anzahl der Primzahlen $ky + l \leq x$ und $g(x)$ die Anzahl der Primzahlen $ky + l' \leq x$. Dann ist bei gegebenem $\delta > 0$ für passend gewählte beliebig große ganzzahlige n

1. im Falle $\Theta < \frac{1}{2}$, wenn λ bzw. λ' die Lösungszahl modulo k von

$$x^2 \equiv l \,(\mathrm{mod.}\,k)$$

bzw.

$$x^2 \equiv l' \,(\mathrm{mod.}\,k)$$

bezeichnet,

$$\left| \frac{g(n) - f(n)}{\dfrac{\sqrt{n}}{\log n}} + \frac{\lambda' - \lambda}{h} \right| < \delta;$$

2. im Falle $\Theta = \frac{1}{2}$, wenn $L_\varkappa(s)$ in $\frac{1}{2}$ von der Ordnung $a_\varkappa$ verschwindet,

$$\left| \frac{g(n) - f(n)}{\dfrac{\sqrt{n}}{\log n}} + \frac{1}{h}\left(2 \sum_{\varkappa=1}^{h} a_\varkappa \left(\frac{1}{\chi_\varkappa(l')} - \frac{1}{\chi_\varkappa(l)} \right) + \lambda' - \lambda \right) \right| < \delta;$$

3. im Falle $\frac{1}{2} < \Theta < 1$, wenn $L_\varkappa(s)$ in Θ von der Ordnung $a_\varkappa$ verschwindet,

$$\left| \frac{g(n) - f(n)}{\dfrac{n^\Theta}{\log n}} + \frac{1}{\Theta h} \sum_{\varkappa=1}^{h} a_\varkappa \left(\frac{1}{\chi_\varkappa(l')} - \frac{1}{\chi_\varkappa(l)} \right) \right| < \delta.$$

Beweis: Es ist für $\sigma > 1$

$$\sum_{\substack{p,\,m \\ p^{m} \equiv l}} \frac{1}{m\,p^{ms}} = \frac{1}{h} \sum_{\varkappa=1}^{h} \frac{1}{\chi_\varkappa(l)} \log L_\varkappa(s)$$

und

$$\sum_{\substack{p,\,m \\ p^{m} \equiv l'}} \frac{1}{m\,p^{ms}} = \frac{1}{h} \sum_{\varkappa=1}^{h} \frac{1}{\chi_\varkappa(l')} \log L_\varkappa(s).$$

1. Im Falle $\varTheta < \frac{1}{2}$ ist also für $\sigma > 1$

$$\sum_{\substack{p,\,m \\ p^{m} \equiv l}} \frac{1}{m\,p^{ms}} = \frac{1}{h} \log \frac{1}{s-1} + R_1(s),$$

$$\sum_{p \equiv l} \frac{1}{p^{s}} + \frac{1}{2} \sum_{p^2 \equiv l} \frac{1}{p^{2s}} = \frac{1}{h} \log \frac{1}{s-1} + R_2(s),$$

$$\sum_{p \equiv l'} \frac{1}{p^{s}} + \frac{1}{2} \sum_{p^2 \equiv l'} \frac{1}{p^{2s}} = \frac{1}{h} \log \frac{1}{s-1} + R_3(s),$$

$$\sum_{n=2}^{\infty} \frac{f(n) - f(n-1) - g(n) + g(n-1)}{n^{s}} = \sum_{p \equiv l} \frac{1}{p^{s}} - \sum_{p \equiv l'} \frac{1}{p^{s}}$$

$$= -\frac{1}{2} \sum_{p^2 \equiv l} \frac{1}{p^{2s}} + \frac{1}{2} \sum_{p^2 \equiv l'} \frac{1}{p^{2s}} + R_4(s)$$

$$= -\frac{1}{2} \sum_{\nu=1}^{\lambda} \sum_{p \equiv l_\nu} \frac{1}{p^{2s}} + \frac{1}{2} \sum_{\nu=1}^{\lambda'} \sum_{p \equiv l'_\nu} \frac{1}{p^{2s}} + R_4(s)$$

wenn $l_1, \cdots, l_\lambda, l'_1, \cdots, l'_{\lambda'}$ die betreffenden Restklassen bezeichnen. Da nun für jede Restklasse ϱ

$$\sum_{p \equiv \varrho} \frac{1}{p^{2s}} = \frac{1}{h} \log \frac{1}{2s-1} + R_5(s)$$

$$= -\frac{1}{h} \log\left(s - \frac{1}{2}\right) + R_6(s)$$

ist, so ist

$$\sum_{n=2}^{\infty} \frac{f(n) - f(n-1) - g(n) + g(n-1)}{n^{s}} = -\frac{1}{2h}(\lambda' - \lambda) \log\left(s - \frac{1}{2}\right) + R_7(s).$$

Es werde

$$g(n) - f(n) = P(n)$$

gesetzt, so daß die linke Seite der vorangehenden Gleichung

$$-\sum_{n=2}^{\infty} \frac{P(n) - P(n-1)}{n^s}$$

wird; dann ergibt sich wegen der in § 198 festgestellten und natürlich auch für unser $P(n)$ gültigen Relation

$$s\sum_{n=2}^{\infty} \frac{P(n)}{n^{s+1}} = \sum_{n=2}^{\infty} \frac{P(n) - P(n-1)}{n^s} + R_8(s)$$

weiter

$$\sum_{n=2}^{\infty} \frac{P(n)}{n^{s+1}} = \frac{1}{s} \sum_{n=2}^{\infty} \frac{P(n) - P(n-1)}{n^s} + R_9(s)$$

$$= \frac{\lambda' - \lambda}{2h} \frac{1}{s} \log\left(s - \frac{1}{2}\right) + R_{10}(s)$$

und hieraus in Verbindung mit der in § 198 schon benutzten Beziehung

$$\sum_{n=2}^{\infty} \frac{\frac{\sqrt{n}}{\log n}}{n^{s+1}} = -\log\left(s - \frac{1}{2}\right) + R_{11}(s)$$

für die durch die Dirichletsche Reihe

$$\sum_{n=2}^{\infty} \frac{P(n) + \dfrac{\lambda' - \lambda}{h} \dfrac{\sqrt{n}}{\log n}}{n^{s+1}}$$

in der Halbebene $\sigma > 1$ definierte Funktion $F(s)$

$$F(s) = \left(\frac{\lambda' - \lambda}{2h} \frac{1}{s} - \frac{\lambda' - \lambda}{h}\right) \log\left(s - \frac{1}{2}\right) + R_{12}(s)$$

$$= -\frac{\lambda' - \lambda}{h} \frac{1}{s}\left(s - \frac{1}{2}\right) \log\left(s - \frac{1}{2}\right) + R_{12}(s);$$

daher ist $F(s)$ für $1 \geqq s > \frac{1}{2}$ regulär und für $s = \frac{1}{2}$ entweder regulär ($\lambda = \lambda'$) oder singulär ($\lambda \gtrless \lambda'$), jedenfalls aber so beschaffen, daß

$$\lim_{s=\frac{1}{2}} F(s)$$

existiert.

Die Funktion

$$Q(n) = \frac{P(n)}{\dfrac{\sqrt{n}}{\log n}} + \frac{\lambda' - \lambda}{h}$$

erleidet nun beim Übergang von n zu $n+1$ die Änderung

$$Q(n+1) - Q(n) = \frac{P(n+1)}{\dfrac{\sqrt{n+1}}{\log(n+1)}} - \frac{P(n)}{\dfrac{\sqrt{n}}{\log n}}$$

$$= \frac{P(n)+O(1)}{\dfrac{\sqrt{n+1}}{\log(n+1)}} - \frac{P(n)}{\dfrac{\sqrt{n}}{\log n}}$$

$$= P(n)\left(\frac{\log(n+1)}{\sqrt{n+1}} - \frac{\log n}{\sqrt{n}}\right) + O\left(\frac{\log n}{\sqrt{n}}\right)$$

$$= O\left(\frac{n}{\log n}\,\frac{\log n}{n\sqrt{n}}\right) + O\left(\frac{\log n}{\sqrt{n}}\right)$$

$$= O\left(\frac{\log n}{\sqrt{n}}\right)$$

$$= o(1).$$

Wäre daher die Behauptung falsch, d. h. von einer gewissen Stelle an nie

$$-\delta < Q(n) < \delta,$$

so wäre entweder für alle hinreichend großen n

$$Q(n) \geqq \delta$$

oder für alle hinreichend großen n

$$Q(n) \leqq -\delta.$$

Von jetzt an geht der Beweis wie in § 199 zu Ende, und der erste Teil des Satzes ist bewiesen.

Bei dem in §§ 198—199 behandelten Beispiel ist

$$k = 4,\ h = 2,\ l = 1,\ l' = 3,\ \lambda = 2,\ \lambda' = 0.$$

2. Im Falle $\Theta = \frac{1}{2}$ möge $L_\varkappa(s)\,(\varkappa = 1, \cdots, h)$ in $s = \frac{1}{2}$ von der Ordnung $a_\varkappa$ verschwinden, wo also nicht alle $a_\varkappa$ Null sind; übrigens ist jedenfalls

$$a_1 = 0.$$

Dann ist

$$\sum_{\substack{p,\,m \\ p^m \equiv l}} \frac{1}{m\,p^{ms}} = \frac{1}{h}\log\frac{1}{s-1} + \frac{1}{h}\sum_{\varkappa=1}^{h} \frac{a_\varkappa}{\chi_\varkappa(l)}\log\left(s-\frac{1}{2}\right) + R_{13}(s);$$

wegen

$$\sum_{\substack{p,\,m \\ m \geqq 3 \\ p^m \equiv l}} \frac{1}{m\,p^{ms}} = R_{14}(s)$$

nebst

$$\frac{1}{2}\sum_{p^2\equiv l}\frac{1}{p^{2s}} = -\frac{\lambda}{2h}\log\left(s-\frac{1}{2}\right) + R_{15}(s)$$

ist daher

$$\sum_{p\equiv l}\frac{1}{p^s} = \frac{1}{h}\log\frac{1}{s-1} + \frac{1}{h}\left(\sum_{\varkappa=1}^{h}\frac{a_\varkappa}{\chi_\varkappa(l)} + \frac{\lambda}{2}\right)\log\left(s-\frac{1}{2}\right) + R_{16}(s),$$

ebenso

$$\sum_{p\equiv l'}\frac{1}{p^s} = \frac{1}{h}\log\frac{1}{s-1} + \frac{1}{h}\left(\sum_{\varkappa=1}^{h}\frac{a_\varkappa}{\chi_\varkappa(l')} + \frac{\lambda'}{2}\right)\log\left(s-\frac{1}{2}\right) + R_{17}(s),$$

folglich

$$\sum_{n=2}^{\infty}\frac{f(n)-f(n-1)-g(n)+g(n-1)}{n^s} = -\frac{1}{h}\left(\sum_{\varkappa=1}^{h}a_\varkappa\left(\frac{1}{\chi_\varkappa(l')}-\frac{1}{\chi_\varkappa(l)}\right)+\frac{\lambda'-\lambda}{2}\right)\log\left(s-\frac{1}{2}\right)$$
$$+ R_{18}(s),$$

woraus jetzt, da nur der Zahlenfaktor von $\log\left(s-\frac{1}{2}\right)$ sich geändert hat, alles weitere wie oben folgt.

3. Im Falle $\frac{1}{2} < \Theta < 1$ mögen jetzt abweichend vom Bisherigen $R_{19}(s),\ \cdots$ Funktionen bedeuten, welche für $\sigma > 1$ und $\Theta \leq s \leq 1$ regulär sind. Dann ist, wenn $L_\varkappa(s)$ in Θ von der Ordnung $a_\varkappa$ verschwindet,

$$\sum_{\substack{p,\,m\\p^m\equiv l}}\frac{1}{mp^{ms}} = \frac{1}{h}\log\frac{1}{s-1} + \frac{1}{h}\sum_{\varkappa=1}^{h}\frac{a_\varkappa}{\chi_\varkappa(l)}\log(s-\Theta) + R_{19}(s),$$

$$\sum_{p\equiv l}\frac{1}{p^s} = \sum_{\substack{p,\,m\\p^m\equiv l}}\frac{1}{mp^{ms}} + R_{20}(s)$$

$$= \frac{1}{h}\log\frac{1}{s-1} + \frac{1}{h}\sum_{\varkappa=1}^{h}\frac{a_\varkappa}{\chi_\varkappa(l)}\log(s-\Theta) + R_{21}(s),$$

$$\sum_{p\equiv l'}\frac{1}{p^s} = \frac{1}{h}\log\frac{1}{s-1} + \frac{1}{h}\sum_{\varkappa=1}^{h}\frac{a_\varkappa}{\chi_\varkappa(l')}\log(s-\Theta) + R_{22}(s),$$

$$\sum_{n=2}^{\infty}\frac{f(n)-f(n-1)-g(n)+g(n-1)}{n^s} = \frac{1}{h}\sum_{\varkappa=1}^{h}a_\varkappa\left(\frac{1}{\chi_\varkappa(l)}-\frac{1}{\chi_\varkappa(l')}\right)\log(s-\Theta) + R_{23}(s),$$

$$\sum_{n=2}^{\infty}\frac{P(n)}{n^{s+1}} = \frac{1}{h}\sum_{\varkappa=1}^{h}a_\varkappa\left(\frac{1}{\chi_\varkappa(l')}-\frac{1}{\chi_\varkappa(l)}\right)\frac{1}{s}\log(s-\Theta) + R_{24}(s),$$

woraus wegen

$$\sum_{n=2}^{\infty} \frac{\dfrac{n^{\Theta}}{\log n}}{n^{s+1}} = \sum_{n=2}^{\infty} \frac{1}{n^{s+1-\Theta}\log n}$$

$$= \int_{s}^{2} (\zeta(u+1-\Theta)-1)\,du + c$$

$$= -\log(s-\Theta) + R_{25}(s)$$

folgt:

$$F(s) = \sum_{n=2}^{\infty} \frac{P(n) + \dfrac{1}{\Theta h} \displaystyle\sum_{\varkappa=1}^{h} a_{\varkappa}\left(\dfrac{1}{\chi_{\varkappa}(l')} - \dfrac{1}{\chi_{\varkappa}(l)}\right)\dfrac{n^{\Theta}}{\log n}}{n^{s+1}}$$

$$= -\frac{1}{h}\sum_{\varkappa=1}^{h} a_{\varkappa}\left(\frac{1}{\chi_{\varkappa}(l')} - \frac{1}{\chi_{\varkappa}(l)}\right)\frac{1}{\Theta}\cdot\frac{1}{s}(s-\Theta)\log(s-\Theta) + R_{26}(s).$$

Nun erleidet die Funktion

$$Q(n) = \frac{P(n)}{\dfrac{n^{\Theta}}{\log n}} + \frac{1}{\Theta h}\sum_{\varkappa=1}^{h} a_{\varkappa}\left(\frac{1}{\chi_{\varkappa}(l')} - \frac{1}{\chi_{\varkappa}(l)}\right)$$

beim Übergang von n zu $n+1$ die Änderung

$$\frac{P(n)+O(1)}{\dfrac{(n+1)^{\Theta}}{\log(n+1)}} - \frac{P(n)}{\dfrac{n^{\Theta}}{\log n}} = P(n)\left(\frac{\log(n+1)}{(n+1)^{\Theta}} - \frac{\log n}{n^{\Theta}}\right) + O\left(\frac{\log n}{n^{\Theta}}\right)$$

$$= O\left(\frac{n}{\log n}\frac{\log n}{n^{\Theta+1}}\right) + O\left(\frac{\log n}{n^{\Theta}}\right)$$

$$= O\left(\frac{\log n}{n^{\Theta}}\right)$$

$$= o(1),$$

woraus sich alles weitere wie oben ergibt.

Wenn man mit einer weniger komplizierten Vergleichsfunktion zufrieden ist, kann man natürlich die lange Konstante im Wortlaut des Satzes ersparen und z. B.,

$$\Theta_1 = \mathrm{Max}\left(\tfrac{1}{2}, \Theta\right)$$

gesetzt, in allen Fällen schließen: Es ist für unendlich viele ganzzahlige n

$$\frac{|g(n)-f(n)|}{n^{\Theta_1}} < \delta.$$

In der Tat folgt aus dem in allen drei Fällen des Satzes mit konstantem B gültigen Wortlaut

$$\left| \frac{g(n) - f(n)}{\dfrac{n^{\Theta_1}}{\log n}} - B \right| < \delta$$

weiter

$$\left| \frac{g(n) - f(n)}{n^{\Theta_1}} - \frac{B}{\log n} \right| < \frac{\delta}{\log n},$$

$$\left| \frac{g(n) - f(n)}{n^{\Theta_1}} \right| < \frac{|B| + \delta}{\log n},$$

was für alle hinreichend großen n kleiner als δ ist.

Sechsundsechzigstes Kapitel.
Sätze über $\pi(x)$.

---

§ 201.
Angabe der Behauptungen.

Es sei $\pi(x)$ die Anzahl der Primzahlen $\leq x$,

$$\varrho(x) = \pi(x) + \tfrac{1}{2}\pi(\sqrt{x}) + \tfrac{1}{3}\pi(\sqrt[3]{x}) + \cdots$$
$$= \sum_{p^m \leq x} \frac{1}{m}.$$

Das genaueste über $\pi(x)$ und $\varrho(x)$ bekannte[1] Resultat lautet:

$$\pi(x) = \int_2^x \frac{du}{\log u} + O\left(x e^{-\alpha\sqrt{\log x}}\right),$$

$$\varrho(x) = \int_2^x \frac{du}{\log u} + O\left(x e^{-\alpha\sqrt{\log x}}\right).$$

Ferner ist bekannt[2], wenn auch vielleicht (nämlich, falls in Wahrheit $\Theta = 1$ ist) wertlos: Falls Θ die obere Grenze der reellen Teile der Nullstellen von $\zeta(s)$ bezeichnet, ist

$$\pi(x) = \int_2^x \frac{du}{\log u} + O(x^{\Theta} \log x),$$

$$\varrho(x) = \int_2^x \frac{du}{\log u} + O(x^{\Theta} \log x).$$

---

1) Vgl. § 81.
2) Vgl. § 94.

Schließlich ist leicht ersichtlich[1]), daß für $\beta < \tfrac{1}{2}$ weder

$$\pi(x) = \int_2^x \frac{du}{\log u} + O(x^\beta)$$

noch

$$\varrho(x) = \int_2^x \frac{du}{\log u} + O(x^\beta)$$

sein kann; denn dann wäre

$$\pi(x) - \sum_{n=2}^x \frac{1}{\log n} = O(x^\beta)$$

bzw.

$$\varrho(x) - \sum_{n=2}^x \frac{1}{\log n} = O(x^\beta),$$

und dies würde besagen, daß die durch die zugehörigen Dirichletschen Reihen definierten Funktionen

$$(1) \qquad \log \zeta(s) - \sum_{m=2}^\infty \frac{1}{m} \sum_p \frac{1}{p^{ms}} + \int_\infty^s (\zeta(u) - 1)\, du$$

bzw.

$$\log \zeta(s) + \int_\infty^s (\zeta(u) - 1)\, du$$

für $\sigma \geqq \tfrac{1}{2}$ regulär sind, was für die komplexen Wurzeln von $\zeta(s)$, deren es in jener Halbebene unendlich viele gibt (und bei (1) überdies für $s = \tfrac{1}{2}$) nicht zutrifft.

In ganz anderer Richtung befinden sich nun folgende vier tiefer liegenden

Sätze: 1. Bei gegebenem $\delta > 0$ ist immer wieder einmal

$$\varrho(x) - \int_2^x \frac{du}{\log u} > x^{\Theta - \delta}$$

und immer wieder einmal

$$\varrho(x) - \int_2^x \frac{du}{\log u} < - x^{\Theta - \delta}.$$

---

[1]) Für $\pi(x)$ war dies schon in § 93 bewiesen.

2. Es ist immer wieder einmal

$$\pi(x) - \int_2^x \frac{du}{\log u} + \frac{1}{2} \int_2^{\sqrt{x}} \frac{du}{\log u} > x^{\Theta - \delta}$$

und immer wieder einmal

$$\pi(x) - \int_2^x \frac{du}{\log u} + \frac{1}{2} \int_2^{\sqrt{x}} \frac{du}{\log u} < - x^{\Theta - \delta}.$$

3. c sei größer als der kleinste absolute Betrag einer nicht reellen Nullstelle von $\zeta(s)$. Dann ist immer wieder einmal

$$\varrho(x) - \int_2^x \frac{du}{\log u} > \frac{1}{c} \frac{\sqrt{x}}{\log x}$$

und immer wieder einmal

$$\varrho(x) - \int_2^x \frac{du}{\log u} < - \frac{1}{c} \frac{\sqrt{x}}{\log x}.$$

4. Es ist immer wieder einmal

$$\pi(x) - \int_2^x \frac{du}{\log u} + \frac{1}{2} \int_2^{\sqrt{x}} \frac{du}{\log u} > \frac{1}{c} \frac{\sqrt{x}}{\log x}$$

und immer wieder einmal

$$\pi(x) - \int_2^x \frac{du}{\log u} + \frac{1}{2} \int_2^{\sqrt{x}} \frac{du}{\log u} < - \frac{1}{c} \frac{\sqrt{x}}{\log x}.$$

Zur Orientierung bemerke ich gleich, daß die Sätze 3. bzw. 4. im Falle

$$\tfrac{1}{2} < \Theta \leqq 1$$

in 1. bzw. 2. enthalten sind, also nur im Falle

$$\Theta = \tfrac{1}{2}$$

eines besonderen Beweises bedürfen. In diesem Falle sagen die Sätze 3. und 4. offenbar mehr aus als 1. und 2.

§ 202.

Beweis des ersten Satzes.

Es ist natürlich nur nötig, für

$$(1) \qquad P(x) = \varrho(x) - \sum_{n=2}^{x} \frac{1}{\log n}$$

an Stelle von

$$\varrho(x) - \int_{2}^{x} \frac{du}{\log u}$$

die Behauptungen zu beweisen. Zu (1) gehört, wie schon in § 201 benutzt wurde, die erzeugende **Dirichlet**sche **Reihe**

$$\sum_{p,m} \frac{1}{m\,p^{ms}} - \sum_{n=2}^{\infty} \frac{1}{n^s \log n} = \log \zeta(s) + \int_{\infty}^{s} (\zeta(u) - 1)\, du.$$

Wenn $R_1(s)$, $R_2(s)$, $\cdots$ Funktionen bezeichnen, welche für $\sigma > 1$ und bei direkter Fortsetzung für $1 \geq s \geq \Theta$ regulär[1] sind, ist[2]

$$\log \zeta(s) + \int_{\infty}^{s} (\zeta(u) - 1)\, du = R_1(s),$$

also für $\sigma > 1$

$$\sum_{n=1}^{\infty} \frac{P(n) - P(n-1)}{n^s} = R_1(s),$$

$$\sum_{n=1}^{\infty} P(n) \left(\frac{1}{n^s} - \frac{1}{(n+1)^s} \right) = R_1(s),$$

folglich bei Anwendung der Relation (1) aus § 198

$$s \sum_{n=1}^{\infty} \frac{P(n)}{n^{s+1}} = R_2(s),$$

$$\sum_{n=1}^{\infty} \frac{P(n)}{n^{s+1}} = R_3(s).$$

I. Es sei nun von einem gewissen n an

$$P(n) \leq n^{\Theta - \delta}.$$

---

1) In dem — keineswegs trivialen — Fall, daß in Wahrheit $\Theta = 1$ ist, heißt dies eben: „für $s = 1$ regulär".

2) Die folgende Funktion ist ja sogar für $s > -2$ regulär.

Da

$$\sum_{n=1}^{\infty} \frac{n^{\Theta-\delta}}{n^{s+1}} = R_4(s)$$

ist[1], so wäre für $\sigma > 1$

$$\sum_{n=1}^{\infty} \frac{n^{\Theta-\delta} - P(n)}{n^{s+1}} = R_5(s),$$

also, da von einem gewissen n an alle Koeffizienten dieser Dirichletschen Reihe ≥ 0 sind, nach dem Satz des § 196

$$\sum_{n=1}^{\infty} \frac{n^{\Theta-\delta} - P(n)}{n^{s+1}}$$

über Θ hinaus konvergent. Da nun

$$\sum_{n=1}^{\infty} \frac{n^{\Theta-\delta}}{n^{s+1}}$$

dies gewiß tut, wäre

$$\sum_{n=1}^{\infty} \frac{P(n)}{n^{s+1}}$$

über Θ hinaus konvergent. Weil endlich

$$\sum_{n=1}^{\infty} P(n) \left(\frac{1}{n^s} - \frac{1}{(n+1)^s} \right) - s \sum_{n=1}^{\infty} \frac{P(n)}{n^{s+1}}$$

wegen der Relation (1) des § 198 eine für $\sigma > 0$ reguläre Funktion definiert, wäre

$$\log \zeta(s) + \int_{\infty}^{s} (\zeta(u) - 1)\, du$$

für $\sigma > \Theta - \varepsilon$, wo $\varepsilon > 0$ ist, regulär, was der Definition von Θ widerspricht.

II. Wenn von einem gewissen n an

$$P(n) \geq - n^{\Theta-\delta}$$

ist, schließt man aus

$$\sum_{n=1}^{\infty} \frac{n^{\Theta+\delta} + P(n)}{n^{s+1}} = R_6(s)$$

ebenso zu Ende.

---

1) Es ist sogar eine für $\sigma > \Theta - \delta$ konvergente Dirichletsche Reihe.

§ 203.

Beweis des zweiten Satzes.

Es genügt, für

$$P(x) = \pi(x) - \sum_{n=2}^{x} \frac{1}{\log n} + \frac{1}{2} \sum_{n=2}^{x} \frac{1}{\sqrt{n}\,\log n}$$

an Stelle von

$$\pi(x) - \int_{2}^{x} \frac{du}{\log u} + \frac{1}{2} \int_{2}^{\sqrt{x}} \frac{du}{\log u}$$

die betreffenden Relationen zu beweisen; denn es ist

$$\sum_{n=2}^{x} \frac{1}{\log n} = \int_{2}^{x} \frac{du}{\log u} + O(1),$$

$$\sum_{n=2}^{x} \frac{1}{\sqrt{n}\,\log n} = \int_{2}^{x} \frac{du}{\sqrt{u}\,\log u} + O(1)$$

$$= \int_{\sqrt{2}}^{\sqrt{x}} \frac{2v\,dv}{v \cdot 2 \log v} + O(1)$$

$$= \int_{2}^{\sqrt{x}} \frac{dv}{\log v} + O(1).$$

Für obiges $P(x)$ ist die zugehörige Dirichletsche Reihe

$$\sum_{n=1}^{\infty} \frac{P(n) - P(n-1)}{n^s} = \sum_{p} \frac{1}{p^s} - \sum_{n=2}^{\infty} \frac{1}{n^s \log n} + \frac{1}{2} \sum_{n=2}^{\infty} \frac{1}{n^{s+\frac{1}{2}} \log n}$$

$$= \log \zeta(s) - \frac{1}{2} \sum_{p} \frac{1}{p^{2s}} + R_7(s) + \int_{\infty}^{s} (\zeta(u) - 1)\,du - \frac{1}{2} \int_{\infty}^{s} \left(\zeta\left(u + \frac{1}{2}\right) - 1 \right) du$$

$$= \log \frac{1}{s-1} + R_8(s) - \frac{1}{2} \log \frac{1}{s - \frac{1}{2}} - \log \frac{1}{s-1} + \frac{1}{2} \log \frac{1}{s - \frac{1}{2}}$$

$$= R_8(s)$$

$$= \sum_{n=1}^{\infty} P(n) \left(\frac{1}{n^s} - \frac{1}{(n+1)^s} \right)$$

$$= s \sum_{n=1}^{\infty} \frac{P(n)}{n^{s+1}} + R_9(s),$$

$$\sum_{n=1}^{\infty} \frac{P(n)}{n^{s+1}} = R_{10}(s).$$

Daraus folgt wörtlich wie beim Beweise des ersten Satzes weiter,
daß weder für $n \geqq n_0$

$$P(n) \leqq n^{\Theta - \delta},$$

noch für $n \geqq n_0$

$$P(n) \geqq - n^{\Theta - \delta}$$

sein kann.

§ 204.

Beweis des dritten und vierten Satzes.

Wie schon oben bemerkt, darf

$$\Theta = \tfrac{1}{2}$$

angenommen werden, da sonst nichts Neues zu beweisen ist. Wenn
$f(x)$ die Bedeutung des § 202 oder § 203 hat, ist nach den dortigen
Ergebnissen die für $\sigma > 1$ durch

$$\sum_{n=1}^{\infty} \frac{P(n)}{n^{s+1}}$$

definierte Funktion $F(s)$ auch für $1 \geqq s \geqq \tfrac{1}{2}$ regulär, und sie ist in
der ganzen Halbebene $\sigma > \tfrac{1}{2}$ regulär, da dies dort exkl. $s = 1$ nach
Voraussetzung von $\log \zeta(s)$, also von der für $\sigma > 1$ durch

$$\sum_{p} \frac{1}{p^s}$$

definierten Funktion gilt. Nun ist die für $\sigma > 1$ durch

$$\sum_{p} \frac{1}{p^s} + \frac{1}{2} \sum_{p} \frac{1}{p^{2s}} - \log \zeta(s)$$

definierte Funktion für $\sigma > \tfrac{1}{3}$ regulär, also die für $\sigma > 1$ durch

$$\sum_{p} \frac{1}{p^s} - \log \zeta(s)$$

definierte Funktion für $\sigma = \tfrac{1}{2} + ti$, $t \gtrless 0$ regulär; daher hat $F(s)$ auf
der Geraden $\sigma = \tfrac{1}{2}$ unendlich viele logarithmische Singularitäten, die
komplexen Nullstellen von $\zeta(s)$; es ist, wenn $\tfrac{1}{2} + \gamma i$ eine solche $\varkappa$ter
Ordnung ist,

$$F(s) - \frac{\varkappa}{s} \log\left(s - \tfrac{1}{2} - \gamma i\right)$$

im Punkte $s = \tfrac{1}{2} + \gamma i$ regulär, also insbesondere bei zu Null abnehmendem ε

$$\lim_{\varepsilon = 0} \frac{F(\tfrac{1}{2} + \varepsilon + \gamma i)}{\log \varepsilon} = \frac{\varkappa}{\tfrac{1}{2} + \gamma i}.$$

Es sei speziell eine Nullstelle $\tfrac{1}{2} + \gamma i$ von kleinstem absoluten Betrage gewählt. Das c der Behauptung ist dann $> \sqrt{\tfrac{1}{4} + \gamma^2}$.

Wäre nun von einem gewissen n an beständig

$$P(n) \leqq \frac{1}{c}\,\frac{\sqrt{n}}{\log n}$$

bzw. beständig

$$P(n) \geqq -\,\frac{1}{c}\,\frac{\sqrt{n}}{\log n},$$

so wäre, da

$$\sum_{n=2}^{\infty} \frac{\sqrt{n}}{c\,n^{s+1}\log n} = -\,\frac{1}{c}\int\limits_{\infty}^{s+\frac{1}{2}} (\zeta(u) - 1)\,du$$

für $\sigma > \tfrac{1}{2}$ regulär, also die durch

$$(1) \qquad \sum_{n=2}^{\infty} \frac{\dfrac{\sqrt{n}}{c\log n} - P(n)}{n^{s+1}}$$

bzw.

$$(2) \qquad \sum_{n=2}^{\infty} \frac{\dfrac{\sqrt{n}}{c\log n} + P(n)}{n^{s+1}}$$

für $\sigma > 1$ definierte Funktion für $\sigma > \tfrac{1}{2}$ regulär ist, die Dirichletsche Reihe (1) bzw. (2) nach dem Satze des § 197 für $\sigma > \tfrac{1}{2}$ konvergent, also für $\sigma > \tfrac{1}{2}$

$$F(s) = \sum_{n=1}^{\infty} \frac{P(n)}{n^{s+1}}$$

$$= \sum_{n=2}^{\infty} \frac{P(n)}{n^{s+1}}.$$

Es wäre also

$$\lim_{\varepsilon = 0} \frac{1}{\log \varepsilon} \sum_{n=2}^{\infty} \frac{P(n)}{n^{\frac{3}{2}+\varepsilon+\gamma i}} = \frac{\varkappa}{\tfrac{1}{2}+\gamma i}.$$

Ferner ist, da $\zeta(s + \tfrac{1}{2})$, also auch $\int\limits_{\infty}^{s+\frac{1}{2}} (\zeta(u) - 1)\,du$ für $s = \tfrac{1}{2} + \gamma i$ regulär ist,

$$\lim_{\varepsilon = 0} \frac{1}{\log \varepsilon} \sum_{n=2}^{\infty} \frac{\sqrt{n}}{c\,n^{\frac{3}{2}+\varepsilon+\gamma i}\log n} = 0,$$

also

$$\lim_{\varepsilon=0} \frac{1}{\log \varepsilon} \sum_{n=2}^{\infty} \frac{\dfrac{\sqrt{n}}{c \log n} \mp P(n)}{n^{\frac{3}{2}+\varepsilon+\gamma i}} = \mp \frac{\varkappa}{\frac{1}{2}+\gamma i} .$$

Andererseits ist $F(s)$ für $s = \frac{1}{2}$ regulär, und $\int\limits_{\infty}^{s+\frac{1}{2}} (\zeta(u) - 1)\, du$ wird dort wie $\log\left(s - \frac{1}{2}\right)$ unendlich, so daß

$$\lim_{\varepsilon=0} \frac{1}{\log \varepsilon} \sum_{n=2}^{\infty} \frac{P(n)}{n^{\frac{3}{2}+\varepsilon}} = 0,$$

$$\lim_{\varepsilon=0} \frac{1}{\log \varepsilon} \sum_{n=2}^{\infty} \frac{\sqrt{n}}{c\, n^{\frac{3}{2}+\varepsilon} \log n} = -\frac{1}{c},$$

also

$$\lim_{\varepsilon=0} \frac{1}{\log \varepsilon} \sum_{n=2}^{\infty} \frac{\dfrac{\sqrt{n}}{c \log n} \mp P(n)}{n^{\frac{3}{2}+\varepsilon}} = -\frac{1}{c}$$

ist.

Da nun für $n \geq n_0$

$$\frac{\sqrt{n}}{c \log n} \mp P(n) \geq 0$$

vorausgesetzt wird, so müßte wegen

$$\left| \frac{1}{n^{\frac{3}{2}+\varepsilon+\gamma i}} \right| = \frac{1}{n^{\frac{3}{2}+\varepsilon}}$$

$$\lim_{\varepsilon=0} \frac{1}{-\log \varepsilon} \left| \sum_{n=2}^{\infty} \frac{\dfrac{\sqrt{n}}{c \log n} \mp P(n)}{n^{\frac{3}{2}+\varepsilon+\gamma i}} \right| \leq \lim_{\varepsilon=0} \frac{1}{-\log \varepsilon} \left| \sum_{n=2}^{\infty} \frac{\dfrac{\sqrt{n}}{c \log n} \mp P(n)}{n^{\frac{3}{2}+\varepsilon}} \right|$$

sein. Das gibt

$$\frac{\varkappa}{\left| \frac{1}{2}+\gamma i \right|} \leq \frac{1}{c},$$

$$\frac{1}{c} \geq \frac{1}{\left| \frac{1}{2}+\gamma i \right|},$$

$$\sqrt{\tfrac{1}{4}+\gamma^2} \geq c,$$

gegen die Annahme.

SECHSTES BUCH.

THEORIE DER DIRICHLETSCHEN REIHEN.

Einundzwanzigster Teil.
Historische Einleitung zum sechsten Buch.

Siebenundsechzigstes Kapitel.
Historische Einleitung zum sechsten Buch.

———

§ 205.
Historische Einleitung zum sechsten Buch.

Im Verlaufe dieses Werkes sind oftmals Sätze über Dirichletsche Reihen mit komplexen Variablen bewiesen worden, meist nur in
dem Umfang, welcher an der betreffenden Stelle erforderlich war.
Diese bisher vorgekommenen Sätze werde ich zunächst nochmals zu-
sammenstellen; dies wird keine bloße Wiederholung sein, da ich hier
an Stelle des speziellen Typus

$$(1) \qquad \sum_{n=1}^{\infty} \frac{a_n}{n^s}$$

gleich allgemein den Typus

$$(2) \qquad \sum_{n=1}^{\infty} a_n e^{-\lambda_n s}$$

behandeln werde, wo die λ_n reell sind und

$$\lambda_1 < \lambda_2 < \cdots < \lambda_n < \lambda_{n+1} < \cdots,$$
$$\lim_{n=\infty} \lambda_n = \infty$$

ist. Das enthält die speziellen Dirichletschen Reihen (1) für

$$\lambda_n = \log n,$$

aber auch die gewöhnlichen Potenzreihen für

$$\lambda_n = n.$$

Außer den Sätzen, deren Spezialfälle bei

$$\lambda_n = \log n$$

ihm schon begegnet sind, wird der Leser eine große Anzahl anderer
wichtiger Theoreme in diesem Buche kennen lernen und dabei auch

speziell manche Eigenschaft der Riemannschen Zetafunktion, von der bisher nicht die Rede war.

Historisch bemerke ich:

Herr Jensen[1] hat 1884 entdeckt, daß das Konvergenzgebiet der Reihe (2) eine Halbebene ist.

Herr Cahen[2] hat 1894 zuerst die Dirichletschen Reihen als Funktionen komplexen Argumentes studiert und viele grundlegende Tatsachen bewiesen. Alsdann enthält aber der auf die allgemeine Theorie der Dirichletschen Reihen bezügliche Teil seiner Arbeit eine Reihe von Fehlschlüssen verschiedenster Art und mit ihrer Hilfe eine so große Zahl tiefliegender und merkwürdiger Gesetze, daß vierzehn Jahre erforderlich waren, bis es möglich wurde, bei jedem einzelnen der Cahenschen Resultate festzustellen, ob es richtig oder falsch ist.

Im Jahre 1908 war noch manches davon übrig geblieben. Hiervon wurde endlich die Entscheidung geliefert:

1. durch Herrn Hadamard[3] bei einem Theorem (wenn auch nur unter einer einschränkenden Voraussetzung),

2. durch Herrn Perron[4] bei allen Sätzen (bzw. Nichtsätzen) bis auf einen, den weder Herr Hadamard noch Herr Perron erledigen konnten, wie sie besonders erwähnen, und schließlich

3. durch mich[5] für dies übrigbleibende Problem: Die (negativ ausgefallene) Entscheidung der Frage, ob es wahr oder falsch ist, daß das formal gebildete Produkt zweier in derselben Halbebene konvergenter und ein absolutes Konvergenzgebiet besitzender Dirichletscher Reihen stets in jener Halbebene konvergiert.

Zu den Cahenschen Problemen sind inzwischen noch viele weitere hinzugetreten, insbesondere die bisher durch mich[6] und Herrn Schnee[7] erst zum Teil geklärte Frage nach dem Zusammenhang zwischen der summatorischen Funktion

$$\sum_{n=1}^{x} a_n$$

und der Art des etwaigen Unendlichwerdens der durch die Dirichletsche Reihe (1) oder (2) definierten Funktion auf vertikalen Geraden.

---

1) **1.**
2) **3.**
3) **9; 10.**
4) **1.**
5) **34,** S. 264—266.
6) **34,** S. 252—255; **42,** S. 53—58; **46.**
7) **2.**

All dies will ich hier im Zusammenhang darstellen und gleich den allgemeinen λ_n-Typus ansetzen. Es setzt sogar im Spezialfall

$$\lambda_n = \log n$$

manches in helleres Licht; da früher z. B. bei

$$\frac{1}{2\pi i} \int_{2-\infty i}^{2+\infty i} \frac{x^s}{s^2} \frac{\zeta'(s)}{\zeta(s)}\, ds = -\sum_{p^m \leq x} \log p \log \frac{x}{p^m} \qquad (x > 0)$$

das Funktionszeichen Logarithmus in zwei Rollen auftrat, so erhält diese Identität eine viel prägnantere Bedeutung, wenn sie unter Voraussetzung der Konvergenz von

$$\sum_{n=1}^{\infty} |a_n|\, e^{-2\lambda_n}$$

in § 241 zu

$$\frac{1}{2\pi i} \int_{2-\infty i}^{2+\infty i} \frac{x^s}{s^2} \sum_{n=1}^{\infty} a_n e^{-\lambda_n s}\, ds = \sum_{\lambda_n \leq \log x} a_n (\log x - \lambda_n) \qquad (x > 0),$$

d. h. zu

$$\frac{1}{2\pi i} \int_{2-\infty i}^{2+\infty i} \frac{e^{x s}}{s^2} \sum_{n=1}^{\infty} a_n e^{-\lambda_n s}\, ds = \sum_{\lambda_n \leq x} a_n (x - \lambda_n) \qquad (x \gtreqless 0)$$

verallgemeinert wird.

Zweiundzwanzigster Teil.

Grundlagen der Theorie.

Achtundsechzigstes Kapitel.

Das Konvergenzgebiet einer Dirichletschen Reihe.

§ 206.

Existenz der Halbebenen bedingter und unbedingter Konvergenz.

Satz 1[1]: Es sei

$$(1) \qquad f(s) = \sum_{n=1}^{\infty} a_n \, e^{-\lambda_n s}$$

für $s = s_0$ konvergent, oder es sei auch nur für wachsendes x

$$\sum_{n=1}^{x} a_n \, e^{-\lambda_n s_0} = O(1).$$

Es sei

$$\Re(s_1) > \Re(s_0).$$

Dann ist

$$f(s_1)$$

konvergent.

Beweis: Wenn

$$\sum_{n=1}^{x} a_n \, e^{-\lambda_n s_0} = S(x)$$

gesetzt wird, ist nach Voraussetzung

$$|S(x)| < A,$$

also für ganze v, w, wo $w \geqq v \geqq 1$ ist,

$$\sum_{n=v}^{w} a_n \, e^{-\lambda_n s} = \sum_{n=v}^{w} (S(n) - S(n-1)) \, e^{-\lambda_n (s - s_0)}$$

$$= \sum_{n=v}^{w} S(n) \left(e^{-\lambda_n (s - s_0)} - e^{-\lambda_{n+1} (s - s_0)} \right) - S(v-1) e^{-\lambda_v (s - s_0)} + S(w) e^{-\lambda_{w+1}(s - s_0)},$$

---

1) Vgl. § 42 für den Spezialfall $\lambda_n = \log n$.

$$\left|\sum_{n=v}^{w} a_n e^{-\lambda_n s}\right| < A \sum_{n=v}^{w} \left|e^{-\lambda_n (s-s_0)} - e^{-\lambda_{n+1}(s-s_0)}\right| + A e^{-\lambda_v \Re(s-s_0)} + A e^{-\lambda_{w+1}\Re(s-s_0)}.$$

Nun ist

$$e^{-\lambda_n(s-s_0)} - e^{-\lambda_{n+1}(s-s_0)} = (s-s_0)\int_{\lambda_n}^{\lambda_{n+1}} e^{-u(s-s_0)}\, du,$$

$$\left| e^{-\lambda_n(s-s_0)} - e^{-\lambda_{n+1}(s-s_0)} \right| \leq |s-s_0| \int_{\lambda_n}^{\lambda_{n+1}} e^{-u\Re(s-s_0)}\, du,$$

folglich

$$\left|\sum_{n=v}^{w} a_n e^{-\lambda_n s}\right| < A\,|s-s_0|\sum_{n=v}^{w} \int_{\lambda_n}^{\lambda_{n+1}} e^{-u\Re(s-s_0)}\, du + A e^{-\lambda_v \Re(s-s_0)} + A e^{-\lambda_{w+1}\Re(s-s_0)}$$

$$= A\,|s-s_0| \int_{\lambda_v}^{\lambda_{w+1}} e^{-u\Re(s-s_0)}\, du + A e^{-\lambda_v \Re(s-s_0)} + A e^{-\lambda_{w+1}\Re(s-s_0)}$$

Falls

$$s \neq s_0$$

ist, ist also

$$(2) \quad \begin{cases} \left|\displaystyle\sum_{n=v}^{w} a_n e^{-\lambda_n s}\right| < A \dfrac{|s-s_0|}{\Re(s-s_0)} e^{-\lambda_v \Re(s-s_0)} - A \dfrac{|s-s_0|}{\Re(s-s_0)} e^{-\lambda_{w+1}\Re(s-s_0)} \\[2ex] \qquad + A e^{-\lambda_v \Re(s-s_0)} + A e^{-\lambda_{w+1}\Re(s-s_0)}. \end{cases}$$

Nach Voraussetzung ist nun

$$\Re(s_1) > \Re(s_0),$$

also

$$\lim_{v=\infty} e^{-\lambda_v \Re(s_1-s_0)} = 0,$$

$$\lim_{w=\infty} e^{-\lambda_{w+1}\Re(s_1-s_0)} = 0;$$

(2) lehrt daher, daß

$$f(s_1)$$

konvergiert, womit der Satz 1 bewiesen ist.

Eine Dirichletsche Reihe, die in einem Punkte konvergiert, konvergiert also in jedem mit Bezug auf die Abszisse rechts gelegenen Punkte.

Eine Dirichletsche Reihe braucht nirgends zu konvergieren und kann überall konvergieren, wie schon in § 42 durch die zwei Beispiele

$$\sum_{n=1}^{\infty} \frac{n!}{n^s} = \sum_{n=1}^{\infty} n!\, e^{-s\log n}$$

und

$$\sum_{n=1}^{\infty} \frac{\frac{1}{n!}}{n^s} = \sum_{n=1}^{\infty} \frac{1}{n!}\, e^{-s\log n}$$

festgestellt war.

Satz 2[1]: Wenn eine Dirichletsche Reihe (1) weder überall noch nirgends konvergiert, so gibt es eine Zahl α derart, daß (1) für $\sigma < \alpha$ divergiert, für $\sigma > \alpha$ konvergiert.

Beweis: Wörtlich wie in § 42 ist auf Grund von Satz 1 zu schließen: Die Einteilung der reellen Punkte in Divergenz- und Konvergenzpunkte bestimmt einen Schnitt α, der die verlangten Eigenschaften hat.

α heißt die Konvergenzabszisse, $\sigma = \alpha$ die Konvergenzgerade. Für $\alpha = \infty$ wird der extreme Fall „nirgends Konvergenz", für $\alpha = -\infty$ der extreme Fall „überall Konvergenz" einbezogen.

Satz 3[2]: Wenn eine Dirichletsche Reihe (1) für s_0 absolut konvergiert und

$$\Re(s_1) > \Re(s_0)$$

ist, so ist (1) für s_1 absolut konvergent.

Beweis: Aus der von einem gewissen n an (nämlich für $\lambda_n \geq 0$) gültigen Abschätzung

$$\left| a_n e^{-\lambda_n s_1} \right| = \left| a_n e^{-\lambda_n s_0} \right| \left| e^{-\lambda_n (s_1 - s_0)} \right|$$
$$\leq \left| a_n e^{-\lambda_n s_0} \right|$$

folgt die Behauptung ohne weiteres.

Eine Dirichletsche Reihe braucht nirgends absolut zu konvergieren und kann überall absolut konvergieren, wie die zwei obigen Beispiele zeigen.

Satz 4[3]: Wenn eine Dirichletsche Reihe (1) weder überall noch nirgends absolut konvergiert, so gibt es eine Zahl β derart, daß (1) für $\sigma < \beta$ nicht absolut konvergiert, für $\sigma > \beta$ absolut konvergiert.

Beweis: Wie beim Satz 2.

Es sind die beiden extremen Fälle passend mit $\beta = -\infty$ und $\beta = \infty$ zu bezeichnen.

Nun haben die speziellen Dirichletschen Reihen, wo

$$\lambda_n = \log n$$

---

1) Vgl. § 42 für den Spezialfall $\lambda_n = \log n$.
2) Vgl. § 42 für den Spezialfall $\lambda_n = \log n$.
3) Vgl. § 42 für den Spezialfall $\lambda_n = \log n$.

ist, wie wir in § 42 sahen, im Falle einer Konvergenzhalbebene stets auch eine absolute Konvergenzhalbebene; der Abstand der beiden Geraden $\sigma = \alpha$ und $\sigma = \beta$ war sogar stets höchstens 1. Diese Eigenschaft, welche viele Beweise erleichtert, fällt bei den allgemeinen Dirichletschen Reihen fort; z. B. ist offenbar bei[1]

$$\sum_{n=2}^{\infty} \frac{(-1)^n}{(\log n)^s} = \sum_{n=2}^{\infty} (-1)^n \, e^{-s\,\log\log n}$$

$$\alpha = 0,$$

da für $s > 0$ die absoluten Beträge der mit alternierenden Vorzeichen versehenen Glieder monoton gegen Null konvergieren und da die Glieder für $s \leq 0$ nicht den Limes 0 haben; ferner ist bei jener Reihe

$$\beta = \infty,$$

da

$$\sum_{n=2}^{\infty} \frac{1}{(\log n)^s}$$

für alle reellen s divergiert.

Die folgende Tabelle wird zeigen, daß in den Relationen

$$-\infty \leq \alpha \leq \beta \leq \infty$$

in Bezug auf Gleichheitszeichen alle logisch denkbaren Fälle möglich sind; falls

$$\alpha < \beta$$

ist, heißt

$$\alpha < \sigma < \beta$$

der Streifen bedingter Konvergenz; für

$$\alpha = \beta,$$

was für gewöhnliche Potenzreihen (von e^{-s})

$$\lambda_n = n$$

stets eintritt, ist er in nichts zusammengeschrumpft.

---

1) Überhaupt kann allgemein

$$\sum_{n=1}^{\infty} a_n \, e^{-\lambda_n s} = \sum_{n=1}^{\infty} \frac{a_n}{l_n^s}$$

gesetzt werden, wo die $l_n = e^{\lambda_n}$ positiv sind und monoton ins Unendliche wachsen.

Erstes Beispiel: Es ist

$$- \infty = \alpha = \beta$$

für

$$\sum_{n=1}^{\infty} \frac{\frac{1}{n!}}{n^s}.$$

Zweites Beispiel: Es ist

$$- \infty = \alpha < \beta < \infty$$

für

$$\sum_{n=2}^{\infty} \frac{\frac{(-1)^n}{n}}{(\log n)^s}.$$

Denn offenbar ist bei reellem s die Reihe konvergent, da die Glieder alternierende Vorzeichen haben und da ihre absoluten Beträge von einer gewissen Stelle an monoton zu Null abnehmen; die Reihe der absoluten Beträge ist für $s \leq 1$ divergent, für $s > 1$ konvergent, so daß

$$\alpha = - \infty,$$
$$\beta = 1$$

ist.

Drittes Beispiel: Es ist

$$- \infty = \alpha < \beta = \infty$$

für

$$\sum_{n=2}^{\infty} \frac{\frac{(-1)^n}{\sqrt{n}}}{(\log n)^s};$$

denn offenbar ist bei festem reellen s die Reihe aus dem beim vorigen Beispiel angegebenen Grunde konvergent, und die Reihe der absoluten Beträge ist für kein reelles s konvergent.

Viertes Beispiel: Es ist

$$- \infty < \alpha = \beta < \infty$$

für

$$\sum_{n=1}^{\infty} \frac{1}{n^s};$$

denn hier ist

$$\alpha = 1,$$
$$\beta = 1.$$

Fünftes Beispiel: Es ist

$$- \infty < \alpha < \beta < \infty$$

für

$$\sum_{n=1}^{\infty} \frac{(-1)^{n+1}}{n^s};$$

denn es ist hierbei

$$\alpha = 0,$$
$$\beta = 1.$$

Sechstes Beispiel: Es ist

$$-\infty < \alpha < \beta = \infty$$

für die schon oben angeführte Reihe

$$\sum_{n=2}^{\infty} \frac{(-1)^n}{(\log n)^s};$$

denn hier ist

$$\alpha = 0,$$
$$\beta = \infty.$$

Siebentes Beispiel: Es ist

$$-\infty < \alpha = \beta = \infty$$

für

$$\sum_{n=1}^{\infty} \frac{n!}{n^s}.$$

$$\text{§ 207.}$$

Über die Lage der Konvergenzabszissen α und β.

Es sei α endlich; da durch die Substitution

$$s = s' + c$$

die Dirichletsche Reihe

$$\sum_{n=1}^{\infty} a_n e^{-\lambda_n s}$$

wieder in eine Dirichletsche Reihe

$$\sum_{n=1}^{\infty} a_n e^{-\lambda_n c} e^{-\lambda_n s'}$$

mit der Variablen s' übergeht, kann ohne Beschränkung der Allgemeinheit für die Aufgabe einer expliziten Darstellung von α angenommen werden, daß

$$\alpha > 0$$

ist. Dann gilt der

Satz 5[1]: Wenn die Konvergenzabszisse einer Dirichletschen Reihe > 0 ist, ist sie durch die Formel

$$\alpha = \limsup_{x=\infty} \frac{\log \left| \sum_{n=1}^{x} a_n \right|}{\lambda_x}$$

gegeben.

x hat dabei ganzzahlige Werte zu durchlaufen. Der Satz wird sich auch im Falle $\alpha = \infty$ als wahr herausstellen.

Beweis: 1. Es ist zu beweisen: Wenn der wegen der vorausgesetzten Divergenz der Reihe für $s = 0$ nicht negative Ausdruck

$$\limsup_{x=\infty} \frac{\log \left| \sum_{n=1}^{x} a_n \right|}{\lambda_x} = L$$

gesetzt wird, so ist, falls L endlich und $\delta > 0$ ist, die Reihe

$$f(s) = \sum_{n=1}^{\infty} a_n e^{-\lambda_n s}$$

für $s = L + \delta$ konvergent; das bedeutet alsdann

$$\alpha \leq L.$$

In der Tat ist, wenn

$$\sum_{n=1}^{x} a_n = A(x)$$

gesetzt wird, von einem gewissen ganzzahligen x an, d. h. für $x \geq \xi = \xi(\delta)$ erstens

$$\lambda_x > 0,$$

zweitens

$$\frac{\log |A(x)|}{\lambda_x} < L + \frac{\delta}{2},$$

$$|A(x)| < e^{\lambda_x \left(L + \frac{\delta}{2} \right)};$$

daher ist wegen

$$\sum_{n=v}^{w} a_n e^{-\lambda_n s} = \sum_{n=v}^{w} (A(n) - A(n-1)) e^{-\lambda_n s}$$

$$= \sum_{n=v}^{w} A(n) \left(e^{-\lambda_n s} - e^{-\lambda_{n+1} s} \right) - A(v-1) e^{-\lambda_v s} + A(w) e^{-\lambda_{w+1} s}$$

---

1) Vgl. § 32 für den Spezialfall $\lambda_n = \log n$; damals waren die a_n noch reell vorausgesetzt. Offenbar gilt der folgende Beweis auch im Falle $\alpha = 0$, wenn die Reihe für $s = 0$ divergiert oder gegen einen von Null verschiedenen Wert konvergiert.

für $w \geqq v \geqq \xi + 1$

$$\left| \sum_{n=v}^{w} a_n e^{-\lambda_n (L+\delta)} \right| < \sum_{n=v}^{w} e^{\lambda_n \left(L+\frac{\delta}{2}\right)} \left(e^{-\lambda_n (L+\delta)} - e^{-\lambda_{n+1} (L+\delta)} \right)$$

$$+ e^{\lambda_{v-1}\left(L+\frac{\delta}{2}\right) - \lambda_v (L+\delta)} + e^{\lambda_w \left(L+\frac{\delta}{2}\right) - \lambda_{w+1}(L+\delta)}$$

$$< \frac{1}{L+\delta} \sum_{n=v}^{w} e^{\lambda_n \left(L+\frac{\delta}{2}\right)} \int_{\lambda_n}^{\lambda_{n+1}} e^{-u(L+\delta)}\, du + e^{\lambda_v \left(L+\frac{\delta}{2}\right) - \lambda_v (L+\delta)} + e^{\lambda_{w+1}\left(L+\frac{\delta}{2}\right) - \lambda_{w+1}(L+\delta)}$$

$$< \frac{1}{L+\delta} \sum_{n=v}^{w} \int_{\lambda_n}^{\lambda_{n+1}} e^{u\left(L+\frac{\delta}{2}\right)} e^{-u(L+\delta)}\, du + e^{-\lambda_v \frac{\delta}{2}} + e^{-\lambda_{w+1}\frac{\delta}{2}}$$

$$= \frac{1}{L+\delta} \int_{\lambda_v}^{\lambda_{w+1}} e^{-u\frac{\delta}{2}}\, du + e^{-\lambda_v \frac{\delta}{2}} + e^{-\lambda_{w+1}\frac{\delta}{2}},$$

was für $v = \infty$, $w = \infty$ den Limes 0 hat, womit die Konvergenz von $f(L + \delta)$ bewiesen ist.

2. Es ist zu beweisen: Wenn $f(s)$ für ein reelles $s_0 > 0$ konvergiert und $\delta > 0$ ist, so ist von einer gewissen Stelle an

$$\frac{\log \left| \sum_{n=1}^{x} a_n \right|}{\lambda_x} < s_0 + \delta,$$

d. h. für alle hinreichend großen x

$$|A(x)| < e^{\lambda_x (s_0 + \delta)};$$

denn damit ist ja im Falle $\alpha > 0$ die Relation

$$L \leqq \alpha$$

bewiesen.

In der Tat ist, falls

$$\sum_{n=1}^{x} a_n e^{-\lambda_n s_0} = B(x)$$

gesetzt wird, für alle $x = 1, 2, 3, \cdots$

$$A(x) = \sum_{n=1}^{x} a_n e^{-\lambda_n s_0} e^{\lambda_n s_0}$$

$$= \sum_{n=1}^{x} (B(n) - B(n-1)) e^{\lambda_n s_0}$$

$$= \sum_{n=1}^{x-1} B(n) \left(e^{\lambda_n s_0} - e^{\lambda_{n+1} s_0} \right) + B(x) e^{\lambda_x s_0},$$

also wegen

$$| B(x) | < B$$

$$| A(x) | < B \sum_{n=1}^{x-1} \left(e^{\lambda_{n+1} s_0} - e^{\lambda_n s_0} \right) + B e^{\lambda_x s_0}$$

$$= B \left(e^{\lambda_x s_0} - e^{\lambda_1 s_0} \right) + B e^{\lambda_x s_0}$$

$$< 2 B e^{\lambda_x s_0},$$

folglich für alle hinreichend großen x

$$| A(x) | < e^{\lambda_x (s_0 + \delta)}.$$

Damit ist der Satz vollständig bewiesen.

Er liefert ohne weiteres durch Anwendung auf

$$\sum_{n=1}^{\infty} | a_n | e^{-\lambda_n s}$$

den

Satz 6[1]: Falls die Abszisse β der absoluten Konvergenz > 0 ist, ist

$$\beta = \limsup_{x = \infty} \frac{\log \sum_{n=1}^{x} | a_n |}{\lambda_x}.$$

Ferner gilt der

Satz 7[2]: Bei jeder Dirichletschen Reihe ist

$$\beta - \alpha \leqq \limsup_{x = \infty} \frac{\log x}{\lambda_x}.$$

Beweis: Es werde

$$\limsup_{x = \infty} \frac{\log x}{\lambda_x} = l$$

gesetzt; l ist jedenfalls $\geqq 0$. Im Falle

$$l = \infty$$

ist nichts zu beweisen. Es werde also l endlich angenommen; dann besagt die Behauptung, daß aus der Konvergenz von $f(s_0)$ die absolute Konvergenz von $f(s_0 + l + \delta)$ für $\delta > 0$ folgt.

In der Tat ist nach Voraussetzung für wachsendes n

$$a_n e^{-\lambda_n s_0} = O(1),$$

$$a_n e^{-\lambda_n (s_0 + l + \delta)} = O\left(e^{\lambda_n (-l - \delta)} \right),$$

---

1) Vgl. § 32 für den Spezialfall $\lambda_n = \log n$.
2) Vgl. § 42 für den Spezialfall $\lambda_n = \log n$.

also, da für alle hinreichend großen n

$$\log n < \lambda_n \left(l + \frac{\delta}{2} \right)$$

ist,

$$a_n e^{-\lambda_n (s_0 + l + \delta)} = O\left(e^{-\log n \frac{l+\delta}{l+\frac{\delta}{2}}} \right)$$
$$= O\left(\frac{1}{n^{\frac{l+\delta}{l+\frac{\delta}{2}}}} \right),$$

woraus die Behauptung folgt, da

$$\frac{l+\delta}{l+\frac{\delta}{2}} > 1$$

ist.

Beispiel: Für

$$\lambda_n = n$$

und überhaupt für

$$\lim_{n=\infty} \frac{\log n}{\lambda_n} = 0$$

ist

$$l = 0,$$

also kein Streifen bedingter Konvergenz vorhanden; dies ist ja eine bekannte Eigenschaft der Potenzreihen

$$\sum_{n=1}^{\infty} a_n e^{-ns} = \sum_{n=1}^{\infty} a_n y^n,$$

wo die Konvergenzgerade $\sigma = \alpha = \beta$ dem Kreis $|y| = e^{-\alpha} = e^{-\beta}$ entspricht.

Neunundsechzigstes Kapitel.

Die gleichmäßige Konvergenz und der analytische Charakter der Dirichletschen Reihen.

§ 208.

Verhalten im Innern der Konvergenzhalbebene.

Satz 8[1]: Eine Dirichletsche Reihe konvergiert gleichmäßig in jedem Rechteck

$$a \leq \sigma \leq b, \quad c \leq t \leq d,$$

---

1) Vgl. § 42 für den Spezialfall $\lambda_n = \log n$.

welches ganz ihrer Konvergenzhalbebene angehört, d. h. wo

$$a > \alpha$$

ist.

Es kommen für diesen Satz die beiden Fälle $\alpha = -\infty$ und $-\infty < \alpha < \infty$ in Betracht, und er zeigt natürlich, daß die Reihe in jedem ganz in der Konvergenzhalbebene und im Endlichen gelegenen Gebiete[1] gleichmäßig konvergiert.

Beweis: Es sei s_0 so gewählt, daß

$$\alpha < \Re(s_0) < a$$

ist. Nach der Formel (2) des § 206 ist in der Halbebene

$$\Re(s) > \Re(s_0)$$

für alle ganzzahligen $v \geqq 1$

$$\left| \sum_{n=v}^{\infty} a_n e^{-\lambda_n s} \right| \leqq A \frac{|s - s_0|}{\Re(s - s_0)} e^{-\lambda_v \Re(s - s_0)} + A e^{-\lambda_v \Re(s - s_0)},$$

also im gegebenen Rechteck, wo

$$\Re(s - s_0) \geqq a - \Re(s_0)$$
$$= \varepsilon$$
$$> 0$$

und bei passender Wahl von B

$$|s - s_0| < B$$

ist, für alle hinreichend großen v (bei denen nämlich $\lambda_v > 0$ ist)

$$\left| \sum_{n=v}^{\infty} a_n e^{-\lambda_n s} \right| < \frac{A B}{\varepsilon} e^{-\lambda_v \varepsilon} + A e^{-\lambda_v \varepsilon},$$

wo die rechte Seite von s unabhängig ist und für $v = \infty$ den Limes 0 hat.

Satz 9[2]**: Eine Dirichletsche Reihe stellt in ihrer Konvergenzhalbebene eine reguläre analytische Funktion dar und darf dort beliebig oft gliedweise differentiiert werden.**

Beweis: Das folgt unmittelbar aus dem Satz 8. Im Falle $\alpha = -\infty$ und im Falle $-\infty < \alpha < \infty$ ist also für $\sigma > \alpha$

$$f^{(v)}(s) = (-1)^v \sum_{n=1}^{\infty} a_n \lambda_n^v e^{-\lambda_n s}.$$

---

1) Gebiet mag hier eine beliebige „abgeschlossene" Punktmenge bezeichnen, d. h. eine solche, die ihre Häufungspunkte enthält.
2) Vgl. § 42 für $\lambda_n = \log n$.

§ 209.
Verhalten am Rande des Konvergenzgebietes.

Satz 10[1]: Wenn $f(s)$ im Punkte s_0 konvergiert, ist $f(s)$ für alle $s = s_0 + \varepsilon$, wo $\varepsilon \geq 0$ ist, gleichmäßig konvergent, also insbesondere im Punkte s_0 nach rechts stetig.

Das letztere — Stetigkeit nach rechts — ist schon durch Satz 8 in dem Falle festgestellt, daß s_0 im Innern des Konvergenzgebietes liegt, aber neu in dem Falle, daß s_0 auf der Konvergenzgeraden liegt. Von ersterem — gleichmäßiger Konvergenz — ist bisher in Satz 8 nur in Bezug auf ein endliches inneres Teilintervall $\varepsilon_2 \geq \varepsilon \geq \varepsilon_1$, wo $\varepsilon_1 > 0$ ist, die Rede gewesen.

Beweis: Wenn

$$f(s_0) = b,$$

$$\sum_{n=1}^{x} a_n e^{-\lambda_n s_0} = A(x)$$

gesetzt wird, ist für $s = s_0 + \varepsilon$, $\varepsilon \geq 0$ und alle ganzen $v \geq 1$

$$\sum_{n=v}^{\infty} a_n e^{-\lambda_n (s_0 + \varepsilon)} = \sum_{n=v}^{\infty} \big((A(n) - b) - (A(n-1) - b)\big) e^{-\lambda_n \varepsilon}$$

$$= \sum_{n=v}^{\infty} (A(n) - b)\big(e^{-\lambda_n \varepsilon} - e^{-\lambda_{n+1} \varepsilon}\big) - (A(v-1) - b) e^{-\lambda_v \varepsilon}.$$

Für jedes

$$n \geq \xi = \xi(\delta)$$

ist

$$|A(n) - b| < \delta$$

und

$$\lambda_n > 0;$$

jedes $v \geq \xi + 1$ liefert also

$$\left| \sum_{n=v}^{\infty} a_n e^{-\lambda_n (s_0 + \varepsilon)} \right| < \delta \sum_{n=v}^{\infty} \big(e^{-\lambda_n \varepsilon} - e^{-\lambda_{n+1} \varepsilon}\big) + \delta e^{-\lambda_v \varepsilon}$$

$$\leq 2\delta e^{-\lambda_v \varepsilon}$$

$$\leq 2\delta,$$

womit die gleichmäßige Konvergenz von $f(s)$ für $\varepsilon \geq 0$ bewiesen ist.

Etwas allgemeiner ist

Satz 11: Wenn $f(s)$ im Punkte $s_0 = \sigma_0 + t_0 i$ konvergiert, so konvergiert $f(s)$ gleichmäßig in jedem Winkelraum, dessen

---

1) Vgl. den ersten Satz des § 30 für $\lambda_n = \log n$ und reelle a_n nebst reellen s.

Scheitel s_0 ist und dessen Schenkel unter Winkeln zwischen $-\frac{\pi}{2}$ (exkl.) und $\frac{\pi}{2}$ (exkl.) zu der durch den Punkt s_0 nach rechts gelegten Horizontalen $s = s_0 + \varepsilon$, $\varepsilon \geq 0$ gezogen sind.

Insbesondere folgt hieraus: Für jede einem solchen Winkelraum angehörige abzählbare Punktmenge

$$s_1,\, s_2,\, \cdots,\, s_n,\, \cdots,$$

bei welcher

$$\lim_{n=\infty} s_n = s_0$$

ist, ist

$$\lim_{n=\infty} f(s_n) = f(s_0),$$

und auch: Auf jedem Strahl, der aus der rechten Halbebene kommt und in s_0 mündet, konvergiert $f(s)$ gegen $f(s_0)$, desgleichen auf jeder Kurve der Gestalt

$$s = \sigma + t(\sigma)i,$$

wo

$$\sigma > \sigma_0$$

ist und bei zu σ_0 abnehmendem σ

$$\lim_{\sigma=\sigma_0} t(\sigma) = t_0,$$

sowie

$$\limsup_{\sigma=\sigma_0} \frac{|\,t(\sigma) - t_0\,|}{\sigma - \sigma_0} < \infty$$

ist.

Beweis: Es ist allgemein

$$e^{-\lambda_n s} - e^{-\lambda_{n+1} s} = s \int_{\lambda_n}^{\lambda_{n+1}} e^{-us}\, du,$$

also für $\sigma \neq 0$, insbesondere für $\sigma > 0$

$$\left| e^{-\lambda_n s} - e^{-\lambda_{n+1} s} \right| \leq |s| \int_{\lambda_n}^{\lambda_{n+1}} e^{-u\sigma}\, du$$

$$= \frac{|s|}{\sigma} \left(e^{-\lambda_n \sigma} - e^{-\lambda_{n+1} \sigma} \right).$$

Nun ist, wenn b und $A(x)$ die Bedeutung des vorigen Beweises haben, für $s = s_0 + \varepsilon + \eta i$, wo

$$\varepsilon > 0,$$

$$\frac{|\,\eta\,|}{\varepsilon} \leq c$$

ist (das ist der Winkelraum), und ganzes $v \geqq 1$

$$\sum_{=v}^{\infty} a_n e^{-\lambda_n(s_0 + \varepsilon + \eta i)} = \sum_{n=v}^{\infty}\big(A(n)-b\big)\big(e^{-\lambda_n(\varepsilon + \eta i)} - e^{-\lambda_{n+1}(\varepsilon + \eta i)}\big) - \big(A(v-1)-b\big)e^{-\lambda_v(\varepsilon + \eta i)},$$

also für $v \geqq \xi + 1$, wo $\xi = \xi(\delta)$ die damalige Bedeutung hat,

$$\left| \sum_{n=v}^{\infty} a_n e^{-\lambda_n(s_0 + \varepsilon + \eta i)} \right| < \delta \sum_{n=v}^{\infty}\left| e^{-\lambda_n(\varepsilon + \eta i)} - e^{-\lambda_{n+1}(\varepsilon + \eta i)} \right| + \delta e^{-\lambda_v \varepsilon}$$

$$< \delta \frac{|\varepsilon + \eta i|}{\varepsilon} \sum_{n=v}^{\infty}\big(e^{-\lambda_n \varepsilon} - e^{-\lambda_{n+1} \varepsilon}\big) + \delta$$

$$= \delta \sqrt{1 + \left(\frac{\eta}{\varepsilon}\right)^2}\, e^{-\lambda_v \varepsilon} + \delta$$

$$< \delta \sqrt{1 + c^2} + \delta$$

$$\leqq 2\delta\sqrt{1 + c^2},$$

womit die Behauptung bewiesen ist.

Eine in einem Punkte der Grenzgeraden konvergente Dirichletsche Reihe ist also stetig nach rechts bei Annäherungen aus dem Winkelraum, den man auch so schreiben kann:

$$s = s_0 + r e^{\varphi i},$$
$$r > 0,$$
$$-\frac{\pi}{2} + \varDelta \leqq \varphi \leqq \frac{\pi}{2} - \varDelta',$$

wo $\varDelta$ und $\varDelta'$ beliebig kleine, aber feste positive Größen sind, deren Summe $\leqq \pi$ ist.

Also ist auch bewiesen: Wenn $f(s)$ für $s = s_0$ konvergiert und $M > 0$ gegeben ist, so ist $f(s)$ für

$$\sigma \geqq \sigma_0, \quad -M(\sigma - \sigma_0) \leqq t - t_0 \leqq M(\sigma - \sigma_0)$$

gleichmäßig konvergent.

Noch allgemeiner ist der

Satz 12: Wenn $f(s)$ für s_0 konvergiert und $M > 0$ gegeben ist, so ist $f(s)$ für

$$\sigma \geqq \sigma_0, \quad -\big(e^{M(\sigma - \sigma_0)} - 1\big) \leqq t - t_0 \leqq e^{M(\sigma - \sigma_0)} - 1$$

gleichmäßig konvergent.

Dies Gebiet läßt sich offenbar für kein noch so kleines M in einen Winkelraum obiger Art fassen, da die Begrenzungskurve zu steil ist.

Beweis: Es habe $A(x)$ die obige Bedeutung; dann ist, wenn $C_1, \cdots$ absolute (d. h. von x, s und N unabhängige und höchstens von den gegebenen Größen a_n, s_0 und M abhängige) Konstanten bezeichnen,

$$|A(x)| < C_1$$

und für alle ganzen $N \geqq 1$ nebst $\sigma > \sigma_0$

$$f(s) - \sum_{n=1}^{N} a_n e^{-\lambda_n s} = \sum_{n=N+1}^{\infty} (A(n) - A(n-1)) e^{-\lambda_n (s-s_0)}$$

$$= \sum_{n=N+1}^{\infty} A(n) \left(e^{-\lambda_n (s-s_0)} - e^{-\lambda_{n+1}(s-s_0)} \right) - A(N) e^{-\lambda_{N+1}(s-s_0)},$$

$$\left| f(s) - \sum_{n=1}^{N} a_n e^{-\lambda_n s} \right| \leq C_1 \sum_{n=N+1}^{\infty} \left| e^{-\lambda_n (s-s_0)} - e^{-\lambda_{n+1}(s-s_0)} \right| + C_1 e^{-\lambda_{N+1}(\sigma-\sigma_0)}$$

$$\leqq C_1 \frac{|s-s_0|}{\sigma-\sigma_0} \sum_{n=N+1}^{\infty} \left(e^{-\lambda_n (\sigma-\sigma_0)} - e^{-\lambda_{n+1}(\sigma-\sigma_0)} \right) + C_1 e^{-\lambda_{N+1}(\sigma-\sigma_0)}$$

$$= C_1 \frac{|s-s_0|}{\sigma-\sigma_0} e^{-\lambda_{N+1}(\sigma-\sigma_0)} + C_1 e^{-\lambda_{N+1}(\sigma-\sigma_0)}$$

$$\leqq 2 C_1 \frac{|s-s_0|}{\sigma-\sigma_0} e^{-\lambda_{N+1}(\sigma-\sigma_0)}.$$

Wenn überdies

$$-\left(e^{M(\sigma-\sigma_0)} - 1 \right) \leqq t - t_0 \leqq e^{M(\sigma-\sigma_0)} - 1$$

ist, so ist

$$|s-s_0| = |\sigma - \sigma_0 + (t - t_0) i|$$

$$\leqq \sigma - \sigma_0 + |t - t_0|$$

$$\leqq \sigma - \sigma_0 + e^{M(\sigma-\sigma_0)} - 1$$

$$< \frac{M(\sigma - \sigma_0)}{M} + e^{M(\sigma-\sigma_0)}$$

$$< \frac{e^{M(\sigma-\sigma_0)}}{M} + e^{M(\sigma-\sigma_0)}$$

$$< C_2 e^{M(\sigma-\sigma_0)},$$

also

$$\left| f(s) - \sum_{n=1}^{N} a_n e^{-\lambda_n s} \right| < 2 C_1 \frac{C_2 e^{M(\sigma-\sigma_0)}}{\sigma-\sigma_0} e^{-\lambda_{N+1}(\sigma-\sigma_0)}$$

$$= C_3 \frac{e^{(M-\lambda_{N+1})(\sigma-\sigma_0)}}{\sigma-\sigma_0}.$$

Es sei

$$\delta > 0$$

gegeben, und es werde N_0 so bestimmt, daß

$$\lambda_{N_0+1} > M$$

ist. Alsdann werde oberhalb von σ_0 ein $\omega = \omega(\delta)$ so bestimmt, daß für $\sigma \geqq \omega(\delta)$

$$C_3 \frac{e^{(M-\lambda_{N_0+1})(\sigma-\sigma_0)}}{\sigma-\sigma_0} < \delta$$

ist; dann ist für

$$N \geq N_0,\ \sigma \geq \omega,\ -\left(e^{M(\sigma-\sigma_0)}-1\right) \leq t - t_0 \leq e^{M(\sigma-\sigma_0)}-1$$

$$\left| f(s) - \sum_{n=1}^{N} a_n e^{-\lambda_n s} \right| < C_3\, \frac{e^{(M-\lambda_{N_0}+1)(\sigma-\sigma_0)}}{\sigma-\sigma_0}$$

$$< \delta.$$

Dem endlichen Gebiet

$$\sigma_0 \leq \sigma \leq \omega,\ -\left(e^{M(\sigma-\sigma_0)}-1\right) \leq t - t_0 \leq e^{M(\sigma-\sigma_0)}-1$$

entspricht, da es einem Winkelraum im Sinne des Satzes 11 angehört, ein $N_1 = N_1(\delta)$ derart, daß für $N \geq N_1$ gleichmäßig (in ihm)

$$\left| f(s) - \sum_{n=1}^{N} a_n e^{-\lambda_n s} \right| < \delta$$

ist. Für $N \geq N_2 = N_2(\delta) = \text{Max.}\ (N_0, N_1)$ ist also im ganzen vorgelegten Gebiet

$$\sigma \geq \sigma_0,\ -\left(e^{M(\sigma-\sigma_0)}-1\right) \leq t - t_0 \leq e^{M(\sigma-\sigma_0)}-1$$

$$\left| f(s) - \sum_{n=1}^{N} a_n e^{-\lambda_n s} \right| < \delta,$$

womit der Satz bewiesen ist.

Aus diesem Satz folgt unmittelbar der

Zusatz: Wenn $\varepsilon > 0$ und $M \gtrless 0$ gegeben sind, so ist für

$$\sigma \geq \sigma_0 + \varepsilon,\ -e^{M\sigma} \leq t \leq e^{M\sigma}$$

die Reihe gleichmäßig konvergent.

In der Tat ist im Falle $M > 0$ die Reihe nach dem ursprünglichen Wortlaut für

$$\sigma \geq \sigma_0,\ t_0 - (e^{2M(\sigma-\sigma_0)}-1) \leq t \leq t_0 + e^{2M(\sigma-\sigma_0)}-1$$

gleichmäßig konvergent, und für alle hinreichend großen σ ist

$$e^{M\sigma} < t_0 + e^{2M(\sigma-\sigma_0)}-1,$$

$$t_0 - (e^{2M(\sigma-\sigma_0)}-1) < -e^{M\sigma};$$

der neue Wortlaut ist daher für $M > 0$, also für alle reellen M bewiesen.

Im Falle der Existenz einer absoluten Konvergenzhalbebene besteht der fast triviale

Satz 13: Wenn $f(s)$ für s_0 absolut konvergiert, so ist $f(s)$ für $\sigma \geq \sigma_0$ gleichmäßig konvergent.

Beweis: Aus der für $\lambda_n \geqq 0$, $\sigma \geqq \sigma_0$ gültigen Abschätzung

$$\left| a_n e^{-\lambda_n s} \right| = \left| a_n \right| e^{-\lambda_n \sigma}$$
$$= \left| a_n \right| e^{-\lambda_n \sigma_0} e^{-\lambda_n (\sigma - \sigma_0)}$$
$$\leqq \left| a_n \right| e^{-\lambda_n \sigma_0}$$

folgt dies unmittelbar.

Der Satz 13 hat natürlich zur Folge, daß in dem speziellen Falle der Dirichletschen Reihen mit absolutem Konvergenzbereich der Satz 12 gar nicht mehr aussagt, als durch den Satz 11 schon bekannt war.

Siebzigstes Kapitel.

Die Nullstellen in der Konvergenzhalbebene.

---

§ 210.

Der Eindeutigkeitssatz.

Satz 14[1]: Wenn für $s > \gamma$

$$\sum_{n=1}^{\infty} b_n e^{-\lambda_n s} = \sum_{n=1}^{\infty} c_n e^{-\lambda_n s}$$

ist, so ist

$$b_n = c_n \qquad (n \geqq 1).$$

Anders ausgedrückt: Wenn für $s > \gamma$

$$(1) \qquad \sum_{n=1}^{\infty} a_n e^{-\lambda_n s} = 0$$

ist, so ist

$$a_n = 0 \qquad (n \geqq 1).$$

Beide Wortlaute besagen dasselbe; denn unter den Voraussetzungen des ersten Wortlauts erfüllt

$$b_n - c_n = a_n$$

die des zweiten. Der Satz besagt: Wenn nicht alle Koeffizienten einer Dirichletschen Reihe 0 sind, so können nicht alle Punkte der reellen Achse rechts von einer Stelle an Wurzeln sein, also[2] auch nicht alle Punkte irgend einer horizontalen Geraden rechts von einer Stelle.

---

1) Vgl. § 35 für $\lambda_n = \log n$.

2) Denn $s = s' + c$ führt auch bei komplexem c die Reihe wieder in eine Dirichletsche Reihe über.

Beweis: Es ist nur zu beweisen, daß aus (1)

$$a_1 = 0$$

folgt; denn dann ergibt die Wiederholung dieses Schlusses

$$a_2 = 0$$

usw.

Nach Satz 10 ist die (für $s > \gamma$ konvergente und den Wert 0 besitzende) Dirichletsche Reihe

$$\sum_{n=1}^{\infty} a_n e^{-(\lambda_n - \lambda_1)s} = a_1 + a_2 e^{-(\lambda_2 - \lambda_1)s} + \cdots$$

für $s \geqq \gamma + 1$ gleichmäßig konvergent. Wäre

$$a_1 \neq 0,$$

so gäbe es also ein N derart, daß für $s \geqq \gamma + 1$

$$\left| \sum_{n=N+1}^{\infty} a_n e^{-(\lambda_n - \lambda_1)s} \right| < \left| \frac{a_1}{2} \right|$$

ist. Dann ist infolge (1)

$$\left| \sum_{n=1}^{N} a_n e^{-(\lambda_n - \lambda_1)s} \right| < \left| \frac{a_1}{2} \right|,$$

also

$$\left| a_1 + \sum_{n=2}^{N} a_n e^{-(\lambda_n - \lambda_1)s} \right| < \left| \frac{a_1}{2} \right|,$$

$$\left| \sum_{n=2}^{N} a_n e^{-(\lambda_n - \lambda_1)s} \right| > \left| \frac{a_1}{2} \right|$$

für alle $s \geqq \gamma + 1$. Dies steht damit in Widerspruch, daß für positives, ins Unendliche wachsendes s

$$\lim_{s=\infty} \sum_{n=2}^{N} a_n e^{-(\lambda_n - \lambda_1)s} = 0$$

ist.

Offenbar reicht es zu dem obigen Schluß von (1) auf

$$a_1 = 0,$$

d. h.

$$a_n = 0 \quad (n \geqq 1)$$

aus, daß für unendlich viele $s > \gamma$, worunter beliebig große vorkommen,

$$f(s) = 0$$

ist. Damit ist schärfer bewiesen:

Satz 15: Wenn für passend gewählte beliebig große reelle s

$$f(s) = 0$$

ist, so sind alle

$$a_n = 0.$$

Dies lehrt natürlich, daß im Falle zweier eventuell nicht identischer λ-Reihen λ_n' und λ_n'' aus der für die betreffenden unendlich vielen s gültig vorausgesetzten Gleichung

$$\sum_{n=1}^{\infty} b_n e^{-\lambda_n' s} = \sum_{n=1}^{\infty} c_n e^{-\lambda_n'' s},$$

wo nur von Null verschiedene b, c aufgeschrieben sind, folgt:

$$b_n = c_n, \quad \lambda_n' = \lambda_n''.$$

Denn, wenn die λ_n', λ_n'', durcheinander der Größe nach geordnet, mit λ_1, λ_2, $\cdots$ bezeichnet werden, so folgt durch Subtraktion

$$\sum_{\nu=1}^{\infty} a_\nu e^{-\lambda_\nu s} = 0,$$

wo

(2) $a_\nu = b_m$ für $\lambda_\nu = \lambda_m'$, aber $\lambda_\nu \neq$ jedem λ'',

(3) $a_\nu = -c_n$ für $\lambda_\nu = \lambda_n''$, aber $\lambda_\nu \neq$ jedem λ',

(4) $a_\nu = b_m - c_n$ für $\lambda_\nu = \lambda_m' = \lambda_n''$

ist. Nach Satz 15 ist stets

$$a_\nu = 0;$$

da andererseits stets

$$b_m \neq 0$$

und

$$c_n \neq 0$$

sein soll, so kann (2) und (3) nicht eintreten; d. h. die beiden Folgen λ' und λ'' sind identisch. Aus (4) folgt dann, daß die Koeffizienten b_n und c_n identisch sind.

Der Satz 15 läßt sich auch so formulieren: Wenn $f(s)$ ein Konvergenzgebiet hat und nicht alle Koeffizienten verschwinden, so gibt es ein s_0 derart, daß für $s > s_0$

$$f(s) \neq 0$$

ist. Übrigens gibt es infolgedessen, falls $\alpha_0 > \alpha$ gewählt ist[1], auf der unendlichen Strecke $s > \alpha_0$ nur höchstens endlich viele Nullstellen; denn gäbe es unendlich viele, so würden diese sich im Endlichen häufen müssen, und die analytische Funktion wäre dort singulär[2].

---

1) α ist die Konvergenzabszisse.
2) Natürlich kann man hier auch mit der Differentialrechnung durchkommen.

§ 211.

Genauere Sätze über die Lage der Nullstellen.

Noch schärfer ist der

Satz 16: Es sei $f(s)$ für $s = s_0 = \sigma_0 + t_0 i$ konvergent und $\varepsilon > 0$ sowie $M \gtrless 0$ beliebig gegeben[1]; dann gehören dem Gebiet

$$(1) \qquad \sigma \geq \sigma_0 + \varepsilon, \quad - e^{M\sigma} \leq t \leq e^{M\sigma}$$

nur höchstens endlich viele Nullstellen an, außer, wenn alle Koeffizienten der Reihe verschwinden.

Beweis: Gesetzt, $f(s)$ habe nicht lauter verschwindende Koeffizienten, und es gebe in dem Gebiet (1) unendlich viele Nullstellen s. Dieselben können sich nicht im Endlichen häufen, da $f(s)$ für $\sigma \geq \sigma_0 + \varepsilon$ regulär ist. Sie würden sich also im Unendlichen häufen; d. h. es gäbe beliebig große σ, für welche

$$s = \sigma + ti$$

mit einem t im Spielraum

$$- e^{M\sigma} \leq t \leq e^{M\sigma}$$

eine Nullstelle ist.

Es darf ohne Beschränkung der Allgemeinheit angenommen werden, daß

$$a_1 \neq 0$$

ist. Der Satz wird bewiesen sein, wenn man gezeigt hat: Für alle hinreichend großen σ ist im Gebiete

$$s = \sigma + ti,$$
$$- e^{M\sigma} \leq t \leq e^{M\sigma}$$

die Funktion $f(s)$ von Null verschieden.

Die Reihe

$$\sum_{n=1}^{\infty} a_n e^{-(\lambda_n - \lambda_1)s} = a_1 + \sum_{n=2}^{\infty} a_n e^{-(\lambda_n - \lambda_1)s}$$

ist nach dem Zusatz zu Satz 12 für

$$\sigma \geq \sigma_0 + \varepsilon, \quad - e^{M\sigma} \leq t \leq e^{M\sigma}$$

gleichmäßig konvergent. Es gibt daher ein N derart, daß für alle jene s

$$\left| \sum_{n=N+1}^{\infty} a_n e^{-(\lambda_n - \lambda_1)s} \right| < \left| \frac{a_1}{2} \right|$$

---

[1] ε beliebig klein, M beliebig groß.

ist, folglich

$$\left| \sum_{n=2}^{\infty} a_n e^{-(\lambda_n - \lambda_1)s} \right| < \left| \sum_{n=2}^{N} a_n e^{-(\lambda_n - \lambda_1)s} \right| + \left| \frac{a_1}{2} \right|.$$

Wegen

$$\left| \sum_{n=2}^{N} a_n e^{-(\lambda_n - \lambda_1)s} \right| \leqq \sum_{n=2}^{N} |a_n|\, e^{-(\lambda_n - \lambda_1)\sigma}$$

gibt es also ein σ_1 derart, daß für

$$\sigma \geqq \sigma_1, \quad -e^{M\sigma} \leqq t \leqq e^{M\sigma}$$

$$\left| \sum_{n=2}^{\infty} a_n e^{-(\lambda_n - \lambda_1)s} \right| < \left| \frac{a_1}{2} \right| + \left| \frac{a_1}{2} \right|$$

$$= |a_1|$$

ist, also

$$\left| \sum_{n=1}^{\infty} a_n e^{-(\lambda_n - \lambda_1)s} \right| \geqq |a_1| - \left| \sum_{n=2}^{\infty} a_n e^{-(\lambda_n - \lambda_1)s} \right|$$

$$> |a_1| - |a_1|$$

$$= 0,$$

$$\sum_{n=1}^{\infty} a_n e^{-(\lambda_n - \lambda_1)s} \neq 0,$$

$$\sum_{n=1}^{\infty} a_n e^{-\lambda_n s} \neq 0,$$

womit der Satz 16 bewiesen ist.

Er besagt, daß zu jeder nicht identisch verschwindenden **Dirich-letschen Reihe** und zu jedem M ein σ_1 gefunden werden kann, so daß im Gebiet

$$\sigma \geqq \sigma_1, \quad |t| \leqq e^{M\sigma}$$

keine Nullstelle liegt[1]. Dies schließt nicht aus, daß es Nullstellen mit beliebig großer Abszisse gibt. Für Reihen mit absoluter Konvergenzhalbebene (wozu im Falle einer Konvergenzhalbebene die Endlichkeit von

$$\limsup_{x=\infty} \frac{\log x}{\lambda_x}$$

nach Satz 7 hinreichend, aber natürlich nicht notwendig ist, da man ja die Wahl der a_n in der Hand hat) ist dies allerdings nach dem folgenden Satz ausgeschlossen:

----

1) Es braucht wohl kaum betont zu werden, daß durch Betrachtung von $f(s) - a$ statt $f(s)$ alle diese Sätze für a-Stellen statt Nullstellen formuliert werden können.

Satz 17: Wenn die nicht identisch verschwindende Dirichletsche Reihe

$$f(s) = \sum_{n=1}^{\infty} a_n e^{-\lambda_n s}$$

eine absolute Konvergenzhalbebene besitzt, so gibt es ein σ_1 derart, daß für

$$\sigma > \sigma_1$$
$$f(s) \neq 0$$

ist.

Beweis: Es sei ohne Beschränkung der Allgemeinheit

$$a_1 \neq 0.$$

Die Reihe sei für $s = \eta$ absolut konvergent. Dann ist für $\sigma > \eta$

$$\left| f(s) - a_1 e^{-\lambda_1 s} \right| \leq \sum_{n=2}^{\infty} |a_n|\, e^{-\lambda_n \eta}\, \left| e^{-\lambda_n (s-\eta)} \right|$$

$$\leq e^{-\lambda_2 (\sigma - \eta)} \sum_{n=2}^{\infty} |a_n|\, e^{-\lambda_n \eta}$$

$$= c e^{-\lambda_2 \sigma},$$

$$|f(s)| \geq |a_1|\, e^{-\lambda_1 \sigma} - c e^{-\lambda_2 \sigma},$$

woraus wegen $\lambda_1 < \lambda_2$ für alle s mit hinreichend großer Abszisse

$$f(s) \neq 0$$

folgt.

Ich knüpfe für das Nächstfolgende an eine aus der Theorie der Zetafunktion bekannte Tatsache an. Das Nichtverschwinden von

$$\zeta(s) = \sum_{n=1}^{\infty} \frac{1}{n^s}$$

für $\sigma > 1$ war durch die Potenzdarstellung

$$\zeta(s) = e^{\sum_{p,m} \frac{1}{m} \frac{1}{p^{ms}}}$$

in Evidenz gesetzt. Entsprechend gilt allgemein der

Satz 18: Wenn die Dirichletsche Reihe

$$f(s) = \sum_{n=1}^{\infty} a_n e^{-\lambda_n s} \quad (a_1 \neq 0)$$

eine absolute Konvergenzhalbebene besitzt, so gibt es ein G derart, daß bei einer passenden λ'-Folge

$$\lambda'_1,\ \lambda'_2,\ \lambda'_3,\ \cdots \ (\lambda'_n < \lambda'_{n+1},\ \lim_{n=\infty} \lambda'_n = \infty)$$

und einer Folge von Koeffizienten

$$a_1', a_2', a_3', \cdots$$

die Dirichletsche Reihe

$$g(s) = \sum_{n=1}^{\infty} a_n' e^{-\lambda_n' s}$$

für $\sigma > G$ absolut konvergiert und daß dort

$$f(s) = e^{-\lambda_1 s} e^{g(s)}$$

ist.

Beweis: Es ist

$$\frac{f(s)}{a_1 e^{-\lambda_1 s}} = 1 + \frac{a_2}{a_1} e^{-(\lambda_2 - \lambda_1)s} + \frac{a_3}{a_1} e^{-(\lambda_3 - \lambda_1)s} + \cdots$$

$$= 1 + b_1 e^{-\nu_1 s} + b_2 e^{-\nu_2 s} + \cdots,$$

wo

$$0 < \nu_1 < \nu_2 < \cdots,$$
$$\lim_{n=\infty} \nu_n = \infty$$

ist. Diese Reihe ist nach Voraussetzung in einer Halbebene absolut
konvergent. Für $\sigma > G$ ist, wenn dies G passend gewählt ist, sogar
die Summe der absoluten Beträge der Glieder vom zweiten an

$$(2) \qquad |b_1| e^{-\nu_1 \sigma} + |b_2| e^{-\nu_2 \sigma} + \cdots < 1;$$

für $\sigma > G$ ist also $\dfrac{f(s)}{a_1 e^{-\lambda_1 s}}$ von Null verschieden, d. h.

$$\log \frac{f(s)}{a_1 e^{-\lambda_1 s}} = \log f(s) - \log a_1 - \lambda_1 s$$

regulär und außerdem

$$\log f(s) - \log a_1 - \lambda_1 s = \left(b_1 e^{-\nu_1 s} + b_2 e^{-\nu_2 s} + \cdots\right) - \tfrac{1}{2}\left(b_1 e^{-\nu_1 s} + b_2 e^{-\nu_2 s} + \cdots\right)^2$$
$$+ \tfrac{1}{3}\left(b_1 e^{-\nu_1 s} + b_2 e^{-\nu_2 s} + \cdots\right)^3 - \cdots.$$

Für $\sigma > G$ darf wegen (2) jede Potenz ausgerechnet und das Ganze
beliebig geordnet werden. Bei passender Gliederanordnung entsteht
eine Dirichletsche Reihe

$$\sum_{n=1}^{\infty} c_n e^{-\mu_n s},$$

in der die μ_n gleich den wachsend geordneten Summen

$$\nu_{m_1} + \nu_{m_2} + \cdots + \nu_{m_\varrho}$$

von beliebig vielen gleichen oder verschiedenen Summanden sind.

Denn nur solche Glieder treten auf; es ist auch evident, daß die verschiedenen der Zahlen

$$\nu_{m_1} + \nu_{m_2} + \cdots + \nu_{m_\varrho}$$

sich nur im Unendlichen häufen und daß jede auftretende nur endlich vielen Gliedern bei der Zerlegung der Reihe

$$\sum_{m=1}^{\infty} \frac{(-1)^{m+1}}{m} \left(b_1 e^{-\nu_1 s} + b_2 e^{-\nu_2 s} + \cdots \right)^m$$

entspricht, wo die $m$te Potenz ausgerechnet, d. h. als Dirichletsche Reihe geschrieben gedacht wird.

Es ist also für $\sigma > G$

$$\log f(s) - \log a_1 - \lambda_1 s = \sum_{n=1}^{\infty} c_n e^{-\mu_n s},$$

$$f(s) = e^{\log a_1 - \lambda_1 s + \sum\limits_{n=1}^{\infty} c_n e^{-\mu_n s}},$$

wo noch $\log a_1$ in die Dirichletsche Reihe des Exponenten einbezogen werden kann.

Für spezielle Dirichletsche Reihen

$$\lambda_n = \log n$$

ist beim Beweise

$$\nu_n = \lambda_{n+1}$$
$$= \log(n+1)$$

und auch

$$\mu_n = \log(n+1),$$

da die Zahlen $\log(n+1)$ sich durch Addition reproduzieren. Jede Dirichletsche Reihe vom speziellen Typus

$$f(s) = \frac{a_1}{1^s} + \frac{a_2}{2^s} + \frac{a_3}{3^s} + \cdots \quad (a_1 \neq 0),$$

welche ein Konvergenzgebiet besitzt, ist also für $\sigma > G$ in der Form

$$f(s) = e^{\log a_1 + \sum\limits_{n=1}^{\infty} \frac{c_n}{(n+1)^s}}$$

$$= e^{\sum\limits_{n=1}^{\infty} \frac{d_n}{n^s}}$$

darstellbar.

Dreiundzwanzigster Teil.

Das Multiplikationsproblem.

Einundsiebzigstes Kapitel.

Das Dirichletsche Produkt einer konvergenten und einer absolut konvergenten Reihe.

———

§ 212.

Der Begriff der Dirichletschen Multiplikation nach einer λ-Regel.

Es seien zwei für $\sigma > \sigma_0$ konvergente Dirichletsche Reihen gegeben. Ohne Beschränkung der Allgemeinheit dürfen sie in der Form

$$f(s) = \sum_{n=1}^{\infty} a_n e^{-\lambda_n . s},$$

$$g(s) = \sum_{n=1}^{\infty} b_n e^{-\lambda_n s}$$

mit derselben λ-Folge angenommen werden; denn, wenn ursprünglich

$$f(s) = \sum_{n=1}^{\infty} a_n' e^{-\lambda_n' s},$$

$$g(s) = \sum_{n=1}^{\infty} b_n' e^{-\lambda_n'' s}$$

ist, so brauchen nur die λ' und λ'' zusammengeworfen zu werden und die in $f(s)$ bzw. $g(s)$ eigentlich nicht vorkommenden Terme den Koeffizienten 0 zu erhalten.

Formal — ohne Rücksicht auf Konvergenz, die aber z. B. im Falle der absoluten Konvergenz von $f(s)$ und $g(s)$ für das betreffende s gewiß gewährleistet ist — ist das Produkt beider Reihen als Dirichletsche Reihe

$$f(s)g(s) = \sum_{n=1}^{\infty} c_n e^{-\nu_n s}$$

darstellbar, wo ν_n, wachsend geordnet, alle verschiedenen Summen

$$\lambda_l + \lambda_m \quad \left(\begin{matrix} l = 1, 2, \cdots \\ m = 1, 2, \cdots \end{matrix} \right)$$

durchläuft und

$$c_n = \sum_{\lambda_l + \lambda_m = \nu_n} a_l b_m$$

ist.

Definition: Es seien

$$(1) \qquad \sum_{n=1}^{\infty} \alpha_n,$$

$$(2) \qquad \sum_{n=1}^{\infty} \beta_n$$

zwei beliebige Reihen; da die Betrachtung ganz formal ist, braucht nicht einmal ihre Konvergenz vorausgesetzt zu werden. Wenn eine feste Folge $\lambda_n\,(n = 1, 2, \cdots)$ gegeben ist, wo

$$\lambda_1 < \lambda_2 < \lambda_3 < \cdots,$$
$$\lim_{n=\infty} \lambda_n = \infty$$

ist, versteht man unter dem Dirichletschen Produkt beider Reihen nach der λ_n-Regel die Reihe

$$(3) \qquad \sum_{n=1}^{\infty} \gamma_n,$$

wo

$$\gamma_n = \sum_{\lambda_l + \lambda_m = \nu_n} \alpha_l \beta_m$$

ist.

Falls (1) und (2) absolut konvergieren, ist gewiß (3) konvergent und gleich ihrem Produkt, da (3) alle Glieder

$$\alpha_l \beta_m \quad \left(\begin{matrix} l = 1, 2, \cdots \\ m = 1, 2, \cdots \end{matrix} \right)$$

und jedes genau einmal enthält.

Nach dieser Definition ist natürlich für jedes s die obige Reihe

$$(4) \qquad \sum_{n=1}^{\infty} c_n e^{-\nu_n s}$$

das Dirichletsche Produkt von

$$(5) \qquad \sum_{n=1}^{\infty} a_n e^{-\lambda_n s}$$

und

(6)
$$\sum_{n=1}^{\infty} b_n e^{-\lambda_n s};$$

denn es ist

$$\sum_{\lambda_l + \lambda_m = \nu_n} a_l e^{-\lambda_l s} b_m e^{-\lambda_m s} = e^{-\nu_n s} \sum_{\lambda_l + \lambda_m = \nu_n} a_l b_m$$

$$= c_n e^{-\nu_n s}.$$

§ 213.

Eine hinreichende Bedingung für die Konvergenz des Dirichletschen Produktes.

Es gilt nun (in den Bezeichnungen (1) usw. des § 212) der

Satz 19[1]: Wenn (1) absolut konvergiert und (2) konvergiert, so ist das Dirichletsche Produkt (3) konvergent und gleich dem Produkt beider Reihensummen.

Er liefert speziell:

Wenn in einer Halbebene (5) absolut konvergiert und (6) konvergiert, so ist dort (4) konvergent und gleich dem Produkt beider Reihensummen.

Ich werde sogar noch etwas mehr beweisen, nämlich:

Die Reihe

$$\sum_{l,m} \alpha_l \beta_m$$

konvergiert, wenn die Glieder nach wachsendem $\lambda_l + \lambda_m$ geordnet sind, welches auch die Reihenfolge der Glieder mit gleichem $\lambda_l + \lambda_m$ sei, und ist

$$= \sum_{l=1}^{\infty} \alpha_l \cdot \sum_{m=1}^{\infty} \beta_m.$$

Im ursprünglichen Wortlaut war nur von der Summe der Summen der Glieder mit gleichem $\lambda_l + \lambda_m$ die Rede, diese also jedesmal in eine Klammer zusammengefaßt.

Beweis: Es werde

$$\sum_{n=1}^{\infty} \alpha_n = A,$$

$$\sum_{n=1}^{\infty} \beta_n = B,$$

---

1) Vgl. § 185 für den Spezialfall $\lambda_n = \log n$.

$$\sum_{n=1}^{x}\lvert \alpha_n \rvert = \mathfrak{A}(x),$$

$$\sum_{n=1}^{x}\alpha_n = A(x),$$

$$\sum_{n=1}^{x}\beta_n = B(x)$$

gesetzt. Gegeben ist eine bestimmte Reihenfolge aller

$$\alpha_l\,\beta_m,$$

von der wir nur wissen, daß niemals ein Glied mit größerem

$$\lambda_l + \lambda_m$$

einem mit kleinerem vorangeht. Dann hat jede Partialsumme

$$\sum \alpha_l\,\beta_m,$$

wenn α_x das höchste vorkommende α ist, die Gestalt

$$S = \sum_{l=1}^{x}\alpha_l\,(\beta_1 + \beta_2 + \cdots + \beta_{\psi(x,\,l)});$$

der springende Punkt ist, daß mit

$$\alpha_l\,\beta_m$$

auch

$$\alpha_l\,\beta_{m'}$$

für alle

$$m' < m$$

auftritt. Ich werde beweisen: Wenn δ gegeben ist, gibt es ein ganzes $\xi = \xi(\delta)$ derart, daß jede Partialsumme der Gestalt S, wenn sie u. a. die ξ^2 Glieder

$$\alpha_l\,\beta_m \qquad \begin{pmatrix} l = 1, \cdots, \xi \\ m = 1, \cdots, \xi \end{pmatrix}$$

enthält[1], die Relation

$$\lvert S - AB \rvert < \delta$$

erfüllt. Damit ist dann die Konvergenz der vorgelegten Reihe gegen AB bewiesen.

Nach Voraussetzung gibt es ein g, so daß für alle x

$$\mathfrak{A}(x) < g$$

---

1) D. h., wenn $x \geqq \xi$ und für jedes $l = 1, 2, \cdots, \xi$

$$\psi(x,\,l) \geqq \xi$$

ist.

und

$$|B(x)| < g$$

ist. Zu δ bestimme ich $\xi = \xi(\delta) \geqq 1$ so, daß einerseits für alle $v \geqq \xi$ mit beliebigem $w \geqq v$

$$\sum_{n=v}^{w} |\alpha_n| < \frac{\delta}{6g}$$

und

$$\left| \sum_{n=v+1}^{w} b_n \right| = |B_w - B_v|$$

$$< \frac{\delta}{3g}$$

ist, andererseits für alle $x \geqq \xi$

$$|A(x)B(x) - AB| < \frac{\delta}{3}.$$

Ich nehme nun $x \geqq \xi$, sowie $\psi(x, l) \geqq \xi$ für $l = 1, 2, \cdots, \xi$ an. Es ist

$$S = \sum_{l=1}^{x} \alpha_l B(\psi(x, l)),$$

$$S - A(x)B(x) = \sum_{l=1}^{x} \alpha_l \big(B(\psi(x, l)) - B(x)\big)$$

$$= \sum_{l=1}^{\xi} \alpha_l \big(B(\psi(x, l)) - B(x)\big) + \sum_{l=\xi+1}^{x} \alpha_l \big(B(\psi(x, l)) - B(x)\big);$$

weil in der ersten dieser beiden Summen jedes Argument von B mindestens ξ, in der zweiten Summe jeder Index eines α größer als ξ ist, ist

$$|S - A(x)B(x)| \leqq \sum_{l=1}^{\xi} |\alpha_l| \frac{\delta}{3g} + \sum_{l=\xi+1}^{x} |\alpha_l| (g + g)$$

$$= \frac{\delta}{3g} \sum_{l=1}^{\xi} |\alpha_l| + 2g \sum_{l=\xi+1}^{x} |\alpha_l|$$

$$< \frac{\delta}{3g} g + 2g \frac{\delta}{6g}$$

$$= \frac{2\delta}{3},$$

also

$$|S - AB| \leqq |S - A(x)B(x)| + |A(x)B(x) - AB|$$

$$< \frac{2\delta}{3} + \frac{\delta}{3}$$

$$= \delta,$$

was zu beweisen war.

Zweiundsiebzigstes Kapitel.

Das Dirichletsche Produkt zweier konvergenter Reihen.

§ 214.

Ein allgemeiner Satz.

Ich beweise zunächst einen Satz von großer Allgemeinheit und mit vielen Parametern und werde dann im folgenden Paragraphen wichtige einfachere Spezialfälle besonders hervorheben, deren direkter Beweis dadurch erspart wird.

Satz 20: Es seien $\varrho,\ \varrho',\ \tau,\ \tau'$ vier Konstanten und

$$\tau \geqq 0,$$
$$\tau' \geqq 0,$$
$$\tau + \tau' > 0,$$
$$\varrho + \tau \geqq \varrho',$$
$$\varrho' + \tau' \geqq \varrho;$$

es sei

$$(1) \qquad \sum_{n=1}^{\infty} a_n e^{-\lambda_n s}$$

für $s = \varrho$ konvergent, für $s = \varrho + \tau$ absolut konvergent; es sei

$$(2) \qquad \sum_{n=1}^{\infty} b_n e^{-\lambda_n s}$$

für $s = \varrho'$ konvergent, für $s = \varrho' + \tau'$ absolut konvergent. Dann ist das Dirichletsche Produkt

$$(3) \qquad \sum_{n=1}^{\infty} c_n e^{-\nu_n s}$$

für

$$s = \frac{\varrho\tau' + \varrho'\tau + \tau\tau'}{\tau + \tau'}$$

konvergent.

Beweis: Für $\tau = 0$ sagt der Satz nichts Neues aus; denn (3) konvergiert alsdann wegen $\varrho \geqq \varrho'$ bereits nach Satz 19 für

$$s = \varrho$$
$$= \frac{\varrho\tau' + \varrho'\tau + \tau\tau'}{\tau + \tau'}.$$

Desgleichen für $\tau' = 0$. Es darf also

$$\tau > 0,$$
$$\tau' > 0$$

angenommen werden, was an Stelle der drei ersten unter den fünf vorausgesetzten Ungleichungen tritt.

Zur Abkürzung werde gesetzt:

$$\frac{\varrho\,\tau' + \varrho'\,\tau + \tau\,\tau'}{\tau + \tau'} = \omega,$$

$$\frac{\tau}{\tau + \tau'} = \eta,$$

$$\frac{\tau'}{\tau + \tau'} = \eta'.$$

Es ist

$$\eta + \eta' = 1,$$
$$0 < \eta < 1,$$
$$0 < \eta' < 1.$$

Wegen der Voraussetzung

$$\tau + \varrho - \varrho' \geqq 0$$

ist

$$\sum_{\lambda_n \leqq x} |\,a_n\,|\, e^{-\lambda_n \varrho'} = \sum_{\lambda_n \leqq x} |\,a_n\,|\, e^{-\lambda_n(\varrho + \tau)}\, e^{\lambda_n(\tau + \varrho - \varrho')}$$

$$\leqq e^{x(\tau + \varrho - \varrho')} \sum_{\lambda_n \leqq x} |\,a_n\,|\, e^{-\lambda_n(\varrho + \tau)},$$

also, da

$$\sum_{n=1}^{\infty} |\,a_n\,|\, e^{-\lambda_n(\varrho + \tau)}$$

konvergiert,

$$\sum_{\lambda_n \leqq x} |\,a_n\,|\, e^{-\lambda_n \varrho'} = O\left(e^{x(\tau + \varrho - \varrho')}\right)$$

und ebenso

$$\sum_{\lambda_n \leqq x} |\,b_n\,|\, e^{-\lambda_n \varrho} = O\left(e^{x(\tau' + \varrho' - \varrho)}\right).$$

Ferner ist wegen

$$\omega - \varrho = \frac{\varrho\,\tau' + \varrho'\,\tau + \tau\,\tau'}{\tau + \tau'} - \varrho$$

$$= \frac{(\varrho' - \varrho)\,\tau + \tau\,\tau'}{\tau + \tau'}$$

$$= \frac{\tau}{\tau + \tau'}\,(\tau' + \varrho' - \varrho)$$

$$\geqq 0$$

die Reihe

$$\sum_{n=1}^{\infty} a_n e^{-\lambda_n \omega}$$

(Reihe (1) für $s = \omega$) konvergent und genauer, wenn λ_y das erste λ_n hinter x ist und

$$\sum_{n=m}^{\infty} a_n e^{-\lambda_n \varrho} = R(m)$$

gesetzt wird, im Falle $\omega > \varrho$

$$\sum_{\lambda_n > x} a_n e^{-\lambda_n \omega} = \sum_{n=y}^{\infty} a_n e^{-\lambda_n \omega}$$

$$= \sum_{n=y}^{\infty} a_n e^{-\lambda_n \varrho}\, e^{-\lambda_n(\omega-\varrho)}$$

$$= \sum_{n=y}^{\infty} (R(n) - R(n+1))\, e^{-\lambda_n(\omega-\varrho)}$$

$$= \sum_{n=y+1}^{\infty} R(n)\, (e^{-\lambda_n(\omega-\varrho)} - e^{-\lambda_{n-1}(\omega-\varrho)}) + R(y)\, e^{-\lambda_y(\omega-\varrho)}$$

$$= o \sum_{n=y+1}^{\infty} \left(e^{-\lambda_{n-1}(\omega-\varrho)} - e^{-\lambda_n(\omega-\varrho)}\right) + o\left(e^{-\lambda_y(\omega-\varrho)}\right)$$

$$= o\left(e^{-\lambda_y(\omega-\varrho)}\right)$$

$$= o\left(e^{-x(\omega-\varrho)}\right),$$

was natürlich auch im Falle $\omega = \varrho$ richtig ist; ebenso ist

$$\sum_{n=1}^{\infty} b_n e^{-\lambda_n \omega}$$

(Reihe (2) für $s = \omega$) konvergent und

$$\sum_{\lambda_n > x} b_n e^{-\lambda_n \omega} = o(e^{-x(\omega-\varrho')}).$$

Der Satz bedarf natürlich nur in dem Falle eines Beweises, daß keine der beiden Reihen (1) und (2) für $s = \omega$ absolut konvergiert. Nun ist

$$\sum_{\nu_n \leqq x} c_n e^{-\nu_n \omega} = \sum_{\lambda_l + \lambda_m \leqq x} a_l e^{-\lambda_l \omega} b_m e^{-\lambda_m \omega}$$

$$= \sum_{\lambda_l \leqq \eta' x} a_l e^{-\lambda_l \omega} \sum_{\lambda_m \leqq x - \lambda_l} b_m e^{-\lambda_m \omega} + \sum_{\lambda_m \leqq \eta x} b_m e^{-\lambda_m \omega} \sum_{\lambda_l \leqq x - \lambda_m} a_l e^{-\lambda_l \omega} - \sum_{\lambda_l \leqq \eta' x} a_l e^{-\lambda_l \omega} \cdot \sum_{\lambda_m \leqq \eta x} b_m e^{-\lambda_m \omega},$$

$$\sum_{\nu_n \leqq x} c_n e^{-\nu_n \omega} - \sum_{\lambda_l \leqq \eta' x} a_l e^{-\lambda_l \omega} \cdot \sum_{m=1}^{\infty} b_m e^{-\lambda_m \omega} - \sum_{l=1}^{\infty} a_l e^{-\lambda_l \omega} \cdot \sum_{\lambda_m \leqq \eta x} b_m e^{-\lambda_m \omega}$$

$$+ \sum_{\lambda_l \leqq \eta' x} a_l e^{-\lambda_l \omega} \cdot \sum_{\lambda_m \leqq \eta x} b_m e^{-\lambda_m \omega}$$

$$= - \sum_{\lambda_l \leqq \eta' x} a_l e^{-\lambda_l \omega} \sum_{\lambda_m > x - \lambda_l} b_m e^{-\lambda_m \omega} - \sum_{\lambda_m \leqq \eta x} b_m e^{-\lambda_m \omega} \sum_{\lambda_l > x - \lambda_m} a_l e^{-\lambda_l \omega}$$

$$= o \sum_{\lambda_l \leqq \eta' x} |a_l| e^{-\lambda_l \omega} e^{-(x-\lambda_l)(\omega - \varrho')} + o \sum_{\lambda_m \leqq \eta x} |b_m| e^{-\lambda_m \omega} e^{-(x-\lambda_m)(\omega - \varrho)}$$

$$= o \left(e^{-x(\omega - \varrho')} \sum_{\lambda_l \leqq \eta' x} |a_l| e^{-\lambda_l \varrho'} \right) + o \left(e^{-x(\omega - \varrho)} \sum_{\lambda_m \leqq \eta x} |b_m| e^{-\lambda_m \varrho} \right)$$

$$= o \left(e^{-x(\omega - \varrho') + \eta' x (\tau + \varrho - \varrho')} \right) + o \left(e^{-x(\omega - \varrho) + \eta x (\tau' + \varrho' - \varrho)} \right)$$

$$= o(1),$$

letzteres mit Rücksicht auf

$$- (\omega - \varrho) + \eta (\tau' + \varrho' - \varrho) = - \frac{\tau}{\tau + \tau'} (\tau' + \varrho' - \varrho) + \frac{\tau}{\tau + \tau'} (\tau' + \varrho' - \varrho)$$
$$= 0$$

nebst

$$- (\omega - \varrho') + \eta' (\tau + \varrho - \varrho') = 0.$$

Daher ist

$$\sum_{n=1}^{\infty} c_n e^{-\nu_n \omega} - \sum_{l=1}^{\infty} a_l e^{-\lambda_l \omega} \cdot \sum_{m=1}^{\infty} b_m e^{-\lambda_m \omega} - \sum_{l=1}^{\infty} a_l e^{-\lambda_l \omega} \cdot \sum_{m=1}^{\infty} b_m e^{-\lambda_m \omega}$$

$$+ \sum_{l=1}^{\infty} a_l e^{-\lambda_l \omega} \cdot \sum_{m=1}^{\infty} b_m e^{-\lambda_m \omega} = 0,$$

$$\sum_{n=1}^{\infty} c_n e^{-\nu_n \omega} = \sum_{l=1}^{\infty} a_l e^{-\lambda_l \omega} \cdot \sum_{m=1}^{\infty} b_m e^{-\lambda_m \omega},$$

was zu beweisen war.

§ 215.

Spezialfälle des allgemeinen Satzes.

Für

$$\varrho' = \varrho$$

ergibt sich aus dem Satz 20 der somit bewiesene

Satz 21: Es sei

$$\tau \geqq 0,$$
$$\tau' \geqq 0,$$
$$\tau + \tau' > 0,$$

(1)
$$\sum_{n=1}^{\infty} a_n e^{-\lambda_n s}$$

und

(2)
$$\sum_{n=1}^{\infty} b_n e^{-\lambda_n s}$$

für $s = \varrho$ konvergent, (1) für $s = \varrho + \tau$, (2) für $s = \varrho + \tau'$ absolut konvergent. Dann ist

(3)
$$\sum_{n=1}^{\infty} c_n e^{-\nu_n s}$$

für

$$s = \varrho + \frac{\tau\tau'}{\tau + \tau'}$$

konvergent.

Noch spezieller, wenn überdies

$$\tau' = \tau$$

gesetzt wird:

Satz 22: Es sei

$$\tau > 0,$$

(1) für $s = \varrho$ konvergent, für $s = \varrho + \tau$ absolut konvergent, (2) desgleichen. Dann ist (3) für

$$s = \varrho + \frac{\tau}{2}$$

konvergent.

§ 216.

Weitere Sätze für spezielle λ_n-Folgen.

Es sei die λ_n-Folge so beschaffen, daß

$$\limsup_{x = \infty} \frac{\log x}{\lambda_x} = l$$

endlich ist. Dann folgt aus der Konvergenz einer zugehörigen Dirichletschen Reihe für ϱ nach Satz 7 ihre absolute Konvergenz für $\varrho + l + \delta$ bei allen $\delta > 0$, nicht aber mit Sicherheit[1]) für $\varrho + l$.

Falls also z. B.

(1)
$$\sum_{n=1}^{\infty} a_n e^{-\lambda_n s}$$

---

1) Beispiel: $\displaystyle\sum_{n=2}^{\infty} \frac{(-1)^n}{n^s \log n}$ konvergiert für $s = 0$, konvergiert aber nicht absolut für $s = 1$.

und

$$(2) \qquad \sum_{n=1}^{\infty} b_n e^{-\lambda_n s}.$$

für $s = \varrho$ konvergieren, so folgt ihre absolute Konvergenz für alle

$$s > \varrho + l,$$

also nach Satz 22 die Konvergenz von

$$(3) \qquad \sum_{n=1}^{\infty} c_n e^{-\nu_n s}$$

für alle

$$s > \varrho + \frac{l}{2}.$$

Es besteht nun aber unter der weiteren Einschränkung[1]

$$(4) \qquad \log x < l \lambda_x + A,$$

wo A konstant ist, der

Satz 23: Es sei (4) erfüllt, (1) für $s = \varrho$ konvergent, (2) desgleichen. Dann ist (3) für $s = \varrho + \frac{l}{2}$ konvergent.

Ich beweise gleich einen allgemeineren Satz, der Satz 23 enthält:

Satz 24: Es sei (4) erfüllt, (1) für $s = \varrho$ konvergent, (2) für $s = \varrho'$ konvergent,

$$\varrho + l > \varrho',$$
$$\varrho' + l > \varrho.$$

Dann ist (3) für

$$s = \frac{\varrho + \varrho'}{2} + \frac{l}{2}$$

konvergent.

Gleichzeitig beweise ich den

Satz 25: Es sei (4) erfüllt, (1) für $s = \varrho$ konvergent, für $s = \varrho + \tau$ absolut konvergent, (2) für $s = \varrho'$ konvergent. Es sei hierbei

$$\tau \geqq 0,$$
$$\varrho + \tau \geqq \varrho',$$
$$\varrho' + l > \varrho.$$

____

[1] Die Ungleichung (4) folgt nicht aus

$$\limsup_{x = \infty} \frac{\log x}{\lambda_x} = l,$$

da dies als obere Abschätzung nur bei gegebenem δ für alle hinreichend großen x

$$\log x < l \lambda_x + \delta \lambda_x$$

verlangt. Nach (4) ist jedenfalls $l > 0$.

Dann ist (3) für

$$s = \frac{\varrho\, l + \varrho'\tau + \tau l}{\tau + l}$$

konvergent.

Beweise: τ darf beim Satz 25 positiv angenommen werden, da er sonst nichts Neues aussagt.

Weder ist Satz 24 für $\tau = \tau' = l$ im Satz 20 (oder für $\tau = l$ im Satz 25), noch ist Satz 25 für $\tau' = l$ im Satz 20 enthalten, da unter den Voraussetzungen dieser Sätze in den betreffenden Punkten keine absolute Konvergenz von (1) bzw. (2) zu bestehen braucht. Aber es wurde ja beim Beweise des Satzes 20 die absolute Konvergenz von (1) in $\varrho + \tau$ bzw. von (2) in $\varrho' + \tau'$ nur verwendet, um schließen zu können, daß

$$(5) \qquad \sum_{\lambda_n \leqq x}' |a_n|\, e^{-\lambda_n \varrho'} = O\big(e^{x(\tau + \varrho - \varrho')}\big)$$

bzw.

$$(6) \qquad \sum_{\lambda_n \leqq x}' |b_n|\, e^{-\lambda_n \varrho} = O\big(e^{x(\tau' + \varrho' - \varrho)}\big)$$

ist. Wird im Falle des Satzes 24 unter τ und τ' die Zahl l verstanden, im Falle des Satzes 25 unter τ' die Zahl l, so bleiben (5) und (6), also damit alles Folgende richtig; nur muß man hier (6) so begründen (und (5) entsprechend): Da (2) in $s = \varrho'$ konvergiert, ist

$$b_n e^{-\lambda_n \varrho'} = O(1),$$

$$\sum_{\lambda_n \leqq x}' |b_n|\, e^{-\lambda_n \varrho} = \sum_{\lambda_n \leqq x}' |b_n|\, e^{-\lambda_n \varrho'} e^{\lambda_n (\varrho' - \varrho)}$$

$$(7) \qquad\qquad = O \sum_{\lambda_n \leqq x} e^{\lambda_n (\varrho' - \varrho)}.$$

Nun ist nach (4) die Anzahl der $\lambda_n \leq x$

$$(8) \qquad\qquad O(e^{lx});$$

denn (4) liefert für alle ganzen $n \geqq 1$

$$(9) \qquad\qquad \lambda_n > \frac{1}{l}\log n - \frac{A}{l},$$

also für ganzes positives

$$y > e^A e^{lx}$$

$$\lambda_y > \frac{1}{l}(A + lx) - \frac{A}{l}$$

$$= x.$$

Aus (7) ergibt sich

1. für $\varrho' - \varrho \geqq 0$ unter Benutzung von (8)

$$\sum_{\lambda_n \leqq x} |b_n| e^{-\lambda_n \varrho} = O\left(e^{x(\varrho'-\varrho)} \sum_{\lambda_n \leqq x} 1\right)$$
$$= O\left(e^{x(\varrho'-\varrho)} e^{lx}\right)$$
$$= O\left(e^{x(l+\varrho'-\varrho)}\right),$$

2. für $\varrho' - \varrho < 0$ unter Benutzung von (9)

$$\sum_{\lambda_n \leqq x} |b_n| e^{-\lambda_n \varrho} = O \sum_{\lambda_n \leqq x} e^{\frac{1}{l}\log n (\varrho'-\varrho)}$$
$$= O \sum_{\lambda_n \leqq x} n^{\frac{\varrho'-\varrho}{l}},$$

also nach (8) wegen

$$\frac{\varrho'-\varrho}{l} > -1$$

$$\sum_{\lambda_n \leqq x} |b_n| e^{-\lambda_n \varrho} = O\left(\left(e^{lx}\right)^{1+\frac{\varrho'-\varrho}{l}}\right)$$
$$= O\left(e^{x(l+\varrho'-\varrho)}\right).$$

Damit sind die Sätze 23, 24 und 25 bewiesen. Sie gelten z. B. für den Spezialtypus

$$\lambda_n = \log n,$$

wo

$$l = 1$$

ist und von welchem in den ersten fünf Büchern allein die Rede war. Nun sei die λ_n-Folge wieder beliebig ($\lambda_n < \lambda_{n+1}$, $\lim_{n=\infty} \lambda_n = \infty$).

§ 217.

Weitere allgemeine Sätze.

Satz 26: Wenn zwei Reihen

$$\text{(1)} \qquad \sum_{n=1}^{\infty} \alpha_n = A$$

und

$$\text{(2)} \qquad \sum_{n=1}^{\infty} \beta_n = B$$

konvergieren und nach der λ-Regel

$$\gamma_n = \sum_{\lambda_l + \lambda_m = \nu_n} \alpha_l \beta_m,$$

$$\sum_{\nu_n \leqq x} \gamma_n = C(x)$$

gesetzt wird, so existiert

$$\lim_{x = \infty} \frac{1}{x} \int_0^x C(y)\, dy$$

und ist

$$= A B.$$

Beweis: Es werde

$$\sum_{\lambda_n \leqq x} \alpha_n = A(x),$$

$$\sum_{\lambda_n \leqq x} \beta_n = B(x)$$

gesetzt; dann ist

$$C(x) = \sum_{\lambda_l + \lambda_m \leqq x} \alpha_l \beta_m$$

$$= \sum_{\lambda_l \leqq x - \lambda_1} \alpha_l \sum_{\lambda_m \leqq x - \lambda_l} \beta_m$$

$$(3) \qquad = \sum_{\lambda_l \leqq x - \lambda_1} \alpha_l B(x - \lambda_l);$$

die Summe kann auch ruhig über alle l bis ∞ erstreckt werden, da für $x - \lambda_l < \lambda_1$ der Faktor $B(x - \lambda_l)$ Null bedeutet. Im Falle $\lambda_1 \geqq 0$ kann sie einfach bis x erstreckt werden; λ_1 kann jedoch auch negativ sein, was nichts wesentlich Neues liefert, aber einmal angenommen wurde. Aus (3) folgt weiter[1] für $x \geqq 2\lambda_1$

$$\int_{2\lambda_1}^x C(y)\, dy = \int_{2\lambda_1}^x \sum_{\lambda_l \leqq y - \lambda_1} \alpha_l B(y - \lambda_l)\, dy$$

$$= \sum_{\lambda_l \leqq x - \lambda_1} \alpha_l \int_{\lambda_l + \lambda_1}^x B(y - \lambda_l)\, dy$$

$$= \sum_{\lambda_l \leqq x - \lambda_1} \alpha_l \int_{\lambda_1}^{x - \lambda_l} B(u)\, du.$$

---

1) Die beschränkten und abteilungsweise stetigen Funktionen, die jetzt auftreten, sind wegen dieser Eigenschaften integrabel.

Andererseits ist

$$\int\limits_{\lambda_1}^{x-\lambda_1} A(y)\,B(x-y)\,dy = \int\limits_{\lambda_1}^{x-\lambda_1} \sum_{\lambda_l \leqq y} \alpha_l\,B(x-y)\,dy$$

$$= \sum_{\lambda_l \leqq x-\lambda_1} \alpha_l \int\limits_{\lambda_l}^{x-\lambda_1} B(x-y)\,dy$$

$$= \sum_{\lambda_l \leqq x-\lambda_1} \alpha_l \int\limits_{\lambda_1}^{x-\lambda_l} B(u)\,du.$$

Daraus folgt

$$(4) \qquad \int\limits_{2\lambda_1}^{x} C(y)\,dy = \int\limits_{\lambda_1}^{x-\lambda_1} A(y)\,B(x-y)\,dy.$$

Nach Voraussetzung existieren

$$\lim_{x=\infty} A(x) = A$$

und

$$\lim_{x=\infty} B(x) = B.$$

Aus

$$A(y)B(x-y) = AB + (A(y)-A)B + A\cdot(B(x-y)-B) + (A(y)-A)(B(x-y)-B),$$

$$\int\limits_{\lambda_1}^{x-\lambda_1} A(y)B(x-y)\,dy = AB\cdot(x-2\lambda_1) + B\int\limits_{\lambda_1}^{x-\lambda_1}(A(y)-A)\,dy$$

$$+ A\int\limits_{\lambda_1}^{x-\lambda_1}(B(x-y)-B)\,dy + \int\limits_{\lambda_1}^{x-\lambda_1}(A(y)-A)(B(x-y)-B)\,dy$$

folgt, da offenbar

$$\int\limits_{\lambda_1}^{x-\lambda_1}(A(y)-A)\,dy = o(x),$$

$$\int\limits_{\lambda_1}^{x-\lambda_1}(B(x-y)-B)\,dy = o(x),$$

$$\int\limits_{\lambda_1}^{x-\lambda_1}(A(y)-A)(B(x-y)-B)\,dy = o(x)$$

ist,

$$\lim_{x=\infty}\frac{1}{x}\int\limits_{\lambda_1}^{x-\lambda_1} A(y)\,B(x-y)\,dy = AB$$

und deshalb nach (4)

$$\lim_{x=\infty} \frac{1}{x} \int_{2\lambda_1}^{x} C(y)\, dy = AB,$$

$$\lim_{x=\infty} \frac{1}{x} \int_{0}^{x} C(y)\, dy = AB.$$

Satz 27: Wenn (1), (2) und

$$(5) \qquad \sum_{n=1}^{\infty} \gamma_n = C$$

konvergieren, so ist

$$C = AB.$$

Beweis: Nach dem vorigen Satz ist wegen der Konvergenz von (1) und (2)

$$\lim_{x=\infty} \frac{1}{x} \int_{0}^{x} (C(y) - C)\, dy = AB - C.$$

Da nun nach Voraussetzung

$$C(y) = C + o(1)$$

ist, so ist

$$\lim_{x=\infty} \frac{1}{x} \int_{0}^{x} (C(y) - C)\, dy = 0,$$

$$AB - C = 0,$$

$$C = AB.$$

Wenn also insbesondere in einer Halbebene $\sigma > \eta$ zwei Dirichletsche Reihen

$$(6) \qquad \sum_{n=1}^{\infty} a_n e^{-\lambda_n s}$$

und

$$(7) \qquad \sum_{n=1}^{\infty} b_n e^{-\lambda_n s},$$

sowie ihr Dirichletsches Produkt

$$\sum_{n=1}^{\infty} c_n e^{-\nu_n s}$$

konvergieren, so ist dort

$$(8) \qquad \sum_{n=1}^{\infty} c_n e^{-\nu_n s} = \sum_{n=1}^{\infty} a_n e^{-\lambda_n s} \cdot \sum_{n=1}^{\infty} b_n e^{-\lambda_n s}.$$

Wenn die beiden Reihen (6), (7) eine absolute Konvergenzhalbebene haben, folgt dies schneller durch funktionentheoretische Schlüsse: Weil in der absoluten Konvergenzhalbebene (8) richtig ist, muß (8) für $\sigma > \eta$ richtig sein; denn beide Seiten stellen dort dieselbe analytische Funktion dar.

Satz 28: Wenn (1) und (2) konvergieren, ferner

$$\lim_{n=\infty} \frac{v_n}{v_n - v_{n-1}}\, \gamma_n = 0$$

ist, so konvergiert (5), und (was jetzt nichts Neues besagt) es ist

$$C = AB.$$

Beweis: Es ist nach Satz 26

$$AB = \lim_{x=\infty} \frac{1}{x} \int_{r_1}^{x} \sum_{v_n \leqq y} \gamma_n\, dy$$

$$= \lim_{x=\infty} \frac{1}{x} \sum_{v_n \leqq x} \gamma_n \int_{v_n}^{x} dy$$

$$= \lim_{x=\infty} \frac{1}{x} \sum_{v_n \leqq x} \gamma_n (x - v_n)$$

$$= \lim_{x=\infty} \Big(\sum_{v_n \leqq x} \gamma_n - \frac{1}{x} \sum_{v_n \leqq x} \gamma_n v_n \Big)$$

$$= \lim_{x=\infty} \Big(C(x) - \frac{1}{x} \sum_{v_n \leqq x} \gamma_n v_n \Big).$$

Nun ist nach Voraussetzung

$$\gamma_n v_n = o\,(v_n - v_{n-1}),$$

also

$$\sum_{v_n \leqq x} \gamma_n v_n = o \sum_{v_n \leqq x} (v_n - v_{n-1})$$

$$= o\,(x),$$

folglich

$$AB = \lim_{x=\infty} C(x),$$

was zu beweisen war.

Durch alle diese Sätze wird nicht die Frage beantwortet, ob vielleicht das Dirichletsche Produkt zweier für $\sigma > \eta$ konvergenter und ein absolutes Konvergenzgebiet besitzender Dirichletscher Reihen stets für $\sigma > \eta$ konvergiert. Um das zu beantworten (und zwar negativ, bereits beim Typus $\lambda_n = \log n$), muß ich im nächsten Kapitel weit ausholen.

Dreiundsiebzigstes Kapitel.

Eine spezielle Eigenschaft der Zetafunktion mit Anwendung auf das Multiplikationsproblem.

§ 218.

Hilfssatz über die Gammafunktion.

Hilfssatz: Es ist bei festem σ

$$\lim_{t=\infty} \frac{|\Gamma(\sigma + ti)|}{e^{-\frac{\pi}{2}t}\, t^{\sigma-\frac{1}{2}}} = \sqrt{2\pi}.$$

Übrigens wird hiervon nur

$$\Gamma(\sigma + ti) = O\left(e^{-\frac{\pi}{2}t}\, t^{\sigma-\frac{1}{2}}\right)$$

gebraucht werden.

Beweis: 1. Für $\sigma = 0$, $t > 0$ ergibt sich

$$\Gamma(ti)\,\Gamma(1 - ti) = \frac{\pi}{\sin(\pi ti)},$$

$$- ti\,\Gamma(ti)\,\Gamma(- ti) = \frac{2\pi i}{e^{-\pi t} - e^{\pi t}},$$

$$- ti\,|\Gamma(ti)|^2 = \frac{2\pi i}{e^{-\pi t} - e^{\pi t}},$$

$$\frac{t\,|\Gamma(ti)|^2}{e^{-\pi t}} = \frac{-2\pi}{e^{-\pi t}\left(e^{-\pi t} - e^{\pi t}\right)}$$

$$= \frac{2\pi}{1 - e^{-2\pi t}},$$

$$\lim_{t=\infty} \frac{|\Gamma(ti)|^2}{e^{-\pi t}\, t^{-1}} = 2\pi,$$

$$\lim_{t=\infty} \frac{|\Gamma(ti)|}{e^{-\frac{\pi}{2}t}\, t^{-\frac{1}{2}}} = \sqrt{2\pi}.$$

2. Um die Richtigkeit der Behauptung allgemein zu zeigen, ist es hinreichend, festzustellen, daß

$$\lim_{t=\infty} \frac{|\Gamma(\sigma+ti)|}{t^{\sigma}\,|\Gamma(ti)|} = 1$$

ist. Dann folgt durch Multiplikation dieser Gleichung mit der vorangehenden die behauptete Grenzbeziehung.

Es ist

$$\frac{1}{\Gamma(s)} = e^{Cs}\,s\prod_{n=1}^{\infty}\left(1+\frac{s}{n}\right)e^{-\frac{s}{n}}$$

$$= e^{\,s\sum_{n=1}^{\infty}\left(\frac{1}{n}-\log\left(\frac{n+1}{n}\right)\right)}\,s\prod_{n=1}^{\infty}\left(1+\frac{s}{n}\right)e^{-\frac{s}{n}}$$

$$= s\prod_{n=1}^{\infty}\frac{1+\dfrac{s}{n}}{\left(1+\dfrac{1}{n}\right)^{s}},$$

also für $t>0$

$$\frac{\Gamma(ti)}{\Gamma(\sigma+ti)} = \frac{\sigma+ti}{ti}\prod_{n=1}^{\infty}\frac{1+\dfrac{\sigma+ti}{n}}{1+\dfrac{ti}{n}}\left(1+\frac{1}{n}\right)^{-\sigma}$$

$$= \left(1+\frac{\sigma}{ti}\right)\prod_{n=1}^{\infty}\left(1+\frac{\sigma}{ti+n}\right)\left(1+\frac{1}{n}\right)^{-\sigma},$$

$$(1)\quad \log\left|\frac{\Gamma(ti)}{\Gamma(\sigma+ti)}\right| = \Re\log\left(1+\frac{\sigma}{ti}\right) + \sum_{n=1}^{\infty}\left(\Re\log\left(1+\frac{\sigma}{ti+n}\right) - \sigma\log\left(1+\frac{1}{n}\right)\right).$$

Andererseits ist für $t>0$

$$ti\left(1+\frac{1}{ti}\right)\prod_{n=1}^{m}\frac{1+\dfrac{1}{ti+n}}{1+\dfrac{1}{n}} = ti\left(1+\frac{1}{ti}\right)\frac{ti+m+1}{ti+1}\frac{1}{m+1}$$

$$= \frac{ti+m+1}{m+1},$$

folglich

$$ti\left(1+\frac{1}{ti}\right)\prod_{n=1}^{\infty}\frac{\left(1+\dfrac{1}{ti+n}\right)}{1+\dfrac{1}{n}} = 1,$$

$$\Re \log (ti) + \Re \log \left(1 + \frac{1}{ti}\right) + \sum_{n=1}^{\infty} \left(\Re \log \left(1 + \frac{1}{ti+n}\right) - \log \left(1 + \frac{1}{n}\right)\right) = 0,$$

$$(2) \quad \sigma \log t + \Re \left(\sigma \log \left(1 + \frac{1}{ti}\right)\right) + \sum_{n=1}^{\infty} \left(\Re \left(\sigma \log \left(1 + \frac{1}{ti+n}\right)\right) - \sigma \log \left(1 + \frac{1}{n}\right)\right) = 0,$$

also nach (1) und (2)

$$\log \left| \frac{t^{\sigma} \Gamma(ti)}{\Gamma(\sigma + ti)} \right| = \Re \log \left(1 + \frac{\sigma}{ti}\right) - \Re \left(\sigma \log \left(1 + \frac{1}{ti}\right)\right)$$

$$+ \Re \sum_{n=1}^{\infty} \left(\log \left(1 + \frac{\sigma}{ti+n}\right) - \sigma \log \left(1 + \frac{1}{ti+n}\right)\right)$$

$$(3) \qquad = \Re \sum_{n=0}^{\infty} \left(\log \left(1 + \frac{\sigma}{ti+n}\right) - \sigma \log \left(1 + \frac{1}{ti+n}\right)\right).$$

Für $t > \mathrm{Max.}\,(|\sigma|, 1)$ kann hierin bei jedem $n \geq 0$ gesetzt werden:

$$\log \left(1 + \frac{\sigma}{ti+n}\right) = \frac{\sigma}{ti+n} - \frac{1}{2}\left(\frac{\sigma}{ti+n}\right)^2 + \cdots,$$

$$\log \left(1 + \frac{1}{ti+n}\right) = \frac{1}{ti+n} - \frac{1}{2}\left(\frac{1}{ti+n}\right)^2 + \cdots.$$

Für $|y| \leq \frac{1}{2}$ ist nun

$$|\log (1 + y) - y| \leq \frac{|y|^2}{2} + \frac{|y|^3}{3} + \cdots$$

$$\leq \frac{|y|^2}{2} + \frac{|y|^3}{2} + \cdots$$

$$= \frac{|y|^2}{2(1 - |y|)}$$

$$\leq |y|^2.$$

Für $t > 2\,\mathrm{Max.}\,(|\sigma|, 1)$ ist also bei jedem $n \geq 0$

$$\left|\log \left(1 + \frac{\sigma}{ti+n}\right) - \sigma \log \left(1 + \frac{1}{ti+n}\right)\right| \leq \frac{|\sigma|^2}{|ti+n|^2} + \frac{|\sigma|}{|ti+n|^2}$$

$$= \frac{|\sigma|^2 + |\sigma|}{t^2 + n^2},$$

also

$$(4) \quad \left| \sum_{n=0}^{\infty} \left(\log \left(1 + \frac{\sigma}{ti+n}\right) - \sigma \log \left(1 + \frac{1}{ti+n}\right)\right)\right| \leq (|\sigma|^2 + |\sigma|) \sum_{n=0}^{\infty} \frac{1}{t^2 + n^2}.$$

Die rechte Seite hat hierin für $t = \infty$ den Grenzwert 0, da

$$\sum_{n=0}^{\infty} \frac{1}{t^z + n^2} < \sum_{n=0}^{t} \frac{1}{t^2} + \sum_{n=t+1}^{\infty} \frac{1}{n^2}$$

$$= O\left(\frac{t}{t^2}\right) + O\left(\frac{1}{t}\right)$$

$$= O\left(\frac{1}{t}\right)$$

ist. Nach (3) ist also

$$\lim_{t=\infty} \log \left| \frac{t^\sigma \Gamma(ti)}{\Gamma(\sigma + ti)} \right| = 0,$$

$$\lim_{t=\infty} \frac{|\Gamma(\sigma + ti)|}{t^\sigma |\Gamma(ti)|} = 1,$$

womit der Hilfssatz bewiesen ist.

Zusatz: Ein Blick auf den vorangehenden Beweis zeigt, daß in jedem Streifen endlicher Breite $\sigma_1 \leq \sigma \leq \sigma_2$ die Gleichung

$$\lim_{t=\infty} \frac{|\Gamma(\sigma + ti)|}{e^{-\frac{\pi}{2}t} t^{\sigma - \frac{1}{2}}} = \sqrt{2\pi}$$

gleichmäßig gilt. In der Tat ist es nach den obigen Entwicklungen ausreichend, festzustellen, daß für $\sigma_1 \leq \sigma \leq \sigma_2$ gleichmäßig

$$\lim_{t=\infty} \log \left| \frac{t^\sigma \Gamma(ti)}{\Gamma(\sigma + ti)} \right| = 0$$

ist, und dies folgt aus (3) und der für $t > 2$ Max. $(|\sigma_1|, |\sigma_2|, 1)$ gültigen Relation (4).

Speziell ist also für $\sigma_1 \leq \sigma \leq \sigma_2$ gleichmäßig

$$\Gamma(\sigma + ti) = O\left(e^{-\frac{\pi}{2}t} t^{\sigma - \frac{1}{2}}\right).$$

§ 219.

Hilfssätze über Dirichletsche Reihen vom speziellen Typus.

Erster Hilfssatz[1]: Wenn

$$f(s) = \sum_{n=1}^{\infty} \frac{a_n}{n^s}$$

für $\sigma > \alpha$ konvergiert, so ist bei festem $\sigma > \alpha$

$$f(\sigma + ti) = o(t).$$

---

1) Dieser Hilfssatz wird später als Satz 43 über allgemeine Dirichletsche Reihen wiederkehren.

Beweis: Es ist,

$$\sigma = \alpha + \delta \quad (\delta > 0),$$

$$\sum_{n=1}^{x} \frac{a_n}{n^{\alpha + \frac{\delta}{2}}} = S(x)$$

gesetzt,

$$S(x) = O(1),$$

also für $t > 0$

$$f(\sigma + ti) = f(\alpha + \delta + ti)$$

$$= \sum_{n=1}^{t} \frac{a_n}{n^{\alpha + \delta + ti}} + \sum_{n=t+1}^{\infty} \frac{S(n) - S(n-1)}{n^{\frac{\delta}{2} + ti}}$$

$$= \sum_{n=1}^{t} \frac{a_n}{n^{\alpha + \delta + ti}} + \left(\frac{\delta}{2} + ti\right) \sum_{n=t+1}^{\infty} S(n) \int_{n}^{n+1} \frac{du}{u^{1 + \frac{\delta}{2} + ti}} - \frac{S(t)}{([t]+1)^{\frac{\delta}{2} + ti}}$$

$$= O \sum_{n=1}^{t} \frac{n^{\alpha + \frac{\delta}{2}}}{n^{\alpha + \delta}} + O\left(t \sum_{n=t+1}^{\infty} \frac{1}{n^{1 + \frac{\delta}{2}}}\right) + O\left(t^{-\frac{\delta}{2}}\right)$$

$$= O \sum_{n=1}^{t} \frac{1}{n^{\frac{\delta}{2}}} + O\left(t^{1 - \frac{\delta}{2}}\right) + O\left(t^{-\frac{\delta}{2}}\right)$$

$$= O \sum_{n=1}^{t} \frac{1}{n^{\frac{\delta}{2}}} + O\left(t^{1 - \frac{\delta}{2}}\right).$$

Hierin ist für $0 < \delta < 2$

$$\sum_{n=1}^{t} \frac{1}{n^{\frac{\delta}{2}}} = O\left(t^{1 - \frac{\delta}{2}}\right)$$

$$= o(t),$$

für $\delta \geqq 2$ a fortiori

$$\sum_{n=1}^{t} \frac{1}{n^{\frac{\delta}{2}}} = o(t);$$

also ist jedenfalls

$$f(\sigma + ti) = o(t).$$

Zweiter Hilfssatz: Wenn

$$f(s) = \sum_{n=1}^{\infty} \frac{a_n}{n^s}$$

für $\sigma > \alpha$ konvergiert, so existiert für jedes feste $\sigma > \alpha$ der Grenzwert

$$\lim_{\omega = \infty} \frac{1}{2\omega} \int_{-\omega}^{\omega} f(\sigma + ti)\,dt$$

und ist $= a_1$.

Beweis: Da $f(s)$ auf der geradlinigen Strecke von $\sigma - \omega i$ bis $\sigma + \omega i$ $(\omega > 0)$ gleichmäßig konvergiert, ist

$$\int_{-\omega}^{\omega} f(\sigma + ti)\,dt = \sum_{n=1}^{\infty} \int_{-\omega}^{\omega} a_n \frac{dt}{n^{\sigma + ti}}$$

$$= \sum_{n=1}^{\infty} \frac{a_n}{n^{\sigma}} \int_{-\omega}^{\omega} e^{-ti\log n}\,dt.$$

Hierin ist für $n = 1$

$$\int_{-\omega}^{\omega} e^{-ti\log n}\,dt = \int_{-\omega}^{\omega} dt$$

$$= 2\omega,$$

für $n > 1$

$$\int_{-\omega}^{\omega} e^{-ti\log n}\,dt = \frac{e^{-\omega i\log n} - e^{\omega i\log n}}{-i\log n}$$

$$= \frac{i}{\log n}\left(\frac{1}{n^{\omega i}} - \frac{1}{n^{-\omega i}}\right),$$

also

$$\int_{-\omega}^{\omega} f(\sigma + ti)\,dt = 2a_1\omega + i\sum_{n=2}^{\infty} \frac{a_n}{n^{\sigma + \omega i}\log n} - i\sum_{n=2}^{\infty} \frac{a_n}{n^{\sigma - \omega i}\log n}.$$

Nun ist

$$\sum_{n=2}^{\infty} \frac{a_n}{n^s\log n}$$

eine für $\sigma > \alpha$ konvergente Dirichletsche Reihe; also ist nach dem vorigen Hilfssatz für unser spezielles σ bei wachsendem ω

$$\sum_{n=2}^{\infty} \frac{a_n}{n^{\sigma + \omega i}\log n} = o(\omega)$$

und aus Symmetriegründen[1]

$$\sum_{n=2}^{\infty} \frac{a_n}{n^{\sigma - \omega i} \log n} = o(\omega),$$

folglich

$$\int_{-\omega}^{\omega} f(\sigma + ti)\,dt = 2a_1\omega + o(\omega),$$

$$\lim_{\omega = \infty} \frac{1}{2\omega} \int_{-\omega}^{\omega} f(\sigma + ti)\,dt = a_1.$$

Folgerung: Wenn für ein $\sigma > \alpha$

$$\lim_{t = \infty} f(\sigma \pm ti) = L$$

existiert, so ist

$$L = a_1.$$

In der Tat ist alsdann

$$\lim_{\omega = \infty} \frac{1}{2\omega} \cdot \int_{-\omega}^{\omega} f(\sigma + ti)\,dt = L.$$

§ 220.

Beweis, daß das Produkt zweier in einer Halbebene konvergenter Dirichletscher Reihen vom Typus $\lambda_n = \log n$ nicht stets in derselben Halbebene konvergiert.

Wir betrachten speziell die für $\sigma > 0$ konvergente Reihe

$$(1 - 2^{1-s})\zeta(s) = 1 - \frac{1}{2^s} + \frac{1}{3^s} - \frac{1}{4^s} + \cdots$$

und dürfen schließen: Falls es wahr ist, daß man zwei konvergente Dirichletsche Reihen vom Typus $\lambda_n = \log n$ im Konvergenzbereich multiplizieren darf, so darf man dort beliebig viele multiplizieren, also z. B. jede in die 8te Potenz erheben; es wäre also speziell, wenn

$$((1 - 2^{1-s})\zeta(s))^8 = f(s)$$

---

[1] $\displaystyle\sum_{n=2}^{\infty} \frac{a_n}{n^{\sigma - \omega i}\log n}$ ist konjugiert zu $\displaystyle\sum_{n=2}^{\infty} \frac{\bar{a}_n}{n^{\sigma + \omega i}\log n}$, und $\displaystyle\sum_{n=2}^{\infty} \frac{\bar{a}_n}{n^s \log n}$

konvergiert ebenfalls für $\sigma > \alpha$. Natürlich ließe sich unter den Voraussetzungen des ersten Hilfssatzes gleich direkt beweisen:

$$f(\sigma - ti) = o(t).$$

gesetzt wird, diese Dirichletsche Reihe für $\sigma > 0$ konvergent, also nach dem ersten Hilfssatz des § 219

$$f\left(\frac{1}{4} + ti\right) = o(t)$$
$$= O(t),$$
$$\left(1 - 2^{\frac{3}{4} - ti}\right)\zeta\left(\frac{1}{4} + ti\right) = O\left(t^{\frac{1}{8}}\right);$$

wegen

$$\left|1 - 2^{\frac{3}{4} - ti}\right| \geqq 2^{\frac{3}{4}} - 1$$

wäre also

(1) $$\zeta\left(\frac{1}{4} + ti\right) = O\left(t^{\frac{1}{8}}\right).$$

Nun ist

$$\zeta(1 - s) = \frac{2}{(2\pi)^s}\,\Gamma(s)\cos\frac{s\pi}{2}\,\zeta(s),$$

also,

$$s = \frac{1}{4} + ti$$

eingesetzt,

$$\zeta\left(\frac{3}{4} - ti\right) = \frac{2}{(2\pi)^{\frac{1}{4} + ti}}\,\Gamma\left(\frac{1}{4} + ti\right)\cos\left(\frac{\pi}{2}\left(\frac{1}{4} + ti\right)\right)\zeta\left(\frac{1}{4} + ti\right).$$

Hierin ist

$$\frac{2}{(2\pi)^{\frac{1}{4} + ti}} = O(1),$$

ferner nach dem Hilfssatz des § 218

$$\Gamma\left(\frac{1}{4} + ti\right) = O\left(e^{-\frac{\pi}{2}t}\,t^{-\frac{1}{4}}\right),$$

außerdem

$$\cos\left(\frac{\pi}{2}\left(\frac{1}{4} + ti\right)\right) = \frac{1}{2}\left(e^{-\frac{\pi}{2}t + \frac{\pi}{8}i} + e^{\frac{\pi}{2}t - \frac{\pi}{8}i}\right)$$
$$= O\left(e^{\frac{\pi}{2}t}\right)$$

und — per absurdum — nach (1)

$$\zeta\left(\frac{1}{4} + ti\right) = O\left(t^{\frac{1}{8}}\right).$$

Es wäre also

$$\zeta\left(\frac{3}{4} - ti\right) = O\left(t^{-\frac{1}{8}}\right),$$

folglich auch

$$\zeta\left(\frac{3}{4} + ti\right) = O\left(t^{-\frac{1}{8}}\right),$$

$$\lim_{t=\infty} \zeta\left(\frac{3}{4} \pm ti\right) = 0,$$

und,

$$(1 - 2^{1-s})\zeta(s) = g(s)$$

gesetzt,

$$\lim_{t=\infty} g\left(\frac{3}{4} \pm ti\right) = 0.$$

Nach der Folgerung am Ende des vorigen Paragraphen müßte also der erste Koeffizient in $g(s)$ den Wert 0 haben, während er $= 1$ ist.

Damit ist die Unzulässigkeit unserer Annahme bewiesen.

50*

Vierundzwanzigster Teil.

Ein Mittelwertsatz.

Vierundsiebzigstes Kapitel.

Der Satz im absoluten Konvergenzbereich.

§ 221.

Beweis des Satzes.

Satz 29: Es sei

$$f(s) = \sum_{n=1}^{\infty} b_n e^{-\lambda_n s}$$

für $\sigma = \beta$ und

$$g(s) = \sum_{n=1}^{\infty} c_n e^{-\lambda_n s}$$

für $\sigma = \gamma$ absolut konvergent; dann existiert

$$\lim_{\omega = \infty} \frac{1}{2\omega} \int_{-\omega}^{\omega} f(\beta + ti) g(\gamma - ti)\, dt$$

und ist

$$= \sum_{n=1}^{\infty} b_n c_n e^{-\lambda_n (\beta + \gamma)}.$$

Das enthält nicht den zweiten Hilfssatz des § 219, wohl aber seinen Spezialfall mit einem σ, für welches $f(s)$ absolut konvergiert; denn man hat ja nur im Wortlaut des Satzes 29

$$f(s) = \sum_{n=1}^{\infty} \frac{a_n}{n^s},$$

$$g(s) = 1$$

$$= \frac{1}{1^s}$$

zu nehmen, d. h.

$$\lambda_n = \log n,$$
$$b_n = a_n,$$
$$c_1 = 1,$$
$$c_n = 0 \text{ für } n \geqq 2.$$

Übrigens bezieht sich der Satz 29 auch auf den Fall, daß $\sigma = \beta$ oder $\sigma = \gamma$ Grenzgerade absoluter Konvergenz ist, wenn nur die betreffende Reihe dort absolut konvergiert.

Beweis: In der Doppelreihe

$$f(\beta + ti)\, g(\gamma - ti) = \sum_{n=1}^{\infty} \sum_{m=1}^{\infty} b_n c_m\, e^{-\lambda_n(\beta + ti)}\, e^{-\lambda_m(\gamma - ti)}$$

konvergiert die Summe der absoluten Beträge, und zwar gleichmäßig für alle t, da ja

$$\left| b_n c_m\, e^{-\lambda_n(\beta + ti)}\, e^{-\lambda_m(\gamma - ti)} \right| = |b_n|\, e^{-\lambda_n \beta} \cdot |c_m|\, e^{-\lambda_m \gamma}$$

ist. Daher darf

$$f(\beta + ti)\, g(\gamma - ti) = \sum_{n=1}^{\infty} b_n c_n\, e^{-\lambda_n(\beta + \gamma)} + \sum_{\substack{n=1 \\ n \gtrless m}}^{\infty} \sum_{m=1}^{\infty} b_n c_m\, e^{-\lambda_n \beta}\, e^{-\lambda_m \gamma}\, e^{(\lambda_m - \lambda_n) ti}$$

geschrieben und für $\omega > 0$ von $t = -\omega$ bis $t = \omega$ gliedweise integriert werden:

$$\int_{-\omega}^{\omega} f(\beta + ti)\, g(\gamma - ti)\, dt = 2\,\omega \sum_{n=1}^{\infty} b_n c_n\, e^{-\lambda_n(\beta + \gamma)}$$
$$+ \sum_{\substack{n=1 \\ n \gtrless m}}^{\infty} \sum_{m=1}^{\infty} b_n c_m\, e^{-\lambda_n \beta}\, e^{-\lambda_m \gamma} \int_{-\omega}^{\omega} e^{(\lambda_m - \lambda_n) ti}\, dt;$$

wegen der für $n \gtrless m$ gültigen Formel

$$\int_{-\omega}^{\omega} e^{(\lambda_m - \lambda_n) ti}\, dt = \frac{1}{i(\lambda_m - \lambda_n)} \left(e^{(\lambda_m - \lambda_n)\omega i} - e^{-(\lambda_m - \lambda_n)\omega i} \right)$$
$$= \frac{2 \sin(\omega(\lambda_m - \lambda_n))}{\lambda_m - \lambda_n}$$

ist daher

$$\frac{1}{2\,\omega} \int_{-\omega}^{\omega} f(\beta + ti)\, g(\gamma - ti)\, dt = \sum_{n=1}^{\infty} b_n c_n\, e^{-\lambda_n(\beta + \gamma)}$$
$$+ \sum_{\substack{n=1 \\ n \gtrless m}}^{\infty} \sum_{m=1}^{\infty} b_n c_m\, e^{-\lambda_n \beta}\, e^{-\lambda_m \gamma}\, \frac{\sin(\omega(\lambda_m - \lambda_n))}{\omega(\lambda_m - \lambda_n)}.$$

Die Doppelreihe auf der rechten Seite ist für alle $\omega > 0$ gleichmäßig konvergent, da stets

$$\left| \frac{\sin(\omega(\lambda_m - \lambda_n))}{\omega(\lambda_m - \lambda_n)} \right| < 1$$

ist und

$$\sum_{n=1}^{\infty} \sum_{m=1}^{\infty} |b_n| \, e^{-\lambda_n \beta} |c_m| \, e^{-\lambda_m \gamma}$$

konvergiert; ferner hat jedes Glied der Doppelreihe wegen des ω im Nenner für $\omega = \infty$ den Limes 0; daher hat die Doppelreihe für $\omega = \infty$ den Limes 0, und es ist, wie behauptet,

$$\lim_{\omega = \infty} \frac{1}{2\omega} \int_{-\omega}^{\omega} f(\beta + ti) g(\gamma - ti) \, dt = \sum_{n=1}^{\infty} b_n c_n e^{-\lambda_n(\beta + \gamma)}.$$

Die linke Seite ist gewissermaßen der Mittelwert der Funktion

$$f(\beta + ti)\, g(\gamma - ti)$$

für reelle t.

§ 222.

Spezialfälle des Satzes.

Satz 30: Es sei

$$f(s) = \sum_{n=1}^{\infty} b_n e^{-\lambda_n s}$$

für $\sigma = \beta$ und $\sigma = \gamma$ absolut konvergent; dann ist

$$\lim_{\omega = \infty} \frac{1}{2\omega} \int_{-\omega}^{\omega} f(\beta + ti) f(\gamma - ti) \, dt = \sum_{n=1}^{\infty} b_n^2 e^{-\lambda_n(\beta + \gamma)}.$$

Beweis: Man setze im Satz 29

$$c_n = b_n,$$
$$g(s) = f(s).$$

Satz 31: Es seien

$$f(s) = \sum_{n=1}^{\infty} b_n e^{-\lambda_n s}$$

und

$$g(s) = \sum_{n=1}^{\infty} c_n e^{-\lambda_n s}$$

für $\sigma = \beta$ absolut konvergent; dann ist

$$\lim_{\omega = \infty} \frac{1}{2\omega} \int_{-\omega}^{\omega} f(\beta + ti)\, g(\beta - ti)\, dt = \sum_{n=1}^{\infty} b_n c_n e^{-2\lambda_n \beta}.$$

Beweis: Man setze im Satz 29

$$\gamma = \beta.$$

Satz 32: Es sei

$$f(s) = \sum_{n=1}^{\infty} b_n e^{-\lambda_n s}$$

für $\sigma = \beta$ absolut konvergent. Dann ist

$$\lim_{\omega = \infty} \frac{1}{2\omega} \int_{-\omega}^{\omega} |f(\beta + ti)|^2\, dt = \sum_{n=1}^{\infty} |b_n|^2 e^{-2\lambda_n \beta}.$$

Beweis: Man setze im Satz 31

$$c_n = \overline{b_n};$$

dann ergibt sich

$$\lim_{\omega = \infty} \frac{1}{2\omega} \int_{-\omega}^{\omega} f(\beta + ti)\, g(\beta - ti)\, dt = \sum_{n=1}^{\infty} b_n \overline{b_n} e^{-2\lambda_n \beta},$$

also wegen

$$f(\beta + ti)\, g(\beta - ti) = \sum_{n=1}^{\infty} b_n e^{-\lambda_n(\beta + ti)} \sum_{n=1}^{\infty} \overline{b_n} e^{-\lambda_n(\beta - ti)}$$

$$= |f(\beta + ti)|^2$$

$$\lim_{\omega = \infty} \frac{1}{2\omega} \int_{-\omega}^{\omega} |f(\beta + ti)|^2\, dt = \sum_{n=1}^{\infty} |b_n|^2 e^{-2\lambda_n \beta}.$$

Beispiele: 1. Wenn bei Satz 30

$$f(s) = \frac{1}{\zeta(s)}$$

$$= \sum_{n=1}^{\infty} \frac{\mu(n)}{n^s}$$

gesetzt wird, ergibt sich für $\beta > 1$, $\gamma > 1$

$$\lim_{\omega = \infty} \frac{1}{2\omega} \int_{-\omega}^{\omega} \frac{1}{\zeta(\beta + ti)} \frac{1}{\zeta(\gamma - ti)}\, dt = \sum_{n=1}^{\infty} \frac{(\mu(n))^2}{n^{\beta + \gamma}}$$

$$= \sum_{q} \frac{1}{q^{\beta + \gamma}},$$

wo q alle quadratfreien Zahlen durchläuft, also

$$= \prod_p \left(1 + \frac{1}{p^{\beta+\gamma}}\right)$$

$$= \prod_p \frac{1 - \dfrac{1}{p^{2(\beta+\gamma)}}}{1 - \dfrac{1}{p^{\beta+\gamma}}}$$

$$= \frac{\zeta(\beta+\gamma)}{\zeta(2\beta+2\gamma)},$$

speziell $(\gamma = \beta)$ für $\beta > 1$

$$\lim_{\omega = \infty} \frac{1}{2\omega} \int_{-\omega}^{\omega} \frac{1}{|\zeta(\beta+ti)|^2} \, dt = \frac{\zeta(2\beta)}{\zeta(4\beta)}.$$

2. Wenn bei Satz 30

$$f(s) = \frac{\zeta(2s)}{\zeta(s)}$$

$$= \sum_{n=1}^{\infty} \frac{\lambda(n)}{n^s}$$

gesetzt wird, ergibt sich für $\beta > 1$, $\gamma > 1$

$$\lim_{\omega = \infty} \frac{1}{2\omega} \int_{-\omega}^{\omega} \frac{\zeta(2\beta+2ti)}{\zeta(\beta+ti)} \frac{\zeta(2\gamma-2ti)}{\zeta(\gamma-ti)} \, dt = \sum_{n=1}^{\infty} \frac{(\lambda(n))^2}{n^{\beta+\gamma}}$$

$$= \sum_{n=1}^{\infty} \frac{1}{n^{\beta+\gamma}}$$

$$= \zeta(\beta+\gamma),$$

speziell $(\gamma = \beta)$ für $\beta > 1$

$$\lim_{\omega = \infty} \frac{1}{2\omega} \int_{-\omega}^{\omega} \left| \frac{\zeta(2\beta+2ti)}{\zeta(\beta+ti)} \right|^2 \, dt = \zeta(2\beta).$$

3. Wenn bei Satz 30

$$f(s) = \zeta(s)$$

$$= \sum_{n=1}^{\infty} \frac{1}{n^s}$$

gesetzt wird, ergibt sich für $\beta > 1$, $\gamma > 1$

$$\lim_{\omega = \infty} \frac{1}{2\omega} \int_{-\omega}^{\omega} \zeta(\beta + ti)\,\zeta(\gamma - ti)\,dt = \sum_{n=1}^{\infty} \frac{1}{n^{\beta+\gamma}}$$
$$= \zeta(\beta + \gamma),$$

speziell $(\gamma = \beta)$ für $\beta > 1$

$$\lim_{\omega = \infty} \frac{1}{2\omega} \int_{-\omega}^{\omega} |\zeta(\beta + ti)|^2\,dt = \zeta(2\beta).$$

4. Wenn bei Satz 30 allgemeiner

$$f(s) = \zeta^{(\nu)}(s) \qquad\qquad (\nu = 0, 1, 2, \cdots)$$
$$= \sum_{n=1}^{\infty} \frac{(-1)^\nu \log^\nu n}{n^s}$$

gesetzt wird, ergibt sich für $\beta > 1$, $\gamma > 1$ und zwei gleiche oder verschiedene Werte ν_1, ν_2 des ν

$$\lim_{\omega = \infty} \frac{1}{2\omega} \int_{-\omega}^{\omega} \zeta^{(\nu_1)}(\beta + ti)\,\zeta^{(\nu_2)}(\gamma - ti)\,dt = \sum_{n=1}^{\infty} \frac{(-1)^{\nu_1 + \nu_2} \log^{\nu_1 + \nu_2} n}{n^{\beta+\gamma}}$$
$$= \zeta^{(\nu_1 + \nu_2)}(\beta + \gamma),$$

speziell $(\nu_2 = \nu_1 = \nu,\ \gamma = \beta)$ für $\beta > 1$

$$\lim_{\omega = \infty} \frac{1}{2\omega} \int_{-\omega}^{\omega} |\zeta^{(\nu)}(\beta + ti)|^2\,dt = \zeta^{(2\nu)}(2\beta).$$

Fünfundsiebzigstes Kapitel.

Hinreichende Bedingungen für die Gültigkeit des Mittelwertsatzes außerhalb des absoluten Konvergenzbereiches.

§ 223.

Hilfssätze.

Es fragt sich nun, unter welchen Voraussetzungen das durch den Satz 29 festgestellte Gesetz

$$\text{Mittelwert von } f(\beta + ti)\,g(\gamma - ti) = \sum_{n=1}^{\infty} b_n c_n e^{-\lambda_n(\beta+\gamma)}$$

auf den bedingten Konvergenzbereich einer Reihe oder beider Reihen ausgedehnt werden kann.

Bei den Untersuchungen dieses Kapitels mache ich über die λ_n folgende einschränkende Voraussetzung: Es ist bei jedem $\delta > 0$

$$(1) \qquad \frac{1}{\lambda_{n+1} - \lambda_n} = O\left(e^{e^{\lambda_n \delta}}\right).$$

Die λ_n sollen also nicht zu dicht aneinander liegen.

Für
$$\lambda_n = \log n,$$

d. h. für Dirichletsche Reihen im engeren Sinne, ist diese Einschränkung (1) gewiß erfüllt, da alsdann

$$\frac{1}{\lambda_{n+1} - \lambda_n} = \frac{1}{\log\left(1 + \dfrac{1}{n}\right)}$$
$$= O(n)$$
$$= O(e^{\log n})$$
$$= o\left(e^{n^\delta}\right)$$

ist.

Zur Orientierung möge zunächst eine Eigenschaft solcher Folgen λ_n entwickelt werden.

Hilfssatz 1: Es ist für festes $\varepsilon > 0$ und ganzzahlig wachsendes m

$$\int_{\lambda_1}^{\lambda_{m-1}} \frac{e^{-u\varepsilon}}{\lambda_m - u}\, du = O(1)$$

und

$$\int_{\lambda_{m+1}}^{\infty} \frac{e^{-u\varepsilon}}{u - \lambda_m}\, du = O(1).$$

Beweis: Die Konvergenz des bis $u = \infty$ erstreckten Integrals ist evident.

1. Die Zahl m sei gleich so groß gewählt, daß
$$\lambda_{m-1} - 1 \geqq \lambda_1$$
ist. Dann ergibt sich

$$\int_{\lambda_1}^{\lambda_{m-1}} \frac{e^{-u\varepsilon}}{\lambda_m - u}\, du = \int_{\lambda_1}^{\lambda_{m-1}-1} \frac{e^{-u\varepsilon}}{\lambda_m - u}\, du + \int_{\lambda_{m-1}-1}^{\lambda_{m-1}} \frac{e^{-u\varepsilon}}{\lambda_m - u}\, du$$

$$< \frac{1}{\lambda_m - \lambda_{m-1} + 1} \int_{\lambda_1}^{\lambda_{m-1}-1} e^{-u\varepsilon}\, du + e^{-(\lambda_{m-1}-1)\varepsilon} \int_{\lambda_{m-1}-1}^{\lambda_{m-1}} \frac{du}{\lambda_m - u}$$

$$< \int_{\lambda_1}^{\infty} e^{-u\,\varepsilon}\,du + e^{\varepsilon} e^{-\lambda_{m-1}\,\varepsilon}\log\frac{\lambda_m - \lambda_{m-1} + 1}{\lambda_m - \lambda_{m-1}}$$

$$= \frac{1}{\varepsilon}\, e^{-\lambda_1\,\varepsilon} + e^{\varepsilon} e^{-\lambda_{m-1}\,\varepsilon}\log\left(1 + \frac{1}{\lambda_m - \lambda_{m-1}}\right).$$

Nun ist nach (1)

$$\frac{1}{\lambda_m - \lambda_{m-1}} = O\left(e^{e^{\lambda_{m-1}\,\varepsilon}}\right),$$

also

$$1 + \frac{1}{\lambda_m - \lambda_{m-1}} = O\left(e^{e^{\lambda_{m-1}\,\varepsilon}}\right),$$

$$\log\left(1 + \frac{1}{\lambda_m - \lambda_{m-1}}\right) = O\left(e^{\lambda_{m-1}\,\varepsilon}\right).$$

Daher ergibt sich

$$\int_{\lambda_1}^{\lambda_{m-1}} \frac{e^{-u\,\varepsilon}}{\lambda_m - u}\,du = O(1) + O\left(e^{-\lambda_{m-1}\,\varepsilon}\right) O\left(e^{\lambda_{m-1}\,\varepsilon}\right)$$

$$= O(1).$$

2. Es ist

$$\int_{\lambda_{m+1}}^{\infty} \frac{e^{-u\,\varepsilon}}{u - \lambda_m}\,du = \int_{\lambda_{m+1}}^{\lambda_{m+1}+1} \frac{e^{-u\,\varepsilon}}{u - \lambda_m}\,du + \int_{\lambda_{m+1}+1}^{\infty} \frac{e^{-u\,\varepsilon}}{u - \lambda_m}\,du$$

$$< e^{-\lambda_{m+1}\,\varepsilon}\int_{\lambda_{m+1}}^{\lambda_{m+1}+1} \frac{du}{u - \lambda_m} + \frac{1}{\lambda_{m+1} - \lambda_m + 1}\int_{\lambda_{m+1}+1}^{\infty} e^{-u\,\varepsilon}\,du$$

$$< e^{-\lambda_{m+1}\,\varepsilon}\log\frac{\lambda_{m+1} - \lambda_m + 1}{\lambda_{m+1} - \lambda_m} + \int_{\lambda_1}^{\infty} e^{-u\,\varepsilon}\,du$$

$$= e^{-\lambda_{m+1}\,\varepsilon}\log\left(1 + \frac{1}{\lambda_{m+1} - \lambda_m}\right) + O(1)$$

$$= O\left(e^{-\lambda_{m+1}\,\varepsilon} e^{\lambda_m\,\varepsilon}\right) + O(1)$$

$$= O(1).$$

Wir gebrauchen außerdem bald den

Hilfssatz 2: Es ist für $\omega > 0$, $z \gtrless 0$

$$\left|\int_{-\omega}^{\omega} t i e^{z t i}\,dt\right| < \frac{4\,\omega}{|z|}.$$

Beweis:

$$\int t i e^{z t i}\, dt = t \frac{e^{z t i}}{z} - \frac{1}{z} \int e^{z t i}\, dt,$$

$$\int\limits_{-\omega}^{\omega} t i e^{z t i}\, dt = \omega \frac{e^{z \omega i} + e^{-z \omega i}}{z} - \frac{1}{z} \int\limits_{-\omega}^{\omega} e^{z t i}\, dt,$$

$$\left| \int\limits_{-\omega}^{\omega} t i e^{z t i}\, dt \right| < \omega \frac{2}{|z|} + \frac{1}{|z|} 2 \omega$$

$$= \frac{4 \omega}{|z|}.$$

§ 224.

Vorbereitende Sätze über Dirichletsche Reihen.

Es möge jetzt eine Anzahl von Sätzen über Dirichletsche
Reihen vorausgeschickt werden, bei denen die λ_n durchweg die obige
Bedingung (1) des § 223 erfüllen sollen.[1]

Satz 33: Es sei

$$f(s) = \sum_{n=1}^{\infty} b_n e^{-\lambda_n s}$$

für $\sigma > \alpha$ konvergent und für $\sigma > \alpha + \tau$ absolut konvergent,
wo $\tau > 0$ ist. Es sei eine feste Zahl $\delta > 0$ gegeben. Dann
ist für

$$\alpha + \delta \leqq \sigma \leqq \alpha + \tau + \delta$$

gleichmäßig

$$f(s) = f(\sigma + ti)$$

$$= O\!\left(|t|^{1 - \frac{\sigma - \alpha - \delta}{\tau}} \right),$$

wo sich die Abschätzung auf positiv oder negativ unendlich werdendes t bezieht.

Anders geschrieben: Für $\alpha + \delta \leqq \sigma \leqq \alpha + \tau + \delta$, $|t| \geqq 1$ liegt
der Quotient

$$\frac{|f(s)|}{|t|^{1 - \frac{\sigma - \alpha - \delta}{\tau}}}$$

---

[1] Übrigens wird bei den Sätzen 33 und 34 von dieser Bedingung noch
kein Gebrauch gemacht. Falls

$$\limsup_{n = \infty} \frac{\log n}{\lambda_n} = l$$

endlich ist, kann τ im Satz 33 jedenfalls jede Zahl $\geqq l$ bedeuten.

unterhalb einer absolut konstanten, d. h. von σ und t unabhängigen Schranke.

Beweis: Der Satz bedarf natürlich nur dann eines Beweises, wenn die Reihe nicht schon für $\sigma > \alpha$ absolut konvergiert. Es sei

$$y = y(t)$$

als ganze, mit stetig wachsendem $|t| \geq e^{\lambda_1 \tau}$ unendlich werdende Zahl durch

$$(1) \qquad \lambda_y \leq \frac{\log |t|}{\tau} < \lambda_{y+1}$$

definiert.

Wenn

$$\sum_{\nu=1}^{n} b_\nu e^{-\lambda_\nu \left(\alpha + \frac{\delta}{2}\right)} = S(n)$$

gesetzt wird, wo also nach Voraussetzung

$$S(n) = O(1)$$

ist, so ergibt sich für $\sigma \geq \alpha + \delta$

$$f(s) = \sum_{n=1}^{y} b_n e^{-\lambda_n(\sigma + ti)} + \sum_{n=y+1}^{\infty} (S(n) - S(n-1)) e^{-\lambda_n\left(\sigma - \alpha - \frac{\delta}{2} + ti\right)}$$

$$= \sum_{n=1}^{y} b_n e^{-\lambda_n(\sigma + ti)} + \sum_{n=y+1}^{\infty} S(n) \left(e^{-\lambda_n\left(\sigma - \alpha - \frac{\delta}{2} + ti\right)} - e^{-\lambda_{n+1}\left(\sigma - \alpha - \frac{\delta}{2} + ti\right)} \right)$$

$$- S(y) e^{-\lambda_{y+1}\left(\sigma - \alpha - \frac{\delta}{2} + ti\right)}$$

$$= \sum_{n=1}^{y} b_n e^{-\lambda_n(\sigma + ti)} + \left(\sigma - \alpha - \frac{\delta}{2} + ti\right) \sum_{n=y+1}^{\infty'} S(n) \int_{\lambda_n}^{\lambda_{n+1}} e^{-u\left(\sigma - \alpha - \frac{\delta}{2} + ti\right)} du$$

$$- S(y) e^{-\lambda_{y+1}\left(\sigma - \alpha - \frac{\delta}{2} + ti\right)},$$

$$|f(s)| \leq \sum_{n=1}^{y} |b_n| e^{-\lambda_n \sigma} + \left|\sigma - \alpha - \frac{\delta}{2} + ti\right| \sum_{n=y+1}^{\infty} |S(n)| \int_{\lambda_n}^{\lambda_{n+1}} e^{-u\left(\sigma - \alpha - \frac{\delta}{2}\right)} du$$

$$+ |S(y)| e^{-\lambda_{y+1}\left(\sigma - \alpha - \frac{\delta}{2}\right)}.$$

Für

$$\alpha + \delta \leq \sigma \leq \alpha + \tau + \delta$$

ist also gleichmäßig

$$f(s) = O \sum_{n=1}^{y} |b_n| e^{-\lambda_n \sigma} + O\left(|t| \int_{\lambda_{y+1}}^{\infty} e^{-u\left(\sigma - \alpha - \frac{\delta}{2}\right)} du\right) + O\left(e^{-\lambda_{y+1}\left(\sigma - \alpha - \frac{\delta}{2}\right)}\right)$$

$$= O \sum_{n=1}^{y} {}' |b_n| e^{-\lambda_n(\alpha + \tau + \delta)} e^{\lambda_n(\alpha + \tau + \delta - \sigma)} + O\left(|t| \frac{e^{-\lambda_{y+1}\left(\sigma - \alpha - \frac{\delta}{2}\right)}}{\sigma - \alpha - \frac{\delta}{2}}\right)$$

$$+ O\left(e^{-\lambda_{y+1}\left(\sigma - \alpha - \frac{\delta}{2}\right)}\right)$$

$$= O\left(e^{\lambda_y(\alpha + \tau + \delta - \sigma)} \sum_{n=1}^{y} |b_n| e^{-\lambda_n(\alpha + \tau + \delta)}\right) + O\left(|t| \frac{e^{-\lambda_{y+1}\left(\sigma - \alpha - \frac{\delta}{2}\right)}}{\frac{\delta}{2}}\right)$$

$$+ O\left(e^{-\lambda_{y+1}\left(\sigma - \alpha - \frac{\delta}{2}\right)}\right)$$

$$= O\left(e^{\lambda_y(\alpha + \tau + \delta - \sigma)} \sum_{n=1}^{\infty} |b_n| e^{-\lambda_n(\alpha + \tau + \delta)}\right) + O\left(|t| e^{-\lambda_{y+1}\left(\sigma - \alpha - \frac{\delta}{2}\right)}\right)$$

$$+ O\left(e^{-\lambda_{y+1}\left(\sigma - \alpha - \frac{\delta}{2}\right)}\right)$$

$$= O\left(e^{\lambda_y(\alpha + \tau + \delta - \sigma)}\right) + O\left(|t| e^{-\lambda_{y+1}\left(\sigma - \alpha - \frac{\delta}{2}\right)}\right)$$

$$= O\left(e^{\lambda_y(\alpha + \tau + \delta - \sigma)}\right) + O\left(|t| e^{-\lambda_{y+1}(\sigma - \alpha - \delta)}\right),$$

folglich nach (1)

$$f(s) = O\left(e^{\frac{\log|t|}{\tau}(\alpha + \tau + \delta - \sigma)}\right) + O\left(|t| e^{-\frac{\log|t|}{\tau}(\sigma - \alpha - \delta)}\right)$$

$$= O\left(|t|^{\frac{\alpha + \tau + \delta - \sigma}{\tau}}\right) + O\left(|t|^{1 - \frac{\sigma - \alpha - \delta}{\tau}}\right)$$

$$= O\left(|t|^{1 - \frac{\sigma - \alpha - \delta}{\tau}}\right),$$

was zu beweisen war.

Satz 34: Die Reihe

$$f(s) = \sum_{n=1}^{\infty} b_n e^{-\lambda_n s}$$

sei für $\sigma > \alpha$ konvergent, und β sei $> \alpha$ und fest. Dann gibt es zwei positive Größen δ und A derart, daß für alle ganzzahligen $n \geq 1$

$$\left| \sum_{\nu=n}^{\infty} b_\nu e^{-\lambda_\nu \beta} \right| < A e^{-\lambda_n \delta}$$

ist.

Beweis: Es sei

$$\sum_{n=1}^{\infty} v_n$$

irgend eine konvergente Reihe; wenn für $\nu = 1, 2, \cdots$

$$\sum_{n=\nu}^{\infty} v_n = V_\nu$$

gesetzt wird, ist also

$$\lim_{\nu=\infty} V_\nu = 0$$

und für alle $\nu = 1, 2, \cdots$

$$|V_\nu| < B,$$

wo B von ν unabhängig ist. Es sei

$$\varepsilon_1 > \varepsilon_2 > \cdots > \varepsilon_\nu > \varepsilon_{\nu+1} > \cdots > 0;$$

dann ist

$$\sum_{\nu=n}^{\infty} v_\nu \varepsilon_\nu = \sum_{\nu=n}^{\infty} (V_\nu - V_{\nu+1}) \varepsilon_\nu$$

$$= \sum_{\nu=n+1}^{\infty} V_\nu (\varepsilon_\nu - \varepsilon_{\nu-1}) + V_n \varepsilon_n,$$

$$\left| \sum_{\nu=n}^{\infty} v_\nu \varepsilon_\nu \right| < B \sum_{\nu=n+1}^{\infty} (\varepsilon_{\nu-1} - \varepsilon_\nu) + B \varepsilon_n$$

$$\leq 2 B \varepsilon_n.$$

Wird dies auf

$$v_n = b_n e^{-\lambda_n \frac{\beta+\alpha}{2}},$$

$$\varepsilon_n = e^{-\lambda_n \frac{\beta-\alpha}{2}}$$

angewendet, so ergibt sich die Richtigkeit des behaupteten Satzes; denn,

$$\delta = \frac{\beta-\alpha}{2}$$

gesetzt, ist

$$\varepsilon_n = e^{-\lambda_n \delta}.$$

Satz 35: Die Reihe

$$f(s) = \sum_{n=1}^{\infty} b_n e^{-\lambda_n s}$$

sei für $\sigma > \alpha$ konvergent; β sei $> \alpha$ und fest. Dann ist für ganzzahliges $m \geq 1$

$$\lim_{\omega = \infty} \frac{1}{2\omega} \int_{-\omega}^{\omega} e^{\lambda_m ti} f(\beta + ti)\, dt = b_m e^{-\lambda_m \beta},$$

und zwar konvergiert der Ausdruck hinter dem Limeszeichen gleichmäßig für alle ganzzahligen $m \geq 1$ gegen seinen Grenzwert.

Beweis: Es werde

$$\sum_{\nu = n}^{\infty} b_\nu e^{-\lambda_\nu \beta} = K(n)$$

gesetzt, und es seien zwei positive Größen A, δ nach Satz 34 so bestimmt, daß beständig

$$(2) \qquad\qquad |K(n)| < A e^{-\lambda_n \delta}$$

ist.

Für ganzzahlige v, w, wo $w \geq v \geq 1$ ist, ergibt sich

$$\sum_{n=v}^{w} b_n e^{-\lambda_n (\beta + ti)} = \sum_{n=v}^{w} (K(n) - K(n+1)) e^{-\lambda_n ti}$$

$$= \sum_{n=v+1}^{w} K(n)\left(e^{-\lambda_n ti} - e^{-\lambda_{n-1} ti}\right) + K(v) e^{-\lambda_v ti} - K(w+1) e^{-\lambda_w ti}$$

$$= -\sum_{n=v+1}^{w} K(n)\, ti \int_{\lambda_{n-1}}^{\lambda_n} e^{-uti}\, du + K(v) e^{-\lambda_v ti} - K(w+1) e^{-\lambda_w ti}.$$

Daraus ergibt sich durch Multiplikation mit $e^{\lambda_m ti}$ und Integration nach t von $-\omega$ bis ω, wo $\omega > 0$ ist,

$$(3) \quad \left\{ \begin{aligned} &\int_{-\omega}^{\omega} e^{\lambda_m ti} \sum_{n=v}^{w} b_n e^{-\lambda_n (\beta + ti)}\, dt = -\sum_{n=v+1}^{w} K(n) \int_{\lambda_{n-1}}^{\lambda_n} du \int_{-\omega}^{\omega} ti\, e^{(\lambda_m - u) ti}\, dt \\[2mm] &\qquad + K(v) \int_{-\omega}^{\omega} e^{(\lambda_m - \lambda_v) ti}\, dt - K(w+1) \int_{-\omega}^{\omega} e^{(\lambda_m - \lambda_w) ti}\, dt. \end{aligned} \right.$$

Es werde nunmehr vorausgesetzt, daß m nicht dem Intervall v (inkl.) bis w (inkl.) angehört, d. h., daß entweder $m < v$ oder $m > w$ ist. Dann ist sicher bei jedem Integral in der Summe rechts

$$\lambda_m - u \neq 0;$$

der absolute Betrag des allgemeinen Gliedes jener Summe (die im Falle $w = v$ Null bedeutet, d. h. nur für $w > v$ auftritt) ist daher nach dem Hilfssatz 2 des vorigen Paragraphen

$$\leqq |K(n)| \int_{\lambda_{n-1}}^{\lambda_n} du \left| \int_{-\omega}^{\omega} t i \, e^{(\lambda_m - u)ti} \, dt \right|$$

$$\leqq |K(n)| \int_{\lambda_{n-1}}^{\lambda_n} du \, \frac{4\,\omega}{|\lambda_m - u|}$$

$$= 4 |K(n)| \, \omega \int_{\lambda_{n-1}}^{\lambda_n} \frac{du}{|\lambda_m - u|} \, ;$$

jedes der beiden letzten Integrale in (3) ist absolut genommen

$$\leqq \int_{-\omega}^{\omega} dt$$

$$= 2\,\omega.$$

Daher ergibt sich

$$\left| \int_{-\omega}^{\omega} e^{\lambda_m ti} \sum_{n=v}^{w} b_n e^{-\lambda_n(\beta + ti)} \, dt \right| \leqq 4\omega \sum_{n=v+1}^{w} |K(n)| \int_{\lambda_{n-1}}^{\lambda_n} \frac{du}{|\lambda_m - u|} + 2|K(v)|\,\omega + 2|K(w+1)|\,\omega,$$

also nach (2)

$$\left| \frac{1}{2\,\omega} \int_{-\omega}^{\omega} e^{\lambda_m ti} \sum_{n=v}^{w} b_n e^{-\lambda_n(\beta + ti)} \, dt \right| < 2A \sum_{n=v+1}^{w} e^{-\lambda_n \delta} \int_{\lambda_{n-1}}^{\lambda_n} \frac{du}{|\lambda_m - u|} + A e^{-\lambda_v \delta} + A e^{-\lambda_{w+1}\delta}$$

$$< 2A e^{-\lambda_{v+1}\frac{\delta}{2}} \sum_{n=v+1}^{w} e^{-\lambda_n \frac{\delta}{2}} \int_{\lambda_{n-1}}^{\lambda_n} \frac{du}{|\lambda_m - u|} + 2A e^{-\lambda_v \delta}$$

$$\leqq 2A e^{-\lambda_v \frac{\delta}{2}} \sum_{n=v+1}^{w} \int_{\lambda_{n-1}}^{\lambda_n} \frac{e^{-u\frac{\delta}{2}} \, du}{|\lambda_m - u|} + 2A e^{-\lambda_v \delta}$$

$$(4) \qquad = 2A e^{-\lambda_v \frac{\delta}{2}} \int_{\lambda_v}^{\lambda_w} \frac{e^{-u\frac{\delta}{2}} \, du}{|\lambda_m - u|} + 2A e^{-\lambda_v \delta}.$$

Hierin ist wegen der Annahme, daß nicht

$$v \leqq m \leqq w$$

ist,

$$\int\limits_{\lambda_v}^{\lambda_w} \frac{e^{-u\frac{\delta}{2}}\,du}{|\lambda_m - u|} \leq \int\limits_{\lambda_1}^{\lambda_{m-1}} \frac{e^{-u\frac{\delta}{2}}}{\lambda_m - u}\,du + \int\limits_{\lambda_{m+1}}^{\infty} \frac{e^{-u\frac{\delta}{2}}}{u - \lambda_m}\,du,$$

wo im Falle $m = 1$ das erste Integral rechts 0 bedeutet; nach dem Hilfssatz 1 des vorigen Paragraphen ist also

$$(5) \qquad \int\limits_{\lambda_v}^{\lambda_w} \frac{e^{-u\frac{\delta}{2}}\,du}{|\lambda_m - u|} < A_1,$$

wo A_1 von m, v, w unabhängig ist. Aus (4) und (5) folgt daher

$$\left| \frac{1}{2\omega} \int\limits_{-\omega}^{\omega} e^{\lambda_m ti} \sum_{n=v}^{w} b_n e^{-\lambda_n(\beta+ti)}\,dt \right| < 2AA_1 e^{-\lambda_v\frac{\delta}{2}} + 2Ae^{-\lambda_v\delta}$$

$$(6) \qquad\qquad\qquad \leq A_2 e^{-\lambda_v\frac{\delta}{2}},$$

wo A_2 von ω, m, v, w unabhängig ist, wofern eben nur nicht

$$v \leq m \leq w$$

ist.

Diese Relation (6) gilt auch für $w = \infty$, wofern eben nur nicht

$$v \leq m$$

ist, d. h. wofern

$$m < v$$

ist; denn wegen der gleichmäßigen Konvergenz von

$$\sum_{n=v}^{\infty} b_n e^{-\lambda_n(\beta+ti)}$$

für $-\omega \leq t \leq \omega$ ist

$$\frac{1}{2\omega} \int\limits_{-\omega}^{\omega} e^{\lambda_m ti} \sum_{n=v}^{\infty} b_n e^{-\lambda_n(\beta+ti)}\,dt = \lim_{w=\infty} \frac{1}{2\omega} \int\limits_{-\omega}^{\omega} e^{\lambda_m ti} \sum_{n=v}^{w} b_n e^{-\lambda_n(\beta+ti)}\,dt,$$

also

$$(7) \qquad \left| \frac{1}{2\omega} \int\limits_{-\omega}^{\omega} e^{\lambda_m ti} \sum_{n=v}^{\infty} b_n e^{-\lambda_n(\beta+ti)}\,dt \right| \leq A_2 e^{-\lambda_v\frac{\delta}{2}}.$$

Es seien r und m positive ganze Zahlen; dann ist

$$(8) \qquad f(\beta+ti) - b_m e^{-\lambda_m(\beta+ti)} = \sum_{\substack{n=1 \\ n \gtreqless m}}^{r-1} b_n e^{-\lambda_n(\beta+ti)} + \sum_{\substack{n=r \\ n \gtreqless m}}^{\infty} b_n e^{-\lambda_n(\beta+ti)},$$

wo das Glied $n = m$ in der ersten oder zweiten Summe weggelassen ist, je nachdem $m < r$ oder $m \geq r$ ist. Die Strecke von r bis ∞ mit eventueller Ausnahme von m ist entweder, für $m < r$, gleich dem vollen Intervall von r bis ∞, oder, für $m = r$, gleich dem vollen Intervall von $r + 1$ bis ∞, oder, für $m > r$, gleich der endlichen Strecke von r bis $m - 1$ plus dem vollen, hinter r beginnenden Intervall von $m + 1$ bis ∞; daher folgt in jedem Falle aus (6) und (7)

$$(9) \qquad \left| \frac{1}{2\omega} \int_{-\omega}^{\omega} e^{\lambda_m ti} \sum_{\substack{n=r \\ n \gtrless m}}^{\infty} b_n e^{-\lambda_n(\beta + ti)}\, dt \right| \leq 2 A_2 e^{-\lambda_r \frac{\delta}{2}}.$$

Andererseits ist

$$\left| \frac{1}{2\omega} \int_{-\omega}^{\omega} e^{\lambda_m ti} \sum_{\substack{n=1 \\ n \gtrless m}}^{r-1} b_n e^{-\lambda_n(\beta + ti)}\, dt \right| = \frac{1}{2\omega} \left| \sum_{\substack{n=1 \\ n \gtrless m}}^{r-1} b_n e^{-\lambda_n \beta} \int_{-\omega}^{\omega} e^{(\lambda_m - \lambda_n) ti}\, dt \right|$$

$$\leq \frac{1}{\omega} \sum_{\substack{n=1 \\ n \gtrless m}}^{r-1} |b_n| e^{-\lambda_n \beta} \frac{|\sin(\omega(\lambda_m - \lambda_n))|}{|\lambda_m - \lambda_n|}$$

$$(10) \qquad \leq \frac{1}{\omega} \sum_{\substack{n=1 \\ n \gtrless m}}^{r-1} |b_n| e^{-\lambda_n \beta} \frac{1}{|\lambda_m - \lambda_n|}.$$

Es bezeichne η_r die kleinste der Differenzen

$$\lambda_2 - \lambda_1, \lambda_3 - \lambda_2, \cdots, \lambda_r - \lambda_{r-1};$$

dann ist in jedem Glied der rechten Seite von (10)

$$\frac{1}{|\lambda_m - \lambda_n|} \leq \frac{1}{\eta_r},$$

also

$$(11) \qquad \left| \frac{1}{2\omega} \int_{-\omega}^{\omega} e^{\lambda_m ti} \sum_{\substack{n=1 \\ n \gtrless m}}^{r-1} b_n e^{-\lambda_n(\beta + ti)}\, dt \right| \leq \frac{1}{\omega} \frac{1}{\eta_r} \sum_{n=1}^{r-1} |b_n| e^{-\lambda_n \beta}.$$

Aus (8), (9) und (11) folgt

$$\left| \frac{1}{2\omega} \int_{-\omega}^{\omega} e^{\lambda_m ti} f(\beta + ti)\, dt - b_m e^{-\lambda_m \beta} \right| = \left| \frac{1}{2\omega} \int_{-\omega}^{\omega} e^{\lambda_m ti} \left(f(\beta + ti) - b_m e^{-\lambda_m(\beta + ti)} \right) dt \right|$$

$$(12) \qquad \leq \frac{1}{\omega} \frac{1}{\eta_r} \sum_{n=1}^{r-1} |b_n| e^{-\lambda_n \beta} + 2 A_2 e^{-\lambda_r \frac{\delta}{2}}.$$

Nun sei ε eine gegebene positive Größe. $r = r(\varepsilon)$ werde so gewählt, daß

$$2\,A_2 e^{-\lambda_r \frac{\delta}{2}} < \frac{\varepsilon}{2}$$

ist; alsdann werde $\omega_0 = \omega_0(\varepsilon)$ so gewählt, daß

$$\frac{1}{\omega_0}\,\frac{1}{\eta_r}\sum_{n=1}^{r-1}|\,b_n\,|\,e^{-\lambda_n\beta} < \frac{\varepsilon}{2}$$

ist. Dann liefert (12) für alle $\omega \gtrless \omega_0(\varepsilon)$

$$\left|\frac{1}{2\,\omega}\int_{-\omega}^{\omega} e^{\lambda_m ti} f(\beta + ti)\,dt - b_m e^{-\lambda_m\beta}\right| < \frac{\varepsilon}{2} + \frac{\varepsilon}{2}$$
$$= \varepsilon.$$

Da dies gefundene ω_0 von m unabhängig ist, ist der Satz 35 bewiesen: Es ist

$$\lim_{\omega = \infty}\frac{1}{2\,\omega}\int_{-\omega}^{\omega} e^{\lambda_m ti} f(\beta + ti)\,dt = b_m e^{-\lambda_m\beta}$$

und zwar gleichmäßig für alle m.

Satz 36: Die Reihe

$$f(s) = \sum_{n=1}^{\infty} b_n e^{-\lambda_n s}$$

sei für $s > \alpha$ konvergent, und β sei $> \alpha$. Die Reihe

$$g(s) = \sum_{n=1}^{\infty} c_n e^{-\lambda_n s}$$

sei für $\sigma = \gamma$ absolut konvergent. Dann ist

$$\lim_{\omega = \infty}\frac{1}{2\,\omega}\int_{-\omega}^{\omega} f(\beta + ti) g(\gamma - ti)\,dt = \sum_{n=1}^{\infty} b_n c_n e^{-\lambda_n(\beta+\gamma)}.$$

Beweis: Daß die Reihe

$$\sum_{n=1}^{\infty} b_n c_n e^{-\lambda_n(\beta+\gamma)}$$

konvergiert, ergibt sich ohne weiteres aus

$$b_n e^{-\lambda_n\beta} = O(1)$$

und der vorausgesetzten Konvergenz von

$$(13) \qquad\qquad \sum_{n=1}^{\infty}|\,c_n\,|\,e^{-\lambda_n\gamma}.$$

Es ist nun

$$f(\beta + ti)\,g(\gamma - ti) = \sum_{m=1}^{\infty} c_m e^{-\lambda_m \gamma} e^{\lambda_m ti} f(\beta + ti),$$

also wegen der gleichmäßigen Konvergenz dieser Reihe für $-\omega \leqq t \leqq \omega$

$$\frac{1}{2\omega}\int_{-\omega}^{\omega} f(\beta + ti)\,g(\gamma - ti)\,dt = \sum_{m=1}^{\infty} c_m e^{-\lambda_m \gamma} \frac{1}{2\omega}\int_{-\omega}^{\omega} e^{\lambda_m ti} f(\beta + ti)\,dt,$$

$$(14)\begin{cases} \dfrac{1}{2\omega}\displaystyle\int_{-\omega}^{\omega} f(\beta + ti)\,g(\gamma - ti)\,dt - \sum_{m=1}^{\infty} b_m c_m e^{-\lambda_m(\beta+\gamma)} \\[2ex] = \displaystyle\sum_{m=1}^{\infty} c_m e^{-\lambda_m \gamma}\left(\frac{1}{2\omega}\int_{-\omega}^{\omega} e^{\lambda_m ti} f(\beta + ti)\,dt - b_m e^{-\lambda_m \beta}\right). \end{cases}$$

Nach dem Satz 35 ist gleichmäßig für alle m

$$\lim_{\omega = \infty}\left(\frac{1}{2\omega}\int_{-\omega}^{\omega} e^{\lambda_m ti} f(\beta + ti)\,dt - b_m e^{-\lambda_m \beta}\right) = 0.$$

Wegen der Konvergenz von (13) hat also die rechte Seite von (14) für $\omega = \infty$ den Limes 0, und der Satz 36 ist bewiesen.

§ 225.

Beweis des Hauptsatzes.

Um bei den Beweisen Wiederholungen zu vermeiden, beweise ich nur zuerst den allerkompliziertesten Satz und leite dann daraus die übersichtlicheren Spezialfälle her.

Satz 37: Die Reihe

$$f(s) = \sum_{n=1}^{\infty} b_n e^{-\lambda_n s}$$

sei für $s > \alpha_1$ konvergent, für $s > \alpha_1 + \tau_1$, wo $\tau_1 > 0$ ist, absolut konvergent. Die Reihe

$$g(s) = \sum_{n=1}^{\infty} c_n e^{-\lambda_n s}$$

sei für $s > \alpha_2$ konvergent, für $s > \alpha_2 + \tau_2$, wo $\tau_2 > 0$ ist, absolut konvergent.

Es sei
$$\beta > \alpha_1,$$
$$\gamma > \alpha_2,$$
$$\frac{\beta - \alpha_1}{\tau_1} + \frac{\gamma - \alpha_2}{\tau_2} > 1.$$

Dann ist
$$\lim_{\omega = \infty} \frac{1}{2\omega} \int_{-\omega}^{\omega} f(\beta + ti)\, g(\gamma - ti)\, dt = \sum_{n=1}^{\infty} b_n c_n e^{-\lambda_n (\beta + \gamma)}.$$

Beweis: Es darf
$$\beta \leq \alpha_1 + \tau_1$$
und
$$\gamma \leq \alpha_2 + \tau_2$$

angenommen werden, da sonst die Behauptung durch Satz 36 schon bewiesen ist.

Wegen der Symmetrie der Voraussetzungen und der Behauptung in $f(s)$ und $g(s)$ darf ferner ohne Beschränkung der Allgemeinheit
$$\tau_1 \leq \tau_2$$
angenommen werden.

Es werde nun ein positives ε so klein gewählt, daß
$$\beta > \alpha_1 + \varepsilon,$$
$$\gamma > \alpha_2 + \varepsilon$$
und
$$(1) \qquad \frac{\beta - \alpha_1}{\tau_1} + \frac{\gamma - \alpha_2}{\tau_2} > 1 + \varepsilon \left(\frac{1}{\tau_1} + \frac{1}{\tau_2} \right)$$

ist. Hieraus folgt
$$(\beta - \alpha_1) + (\gamma - \alpha_2) - \tau_1 = (\beta - \alpha_1) + (\gamma - \alpha_2)\frac{\tau_1}{\tau_2} - \tau_1 + (\gamma - \alpha_2)\left(1 - \frac{\tau_1}{\tau_2}\right)$$
$$= \left(\frac{\beta - \alpha_1}{\tau_1} + \frac{\gamma - \alpha_2}{\tau_2} - 1 \right)\tau_1 + (\gamma - \alpha_2)\left(1 - \frac{\tau_1}{\tau_2}\right)$$
$$> \varepsilon \left(1 + \frac{\tau_1}{\tau_2} \right) + \varepsilon \left(1 - \frac{\tau_1}{\tau_2} \right)$$
$$= 2\varepsilon.$$

Wenn
$$\alpha_1 + \tau_1 + \varepsilon = \beta',$$
$$\beta - \alpha_1 + \gamma - \tau_1 - \varepsilon = \gamma'$$
gesetzt wird, erfüllen diese Zahlen die Bedingungen
$$\beta' + \gamma' = \beta + \gamma,$$
$$\beta' > \alpha_1 + \tau_1$$
$$\geq \beta,$$

und es ist $f(s)$ für $s = \beta'$ absolut konvergent, $g(s)$ wegen

$$\gamma' = (\beta - \alpha_1) + (\gamma - \alpha_2) - \tau_1 + \alpha_2 - \varepsilon$$
$$> 2\varepsilon + \alpha_2 - \varepsilon$$
$$(2) \qquad = \alpha_2 + \varepsilon$$
$$> \alpha_2$$

für $s = \gamma'$ und darüber hinaus konvergent. Nach Satz 36 ist also

$$\lim_{\omega = \infty} \frac{1}{2\omega} \int_{-\omega}^{\omega} f(\beta' + ti)\, g(\gamma' - ti)\, dt = \sum_{n=1}^{\infty} b_n c_n e^{-\lambda_n (\beta' + \gamma')}$$
$$= \sum_{n=1}^{\infty} b_n c_n e^{-\lambda_n (\beta + \gamma)}.$$

Der Satz 37 ist also bewiesen, wenn es gelingt, die Relation

$$(3) \quad \lim_{\omega = \infty} \frac{1}{2\omega} \left(\int_{-\omega}^{\omega} f(\beta + ti)\, g(\gamma - ti)\, dt - \int_{-\omega}^{\omega} f(\beta' + ti)\, g(\gamma' - ti)\, dt \right) = 0$$

zu begründen.

Es ist, wenn die komplexe Variable $s = \sigma + ti$ eingeführt wird,

$$\int_{-\omega}^{\omega} f(\beta + ti) g(\gamma - ti)\, dt = \frac{1}{i} \int_{\beta - \omega i}^{\beta + \omega i} f(s) g(\beta + \gamma - s)\, ds,$$

wo das Integral geradlinig zu erstrecken ist. Der Integrand stellt eine für

$$(4) \qquad \alpha_1 < \sigma < \beta + \gamma - \alpha_2$$

reguläre analytische Funktion dar, da für diese s

$$\alpha_1 < \sigma$$

und

$$\alpha_2 < \beta + \gamma - \sigma$$

ist. Die Gerade

$$\sigma = \beta'$$

gehört dem Streifen (4) an, da

$$\alpha_1 < \beta'$$

und

$$\beta' = \beta + \gamma - \gamma'$$
$$< \beta + \gamma - \alpha_2$$

ist. Nach dem Cauchyschen Satz ist also, wenn über das Rechteck mit den Ecken $\beta \pm \omega i$, $\beta' \pm \omega i$ integriert wird,

$$\int\limits_{\beta-\omega i}^{\beta+\omega i} f(s)g(\beta+\gamma-s)\,ds = \int\limits_{\beta'-\omega i}^{\beta'+\omega i} f(s)g(\beta+\gamma-s)\,ds + \int\limits_{\beta-\omega i}^{\beta'-\omega i} f(s)g(\beta+\gamma-s)\,ds$$

$$+ \int\limits_{\beta'+\omega i}^{\beta+\omega i} f(s)g(\beta+\gamma-s)\,ds\,.$$

Die beiden horizontalen Rechteckseiten haben die Länge $\beta'-\beta$. In den beiden letzten Integralen ist also die Länge des Integrationsweges von ω unabhängig. Ich werde zeigen, daß der Integrand in allen Punkten des Integrationsweges gleichmäßig $= O(\omega^\vartheta)$ ist, wo $\vartheta < 1$ ist; damit ist die Relation (3), also der Satz 37 dann bewiesen, da

$$\frac{1}{i}\int\limits_{\beta'-\omega i}^{\beta'+\omega i} f(s)g(\beta+\gamma-s)\,ds = \int\limits_{-\omega}^{\omega} f(\beta'+ti)g(\gamma'-ti)\,dt$$

ist.

Der versprochene Nachweis der für $\beta \leq \sigma \leq \beta'$ gleichmäßig geltenden Relationen

$$(5) \qquad f(\sigma+\omega i)g(\beta+\gamma-\sigma-\omega i) = O(\omega^\vartheta) \qquad (\vartheta < 1)$$

und

$$(6) \qquad f(\sigma-\omega i)g(\beta+\gamma-\sigma+\omega i) = O(\omega^\vartheta) \qquad (\vartheta < 1)$$

wird folgendermaßen erbracht.

Es ist nach Satz 33 gleichmäßig für $\alpha_1 + \varepsilon \leq \sigma \leq \alpha_1 + \tau_1 + \varepsilon$, also a fortiori für $\beta \leq \sigma \leq \beta'$

$$f(\sigma \pm \omega i) = O\left(\omega^{1-\frac{\sigma-\alpha_1}{\tau_1}+\frac{\varepsilon}{\tau_1}}\right);$$

ebenso ist für $\alpha_2 + \varepsilon \leq \beta+\gamma-\sigma \leq \alpha_2 + \tau_2 + \varepsilon$, also a fortiori für $\gamma' \leq \beta+\gamma-\sigma \leq \gamma$, d. h. für $\beta \leq \sigma \leq \beta'$ nach Satz 33 gleichmäßig

$$g(\beta+\gamma-\sigma \mp \omega i) = O\left(\omega^{1-\frac{\beta+\gamma-\sigma-\alpha_2}{\tau_2}+\frac{\varepsilon}{\tau_2}}\right).$$

Im Intervall $\beta \leq \sigma \leq \beta'$ ist also gleichmäßig

$$f(\sigma \pm \omega i)g(\beta+\gamma-\sigma \mp \omega i) = O\left(\omega^{2-\frac{\sigma-\alpha_1}{\tau_1}-\frac{\beta+\gamma-\sigma-\alpha_2}{\tau_2}+\varepsilon\left(\frac{1}{\tau_1}+\frac{1}{\tau_2}\right)}\right).$$

Nun erreicht die lineare Funktion von σ im Exponenten rechts ihr Maximum des Intervalls $\beta \leq \sigma \leq \beta'$ in mindestens einem der beiden Punkte β und β'; sie hat für $\sigma = \beta$ den Wert

$$2 - \frac{\beta-\alpha_1}{\tau_1} - \frac{\gamma-\alpha_2}{\tau_2} + \varepsilon\left(\frac{1}{\tau_1}+\frac{1}{\tau_2}\right),$$

der nach (1) kleiner als 1 ist; sie hat für $\sigma = \beta'$ den Wert

$$2 - \frac{\beta' - \alpha_1}{\tau_1} - \frac{\beta + \gamma - \beta' - \alpha_2}{\tau_2} + \varepsilon\left(\frac{1}{\tau_1} + \frac{1}{\tau_2}\right) = 2 - \frac{\beta' - \alpha_1}{\tau_1} - \frac{\gamma' - \alpha_2}{\tau_2} + \varepsilon\left(\frac{1}{\tau_1} + \frac{1}{\tau_2}\right),$$

der nach (2)

$$< 2 - \frac{\beta' - \alpha_1}{\tau_1} - \frac{\varepsilon}{\tau_2} + \varepsilon\left(\frac{1}{\tau_1} + \frac{1}{\tau_2}\right)$$

$$= 2 - \frac{\beta' - \alpha_1 - \varepsilon}{\tau_1}$$

$$= 1$$

ist.

Daher ist ein solches $\vartheta < 1$ vorhanden, daß die Relationen (5) und (6) gleichmäßig für $\beta \leqq \sigma \leqq \beta'$ gelten, womit nach dem Obigen der Hauptsatz 37 bewiesen ist.

§ 226.

Spezialfälle des Hauptsatzes.

Satz 38: Die Reihen

$$f(s) = \sum_{n=1}^{\infty} b_n e^{-\lambda_n s}$$

und

$$g(s) = \sum_{n=1}^{\infty} c_n e^{-\lambda_n s}$$

seien für $s > \alpha$ konvergent, für $s > \alpha + \tau$, wo $\tau > 0$ ist, absolut konvergent. Dann ist für

$$\beta > \alpha,$$
$$\gamma > \alpha,$$
$$(\beta - \alpha) + (\gamma - \alpha) > \tau$$

$$\lim_{\omega = \infty} \frac{1}{2\omega} \int_{-\omega}^{\omega} f(\beta + ti) g(\gamma - ti) dt = \sum_{n=1}^{\infty} b_n c_n e^{-\lambda_n(\beta + \gamma)}.$$

Beweis: Man setze in Satz 37

$$\alpha_1 = \alpha_2 = \alpha,$$
$$\tau_1 = \tau_2 = \tau.$$

Satz 39: Es sei

$$\limsup_{n = \infty} \frac{\log n}{\lambda_n} = l$$

positiv und endlich. Die Reihe

$$f(s) = \sum_{n=1}^{\infty} b_n e^{-\lambda_n s}$$

sei für $s > \alpha_1$ konvergent, die Reihe

$$g(s) = \sum_{n=1}^{\infty} c_n e^{-\lambda_n s}$$

für $s > \alpha_2$. Dann ist für

$$\beta > \alpha_1,$$
$$\gamma > \alpha_2,$$
$$(\beta - \alpha_1) + (\gamma - \alpha_2) > l$$

$$\lim_{\omega = \infty} \frac{1}{2\omega} \int_{-\omega}^{\omega} f(\beta + ti) g(\gamma - ti) dt = \sum_{n=1}^{\infty} b_n c_n e^{-\lambda_n (\beta + \gamma)}.$$

Beweis: Man setze in Satz 37

$$\tau_1 = \tau_2 = l.$$

Satz 40: Es sei

$$\limsup_{n = \infty} \frac{\log n}{\lambda_n} = l$$

positiv und endlich. Die Reihen

$$f(s) = \sum_{n=1}^{\infty} b_n e^{-\lambda_n s}$$

und

$$g(s) = \sum_{n=1}^{\infty} c_n e^{-\lambda_n s}$$

seien für $s > \alpha$ konvergent. Dann ist für

$$\beta > \alpha + \frac{l}{2}$$

$$\lim_{\omega = \infty} \frac{1}{2\omega} \int_{-\omega}^{\omega} f(\beta + ti) g(\beta - ti) dt = \sum_{n=1}^{\infty} b_n c_n e^{-2\lambda_n \beta}.$$

Beweis: Man setze in Satz 39

$$\alpha_1 = \alpha_2 = \alpha,$$
$$\gamma = \beta.$$

Satz 41: Die Reihe

$$f(s) = \sum_{n=1}^{\infty} b_n e^{-\lambda_n s}$$

sei für $s > \alpha$ konvergent, für $s > \alpha + \tau$, wo $\tau > 0$ ist, absolut konvergent. Dann ist für

$$\beta > \alpha + \frac{\tau}{2}$$

$$\lim_{\omega = \infty} \frac{1}{2\omega} \int_{-\omega}^{\omega} |f(\beta + ti)|^2 dt = \sum_{n=1}^{\infty} |b_n|^2 e^{-2\lambda_n \beta}.$$

Beweis: Man setze in Satz 38

$$c_n = \bar{b}_n,$$
$$\gamma = \beta.$$

Satz 42: Es sei

$$\limsup_{n = \infty} \frac{\log n}{\lambda_n} = l$$

positiv und endlich. Die Reihe

$$f(s) = \sum_{n=1}^{\infty} b_n e^{-\lambda_n s}$$

sei für $s > \alpha$ konvergent. Dann ist für

$$\beta > \alpha + \frac{l}{2}$$

$$\lim_{\omega = \infty} \frac{1}{2\omega} \int_{-\omega}^{\omega} |f(\beta + ti)|^2 dt = \sum_{n=1}^{\infty} |b_n|^2 e^{-2\lambda_n \beta}.$$

Beweis: Man setze in Satz 41

$$\tau = l$$

oder in Satz 40

$$c_n = \bar{b}_n.$$

Sechsundsiebzigstes Kapitel.

Mittelwerte bei $\zeta(s)$ auf dem Rande und außerhalb des Konvergenzgebietes.

---

§ 227.

Die Dirichletschen Reihen $\frac{1}{\zeta(s)}$ und $\frac{\zeta(2s)}{\zeta(s)}$ für $\sigma = 1$.

Ich werde jetzt bei $\zeta(s)$ feststellen, daß alle vier Formeln am Ende des § 222 für gewisse β, γ gültig sind, die nicht beide > 1 sind; bei den beiden ersten Formeln werde ich es für $\beta \geq 1$, $\gamma \geq 1$ beweisen, bei den beiden letzten für solche β, γ, welche die Bedingungen $\beta > -\frac{1}{2}$, $\gamma > -\frac{1}{2}$, $\beta + \gamma > 1$, $\beta \neq 1$, $\gamma \neq 1$ erfüllen. Bei den beiden ersten Beispielen handelt es sich noch um den Mittelwert einer Dirichletschen Reihe; aber die im vorangehenden bewiesenen Sätze sind nicht anwendbar, da man von der Geraden $\sigma = 1$ zwar weiß, daß die betreffende Reihe auf ihr konvergiert, aber nicht, ob jene Gerade die wahre Konvergenzgerade ist oder nicht. Bei den beiden letzten Beispielen wird es sich sogar teilweise um vertikale Geraden $\sigma = \beta$ und $\sigma = \gamma$ handeln, auf denen die betreffende Funktion gewiß nicht durch eine Dirichletsche Reihe dargestellt werden kann.

Es ist also zunächst die Gültigkeit der Formel

$$(1) \qquad \lim_{\omega = \infty} \frac{1}{2\omega} \int_{-\omega}^{\omega} \frac{1}{\zeta(\beta + ti)} \frac{1}{\zeta(\gamma - ti)} \, dt = \frac{\zeta(\beta + \gamma)}{\zeta(2\beta + 2\gamma)}$$

für $\beta \geq 1$, $\gamma \geq 1$ zu beweisen.

Für $\beta > 1$, $\gamma > 1$ hatten wir das schon.

Falls nur eine der beiden Zahlen $= 1$, die andere noch > 1 ist, ist es leicht daraus herzuleiten. Denn es sei alsdann (ohne Beschränkung der Allgemeinheit) $\beta = 1$, $\gamma > 1$. Die Anwendung des Cauchyschen Satzes auf das Rechteck mit den Ecken $1 \pm \omega i$, $\frac{1+\gamma}{2} \pm \omega i$ ergibt

$$\int_{1-\omega i}^{1+\omega i} \frac{1}{\zeta(s)} \frac{1}{\zeta(1 + \gamma - s)} \, ds = \int_{\frac{1+\gamma}{2} - \omega i}^{\frac{1+\gamma}{2} + \omega i} \frac{1}{\zeta(s)} \frac{1}{\zeta(1 + \gamma - s)} \, ds + \int_{1-\omega i}^{\frac{1+\gamma}{2} - \omega i} \frac{1}{\zeta(s)} \frac{1}{\zeta(1 + \gamma - s)} \, ds$$

$$+ \int_{\frac{1+\gamma}{2} + \omega i}^{1 + \omega i} \frac{1}{\zeta(s)} \frac{1}{\zeta(1 + \gamma - s)} \, ds.$$

Die beiden letzten Integrale haben die feste Weglänge $\frac{\gamma - 1}{2}$; auf beiden Wegen ist wegen $\sigma \geq 1$, $1 + \gamma - \sigma \geq \frac{1 + \gamma}{2}$ nach § 47 gleichmäßig

$$\frac{1}{\zeta(s)} = O(\log^c \omega),$$

$$\frac{1}{\zeta(1 + \gamma - s)} = O(1),$$

also reichlich

$$\frac{1}{\zeta(s)} \frac{1}{\zeta(1 + \gamma - s)} = o(\omega);$$

jene beiden Integrale sind also $o(\omega)$, und es ergibt sich

$$\int\limits_{-\omega}^{\omega} \frac{1}{\zeta(1+ti)} \frac{1}{\zeta(\gamma-ti)} \, dt = \int\limits_{-\omega}^{\omega} \frac{1}{\zeta\left(\frac{1+\gamma}{2}+ti\right)} \frac{1}{\zeta\left(\frac{1+\gamma}{2}-ti\right)} \, dt + o(\omega);$$

da nun aber nach dem Früheren wegen der absoluten Reihenkonvergenz

$$\int\limits_{-\omega}^{\omega} \frac{1}{\zeta\left(\frac{1+\gamma}{2}+ti\right)} \frac{1}{\zeta\left(\frac{1+\gamma}{2}-ti\right)} \, dt = \frac{\zeta(1+\gamma)}{\zeta(2+2\gamma)} 2\omega + o(\omega)$$

ist, so ist die Behauptung (1) bewiesen.

Es bleibt also als einzige Schwierigkeit der Fall $\beta = 1$, $\gamma = 1$ übrig, d. h. der Beweis für den

Satz: Es ist

$$\lim_{\omega=\infty} \frac{1}{2\omega} \int\limits_{-\omega}^{\omega} \frac{1}{|\zeta(1+ti)|^2} \, dt = \frac{\zeta(2)}{\zeta(4)}$$

$$= \frac{\frac{\pi^2}{6}}{\frac{\pi^4}{90}}$$

$$= \frac{15}{\pi^2}.$$

Beweis: Es ist nach § 157

$$M(x) = \sum_{n=1}^{x} \mu(n)$$

$$= O\left(\frac{x}{\log^5 x}\right)$$

und nach § 158 für alle t

$$\frac{1}{\zeta(1+ti)} = \sum_{n=1}^{\infty} \frac{\mu(n)}{n^{1+ti}},$$

also, wenn die Abschätzung gleichmäßig für $-\omega \leq t \leq \omega$ gilt und sich auf wachsendes ω bezieht,

$$\frac{1}{\zeta(1+ti)} = \sum_{n=1}^{e^{\sqrt[3]{\omega}}} \frac{\mu(n)}{n^{1+ti}} + \sum_{n=e^{\sqrt[3]{\omega}}+1}^{\infty} \frac{M(n) - M(n-1)}{n^{1+ti}}$$

$$= \sum_{n=1}^{e^{\sqrt[3]{\omega}}} \frac{\mu(n)}{n^{1+ti}} + (1+ti) \sum_{n=e^{\sqrt[3]{\omega}}+1}^{\infty} M(n) \int\limits_{n}^{n+1} \frac{du}{u^{2+ti}} - \frac{M\left(e^{\sqrt[3]{\omega}}\right)}{\left(\left[e^{\sqrt[3]{\omega}}\right]+1\right)^{1+ti}}$$

$$= \sum_{n=1}^{e^{\sqrt[3]{\omega}}} \frac{\mu(n)}{n^{1+ti}} + O\!\left(\omega \sum_{n=e^{\sqrt[3]{\omega}}+1}^{\infty} \frac{n}{\log^5 n}\frac{1}{n^2}\right) + O\!\left(\frac{e^{\sqrt[3]{\omega}}}{\left(\sqrt[3]{\omega}\right)^5 e^{\sqrt{\omega}}}\right)$$

$$= \sum_{n=1}^{e^{\sqrt[3]{\omega}}} \frac{\mu(n)}{n^{1+ti}} + O\!\left(\omega \frac{1}{\log^4\!\left(e^{\sqrt[3]{\omega}}\right)}\right) + O\!\left(\omega^{-\frac{5}{3}}\right)$$

$$(2) \qquad = \sum_{n=1}^{e^{\sqrt[3]{\omega}}} \frac{\mu(n)}{n^{1+ti}} + O\!\left(\omega^{-\frac{1}{3}}\right).$$

Ferner ist nach § 47 reichlich für $-\omega \leq t \leq \omega$ gleichmäßig

$$(3) \qquad\qquad \frac{1}{\zeta(1+ti)} = O\!\left(\omega^{\frac{1}{6}}\right).$$

Nach der Identität

$$AB = (A - A')(B - B') + AB' + A'B - A'B'$$

ist nun

$$\frac{1}{|\zeta(1+ti)|^2} = \frac{1}{\zeta(1+ti)}\cdot\frac{1}{\zeta(1-ti)}$$

$$= \sum_{n=1}^{\infty} \frac{\mu(n)}{n^{1+ti}} \sum_{m=1}^{\infty} \frac{\mu(m)}{m^{1-ti}}$$

$$= \sum_{n=1}^{e^{\sqrt[3]{\omega}}} \frac{\mu(n)}{n^{1+ti}} \sum_{m=1}^{e^{\sqrt[3]{\omega}}} \frac{\mu(m)}{m^{1-ti}} + \frac{1}{\zeta(1+ti)}\left(\frac{1}{\zeta(1-ti)} - \sum_{m=1}^{e^{\sqrt[3]{\omega}}} \frac{\mu(m)}{m^{1-ti}}\right)$$

$$+ \left(\frac{1}{\zeta(1+ti)} - \sum_{n=1}^{e^{\sqrt[3]{\omega}}} \frac{\mu(n)}{n^{1+ti}}\right)\frac{1}{\zeta(1-ti)} - \left(\frac{1}{\zeta(1+ti)} - \sum_{n=1}^{e^{\sqrt[3]{\omega}}} \frac{\mu(n)}{n^{1+ti}}\right)\left(\frac{1}{\zeta(1-ti)} - \sum_{m=1}^{e^{\sqrt[3]{\omega}}} \frac{\mu(m)}{m^{1-ti}}\right).$$

Hieraus folgt in Verbindung mit (2) und (3) für $-\omega \leq t \leq \omega$ gleichmäßig

$$\frac{1}{|\zeta(1+ti)|^2} = \sum_{n=1}^{e^{\sqrt[3]{\omega}}} \frac{\mu(n)}{n^{1+ti}} \sum_{m=1}^{e^{\sqrt[3]{\omega}}} \frac{\mu(m)}{m^{1-ti}} + O\!\left(\omega^{\frac{1}{6}}\omega^{-\frac{1}{3}}\right) + O\!\left(\omega^{-\frac{1}{3}}\omega^{\frac{1}{6}}\right) + O\!\left(\omega^{-\frac{1}{3}}\omega^{-\frac{1}{3}}\right)$$

$$= \sum_{n=1}^{e^{\sqrt[3]{\omega}}} \frac{\mu(n)}{n^{1+ti}} \sum_{m=1}^{e^{\sqrt[3]{\omega}}} \frac{\mu(m)}{m^{1-ti}} + O\!\left(\omega^{-\frac{1}{6}}\right)$$

$$= \sum_{n=1}^{e^{\sqrt[3]{\omega}}} \frac{(\mu(n))^2}{n^2} + \sum_{n=1}^{e^{\sqrt[3]{\omega}}} \sum_{\substack{m=1 \\ n \gtrless m}}^{e^{\sqrt[3]{\omega}}} \frac{\mu(n)}{n^{1+ti}} \frac{\mu(m)}{m^{1-ti}} + O\left(\omega^{-\frac{1}{6}}\right)$$

$$= \sum_{q \leq e^{\sqrt[3]{\omega}}} \frac{1}{q^2} + \sum_{n=1}^{e^{\sqrt[3]{\omega}}} \sum_{\substack{m=1 \\ n \gtrless m}}^{e^{\sqrt[3]{\omega}}} \frac{\mu(n)}{n} \frac{\mu(m)}{m} \left(\frac{m}{n}\right)^{ti} + O\left(\omega^{-\frac{1}{6}}\right),$$

$$\int_{-\omega}^{\omega} \frac{1}{|\zeta(1+ti)|^2}\, dt = 2\omega \sum_{q \leq e^{\sqrt[3]{\omega}}} \frac{1}{q^2} + \sum_{n=1}^{e^{\sqrt[3]{\omega}}} \sum_{\substack{m=1 \\ n \gtrless m}}^{e^{\sqrt[3]{\omega}}} \frac{\mu(n)}{n} \frac{\mu(m)}{m} \frac{\left(\frac{m}{n}\right)^{\omega i} - \left(\frac{m}{n}\right)^{-\omega i}}{i \log \frac{m}{n}} + O\left(\omega^{\frac{5}{6}}\right),$$

$$\int_{-\omega}^{\omega} \frac{1}{|\zeta(1+ti)|^2}\, dt - 2\omega \sum_{q \leq e^{\sqrt[3]{\omega}}} \frac{1}{q^2} = O \sum_{n=1}^{e^{\sqrt[3]{\omega}}} \sum_{\substack{m=1 \\ n \gtrless m}}^{e^{\sqrt[3]{\omega}}} \frac{1}{nm} \frac{1}{\left|\log \frac{m}{n}\right|} + O\left(\omega^{\frac{5}{6}}\right).$$

In der Doppelsumme rechts treten wegen

$$\left|\log \frac{m}{n}\right| = \left|\log \frac{n}{m}\right|$$

m und n symmetrisch auf; sie ist also

$$O \sum_{m=2}^{e^{\sqrt[3]{\omega}}} \frac{1}{m} \sum_{n=1}^{m-1} \frac{1}{n} \frac{1}{\log \frac{m}{n}} = O \sum_{m=2}^{e^{\sqrt[3]{\omega}}} \frac{1}{m} \left(\sum_{n=1}^{\frac{m}{2}} \frac{1}{n} \frac{1}{\log \frac{m}{n}} + \sum_{n=\frac{m}{2}+1}^{m-1} \frac{1}{n} \frac{1}{\log \frac{m}{n}} \right)$$

$$= O \sum_{m=2}^{e^{\sqrt[3]{\omega}}} \frac{1}{m} \left(\frac{1}{\log 2} \sum_{n=1}^{\frac{m}{2}} \frac{1}{n} + \frac{1}{\frac{m}{2}} \sum_{n=\frac{m}{2}+1}^{m-1} \frac{1}{\log \frac{m}{n}} \right).$$

Nun ist für wachsendes m

$$\sum_{n=1}^{\frac{m}{2}} \frac{1}{n} = O(\log m)$$

und

$$\sum_{n=\frac{m}{2}+1}^{m-1} \frac{1}{\log \frac{m}{n}} = \sum_{k=1}^{m-\left[\frac{m}{2}\right]-1} \frac{1}{\log \frac{m}{m-k}}$$

$$\leq \sum_{k=1}^{\frac{m}{2}} \frac{1}{-\log\left(1-\frac{k}{m}\right)}$$

$$\leq \sum_{k=1}^{\frac{m}{2}} \frac{1}{\frac{k}{m}}$$

$$= O(m \log m);$$

daher ist jene Doppelsumme

$$= O \sum_{m=2}^{e^{\sqrt[3]{\omega}}} \frac{1}{m}\left(\log m + \frac{1}{m}\, m \log m\right)$$

$$= O \sum_{m=2}^{e^{\sqrt[3]{\omega}}} \frac{\log m}{m}$$

$$= O\left(\log^2\left(e^{\sqrt[3]{\omega}}\right)\right)$$

$$= O\left(\omega^{\frac{2}{3}}\right),$$

also

$$\int_{-\omega}^{\omega} \frac{1}{|\zeta(1+ti)|^2}\, dt - 2\omega \sum_{q \leq e^{\sqrt[3]{\omega}}} \frac{1}{q^2} = O(\omega^{\frac{2}{3}}) + O(\omega^{\frac{5}{6}})$$

$$= o(\omega),$$

$$\lim_{\omega=\infty} \frac{1}{2\omega} \int_{-\omega}^{\omega} \frac{1}{|\zeta(1+ti)|^2}\, dt = \sum_{q} \frac{1}{q^2}$$

$$= \frac{\zeta(2)}{\zeta(4)}.$$

Satz: Es ist

$$\lim_{\omega=\infty} \frac{1}{2\omega} \int_{-\omega}^{\omega} \left|\frac{\zeta(2+2ti)}{\zeta(1+ti)}\right|^2 dt = \zeta(2)$$

$$= \frac{\pi^2}{6}.$$

Beweis: Das folgt wörtlich ebenso, wenn $\mu(n)$ durch $\lambda(n)$ ersetzt und die Relation des § 167

$$\sum_{n=1}^{x} \lambda(n) = O\left(\frac{x}{\log^5 x}\right)$$

benutzt wird.

Natürlich ist damit analog zu dem Obigen auch für alle $\beta \geqq 1$, $\gamma \geqq 1$ die Gültigkeit der Relation

$$\lim_{\omega = \infty} \frac{1}{2\omega} \int_{-\omega}^{\omega} \frac{\zeta(2\beta + 2ti)}{\zeta(\beta + ti)} \frac{\zeta(2\gamma - 2ti)}{\zeta(\gamma - ti)}\, dt = \zeta(\beta + \gamma)$$

festgestellt.

Aus jedem der beiden bewiesenen Sätze folgt, daß nicht

$$\lim_{t = \infty} \frac{1}{\zeta(1 + ti)} = 0$$

sein kann, d. h., daß $\zeta(s)$ auf der Geraden $\sigma = 1$ nicht „unendlich werden" kann; dies schließt natürlich nicht aus, daß

$$\limsup_{t = \infty} |\zeta(1 + ti)| = \infty$$

ist, sondern nur, daß

$$\lim_{t = \infty} |\zeta(1 + ti)| = \infty$$

ist. Übrigens läßt sich dies auch direkter so einsehen: Es ist bei geraden Wegen für $\omega > 0$

$$\int_{1-\omega i}^{1+\omega i} \frac{1}{\zeta(s)}\, ds = \int_{1-\omega i}^{2-\omega i} \frac{1}{\zeta(s)}\, ds + \int_{2-\omega i}^{2+\omega i} \frac{1}{\zeta(s)}\, ds + \int_{2+\omega i}^{1+\omega i} \frac{1}{\zeta(s)}\, ds.$$

Rechts ist

$$\int_{2-\omega i}^{2+\omega i} \frac{1}{\zeta(s)}\, ds = 2\omega i + \int_{2-\omega i}^{2+\omega i} \sum_{n=2}^{\infty} \frac{\mu(n)}{n^s}\, ds$$

$$= 2\omega i - \sum_{n=2}^{\infty} \left(\frac{\mu(n)}{n^{2+\omega i} \log n} - \frac{\mu(n)}{n^{2-\omega i} \log n} \right)$$

$$= 2\omega i + O(1)$$

$$= 2\omega i + o(\omega);$$

nach § 47 ist für $1 \leqq \sigma \leqq 2$ gleichmäßig

$$\frac{1}{\zeta(s)} = O(\log^c t),$$

$$= o(t),$$

also

$$\int_{2+\omega i}^{1+\omega i} \frac{1}{\zeta(s)}\, ds = o(\omega)$$

und

$$\int_{1-\omega i}^{2-\omega i} \frac{1}{\zeta(s)}\, ds = o(\omega);$$

folglich ist

$$\int_{1-\omega i}^{1+\omega i} \frac{1}{\zeta(s)}\, ds = 2\,\omega i + o(\omega);$$

wäre aber

$$\lim_{t=\infty} \frac{1}{\zeta(1+ti)} = 0,$$

so würde im Gegensatz hierzu

$$\int_{1-\omega i}^{1+\omega i} \frac{1}{\zeta(s)}\, ds = o(\omega)$$

sein.

§ 228.

Die Mittelwerte von $\zeta(s)$ und $\zeta^{(\nu)}(s)$.

Hilfssatz 1: Es ist für festes $\varepsilon > 0$ und ganzzahlig wachsendes m

$$\sum_{n=1}^{m-1} \frac{1}{n^{1+\varepsilon}\log\frac{m}{n}} = O(1)$$

und

$$\sum_{n=m+1}^{\infty} \frac{1}{n^{1+\varepsilon}\log\frac{n}{m}} = O(1),$$

also

$$\sum_{\substack{n=1 \\ n \gtrless m}}^{\infty} \frac{1}{n^{1+\varepsilon}\left|\log\frac{m}{n}\right|} = O(1).$$

Beweis: Es ist erstens

$$\sum_{n=1}^{\frac{m}{2}} \frac{1}{n^{1+\varepsilon}\log\frac{m}{n}} \leqq \frac{1}{\log 2} \sum_{n=1}^{\frac{m}{2}} \frac{1}{n^{1+\varepsilon}}$$

$$< \frac{1}{\log 2} \sum_{n=1}^{\infty} \frac{1}{n^{1+\varepsilon}}$$

$$= O(1),$$

zweitens

$$\sum_{n=\frac{m}{2}+1}^{m-1} \frac{1}{n^{1+\varepsilon}\log\frac{m}{n}} \leqq \frac{1}{\left(\frac{m}{2}\right)^{1+\varepsilon}} \sum_{n=\frac{m}{2}+1}^{m-1} \frac{1}{\log\frac{m}{n}}$$

$$= \frac{2^{1+\varepsilon}}{m^{1+\varepsilon}} \cdot \sum_{k=1}^{m-\left[\frac{m}{2}\right]-1} \frac{1}{\log\frac{m}{m-k}}$$

$$\leqq \frac{2^{1+\varepsilon}}{m^{1+\varepsilon}} \sum_{k=1}^{\frac{m}{2}} \frac{1}{-\log\left(1-\frac{k}{m}\right)}$$

$$\leqq \frac{2^{1+\varepsilon}}{m^{1+\varepsilon}} \sum_{k=1}^{\frac{m}{2}} \frac{1}{\frac{k}{m}}$$

$$= O\left(\frac{1}{m^{1+\varepsilon}}\, m\log m\right)$$

$$= o(1)$$

$$= O(1),$$

drittens

$$\sum_{n=m+1}^{2m} \frac{1}{n^{1+\varepsilon}\log\frac{n}{m}} \leqq \frac{1}{m^{1+\varepsilon}} \sum_{n=m+1}^{2m} \frac{1}{\log\frac{n}{m}}$$

$$= \frac{1}{m^{1+\varepsilon}} \sum_{k=1}^{m} \frac{1}{\log\frac{m+k}{m}}$$

$$= \frac{1}{m^{1+\varepsilon}} \sum_{k=1}^{m} \frac{1}{\log\left(1+\frac{k}{m}\right)},$$

folglich, da für $0 < u \leqq 1$

$$\log(1+u) > \frac{u}{2}$$

ist,

$$\sum_{n=m+1}^{2m} \frac{1}{n^{1+\varepsilon}\log\frac{n}{m}} < \frac{2}{m^{1+\varepsilon}} \sum_{k=1}^{m} \frac{1}{\frac{k}{m}}$$

$$= O\left(\frac{1}{m^{1+\varepsilon}}\, m\log m\right)$$

$$= O(1),$$

viertens

$$\sum_{n=2m+1}^{\infty} \frac{1}{n^{1+\varepsilon}\log\frac{n}{m}} < \frac{1}{\log 2}\sum_{n=2m+1}^{\infty}\frac{1}{n^{1+\varepsilon}}$$

$$= O\left(\frac{1}{m^{\varepsilon}}\right)$$

$$= O(1).$$

Hilfssatz 2: Es ist für $\omega \geqq 1,\ z \gtrless 0,\ \beta \gtrless 0$

$$\left|\int_{-\omega}^{\omega}(\beta + ti)\,e^{zti}\,dt\right| < \frac{(2\,|\beta|+4)\,\omega}{|z|}.$$

Beweis: Es ist einerseits

$$\left|\int_{-\omega}^{\omega}\beta\,e^{zti}\,dt\right| = \left|\beta\,\frac{e^{z\omega i}-e^{-z\omega i}}{zi}\right|$$

$$\leqq \frac{2\,|\beta|}{|z|}$$

$$\leqq \frac{2\,|\beta|\,\omega}{|z|},$$

andererseits nach dem Hilfssatz 2 des § 223

$$\left|\int_{-\omega}^{\omega}ti\,e^{zti}\,dt\right| < \frac{4\,\omega}{|z|}.$$

Um Wiederholungen zu vermeiden, beweise ich jetzt gleich die Mittelwertformel für $\zeta^{(\nu_1)}(s)$ und $\zeta^{(\nu_2)}(s)$, welche die für $\zeta(s)$ als Spezialfall $\nu_1 = \nu_2 = 0$ enthält. Die wesentliche Grundlage bildet der

Satz: Es sei das ganze $\nu \geqq 0$ fest, das positive $\beta < 1$ und fest. Dann ist gleichmäßig für alle ganzzahligen $m \geqq 1$

$$\lim_{\omega=\infty}\frac{1}{2\,\omega}\int_{-\omega}^{\omega}m^{ti}\zeta^{(\nu)}(\beta + ti)\,dt = \frac{(-1)^{\nu}\log^{\nu}m}{m^{\beta}}.$$

Beweis: Nach § 46 ist für $s = \beta + ti,\ \omega \geqq 1$

$$\zeta(s) = \sum_{n=1}^{\omega}\frac{1}{n^s} + \frac{1}{s-1}\frac{1}{[\omega]^{s-1}} - s\sum_{n=\omega}^{\infty}\int_{n}^{n+1}\frac{u-n}{u^{s+1}}\,du$$

und allgemeiner

$$\zeta^{(\nu)}(s) = \sum_{n=1}^{\omega} \frac{(-1)^{\nu}\log^{\nu} n}{n^{s}} + \frac{d^{\nu}}{ds^{\nu}}\left(\frac{1}{s-1}\frac{1}{[\omega]^{s-1}}\right)$$

$$-\nu(-1)^{\nu-1}\sum_{n=\omega}^{\infty}\int_{n}^{n+1}\frac{(u-n)\log^{\nu-1}u}{u^{s+1}}\,du - s(-1)^{\nu}\sum_{n=\omega}^{\infty}\int_{n}^{n+1}\frac{(u-n)\log^{\nu}u}{u^{s+1}}\,du.$$

Es ist offenbar bei wachsendem ω für $-\omega \leq t \leq \omega$ gleichmäßig

$$\frac{d^{\nu}}{ds^{\nu}}\left(\frac{1}{s-1}\frac{1}{[\omega]^{s-1}}\right) = \frac{(-1)^{\nu}\nu!}{(s-1)^{\nu+1}}\frac{1}{[\omega]^{s-1}} + \cdots + \frac{1}{s-1}\frac{(-1)^{\nu}\log^{\nu}[\omega]}{[\omega]^{s-1}}$$

$$= O\left(\frac{1}{1+|t|}\frac{\log^{\nu}\omega}{\omega^{\beta-1}}\right),$$

also auch obendrein gleichmäßig in Bezug auf m

$$m^{ti}\frac{d^{\nu}}{ds^{\nu}}\left(\frac{1}{s-1}\frac{1}{[\omega]^{s-1}}\right) = O\left(\frac{1}{1+|t|}\frac{\log^{\nu}\omega}{\omega^{\beta-1}}\right),$$

folglich gleichmäßig in Bezug auf m für wachsendes ω

$$\int_{-\omega}^{\omega} m^{ti}\frac{d^{\nu}}{ds^{\nu}}\left(\frac{1}{s-1}\frac{1}{[\omega]^{s-1}}\right)dt = O\left(\omega^{1-\beta}\log^{\nu}\omega\int_{-\omega}^{\omega}\frac{dt}{1+|t|}\right)$$

$$= O(\omega^{1-\beta}\log^{\nu+1}\omega)$$

$$= o(\omega).$$

Ferner ist bei wachsendem ω gleichmäßig für $-\omega \leq t \leq \omega$ (sogar für alle t)

$$(-\nu)(-1)^{\nu-1}\sum_{\nu=\omega}^{\infty}\int_{n}^{n+1}\frac{(u-n)\log^{\nu-1}u}{u^{s+1}}\,du = O\sum_{\nu=\omega}^{\infty}\int_{n}^{n+1}\frac{\log^{\nu-1}u}{u^{\beta+1}}\,du$$

$$= O\int_{[\omega]}^{\infty}\frac{\log^{\nu-1}u}{u^{\beta+1}}\,du$$

$$= O(\omega^{-\beta}\log^{\nu-1}\omega),$$

folglich gleichmäßig in Bezug auf m für wachsendes ω

$$\int_{-\omega}^{\omega} m^{ti}(-\nu)(-1)^{\nu-1}\sum_{n=\omega}^{\infty}\int_{n}^{n+1}\frac{(u-n)\log^{\nu-1}u}{u^{s+1}}\,du\,dt = O(\omega^{1-\beta}\log^{\nu-1}\omega)$$

$$= o(\omega).$$

Der Satz wird also bewiesen sein, wenn gleichmäßig in Bezug auf m

$$(1)\ \left\{ \int_{-\omega}^{\omega} m^{ti}\left(\sum_{n=1}^{\omega} \frac{(-1)^{\nu}\log^{\nu} n}{n^{\beta+ti}} - (\beta+ti)(-1)^{\nu}\sum_{n=\omega}^{\infty} \int_{n}^{n+1} \frac{(u-n)\log^{\nu} u}{u^{\beta+1+ti}}\,du \right) dt \right.$$
$$\left. - \frac{(-1)^{\nu}\log^{\nu} m}{m^{\beta}} 2\,\omega = o(\omega) \right.$$

gezeigt ist.

Die linke Seite dieser Behauptung (1) läßt sich wegen der gleichmäßigen Konvergenz der Reihe auf dem (endlichen) Integrationswege auch so schreiben:

$$(2)\ \left\{ \sum_{\substack{n=1 \\ n \gtrless m}}^{\omega} \frac{(-1)^{\nu}\log^{\nu} n}{n^{\beta}} \int_{-\omega}^{\omega} \left(\frac{m}{n}\right)^{ti} dt \right.$$
$$\left. -(-1)^{\nu}\sum_{n=\omega}^{\infty} \int_{n}^{n+1} \frac{(u-n)\log^{\nu} u}{u^{\beta+1}} \int_{-\omega}^{\omega}(\beta+ti)\left(\frac{m}{u}\right)^{ti} dt\,du - E(m,\omega)\frac{(-1)^{\nu}\log^{\nu} m}{m^{\beta}} 2\,\omega \right.$$

wo $E(m,\omega)$ für $m \leqq \omega$ die Zahl 0, für $m > \omega$ die Zahl 1 bezeichnet.

Hierin ist der absolute Betrag der ersten Summe

$$\left| \sum_{\substack{n=1 \\ n \gtrless m}}^{\omega} \frac{(-1)^{\nu}\log^{\nu} n}{n^{\beta}} \frac{e^{\frac{m}{n}\omega i} - e^{-\frac{m}{n}\omega i}}{i\log\frac{m}{n}} \right| \leqq \sum_{\substack{n=1 \\ n \gtrless m}}^{\omega} \frac{\log^{\nu} n}{n^{\beta}} \frac{2}{\left|\log\frac{m}{n}\right|},$$

also für jedes konstante $\varepsilon > 0$ gleichmäßig in Bezug auf m

$$= O\left(\log^{\nu}\omega \sum_{\substack{n=1 \\ n \gtrless m}}^{\omega} \frac{n^{1-\beta+\varepsilon}}{n^{1+\varepsilon}} \frac{1}{\left|\log\frac{m}{n}\right|} \right)$$

$$= O\left(\omega^{1-\beta+\varepsilon}\log^{\nu}\omega \sum_{\substack{n=1 \\ n \gtrless m}}^{\omega} \frac{1}{n^{1+\varepsilon}\left|\log\frac{m}{n}\right|} \right)$$

$$= O\left(\omega^{1-\beta+\varepsilon}\log^{\nu}\omega \sum_{\substack{n=1 \\ n \gtrless m}}^{\infty} \frac{1}{n^{1+\varepsilon}\left|\log\frac{m}{n}\right|} \right),$$

folglich nach dem Hilfssatz 1 gleichmäßig in Bezug auf m

$$= O(\omega^{1-\beta+\varepsilon}\log^{\nu}\omega)$$
$$= O(\omega^{1-\beta+2\varepsilon}),$$

d. h., da ε hierin irgend eine positive Konstante war,

$$= o(\omega).$$

Die besonders zu behandelnden etwaigen[1] Glieder $n = m - 1$
und $n = m$ der zweiten Summe in (2) sind jedes absolut genommen

$$\leq \int\limits_{n}^{n+1} \frac{\log^\nu u}{u^{\beta+1}} 2\,\omega(\beta + \omega)\,du$$

$$= O\left(\frac{\log^\nu \omega}{\omega^{\beta+1}}\omega^2\right)$$

$$= O(\omega^{1-\beta}\log^\nu \omega)$$

$$= o(\omega).$$

Für die übrig bleibende Summe ergibt sich, wenn $\omega \geq 1$ ist,
unter Anwendung des Hilfssatzes 2

$$\left| \sum_{\substack{n=\omega \\ n \gtrless m-1 \\ n \gtrless m}}^{\infty} \int\limits_{n}^{n+1} \frac{(u-n)\log^\nu u}{u^{\beta+1}} \int\limits_{-\omega}^{\omega} (\beta + t\,i)\left(\frac{m}{u}\right)^{ti} dt\,du \right| < \sum_{\substack{n=\omega \\ n \gtrless m-1 \\ n \gtrless m}}^{\infty} \int\limits_{n}^{n+1} \frac{\log^\nu u}{u^{\beta+1}} \frac{(2\beta + 4)\,\omega}{\left|\log\dfrac{m}{u}\right|} du;$$

dies ist nach Annahme irgend einer positiven Konstanten ε, die
überdies $< \frac{\beta}{2}$ sei, gleichmäßig in Bezug auf m

$$= O\left(\omega \sum_{\substack{n=\omega \\ n \gtrless m-1 \\ n \gtrless m}}^{\infty} \int\limits_{n}^{n+1} \frac{1}{u^{\beta+1-\varepsilon}} \frac{du}{\left|\log\dfrac{m}{u}\right|} \right)$$

$$= O\left(\omega \frac{1}{[\omega]^{\beta-2\varepsilon}} \sum_{\substack{n=\omega \\ n \gtrless m-1 \\ n \gtrless m}}^{\infty} \int\limits_{n}^{n+1} \frac{1}{u^{1+\varepsilon}} \frac{du}{\left|\log\dfrac{m}{u}\right|} \right)$$

$$= O\left(\omega^{1-\beta+2\varepsilon} \sum_{\substack{n=1 \\ n \gtrless m-1 \\ n \gtrless m}}^{\infty} \int\limits_{n}^{n+1} \frac{du}{u^{1+\varepsilon}\left|\log\dfrac{m}{u}\right|} \right)$$

$$(3) \qquad = O\left(\omega^{1-\beta+2\varepsilon} \left(\int\limits_{1}^{m-1} \frac{du}{u^{1+\varepsilon}\log\dfrac{m}{u}} + \int\limits_{m+1}^{\infty} \frac{du}{u^{1+\varepsilon}\log\dfrac{u}{m}} \right) \right),$$

---

1) D. h. für $m \geq [\omega] + 1$ treten beide auf, für $m = [\omega]$ das eine, für
$m < [\omega]$ keins.

wo im Falle $m = 1$ das erste Integral durch 0 zu ersetzen ist. Der Hilfssatz 1 des § 223 lautet für den vorliegenden Spezialtypus $\lambda_n = \log n$

$$\int_0^{\log(m-1)} \frac{e^{-u\varepsilon}}{\log m - u}\, du + \int_{\log(m+1)}^{\infty} \frac{e^{-u\varepsilon}}{u - \log m}\, du = O(1),$$

wo sich die Abschätzung auf wachsendes ganzzahliges m bezieht, also

$$\int_1^{m-1} \frac{u^{-\varepsilon}}{\log m - \log u}\, \frac{du}{u} + \int_{m+1}^{\infty} \frac{u^{-\varepsilon}}{\log u - \log m}\, \frac{du}{u} = O(1),$$

$$\int_1^{m-1} \frac{du}{u^{1+\varepsilon} \log \dfrac{m}{u}} + \int_{m+1}^{\infty} \frac{du}{u^{1+\varepsilon} \log \dfrac{u}{m}} = O(1).$$

Die rechte Seite von (3) ist daher gleichmäßig in Bezug auf m

$$= O(\omega^{1-\beta+2\varepsilon})$$
$$= o(\omega).$$

Der absolute Betrag des letzten Gliedes in (2) ist mit Rücksicht auf die Erklärung von $E(m, \omega)$ jedenfalls gleichmäßig in Bezug auf m

$$= O\left(\frac{\log^\nu \omega}{\omega^\beta}\, \omega\right)$$
$$= O(\omega^{1-\beta} \log^\nu \omega)$$
$$= o(\omega).$$

Der Ausdruck (2) ist also gleichmäßig $o(\omega)$, und der Satz ist bewiesen.

Aus diesem Satz ergibt sich (wörtlich so, wie in § 224 der Satz 36 aus dem Satz 35 geschlossen wurde) die

Folgerung: Wenn $0 < \beta < 1$ ist und die Reihe

$$g(s) = \sum_{n=1}^{\infty} \frac{c_n}{n^s}$$

für $\sigma = \gamma$ absolut konvergiert, so ist

$$\lim_{\omega = \infty} \frac{1}{2\omega} \int_{-\omega}^{\omega} \zeta^{(\nu)}(\beta + ti)\, g(\gamma - ti)\, dt = \sum_{n=1}^{\infty} \frac{(-1)^\nu c_n \log^\nu n}{n^{\beta+\gamma}}.$$

Insbesondere ist also für ganzzahlige $\nu_1 \geqq 0$, $\nu_2 \geqq 0$ und $0 < \beta < 1$, $\gamma > 1$

$$\lim_{\omega = \infty} \frac{1}{2\omega} \int_{-\omega}^{\omega} \zeta^{(\nu_1)}(\beta + ti)\, \zeta^{(\nu_2)}(\gamma - ti)\, dt = \sum_{n=1}^{\infty} \frac{(-1)^{\nu_1 + \nu_2} \log^{\nu_1 + \nu_2} n}{n^{\beta + \gamma}}$$

$$= \zeta^{(\nu_1 + \nu_2)}(\beta + \gamma).$$

Der folgenden Verallgemeinerung dieser Formel muß eine Abschätzung der Zetafunktion vorangeschickt werden, die an sich von hohem Interesse ist und übrigens später[1] noch verschärft werden wird. Einstweilen genügt reichlich der

Satz: Es bezeichne $\tau(\sigma)$ folgende stetige, mit wachsendem σ niemals zunehmende Funktion:

$$\tau(\sigma) \begin{cases} = \tfrac{1}{2} - \sigma & \text{für} \quad \sigma \leqq 0, \\ = \tfrac{1}{2} & \text{für} \quad 0 \leqq \sigma \leqq \tfrac{1}{2}, \\ = 1 - \sigma & \text{für} \quad \tfrac{1}{2} \leqq \sigma \leqq 1, \\ = 0 & \text{für} \quad 1 \leqq \sigma. \end{cases}$$

Es sei $\varepsilon > 0$ und fest, $\eta < 0$ und fest, ν ganzzahlig, $\geqq 0$ und fest. Dann ist für $\sigma \geqq \eta$ gleichmäßig

$$\zeta^{(\nu)}(s) = O(t^{\tau(\sigma) + \varepsilon}).$$

Der Satz sagt also aus, daß für $\sigma \geqq \eta$, $t \geqq 1$ der Quotient

$$\frac{|\zeta^{(\nu)}(s)|}{t^{\tau(\sigma) + \varepsilon}}$$

unterhalb einer festen Schranke gelegen ist. Natürlich folgt aus seiner Richtigkeit im Falle $\eta < 0$ dasselbe a fortiori im Falle $\eta \geqq 0$.

Beweis: Für $\sigma \geqq 1$ ist nach § 46 gleichmäßig

$$\zeta(s) = O(\log t)$$
$$= O(t^{\varepsilon})$$
$$(4) \hspace{3em} = O(t^{\tau(\sigma) + \varepsilon}).$$

Für $\tfrac{1}{2} \leqq \sigma \leqq 1$, $t \geqq 1$ ist nach § 46

$$\zeta(s) = \sum_{n=1}^{t+1} \frac{1}{n^s} + \frac{1}{s-1}\frac{1}{([t]+1)^{s-1}} - s \sum_{n=t+1}^{\infty} \int_{n}^{n+1} \frac{(u-n)\,du}{u^{s+1}},$$

---

[1] Vgl. § 240.

$$|\zeta(s)| < \sum_{n=1}^{t+1} \frac{1}{n^{\sigma}} + \frac{1}{t}\,\frac{1}{([t]+1)^{\sigma-1}} + (1+t)\sum_{n=t+1}^{\infty} \int_{n}^{n+1} \frac{du}{u^{\sigma+1}}$$

$$< \sum_{n=1}^{t+1} \frac{n^{1-\sigma}}{n} + \frac{1}{t}\,(t+1)^{1-\sigma} + 2t\int_{t}^{\infty} \frac{du}{u^{\sigma+1}}$$

$$\leqq (t+1)^{1-\sigma}\sum_{n=1}^{t+1} \frac{1}{n} + \frac{1}{t}\,(t+1)^{1-\sigma} + 2t\,\frac{1}{\sigma t^{\sigma}};$$

also ist für $\frac{1}{2} \leqq \sigma \leqq 1$ gleichmäßig

$$\zeta(s) = O(t^{1-\sigma}\log t) + O(t^{-\sigma}) + O(t^{1-\sigma})$$
$$= O(t^{1-\sigma}\log t)$$
$$= O(t^{1-\sigma+\varepsilon})$$
$$(5) \qquad\qquad = O(t^{\tau(\sigma)+\varepsilon}).$$

Andererseits war in § 218 festgestellt, daß für $\frac{1}{2} \leqq \sigma \leqq 1 - \eta$ gleichmäßig

$$(6) \qquad\qquad \Gamma(\sigma + ti) = O\!\left(e^{-\frac{\pi}{2}t}\,t^{\sigma-\frac{1}{2}}\right)$$

ist. Man konstatiert ferner für $\frac{1}{2} \leqq \sigma \leqq 1 - \eta$ gleichmäßig

$$\cos\left(\frac{\pi}{2}(\sigma + ti)\right) = \frac{1}{2}\left(e^{-\frac{\pi}{2}t+\frac{\pi}{2}\sigma i} + e^{\frac{\pi}{2}t-\frac{\pi}{2}\sigma i}\right)$$
$$(7) \qquad\qquad = O\!\left(e^{\frac{\pi}{2}t}\right).$$

Wegen der Funktionalgleichung

$$\zeta(1 - \sigma - ti) = \frac{2}{(2\pi)^{\sigma+ti}}\,\Gamma(\sigma + ti)\cos\left(\frac{\pi}{2}(\sigma + ti)\right)\zeta(\sigma + ti)$$

ist nach (6) und (7) für $\frac{1}{2} \leqq \sigma \leqq 1 - \eta$ gleichmäßig

$$|\zeta(1 - \sigma + ti)| = |\zeta(1 - \sigma - ti)|$$
$$= |\zeta(\sigma + ti)|\,O(1)\,O\!\left(e^{-\frac{\pi}{2}t}\,t^{\sigma-\frac{1}{2}}\right)O\!\left(e^{\frac{\pi}{2}t}\right)$$
$$= |\zeta(\sigma + ti)|\,O\!\left(t^{\sigma-\frac{1}{2}}\right),$$

d. h., $1 - \sigma$ statt σ geschrieben, für $\eta \leqq \sigma \leqq \frac{1}{2}$ gleichmäßig

$$(8) \qquad\qquad |\zeta(\sigma + ti)| = |\zeta(1 - \sigma + ti)|\,O\!\left(t^{\frac{1}{2}-\sigma}\right).$$

(8) liefert für $0 \leqq \sigma \leqq \frac{1}{2}$ nach (5) gleichmäßig

$$\zeta(s) = O\left(t^{\tau(1-\sigma)+\varepsilon+\frac{1}{2}-\sigma}\right)$$
$$= O\left(t^{\sigma+\varepsilon+\frac{1}{2}-\sigma}\right)$$
$$= O\left(t^{\frac{1}{2}+\varepsilon}\right)$$
$$(9) \qquad = O(t^{\tau(\sigma)+\varepsilon})$$

und für $\eta \leqq \sigma \leqq 0$ gleichmäßig

$$\zeta(s) = O\left(t^{\tau(1-\sigma)+\varepsilon+\frac{1}{2}-\sigma}\right)$$
$$= O\left(t^{\frac{1}{2}-\sigma+\varepsilon}\right)$$
$$(10) \qquad = O(t^{\tau(\sigma)+\varepsilon}).$$

Mit (4), (5), (9) und (10) ist die Behauptung

$$\zeta^{(\nu)}(s) = O(t^{\tau(\sigma)+\varepsilon})$$

(gleichmäßig für $\sigma \geqq \eta$) zunächst im Falle $\nu = 0$ bewiesen. Daraus folgt sie aber leicht allgemein. Denn, wenn ein $\nu \geqq 1$ gegeben ist, ist für $\sigma \geqq \eta - \varepsilon$ nach dem schon Bewiesenen gleichmäßig

$$\zeta(s) = O(t^{\tau(\sigma)+\varepsilon});$$

für $\sigma \geqq \eta$, $t > \varepsilon$ haben alle Punkte des Kreises um $\sigma + ti$ mit dem Radius ε ihre Abszisse $\sigma \geqq \eta$, und der Kreis enthält nicht den Pol 1; daher ist $\varepsilon^\nu \, | \, \zeta^{(\nu)}(\sigma + ti) |$ höchstens gleich dem Maximum von $|\,\zeta(s)\,|$ auf diesem Kreise; dieses ist, da jeder Kreispunkt seine Ordinate $\leqq t + \varepsilon$ und seine Abszisse $\geqq \sigma - \varepsilon$ hat, in der Halbebene $\sigma \geqq \eta$ gleichmäßig

$$O((t + \varepsilon)^{\tau(\sigma - \varepsilon)+\varepsilon});$$

wegen der offenbar überall erfüllten Ungleichung

$$\tau(\sigma - \varepsilon) \leqq \tau(\sigma) + \varepsilon$$

ist also gleichmäßig für $\sigma \geqq \eta$

$$\zeta^{(\nu)}(\sigma + ti) = O((t + \varepsilon)^{\tau(\sigma)+2\varepsilon})$$
$$= O((2t)^{\tau(\sigma)+2\varepsilon})$$
$$= O(2^{\tau(\sigma)+2\varepsilon}\, t^{\tau(\sigma)+2\varepsilon})$$
$$= O(t^{\tau(\sigma)+2\varepsilon}).$$

Für $\sigma \geqq \eta$ ist also gleichmäßig

$$\zeta^{(\nu)}(s) = O(t^{\tau(\sigma)+2\varepsilon}),$$

d. h. gleichmäßig

$$\zeta^{(\nu)}(s) = O(t^{\tau(\sigma)+\varepsilon}),$$

wie behauptet.

Nun folgt endlich der

Satz: Wenn

$$\beta > -\tfrac{1}{2},$$
$$\gamma > -\tfrac{1}{2},$$
$$\beta + \gamma > 1,$$
$$\beta \gtreqless 1,$$
$$\gamma \gtreqless 1$$

ist, so ist

$$\lim_{\omega=\infty}\frac{1}{2\omega}\int_{-\omega}^{\omega}\zeta^{(\nu_1)}(\beta+ti)\zeta^{(\nu_2)}(\gamma-ti)\,dt = \zeta^{(\nu_1+\nu_2)}(\beta+\gamma).$$

Beweis: Da dies für $\beta > 1$, $\gamma > 1$ nichts Neues ist, darf $\gamma < 1$ angenommen werden. Es werde γ' so gewählt, daß

$$\beta + \gamma - 1 < \gamma' < \beta + \gamma$$

und zugleich

$$1 < \gamma'$$

ist; es werde

$$\beta' = \beta + \gamma - \gamma'$$

gesetzt; dann ist

$$\gamma < \gamma',$$
$$\beta' < \beta,$$
$$0 < \beta' < 1,$$

also nach dem vorangehenden

$$\lim_{\omega=\infty}\frac{1}{2\omega}\int_{-\omega}^{\omega}\zeta^{(\nu_1)}(\beta'+ti)\zeta^{(\nu_2)}(\gamma'-ti)\,dt = \zeta^{(\nu_1+\nu_2)}(\beta'+\gamma')$$
$$= \zeta^{(\nu_1+\nu_2)}(\beta+\gamma).$$

Der Satz ist also bewiesen, wenn es gelingt, den Nachweis von

$$\int_{-\omega}^{\omega}\zeta^{(\nu_1)}(\beta+ti)\zeta^{(\nu_2)}(\gamma-ti)\,dt = \int_{-\omega}^{\omega}\zeta^{(\nu_1)}(\beta'+ti)\zeta^{(\nu_2)}(\gamma'-ti)\,dt + o(\omega),$$

d. h. von

$$(11)\qquad \int_{\beta-\omega i}^{\beta+\omega i}\zeta^{(\nu_1)}(s)\zeta^{(\nu_2)}(\beta+\gamma-s)\,ds - \int_{\beta'-\omega i}^{\beta'+\omega i}\zeta^{(\nu_1)}(s)\zeta^{(\nu_2)}(\beta+\gamma-s)\,ds = o(\omega)$$

zu führen. Die Anwendung des Cauchyschen Satzes auf das Rechteck mit den Ecken $\beta \pm \omega i$, $\beta' \pm \omega i$ ergibt für die linke Seite von (11) die Summe der beiden über die horizontalen Strecken erstreckten Integrale plus einer Konstanten, nämlich der Summe der etwaigen Residuen in den Polen 1 oder[1] $\beta + \gamma - 1$. Da jene horizontalen Wege die von ω unabhängige Länge $\beta - \beta'$ haben, so ist alles bewiesen, wenn auf ihnen gleichmäßig

$$(12) \qquad \zeta^{(\nu_1)}(s)\,\zeta^{(\nu_2)}(\beta + \gamma - s) = o(\omega)$$

gezeigt werden kann.

Nun ist nach dem über die Zetafunktion Bewiesenen für $s = \sigma \pm \omega i$ bei gegebenem $\varepsilon > 0$ gleichmäßig im Intervall $\beta' \leq \sigma \leq \beta$

$$\zeta^{(\nu_1)}(s)\,\zeta^{(\nu_2)}(\beta + \gamma - s) = O(\omega^{\tau(\sigma) + \tau(\beta + \gamma - \sigma) + \varepsilon}).$$

Es ist erstens für $0 \leq \sigma \leq \tfrac{1}{2}$ (weil $\tfrac{1}{2} < \beta + \gamma - \sigma$ ist)

$$\begin{aligned}
\tau(\sigma) + \tau(\beta + \gamma - \sigma) &\leq \tfrac{1}{2} + \text{Max.}\,(1 - \beta - \gamma + \sigma,\, 0)\\
&\leq \tfrac{1}{2} + \text{Max.}\,(\tfrac{3}{2} - \beta - \gamma,\, 0)\\
(13) \qquad &= \text{Max.}\,(2 - \beta - \gamma,\, \tfrac{1}{2}),
\end{aligned}$$

zweitens für $\tfrac{1}{2} \leq \sigma \leq 1$, soweit dabei $0 \leq \beta + \gamma - \sigma \leq \tfrac{1}{2}$ ist[2],

$$\begin{aligned}
\tau(\sigma) + \tau(\beta + \gamma - \sigma) &\leq 1 - \sigma + \tfrac{1}{2}\\
&= \tfrac{3}{2} - \sigma\\
&\leq \tfrac{3}{2} - (\beta + \gamma - \tfrac{1}{2})\\
(14) \qquad &= 2 - \beta - \gamma,
\end{aligned}$$

soweit aber dabei $\tfrac{1}{2} \leq \beta + \gamma - \sigma$ ist,

$$\begin{aligned}
\tau(\sigma) + \tau(\beta + \gamma - \sigma) &\leq 1 - \sigma + \text{Max.}\,(1 - \beta - \gamma + \sigma,\, 0)\\
&= \text{Max.}\,(2 - \beta - \gamma,\, 1 - \sigma)\\
(15) \qquad &\leq \text{Max.}\,(2 - \beta - \gamma,\, \tfrac{1}{2}),
\end{aligned}$$

drittens, was nur im Falle $\beta > 1$ in Betracht kommt, für $1 \leq \sigma \leq \beta$ (weil jedenfalls $\beta + \gamma - \sigma \geq \gamma$ ist)

$$\begin{aligned}
\tau(\sigma) + \tau(\beta + \gamma - \sigma) &= \tau(\beta + \gamma - \sigma)\\
(16) \qquad &\leq \tau(\gamma).
\end{aligned}$$

---

1) Der Pol $\beta + \gamma - 1$ gehört gewiß wegen

$$\beta' < \beta + \gamma - 1 < \beta$$

dem Gebiete an, der Pol 1 nur im Falle

$$\beta > 1.$$

Beide Pole können auch zusammenfallen.

2) Was nur für $\beta + \gamma \leq \tfrac{3}{2}$ vorkommt.

Nun ist jede der konstanten rechten Seiten von (13), (14), (15) und (16) kleiner als 1; dies ist bei (13), (14) und (15) eine Folge der Annahme

$$\beta + \gamma > 1,$$

bei (16) eine Folge der Annahme

$$\gamma > -\tfrac{1}{2}.$$

Daher ist ein positives ε so wählbar, daß gleichmäßig für $\beta' \leq \sigma \leq \beta$

$$\tau(\sigma) + \tau(\beta + \gamma - \sigma) + \varepsilon$$

unterhalb einer Zahl < 1 liegt. Damit ist (12), also der Satz bewiesen.

Für $\beta = 1$ oder $\gamma = 1$ kann er gewiß nicht zutreffen, da das Integral

$$\int_{-\omega}^{\omega} \zeta^{(\nu_1)}(\beta + ti)\,\zeta^{(\nu_2)}(\gamma - ti)\,dt$$

alsdann sinnlos ist. Immerhin läßt sich der Satz auch in einer Form aussprechen, bei der das Verbot $\beta = 1$ und $\gamma = 1$ aufgehoben ist und sonst die Voraussetzungen unverändert bleiben, nämlich, wenn

$$\zeta(s) - \frac{1}{s-1} = Z(s)$$

gesetzt wird, in der Form

$$(17) \qquad \lim_{\omega = \infty} \frac{1}{2\omega} \int_{-\omega}^{\omega} Z^{(\nu_1)}(\beta + ti)\, Z^{(\nu_2)}(\gamma - ti)\,dt = \zeta^{(\nu_1 + \nu_2)}(\beta + \gamma).$$

In der Tat unterscheidet sich $Z^{(\nu)}(s)$ von $\zeta^{(\nu)}(s)$ um das Zusatzglied

$$-\frac{(-1)^{\nu}\,\nu!}{(s-1)^{\nu+1}},$$

welches für festes $\sigma > 0$ und wachsendes $|t|$ jedenfalls

$$= O\!\left(\frac{1}{|t|^{\nu+1}}\right)$$

$$= O\!\left(\frac{1}{|t|}\right)$$

ist, so daß für wachsendes $|t|$ wegen $\beta > -\tfrac{1}{2}$, $\gamma > -\tfrac{1}{2}$ bei passend wählbarem positivem $\vartheta < 1$

$$Z^{(\nu_1)}(\beta + ti)\, Z^{(\nu_2)}(\gamma - ti) = \left(\zeta^{(\nu_1)}(\beta + ti) + O\left(\tfrac{1}{|t|}\right)\right)\left(\zeta^{(\nu_2)}(\gamma - ti) + O\left(\tfrac{1}{|t|}\right)\right)$$

$$= \zeta^{(\nu_1)}(\beta + ti)\,\zeta^{(\nu_2)}(\gamma - ti) + O(|t|^\vartheta)\,O\left(\tfrac{1}{|t|}\right) + O\left(\tfrac{1}{|t|^2}\right)$$

$$= \zeta^{(\nu_1)}(\beta + ti)\,\zeta^{(\nu_2)}(\gamma - ti) + O(|t|^{\vartheta - 1})$$

ist und dies Zusatzglied mit Rücksicht auf

$$\int_{-\omega}^{\omega} O(|t|^{\vartheta - 1})\,dt = O(\omega^\vartheta)$$
$$= o(\omega)$$

nicht stört. Es ergibt sich eben (17) aus der alten Formel mit $\zeta(s)$ zuerst für $\beta > 1$, $\gamma > 1$ und $0 < \beta < 1$, $\gamma > 1$ (und natürlich auch für alle anderen damaligen Wertepaare); hieraus ergibt sich weiter (17) durch die nunmehr erlaubte Anwendung des Cauchyschen Satzes im Sinne des letzten Beweises unter den Voraussetzungen des vorigen Satzes ohne das Verbot $\beta = 1$, $\gamma = 1$.

Fünfundzwanzigster Teil.

Darstellung der endlichen Koeffizientensumme einer Dirichletschen Reihe.

Siebenundsiebzigstes Kapitel.

Abschätzung der Dirichletschen Reihen.

---

§ 229.

Eine vertikale Gerade.

Es seien jetzt die λ_n wieder ganz beliebig, also nur verschieden, monoton ins Unendliche wachsend und nicht etwa der Einschränkung des § 223 unterworfen.

Das Ziel dieses fünfundzwanzigsten Teils ist, für jede Dirichletsche Reihe

$$f(s) = \sum_{n=1}^{\infty} a_n e^{-\lambda_n s}$$

den Nachweis zu führen, daß bei Integration längs einer im Innern des Konvergenzbereiches gelegenen vertikalen Geraden $\sigma = \gamma$, wo $\gamma > 0$ ist,

$$\lim_{\omega = \infty} \int_{\gamma - \omega i}^{\gamma + \omega i} \frac{e^{xs}}{s} f(s)\, ds = 2\pi i \sum_{\lambda_n \leqq x}' a_n$$

ist, wo Σ' bezeichnet, daß im Falle

$$x = \lambda_{n_0}$$

(d. h., wenn x ein λ ist) das letzte Glied a_{n_0} den Faktor $\frac{1}{2}$ erhält.

Dies wird, nachdem im Kapitel 77 Hilfsbetrachtungen vorangeschickt sind, im Kapitel 78 bei Reihen mit absolutem Konvergenzbereich in diesem absoluten Konvergenzbereich genau so gelingen wie der entsprechende Nachweis früher beim Typus

$$\lambda_n = \log n$$

im § 86. Für Reihen mit absolutem Konvergenzbereich wird alsdann, auch noch im Kapitel 78, der Übergang zum Streifen bedingter Konvergenz leicht möglich sein.

Der Beweis der Behauptung für den allgemeinen Fall der Reihen ohne absoluten Konvergenzbereich [1] im Kapitel 79 wird schwieriger sein. Zwar ist darin der leichtere Fall des Kapitels 78 enthalten; aber es ist doch von Interesse, die direktere Behandlung dieses Falles mitzuteilen.

In diesem § 229 handelt es sich um den

Satz 43: Es sei

$$f(s) = \sum_{n=1}^{\infty} a_n e^{-\lambda_n s}$$

für $\sigma > \beta$ konvergent. Dann ist für festes $\varepsilon > 0$

$$f(\beta + \varepsilon + ti) = o(t).$$

Nur unter der Annahme der Existenz eines absoluten Konvergenzgebietes war dies schon durch Satz 33 bewiesen.

Beweis: Es werde

$$\sum_{n=1}^{m} a_n e^{-\lambda_n \left(\beta + \frac{\varepsilon}{2}\right)} = S(m)$$

gesetzt; dann ist für alle ganzen $m \geq 1$

$$|S(m)| < c.$$

Nun ist, wenn für $x \geq \lambda_1$ die Zahl y durch

$$\lambda_y \leq x < \lambda_{y+1}$$

bestimmt ist,

$$f(\beta + \varepsilon + ti) = \sum_{n=1}^{y} a_n e^{-\lambda_n(\beta + \varepsilon + ti)} + \sum_{n=y+1}^{\infty} (S(n) - S(n-1)) e^{-\lambda_n \left(\frac{\varepsilon}{2} + ti\right)}$$

$$= \sum_{n=1}^{y} a_n e^{-\lambda_n(\beta + \varepsilon + ti)} + \left(\frac{\varepsilon}{2} + ti\right) \sum_{n=y+1}^{\infty} S(n) \int_{\lambda_n}^{\lambda_{n+1}} e^{-u\left(\frac{\varepsilon}{2} + ti\right)} du - S(y) e^{-\lambda_{y+1}\left(\frac{\varepsilon}{2} + ti\right)},$$

$$|f(\beta + \varepsilon + ti)| \leq \sum_{n=1}^{y} |a_n| e^{-\lambda_n(\beta + \varepsilon)} + \sqrt{\frac{\varepsilon^2}{4} + t^2}\, c \sum_{n=y+1}^{\infty} \int_{\lambda_n}^{\lambda_{n+1}} e^{-\frac{\varepsilon}{2} u} du + c\, e^{-\lambda_{y+1}\frac{\varepsilon}{2}},$$

folglich wegen

$$a_n = O(e^{\lambda_n(\beta + \varepsilon)}),$$

wenn über x als ins Unendliche wachsende Funktion von t die Verfügung vorbehalten bleibt,

---

1) D. h. für Reihen, bei denen nicht bekannt ist, ob sie einen absoluten Konvergenzbereich besitzen.

$$f(\beta + \varepsilon + ti) = O\sum_{n=1}^{y} 1 + O\!\left(t\int_{\lambda_{y+1}}^{\infty} e^{-\frac{\varepsilon}{2}u}\,du\right) + O\!\left(e^{-\frac{\varepsilon}{2}x}\right)$$

$$= O(y) + O\!\left(t\int_{x}^{\infty} e^{-\frac{\varepsilon}{2}u}\,du\right) + O\!\left(e^{-\frac{\varepsilon}{2}x}\right)$$

$$= O(y) + O\!\left(te^{-\frac{\varepsilon}{2}x}\right).$$

$x = x(t)$ sei so gewählt, daß erstens die Anzahl der $\lambda_n \leqq x$

$$y = y(x) = o(t)$$

und zweitens

$$\lim_{t=\infty} x = \infty$$

ist, was natürlich möglich ist; dadurch ergibt sich die Behauptung

$$f(\beta + \varepsilon + ti) = o(t).$$

§ 230.

Ein Streifen und eine Halbebene.

Satz 44: Es sei

$$f(s) = \sum_{n=1}^{\infty} a_n e^{-\lambda_n s}$$

für $\sigma > \beta$ konvergent. Dann ist für festes $\varepsilon > 0$ und festes $\eta > \beta + \varepsilon$ gleichmäßig im Streifen $\beta + \varepsilon \leqq \sigma \leqq \eta$

$$f(\sigma + ti) = o(t);$$

d. h. der Quotient

$$\frac{|f(\sigma + ti)|}{t}$$

ist für alle jene σ kleiner als δ, wenn nur

$$t \geqq t_0 = t_0(\delta)$$

ist.

Beweis: $x = x(t)$ habe die Bedeutung des vorigen Paragraphen, desgleichen $S(m)$ und $y = y(x)$. Dann ist für $\sigma \geqq \beta + \varepsilon$

$$\begin{cases} f(\sigma+ti) = \sum_{n=1}^{y} a_n e^{-\lambda_n(\sigma+ti)} + \left(\sigma-\beta-\frac{\varepsilon}{2}+ti\right)\sum_{n=y+1}^{\infty} S(n)\int_{\lambda_n}^{\lambda_{n+1}} e^{-u\left(\sigma-\beta-\frac{\varepsilon}{2}+ti\right)}\,du \\[2ex] \qquad\qquad - S(y)e^{-\lambda_{y+1}\left(\sigma-\beta-\frac{\varepsilon}{2}+ti\right)} \end{cases}$$

Hierin ist

$$\left|\sum_{n=1}^{y} a_n e^{-\lambda_n(\sigma+ti)}\right| \leq \sum_{n=1}^{y} |a_n| e^{-\lambda_n \sigma};$$

für die höchstens in endlicher Anzahl vorhandenen negativen λ_n ist im Intervall $\beta + \varepsilon \leq \sigma \leq \eta$

$$|a_n| e^{-\lambda_n \sigma} \leq |a_n| e^{-\lambda_n \eta};$$

für die $\lambda_n \geqq 0$ ist im Intervall $\beta + \varepsilon \leq \sigma \leq \eta$

$$|a_n| e^{-\lambda_n \sigma} \leq |a_n| e^{-\lambda_n(\beta+\varepsilon)};$$

daher ist für $\beta + \varepsilon \leq \sigma \leq \eta$

$$\sum_{n=1}^{y} a_n e^{\lambda_n(\sigma+ti)} = O \sum_{n=1}^{y} 1$$
$$= O(y)$$
$$= o(t).$$

Ferner ist, da für alle hinreichend großen t

$$x > 0$$

ist, das zweite Glied rechts in (1)

$$\left(\sigma - \beta + \tfrac{\varepsilon}{2} + ti\right) \sum_{n=y+1}^{\infty} S(n) \int_{\lambda_n}^{\lambda_n+1} e^{-u\left(\sigma-\beta-\frac{\varepsilon}{2}+ti\right)} du = O\left(t \sum_{n=y+1}^{\infty} \int_{\lambda_n}^{\lambda_n+1} e^{-\frac{\varepsilon}{2}u} du\right)$$
$$= O\left(t \int_{\lambda_{y+1}}^{\infty} e^{-\frac{\varepsilon}{2}u} du\right)$$
$$= O\left(t \int_{x}^{\infty} e^{-\frac{\varepsilon}{2}u} du\right)$$
$$= O\left(t e^{-\frac{\varepsilon}{2}x}\right)$$

und das dritte Glied rechts in (1)

$$- S(y) e^{-\lambda_{y+1}\left(\sigma-\beta-\frac{\varepsilon}{2}+ti\right)} = O\left(e^{-\lambda_{y+1}\frac{\varepsilon}{2}}\right)$$
$$= O\left(e^{-\frac{\varepsilon}{2}x}\right).$$

Es kommt also heraus:

$$f(\sigma + ti) = o(t) + O\left(t e^{-\frac{\varepsilon}{2}x}\right) + O\left(e^{-\frac{\varepsilon}{2}x}\right)$$
$$= o(t) + o(t) + o(t)$$
$$= o(t).$$

Satz 45: Falls $\lambda_1 \geqq 0$ ist[1], ist sogar für alle $\sigma \geqq \beta + \varepsilon$ gleichmäßig

$$f(\sigma + ti) = o(t).$$

Das η ist also weggefallen.

Beweis: Bei der Behandlung des ersten Gliedes auf der rechten Seite von (1) ist hier durchweg

$$\left| a_n e^{-\lambda_n (\sigma + ti)} \right| \leqq \left| a_n \right| e^{-\lambda_n (\beta + \varepsilon)},$$

also jenes Glied für $\sigma \geqq \beta + \varepsilon$

$$O(y) = o(t).$$

Beim zweiten Glied schließe ich jetzt, wenn das positive t gleich so groß angenommen wird, daß $x > 0$ ist, so:

$$\left| \left(\sigma - \beta - \tfrac{\varepsilon}{2} + ti\right) \sum_{n=y+1}^{\infty} S(n) \int_{\lambda_n}^{\lambda_{n+1}} e^{-u\left(\sigma - \beta - \frac{\varepsilon}{2} + ti\right)} du \right| \leqq \left| \sigma - \beta - \tfrac{\varepsilon}{2} + ti \right| c \sum_{n=y+1}^{\infty} \int_{\lambda_n}^{\lambda_{n+1}} e^{-u\left(\sigma - \beta - \frac{\varepsilon}{2}\right)} du$$

$$< c \left| \sigma - \beta - \tfrac{\varepsilon}{2} + ti \right| \int_x^{\infty} e^{-u\left(\sigma - \beta - \frac{\varepsilon}{2}\right)} du$$

$$= c \left| \sigma - \beta - \tfrac{\varepsilon}{2} + ti \right| \frac{e^{-x\left(\sigma - \beta - \frac{\varepsilon}{2}\right)}}{\sigma - \beta - \frac{\varepsilon}{2}}$$

$$\leqq c \frac{\left| \sigma - \beta - \frac{\varepsilon}{2} + ti \right|}{\sigma - \beta - \frac{\varepsilon}{2}} e^{-\frac{\varepsilon}{2} x}$$

$$\leqq c \frac{\sigma - \beta - \frac{\varepsilon}{2} + t}{\sigma - \beta - \frac{\varepsilon}{2}} e^{-\frac{\varepsilon}{2} x}$$

$$= c \left(1 + \frac{t}{\sigma - \beta - \frac{\varepsilon}{2}} \right) e^{-\frac{\varepsilon}{2} x}$$

$$\leqq c \left(1 + \frac{t}{\frac{\varepsilon}{2}} \right) e^{-\frac{\varepsilon}{2} x}$$

$$= o(t).$$

---

[1] Sonst natürlich nicht.

Das dritte Glied ist wie oben

$$O\left(e^{-\lambda_{y+1}\frac{\varepsilon}{2}}\right) = O\left(e^{-\frac{\varepsilon}{2}x}\right)$$
$$= o(t).$$

Damit ist bewiesen:

$$f(\sigma + ti) = o(t) + o(t) + o(t)$$
$$= o(t).$$

Für Reihen mit absolutem Konvergenzbereich gilt genauer der Satz 33, bei dessen Beweis ja keine einschränkende Annahme über die λ_n benutzt wurde. Zu den Reihen mit absolutem Konvergenzbereich gehören, wie schon mehrfach bemerkt wurde, alle Reihen mit Konvergenzbereich, falls bei der betreffenden λ_n-Folge

$$\limsup_{n=\infty} \frac{\log n}{\lambda_n} < \infty$$

ist.

Achtundsiebzigstes Kapitel.

Die Darstellung der Koeffizientensumme für Reihen mit absolutem Konvergenzbereich.

---

§ 231.

Die vertikale Gerade im absoluten Konvergenzbereich.

Satz 46: Wenn

$$f(s) = \sum_{n=1}^{\infty} a_n e^{-\lambda_n s}$$

für $\sigma = \gamma$, wo $\gamma > 0$ ist, absolut konvergiert[1], so ist für jedes reelle x

$$\lim_{\omega=\infty} \int_{\gamma-\omega i}^{\gamma+\omega i} \frac{e^{xs}}{s} f(s)\, ds = 2\pi i \sum_{\lambda_n \leq x}' a_n.$$

Beweis: Nach § 86 ist, $\omega > 0$ angenommen, für $z > 0$

$$\left| \int_{\gamma-\omega i}^{\gamma+\omega i} \frac{e^{zs}}{s}\, ds - 2\pi i \right| \leq \frac{2}{\omega}\, \frac{e^{z\gamma}}{z},$$

---

[1] $\sigma = \gamma$ darf auch die Grenzgerade absoluter Konvergenz sein, wenn nur dort absolute Konvergenz stattfindet.

für $z = 0$

$$\left| \int\limits_{\gamma - \omega i}^{\gamma + \omega i} \frac{e^{zs}}{s}\, ds - \pi i \right| \leq \frac{2}{\omega} \gamma,$$

für $z < 0$

$$\left| \int\limits_{\gamma - \omega i}^{\gamma + \omega i} \frac{e^{zs}}{s}\, ds \right| \leq \frac{2}{\omega}\, \frac{e^{z\gamma}}{-z}.$$

Aus

$$\int\limits_{\gamma - \omega i}^{\gamma + \omega i} \frac{e^{xs}}{s} f(s)\, ds = \int\limits_{\gamma - \omega i}^{\gamma + \omega i} \frac{e^{xs}}{s} \sum_{n=1}^{\infty} a_n e^{-\lambda_n s}\, ds$$

$$= \sum_{n=1}^{\infty} a_n \int\limits_{\gamma - \omega i}^{\gamma + \omega i} \frac{e^{(x - \lambda_n)s}}{s}\, ds$$

folgt

$$\int\limits_{\gamma - \omega i}^{\gamma + \omega i} \frac{e^{xs}}{s} f(s)\, ds - 2\pi i \sideset{}{'}\sum_{\lambda_n \leqq x} a_n = \sum_{n=1}^{\infty} a_n \left(\int\limits_{\gamma - \omega i}^{\gamma + \omega i} \frac{e^{(x - \lambda_n)s}}{s}\, ds - \varepsilon_n \pi i \right),$$

wo

$$\varepsilon_n = 2, \quad 1, \quad 0$$

für

$$\lambda_n < x, \; = x, \; > x$$

ist, folglich

$$(1) \quad \left| \int\limits_{\gamma - \omega i}^{\gamma + \omega i} \frac{e^{xs}}{s} f(s)\, ds - 2\pi i \sideset{}{'}\sum_{\lambda_n \leqq x} a_n \right| \leqq \frac{2}{\omega} \sum_{\lambda_n < x} |a_n| \frac{e^{(x - \lambda_n)\gamma}}{x - \lambda_n} + \frac{2}{\omega} \gamma \sum_{\lambda_n = x} |a_n| + \frac{2}{\omega} \sum_{\lambda_n > x} |a_n| \frac{e^{(x - \lambda_n)}}{\lambda_n -}$$

wo die mittlere Summe 0 bedeutet, falls kein $\lambda_n = x$ ist; die letzte Summe ist wirklich konvergent, da

$$\sum_{n=1}^{\infty} |a_n|\, e^{-\lambda_n \gamma}$$

nach Voraussetzung konvergiert. Da die rechte Seite von (1) für $\omega = \infty$ den Limes 0 hat, ist der Satz bewiesen.

§ 232.

Übergang zu einer anderen vertikalen Geraden im Konvergenzbereich.

Satz 47: Es möge die Reihe

$$f(s) = \sum_{n=1}^{\infty} a_n e^{-\lambda_n s}$$

einen absoluten Konvergenzbereich besitzen; es sei $\gamma > 0$ und die Gerade $\sigma = \gamma$ im Innern des Konvergenzbereiches gelegen, d. h. γ größer als die Konvergenzabszisse; dann ist

$$\lim_{\omega = \infty} \int_{\gamma - \omega i}^{\gamma + \omega i} \frac{e^{xs}}{s} f(s)\, ds = 2\pi i \sum_{\lambda_n \leq x}{}' a_n .$$

Beweis: Es sei γ' so gewählt, daß für $\sigma = \gamma'$ die Reihe $f(s)$ absolut konvergiert. Dann ist nach Satz 46

$$2\pi i \sum_{\lambda_n \leq x}{}' a_n = \lim_{\omega = \infty} \int_{\gamma' - \omega i}^{\gamma' + \omega i} \frac{e^{xs}}{s} f(s)\, ds .$$

Die Anwendung des Cauchyschen Satzes auf das Rechteck mit den Ecken $\gamma \pm \omega i$, $\gamma' \pm \omega i$ gibt

$$\int_{\gamma - \omega i}^{\gamma + \omega i} \frac{e^{xs}}{s} f(s)\, ds = \int_{\gamma - \omega i}^{\gamma' - \omega i} \frac{e^{xs}}{s} f(s)\, ds + \int_{\gamma' - \omega i}^{\gamma' + \omega i} \frac{e^{xs}}{s} f(s)\, ds + \int_{\gamma' + \omega i}^{\gamma + \omega i} \frac{e^{xs}}{s} f(s)\, ds .$$

Nach Satz 44, aber auch schon nach Satz 33 ist im ersten und dritten Integral gleichmäßig

$$f(s) = o(\omega),$$

also gleichmäßig (bei festem x natürlich)

$$\frac{e^{xs}}{s} f(s) = o(1);$$

diese Integrale mit fester Weglänge sind also $o(1)$; daher ist

$$\lim_{\omega = \infty} \int_{\gamma - \omega i}^{\gamma + \omega i} \frac{e^{xs}}{s} f(s)\, ds = \lim_{\omega = \infty} \int_{\gamma' - \omega i}^{\gamma' + \omega i} \frac{e^{xs}}{s} f(s)\, ds$$

$$= 2\pi i \sum_{\lambda_n \leq x}{}' a_n .$$

Neunundsiebzigstes Kapitel.

Die Darstellung der Koeffizientensumme für allgemeine Dirichletsche Reihen.

§ 233.

Die Darstellung.

Satz 48: Wenn die Gerade $\sigma = \gamma$, wo $\gamma > 0$ ist, im Innern des Konvergenzbereiches von

$$f(s) = \sum_{n=1}^{\infty} a_n e^{-\lambda_n s}$$

liegt, ist

$$\lim_{\omega = \infty} \int_{\gamma - \omega i}^{\gamma + \omega i} \frac{e^{xs}}{s} f(s)\, ds = 2\pi i \sum_{\lambda_n \leqq x}' a_n.$$

Beweis: Ohne Beschränkung der Allgemeinheit kann

$$x < \lambda_1$$

angenommen werden, da es sonst nur nötig ist, vorn endlich viele Glieder der Reihe abzutrennen und aus

$$\int_{\gamma - \omega i}^{\gamma + \omega i} \frac{e^{xs}}{s} f(s)\, ds = \int_{\gamma - \omega i}^{\gamma + \omega i} \frac{e^{xs}}{s} \left(\sum_{\lambda_n \leqq x} a_n e^{-\lambda_n s} + \sum_{\lambda_n > x} a_n e^{-\lambda_n s} \right) ds$$

die Behauptung zu erschließen.

Es sei also

$$x < \lambda_1;$$

dann lautet die Behauptung:

$$\lim_{\omega = \infty} \int_{\gamma - \omega i}^{\gamma + \omega i} \frac{1}{s} \sum_{n=1}^{\infty} a_n e^{(x - \lambda_n)s}\, ds = 0.$$

Noch einfacher lautet die Behauptung, wenn

$$x - \lambda_n = \nu_n$$

gesetzt wird: Falls die Dirichletsche Reihe

$$g(s) = \sum_{n=1}^{\infty} a_n e^{-\nu_n s},$$

wo $\nu_1 > 0$ ist, für $\sigma = \gamma$, wo $\gamma > 0$ ist, und darüber links hinaus konvergiert, ist

$$(1) \qquad \lim_{\omega = \infty} \int_{\gamma - \omega i}^{\gamma + \omega i} \frac{g(s)}{s}\, ds = 0.$$

Das Bisherige waren oberflächliche Transformationen; in dieser Behauptung (1) liegt der Kern des Satzes.

Nach dem Cauchyschen Satz ist, wenn $\omega > 0$ und $z > \gamma$ angenommen wird,

$$\int_{\gamma - \omega i}^{\gamma + \omega i} \frac{g(s)}{s}\, ds = \int_{\gamma - \omega i}^{z - \omega i} \frac{g(s)}{s}\, ds + \int_{z - \omega i}^{z + \omega i} \frac{g(s)}{s}\, ds + \int_{z + \omega i}^{\gamma + \omega i} \frac{g(s)}{s}\, ds.$$

Ich werde zunächst beweisen, daß für $z = \infty$ das zweite Integral rechts den Limes 0 hat, während die beiden anderen gegen endliche Grenzwerte konvergieren.

Es ist,

$$\sum_{n=1}^{m} a_n e^{-\nu_n \gamma} = S(m)$$

gesetzt, für $\sigma > \gamma$

$$g(s) = \sum_{n=1}^{\infty} (S(n) - S(n-1)) e^{-\nu_n (s-\gamma)}$$

$$= \sum_{n=1}^{\infty} S(n) \left(e^{-\nu_n (s-\gamma)} - e^{-\nu_{n+1}(s-\gamma)} \right)$$

$$= (s - \gamma) \sum_{n=1}^{\infty} S(n) \int_{\nu_n}^{\nu_{n+1}} e^{-u(s-\gamma)}\, du,$$

also wegen

$$|S(n)| < c$$

$$|g(s)| < c\, |s - \gamma| \sum_{n=1}^{\infty} \int_{\nu_n}^{\nu_{n+1}} e^{-u(\sigma-\gamma)}\, du$$

$$= c\, |s - \gamma| \int_{\nu_1}^{\infty} e^{-u(\sigma-\gamma)}\, du$$

$$(2) \qquad = c\, \frac{|s - \gamma|}{\sigma - \gamma}\, e^{-\nu_1(\sigma-\gamma)}.$$

Auf der Strecke $(z - \omega i \cdots z + \omega i)$ ist daher

$$\left|\frac{g(s)}{s}\right| < \frac{1}{z}\, c\, \frac{z - \gamma + \omega}{z - \gamma}\, e^{-\nu_1 (z - \gamma)},$$

was vom Punkte s auf der Strecke unabhängig ist und wegen $\nu_1 > 0$ für $z = \infty$ gegen Null konvergiert. Daher ist

$$\lim_{z = \infty} \int_{z - \omega i}^{z + \omega i} \frac{g(s)}{s}\, ds = 0.$$

Auf den Geraden $t = \omega$ und $t = -\omega$ ist nach (2) für $\sigma > \gamma$

$$\left|\frac{g(s)}{s}\right| < c\, \frac{1}{\sigma}\, \frac{\sigma - \gamma + \omega}{\sigma - \gamma}\, e^{-\nu_1 (\sigma - \gamma)},$$

was wegen $\nu_1 > 0$ bis $\sigma = \infty$ integriert werden kann.
Daher ist

$$\int_{\gamma - \omega i}^{\gamma + \omega i} \frac{g(s)}{s}\, ds = \int_{\gamma - \omega i}^{\infty - \omega i} \frac{g(s)}{s}\, ds - \int_{\gamma + \omega i}^{\infty + \omega i} \frac{g(s)}{s}\, ds.$$

Nun behaupte ich, daß jedes der beiden Integrale rechts für $\omega = \infty$ den Grenzwert 0 hat. Es ist auf beiden Integrationswegen für $\sigma > \gamma$ infolge (2)

$$\left|\frac{g(s)}{s}\right| < c\, \left|\frac{s - \gamma}{s}\right|\, \frac{1}{\sigma - \gamma}\, e^{-\nu_1 (\sigma - \gamma)}$$

$$< c\, \frac{|s| + \gamma}{|s|}\, \frac{1}{\sigma - \gamma}\, e^{-\nu_1 (\sigma - \gamma)}\ .$$

$$< c\, \frac{|s| + |s|}{|s|}\, \frac{1}{\sigma - \gamma}\, e^{-\nu_1 (\sigma - \gamma)}$$

$$= 2c\, \frac{1}{\sigma - \gamma}\, e^{-\nu_1 (\sigma - \gamma)};$$

die Integrale sind daher für $\omega > 0$ gleichmäßig konvergent. Daher ist nur nötig, für festes $\eta > \gamma$ zu beweisen, daß

$$\lim_{\omega = \infty} \int_{\gamma \pm \omega i}^{\eta \pm \omega i} \frac{g(s)}{s}\, ds = 0$$

ist. Das ist aber eine unmittelbare Folge des Satzes 44, nach welchem gleichmäßig $s = \sigma \pm \omega i,\ \gamma \leqq \sigma \leqq \eta$

$$g(s) = o(\omega),$$

also
$$\left|\frac{g(s)}{s}\right| \leq \frac{|g(s)|}{\omega}$$
$$= o(1)$$

ist. Damit ist der Satz 48 bewiesen.

Es ist der Vollständigkeit wegen erwünscht, festzustellen, ob im Falle $\gamma < 0$, wenn $\sigma = \gamma$ gleichfalls dem Innern des Konvergenzgebietes $\sigma > \alpha$ von $f(s)$ angehört, der Grenzwert

$$\lim_{\omega = \infty} \int_{\gamma - \omega i}^{\gamma + \omega i} \frac{e^{xs}}{s} f(s)\, ds$$

auch existiert. Die Antwort gibt der

Satz 49: Für $\alpha < \gamma < 0$ ist

$$\lim_{\omega = \infty} \int_{\gamma - \omega i}^{\gamma + \omega i} \frac{e^{xs}}{s} f(s)\, ds = 2\pi i \Big(\sum_{\lambda_n \leq x}' a_n - f(0) \Big).$$

Beweis: Wenn $\gamma' > 0$ gewählt wird, ist nach dem Cauchyschen Satz, falls das Verhalten des Integranden im Punkte $s = 0$ berücksichtigt wird,

$$\int_{\gamma - \omega i}^{\gamma + \omega i} \frac{e^{xs}}{s} f(s)\, ds = -2\pi i f(0) + \int_{\gamma - \omega i}^{\gamma' - \omega i} \frac{e^{xs}}{s} f(s)\, ds + \int_{\gamma' - \omega i}^{\gamma' + \omega i} \frac{e^{xs}}{s} f(s)\, ds + \int_{\gamma' + \omega i}^{\gamma + \omega i} \frac{e^{xs}}{s} f(s)\, ds.$$

Auf den beiden horizontalen Seiten dieses Rechtecks ist nach Satz 44 gleichmäßig
$$f(s) = o(\omega),$$
$$\frac{e^{xs} f(s)}{s} = o(1);$$

das erste und dritte Integral rechts haben also für $\omega = \infty$ den Limes 0, das zweite nach Satz 48 den Limes

$$2\pi i \sum_{\lambda_n \leq x}' a_n,$$

womit der Satz 49 bewiesen ist.

Natürlich läßt sich in den Sätzen 48 und 49 der bevorzugte Punkt 0 überallhin verlegen; falls

$$s_0 = u + vi$$

irgend eine komplexe Zahl ist und

$$f(s) = \sum_{n=1}^{\infty} a_n e^{-\lambda_n s}$$

für $\sigma = \gamma$ und darüber links hinaus konvergiert, wo

$$\gamma \gtrless u$$

ist, so ist offenbar, wenn

$$s = s' + s_0$$

gesetzt wird,

$$\int\limits_{\gamma-\omega i}^{\gamma+\omega i} \frac{e^{xs}}{s-s_0} f(s)\,ds = \int\limits_{\gamma-u-(\omega+v)i}^{\gamma-u+(\omega-v)i} \frac{e^{x(s'+s_0)}}{s'} f(s'+s_0)\,ds'$$

$$= e^{xs_0} \int\limits_{\gamma-u-(\omega+v)i}^{\gamma-u+(\omega-v)i} \frac{e^{xs'}}{s'} f(s'+s_0)\,ds',$$

wo

$$f(s'+s_0) = \sum_{n=1}^{\infty} a_n e^{-\lambda_n s_0} e^{-\lambda_n s'}$$

eine Dirichletsche Reihe mit der Variablen s' ist, bei der $\gamma-u$ rechts von ihrer Konvergenzabszisse liegt. Daher ist nach den Sätzen 48 und 49

$$\lim_{\omega=\infty} \int\limits_{\gamma-u-\omega i}^{\gamma-u+\omega i} \frac{e^{xs'}}{s'} f(s'+s_0)\,ds' \begin{cases} = 2\pi i \sum\limits_{\lambda_n \leqq x}' a_n e^{-\lambda_n s_0} & \text{für } \gamma > u, \\[2ex] = 2\pi i \left(\sum\limits_{\lambda_n \leqq x}' a_n e^{-\lambda_n s_0} - f(s_0) \right) & \text{für } \gamma < u, \end{cases}$$

also

$$\lim_{\omega=\infty} \int\limits_{\gamma-u-(\omega+v)i}^{\gamma-u+(\omega+v)i} \frac{e^{xs'}}{s'} f(s'+s_0)\,ds' \begin{cases} = 2\pi i \sum\limits_{\lambda_n \leqq x}' a_n e^{-\lambda_n s_0} & \text{für } \gamma > u, \\[2ex] = 2\pi i \left(\sum\limits_{\lambda_n \leqq x}' a_n e^{-\lambda_n s_0} - f(s_0) \right) & \text{für } \gamma < u. \end{cases}$$

Nun ist offenbar

$$\lim_{\omega=\infty} \int\limits_{\gamma-u+(\omega-v)i}^{\gamma-u+(\omega+v)i} \frac{e^{xs'}}{s'} f(s'+s_0)\,ds' = 0,$$

da der Weg die feste Länge $2|v|$ hat und auf ihm der Integrand für wachsendes ω gleichmäßig

$$o(1)$$

ist. Daher erhalten wir den

Satz 50: Es ist

$$\lim_{\omega=\infty} \int\limits_{\gamma-\omega i}^{\gamma+\omega i} \frac{e^{xs}}{s-s_0} f(s)\,ds \begin{cases} = 2\pi i \sum\limits_{\lambda_n \leqq x}' a_n e^{(x-\lambda_n)s_0} & \text{für } \gamma > \Re(s_0), \\[2ex] = 2\pi i \left(\sum\limits_{\lambda_n \leqq x}' a_n e^{(x-\lambda_n)s_0} - e^{xs_0} f(s_0) \right) & \text{für } \gamma < \Re(s_0), \end{cases}$$

falls die Dirichletsche Reihe $f(s)$ über die Gerade $\sigma = \gamma$ hinaus konvergiert.

§ 234.

Beweis der Nichtumkehrbarkeit.

Satz 48 gab eine notwendige Bedingung dafür an, daß eine analytische Funktion für $\sigma > \varepsilon$, wo $\varepsilon \geqq 0$ ist, in eine Dirichletsche Reihe

$$f(s) = \sum_{n=1}^{\infty} a_n e^{-\lambda_n s}$$

entwickelt werden kann. Es mußte für jedes reelle x und jedes $\gamma > \varepsilon$ das Integral

$$\int_{\gamma - \omega i}^{\gamma + \omega i} \frac{e^{x s}}{s} f(s)\, ds$$

für $\omega = \infty$ gegen einen Grenzwert $J(x, \gamma)$ konvergieren, welcher die folgenden Eigenschaften besitzt:

1) $J(x, \gamma)$ ist von γ unabhängig.

2) $J(x, \gamma) = J(x)$ ist konstant für

$$\lambda_n < x < \lambda_{n+1} \qquad\qquad (n = 1, 2, \cdots).$$

3) $J(x, \gamma) = J(x)$ ist Null für

$$x < \lambda_1.$$

4) $J(x, \gamma) = J(x)$ hat an den Stellen λ_n den Wert

$$\lim_{\delta = +0} \frac{J(\lambda_n - \delta) + J(\lambda_n + \delta)}{2} = \tfrac{1}{2}\left(\lim_{\delta = +0} J(\lambda_n - \delta) + \lim_{\delta = +0} J(\lambda_n + \delta)\right).$$

Satz 51: Wenn eine Funktion $f(s)$ so beschaffen ist, daß der Grenzwert

$$\lim_{\omega = \infty} \int_{\gamma - \omega i}^{\gamma + \omega i} \frac{e^{x s}}{s} f(s)\, ds = J(x, \gamma)$$

für $\gamma > \varepsilon$, wo $\varepsilon \geqq 0$ ist, existiert und die vier genannten Eigenschaften erfüllt, so ist $f(s)$ nicht notwendig für $\sigma > \varepsilon$ von der Gestalt

$$f(s) = \sum_{n=1}^{\infty} a_n e^{-\lambda_n s}.$$

Beweis: Eine solche Behauptung braucht nur durch ein Beispiel bewiesen zu werden. Ich werde zwei verschiedene Beispiele angeben. Das erste ist aus der Theorie der Zetafunktion geschöpft und läßt sich durch Benutzung der zufällig dort vorhandenen Funktionalgleichung sehr kurz darstellen. Das zweite ist künstlich konstruiert, elementarer, aber länger. Bei beiden Beispielen wird $f(s)$ wirklich in einer Halbebene als **Dirichletsche Reihe** darstellbar sein; nur ist die Konvergenzabszisse größer als ε.

1. Es sei

$$f(s) = (1 - 2^{2-s})\,\zeta(s-1),$$
$$\varepsilon = \tfrac{3}{4}.$$

Für $\sigma > 1$, aber nicht für $\sigma > \tfrac{3}{4}$ ist

$$f(s) = \sum_{n=1}^{\infty} \frac{(-1)^{n+1}\,n}{n^s}$$

konvergent; nach dem Eindeutigkeitssatz ist also $f(s)$ durch überhaupt keine für $\sigma > \tfrac{3}{4}$ konvergente **Dirichletsche Reihe**

$$\sum_{n=1}^{\infty} a_n e^{-\lambda_n s}$$

darstellbar. Ich behaupte, daß $J(x, \gamma)$ trotzdem seine vier Eigenschaften hat. Für $\gamma > 1$ ist das nach dem allgemeinen Satz 48 klar; es ist also hinreichend, zu beweisen, daß für

$$\tfrac{3}{4} < \gamma < 2$$
$$J(x, \gamma) = J(x, 2)$$

ist, d. h., daß bei festem γ in jenem Intervall, festem x und wachsendem ω

$$\int_{\gamma-\omega i}^{\gamma+\omega i} \frac{e^{xs}}{s}\, f(s)\, ds = \int_{2-\omega i}^{2+\omega i} \frac{e^{xs}}{s}\, f(s)\, ds + o(1)$$

ist. Da nach dem **Cauchyschen Satz**

$$\int_{\gamma-\omega i}^{\gamma+\omega i} \frac{e^{xs}}{s}\, f(s)\, ds = \int_{2-\omega i}^{2+\omega i} \frac{e^{xs}}{s}\, f(s)\, ds + \int_{\gamma-\omega i}^{2-\omega i} \frac{e^{xs}}{s}\, f(s)\, ds + \int_{2+\omega i}^{\gamma+\omega i} \frac{e^{xs}}{s}\, f(s)\, ds$$

ist, so reicht es hin, für die zwei letzten Integrale festzustellen, daß auf dem Wege gleichmäßig

$$\frac{e^{xs}}{s}\, f(s) = o(1)$$

ist; es reicht also hin, dort gleichmäßig

$$f(s) = o(\omega)$$

zu beweisen.

Nun war in § 228 festgestellt, daß für $-\frac{1}{4} \leq \sigma \leq 1$ gleichmäßig

$$\zeta(\sigma + \omega i) = o(\omega)$$

ist; daher ist dort gleichmäßig

$$(1 - 2^{1-\sigma-\omega i})\zeta(\sigma + \omega i) = o(\omega),$$
$$f(\sigma + 1 + \omega i) = o(\omega),$$

d. h. für $\frac{3}{4} \leq \sigma \leq 2$ gleichmäßig

$$f(\sigma + \omega i) = o(\omega),$$

also bei obigem γ für $\gamma \leq \sigma \leq 2$ gleichmäßig

$$f(\sigma \pm \omega i) = o(\omega),$$

so daß das Beispiel alles Gewünschte leistet.

2. Wir untersuchen die Dirichletsche Reihe

$$f(s) = \sum_{n=1}^{\infty} a_n e^{-\lambda_n s},$$

in der die λ_n durch die Rekursionsformeln

$$\lambda_1 = 1,$$
$$\lambda_{2n} = \lambda_{2n-1} + \frac{e^{-\lambda_{2n-1}}}{n^2} \qquad (n \geq 1),$$
$$(1) \qquad \lambda_{2n+1} = 1 + \lambda_{2n} \qquad (n \geq 1)$$

bestimmt sind, und deren Koeffizienten die Werte

$$a_{2n-1} = e^{\lambda_{2n-1}} \qquad (n \geq 1),$$
$$a_{2n} = - e^{\lambda_{2n-1}} \qquad (n \geq 1)$$

haben.

Aus der Definition folgt für $n \geq 1$

$$\lambda_{n+1} > \lambda_n,$$

also wegen (1)

$$\lim_{n=\infty} \lambda_n = \infty.$$

Es wird sich nun zeigen, daß die Reihe

$$(2) \qquad \sum_{n=1}^{\infty} a_n e^{-\lambda_n s}$$

die Grenzgerade $\sigma = 1$ hat, daß aber die durch sie dargestellte Funktion für $\sigma > 0$ regulär ist, und daß

$$J(x, \gamma)$$

für alle $\gamma > 0$ die erforderlichen vier Eigenschaften besitzt.

Es ist

$$a_{2n-1}e^{-\lambda_{2n-1}s} = e^{\lambda_{2n-1}(1-s)};$$

daher kann (2) gewiß für $\sigma \leq 1$ nicht konvergieren.

Nun ist für $n \geq 1$

$$\lambda_{2n+1} = 1 + \lambda_{2n}$$
$$> 1 + \lambda_{2n-1},$$

also die sukzessiven λ mit ungeradem Index jedesmal um mehr als 1 wachsend. Wegen

$$\lambda_1 = 1$$

ist also für $n \geq 1$

$$\lambda_{2n-1} \geq n.$$

Für $\sigma > 1$ ist daher

$$\left| a_{2n-1}e^{-\lambda_{2n-1}s} \right| = e^{\lambda_{2n-1}(1-\sigma)}$$
$$= e^{-\lambda_{2n-1}(\sigma-1)}$$
$$\leq e^{-n(\sigma-1)},$$

ferner

$$\left| a_{2n}e^{-\lambda_{2n}s} \right| = e^{\lambda_{2n-1}-\lambda_{2n}\sigma}$$
$$< e^{\lambda_{2n-1}-\lambda_{2n-1}\sigma}$$
$$= e^{-\lambda_{2n-1}(\sigma-1)}$$
$$\leq e^{-n(\sigma-1)}.$$

Daher konvergiert (2) (absolut) für $\sigma > 1$; 1 ist also die Konvergenzabszisse.

Für $\sigma > 1$ ist

$$f(s) = \sum_{n=1}^{\infty}\left(a_{2n-1}e^{-\lambda_{2n-1}s} + a_{2n}e^{-\lambda_{2n}s}\right)$$
$$= \sum_{n=1}^{\infty}e^{\lambda_{2n-1}}\left(e^{-\lambda_{2n-1}s} - e^{-\lambda_{2n}s}\right).$$

Von dieser neuen Reihe zeige ich jetzt, daß sie für $\sigma > 0$ konvergiert und zwar in jedem endlichen Gebiete innerhalb dieser Halbebene gleichmäßig, so daß $f(s)$ für $\sigma > 0$ regulär ist. In der Tat ist für $\sigma > 0$

$$\left| e^{\lambda_{2n-1}}\left(e^{-\lambda_{2n-1}s} - e^{-\lambda_{2n}s}\right) \right| = e^{\lambda_{2n-1}}|s|\left| \int_{\lambda_{2n-1}}^{\lambda_{2n}} e^{-us}\,du \right|$$
$$\leq e^{\lambda_{2n-1}}(\lambda_{2n} - \lambda_{2n-1})|s|$$
$$= \frac{|s|}{n^2},$$

woraus die Behauptung folgt.

Da für $\gamma > 1$

$$J(x, \gamma)$$

die verlangten Eigenschaften hat, ist es zum Schluß hinreichend festzustellen, daß bei festem positivem $\gamma < 2$ für $\gamma \leq \sigma \leq 2$ gleichmäßig

$$f(\sigma \pm \omega i) = o(\omega)$$

ist.

Nun ist, wenn über eine positive ganzzahlige Funktion $x = x(\omega)$ noch verfügt wird, für jene $s = \sigma \pm \omega i$ bei jedem $\omega > 0$

$$f(s) = \sum_{n=1}^{x} e^{\lambda_{2n-1}}\left(e^{-\lambda_{2n-1}s} - e^{-\lambda_{2n}s}\right) + \sum_{n=x+1}^{\infty} e^{\lambda_{2n-1}}\left(e^{-\lambda_{2n-1}s} - e^{-\lambda_{2n}s}\right),$$

$$|f(s)| \leq \sum_{n=1}^{x} e^{\lambda_{2n-1}}\left(e^{-\lambda_{2n-1}\sigma} + e^{-\lambda_{2n}\sigma}\right) + |s| \sum_{n=x+1}^{\infty} \frac{1}{n^2}$$

$$< 2 \sum_{n=1}^{x} e^{\lambda_{2n-1}} + \frac{|s|}{x}$$

$$< 2 \sum_{n=1}^{x} e^{\lambda_{2n-1}} + \frac{2+\omega}{x}.$$

Wird x so gewählt, daß

$$\lim_{\omega=\infty} x = \infty$$

und

$$\sum_{n=1}^{x} e^{\lambda_{2n-1}} = o(\omega)$$

ist, so ersieht man:

$$f(\sigma \pm \omega i) = o(\omega),$$

womit alles bewiesen ist.

Sechsundzwanzigster Teil.

Hinreichende Bedingungen für die Entwickelbarkeit von Funktionen in Dirichletsche Reihen.

Achtzigstes Kapitel.

Hauptgesetze.

---

§ 235.

Problemstellung.

Die Hauptanwendung der Dirichletschen Reihen

$$(1) \qquad \sum_{n=1}^{\infty} \frac{a_n}{n^s}$$

und der durch sie, eventuell über den Konvergenzbereich hinaus, definierten Funktionen $f(s)$ bestand in der Abschätzung von

$$\sum_{n=1}^{x} a_n$$

auf Grund der für $f(s)$ etwa bekannten Relationen. Es sei z. B. $\gamma \geqq 0$, die Reihe (1) irgendwo ♦konvergent, und es lasse sich für alle $\delta > 0$ die Beziehung

$$\sum_{n=1}^{x} a_n = O(x^{\gamma + \delta})$$

beweisen; dann ist nach § 32 und § 42 die Reihe (1) für $\sigma > \gamma$ konvergent, also $f(s)$ dort durch die Reihe darstellbar, und umgekehrt.

Ich werde nun untersuchen, welche Eigenschaften von $f(s)$ — außer dem natürlich vorauszusetzenden Regulärsein in einer Halbebene — die Konvergenz von (1) in dieser Halbebene sichern. Das sind Schritte in der Richtung des großen, aber beim heutigen Stande der Wissenschaft noch unerreichten Zieles, zu erkennen, durch welche analytischen Eigenschaften der Funktion $f(s)$ die Konvergenzgerade von (1) charakterisiert ist; einen singulären Punkt von $f(s)$ braucht diese

Gerade ja bekanntlich weder zu enthalten noch in beliebiger Nähe zu besitzen, wie das Beispiel der durch

$$\sum_{n=1}^{\infty} \frac{(-1)^{n+1}}{n^s}$$

definierten ganzen Funktion zeigt.

Ich begnüge mich nicht mit dem Typus

$$\lambda_n = \log n,$$

bin aber andererseits nicht in der Lage, ohne Einschränkungen über die λ_n auszukommen. Und zwar mache ich in diesem sechsundzwanzigsten Teil folgende beiden Einschränkungen:

1. Es ist

$$0 < \limsup_{n=\infty} \frac{\log n}{\lambda_n} = l < \infty.$$

2. Es ist bei jedem gegebenen $\delta > 0$

$$(2) \qquad \frac{1}{\lambda_{n+1} - \lambda_n} = O\left(e^{\lambda_n(l+\delta)}\right).$$

Offenbar sind diese Einschränkungen noch weitergehend als die Bedingung

$$\frac{1}{\lambda_{n+1} - \lambda_n} = O\left(e^{e^{\lambda_n \delta}}\right)$$

des § 223; aber sie sind für

$$\lambda_n = \log n,$$

d. h. für die Dirichletschen Reihen im engeren Sinne, erfüllt, da alsdann

$$l = 1,$$

$$\frac{1}{\lambda_{n+1} - \lambda_n} = \frac{1}{\log\left(1 + \frac{1}{n}\right)}$$

$$= O(n)$$

$$= O(n^{1+\delta})$$

$$= O\left(e^{\log n (1+\delta)}\right)$$

ist.

Zur Orientierung mögen zunächst drei Eigenschaften solcher Folgen λ_n entwickelt werden; die Bedingung (2) wird übrigens erst beim dritten Hilfssatz zur Verwendung kommen.

Hilfssatz 1: Es ist für $\varkappa < -l$ die Reihe

$$\sum_{n=1}^{\infty} e^{\lambda_n \varkappa}$$

konvergent.

Beweis: Es ist wegen

$$\limsup_{n=\infty} \frac{\log n}{\lambda_n} = l$$

für jedes $\delta > 0$

$$n = O\left(e^{(l+\delta)\lambda_n}\right),$$

$$n^{\frac{1}{l+\delta}} = O\left(e^{\lambda_n}\right);$$

mit Rücksicht auf $\varkappa < 0$ ist daher

$$e^{\lambda_n \varkappa} = O\left(n^{\frac{\varkappa}{l+\delta}}\right);$$

wegen

$$\frac{\varkappa}{l} < -1$$

ist $\delta > 0$ so wählbar, daß

$$\frac{\varkappa}{l+\delta} < -1$$

ist, woraus die Behauptung folgt.

Hilfssatz 2: Für $\varkappa \geqq -l$ und jedes $\delta > 0$ ist

$$\sum_{\lambda_n \leqq x} e^{\lambda_n \varkappa} = O\left(e^{x(\varkappa + l + \delta)}\right).$$

Hierbei bezieht sich die Abschätzung auf stetig wachsendes x.

Beweis: Es ist

$$\sum_{\lambda_n \leqq x} e^{\lambda_n \varkappa} = \sum_{\lambda_n \leqq x} e^{\lambda_n (\varkappa + l + \delta)} e^{\lambda_n (-l - \delta)},$$

also wegen

$$\varkappa + \lambda + \delta > 0$$

und Hilfssatz 1

$$\sum_{\lambda_n \leqq x} e^{\lambda_n \varkappa} \leqq e^{x(\varkappa + l + \delta)} \sum_{\lambda_n \leqq x} e^{\lambda_n (-l - \delta)}$$

$$< e^{x(\varkappa + l + \delta)} \sum_{n=1}^{\infty} e^{\lambda_n (-l - \delta)} \qquad .$$

$$= O\left(e^{x(\varkappa + l + \delta)}\right).$$

Insbesondere für $\varkappa = 0$ lehrt der Hilfssatz 2, daß die Anzahl der $\lambda_n \leqq x$

$$\sum_{\lambda_n \leqq x} 1 = O\left(e^{x(l+\delta)}\right)$$

ist.

Es werde jetzt dauernd in diesem Kapitel für $m = 1, 2, 3, \cdots$

$$\frac{\lambda_m + \lambda_{m+1}}{2} = w_m$$

gesetzt.

Hilfssatz 3: Es ist für festes $\varkappa < -l$

$$\sum_{n=1}^{\infty} \frac{e^{\lambda_n \varkappa}}{|w_m - \lambda_n|} = O(1).$$

Hierbei bezieht sich die Abschätzung auf wachsendes ganzzahliges m, und die Konvergenz der Reihe steht nach Hilfssatz 1 von vornherein fest, da der absolute Betrag des Nenners bei festem m für $n = \infty$ obendrein über alle Grenzen wächst.

Beweis: Nach (2) ist bei gegebenem $\delta > 0$

$$\frac{1}{\lambda_{n+1} - \lambda_n} = O\left(e^{\lambda_n\left(l+\frac{\delta}{2}\right)}\right),$$

also für $n \geqq n_0 = n_0(\delta)$

$$\frac{1}{\lambda_{n+1} - \lambda_n} < e^{\lambda_n(l+\delta)},$$

$$\lambda_{n+1} - \lambda_n > e^{-\lambda_n(l+\delta)},$$

folglich für $n \geqq n_0$ nebst jedem $v > 0$

$$\lambda_{n+v} - \lambda_n = \sum_{v=n}^{n+v-1} (\lambda_{v+1} - \lambda_v)$$

$$> \sum_{v=n}^{n+v-1} e^{-\lambda_v(l+\delta)}$$

$$(3) \qquad\qquad \geqq v e^{-\lambda_{n+v-1}(l+\delta)}.$$

Nun zerlege ich für jedes m

$$\sum_{n=1}^{\infty} \frac{e^{\lambda_n \varkappa}}{|w_m - \lambda_n|}$$

in vier Teile

$$\Sigma_1 + \Sigma_2 + \Sigma_3 + \Sigma_4,$$

wo

$$\lambda_n \leqq \lambda_m - 1 \qquad \text{in } \Sigma_1,$$

$$\lambda_m - 1 < \lambda_n \leqq \lambda_m \qquad\qquad \text{in } \Sigma_2,$$

$$\lambda_{m+1} \leqq \lambda_n < \lambda_{m+1} + 1 \quad \text{in } \Sigma_3,$$
$$\lambda_{m+1} + 1 \leqq \lambda_n \qquad\qquad \text{in } \Sigma_4$$

ist. Für alle $m \geq 1$ enthalten Σ_2 und Σ_3 mindestens je ein Glied und nur endlich viele, Σ_4 unendlich viele, Σ_1 keines oder endlich viele. Es ist in Σ_1

$$|w_m - \lambda_n| = w_m - \lambda_n$$
$$> \lambda_m - \lambda_n$$
$$\geqq 1,$$

in Σ_4

$$|w_m - \lambda_n| = \lambda_n - w_m$$
$$> \lambda_n - \lambda_{m+1}$$
$$\geqq 1;$$

daher ist

$$\Sigma_1 \leqq \sum_{\lambda_n \leqq \lambda_m - 1} e^{\lambda_n \varkappa}$$
$$< \sum_{n=1}^{\infty} e^{\lambda_n \varkappa}$$
$$= O(1),$$
$$\Sigma_4 < \sum_{\lambda_n \geqq \lambda_{m+1}+1} e^{\lambda_n \varkappa}$$
$$< \sum_{n=1}^{\infty} e^{\lambda_n \varkappa}$$
$$= O(1).$$

Bei gegebenem $\delta > 0$ ist für alle $m \geq m_0 = m_0(\delta)$ der Index des ersten Gliedes von Σ_2 größer als $n_0 = n_0(\delta)$, also in jedem Glied von Σ_2 nach (3)

$$|w_m - \lambda_n| = w_m - \lambda_n$$
$$= \frac{\lambda_{m+1} + \lambda_m}{2} - \lambda_n$$
$$\geqq \frac{\lambda_{m+1} + \lambda_n}{2} - \lambda_n$$
$$= \frac{\lambda_{m+1} - \lambda_n}{2}$$
$$\geqq \tfrac{1}{2}(m - n + 1) e^{-\lambda_m(l+\delta)}$$

und in jedem Glied von $\sum_3$

$$|w_m - \lambda_n| = \lambda_n - w_m$$

$$= \lambda_n - \frac{\lambda_{m+1} + \lambda_m}{2}$$

$$\geq \lambda_n - \frac{\lambda_n + \lambda_m}{2}$$

$$= \frac{\lambda_n - \lambda_m}{2}$$

$$\geq \tfrac{1}{2}(n-m)e^{-\lambda_{n-1}(l+\delta)}.$$

Daher ist

$$\sum_2 = O\left(e^{\lambda_m(l+\delta)} \sum_{\lambda_{m-1} < \lambda_n \leq \lambda_m} \frac{e^{\lambda_n \varkappa}}{m-n+1}\right)$$

$$= O\left(e^{\lambda_m(\varkappa+l+\delta)} \sum_{n=1}^{m} \frac{1}{m-n+1}\right)$$

$$= O\left(e^{\lambda_m(\varkappa+l+\delta)} \sum_{\varrho=1}^{m} \frac{1}{\varrho}\right)$$

$$= O\left(e^{\lambda_m(\varkappa+l+\delta)} \log m\right)$$

$$= O\left(e^{\lambda_m(\varkappa+l+\delta)} \lambda_m\right)$$

$$= O\left(e^{\lambda_m(\varkappa+l+2\delta)}\right).$$

Da bei passender Wahl eines $\delta > 0$

$$\varkappa + l + 2\delta < 0$$

ist, ist also bewiesen:

$$\sum_2 = O(1).$$

Für $\sum_3$ ergibt sich

$$\sum_3 = O\left(\sum_{\lambda_{m+1} \leq \lambda_n < \lambda_{m+1}+1} \frac{e^{\lambda_n \varkappa}}{n-m} e^{\lambda_{n-1}(l+\delta)}\right)$$

$$= O\left(e^{\lambda_{m+1}(\varkappa+l+\delta)} \sum_{\lambda_{m+1} \leq \lambda_n < \lambda_{m+1}+1} \frac{1}{n-m}\right)$$

$$= O\left(e^{\lambda_{m+1}(\varkappa+l+\delta)} \sum_{\varrho=1}^{h-m} \frac{1}{\varrho}\right),$$

wo h der Index des letzten λ in $\sum_3$ ist. Wegen

$$\lambda_h < \lambda_{m+1} + 1$$

ergibt sich

$$\sum_{\varrho=1}^{h-m} \frac{1}{\varrho} < \sum_{\varrho=1}^{h} \frac{1}{\varrho}$$

$$= O\,(\log h)$$
$$= O\,(\lambda_h)$$
$$= O\,(\lambda_{m+1})$$
$$= O\,(e^{\lambda_m + 1^\delta}),$$
$$\sum_3 = O\,(e^{\lambda_m + 1^{(\varkappa + l + 2\delta)}}),$$

also

$$\sum_3 = O\,(1).$$

Zusammengenommen kommt heraus:

$$\sum_{n=1}^{\infty} \frac{e^{\lambda_n \varkappa}}{|w_m - \lambda_n|} = \sum_1 + \sum_2 + \sum_3 + \sum_4$$
$$= O\,(1) + O\,(1) + O\,(1) + O\,(1)$$
$$= O\,(1),$$

was zu beweisen war.

§ 236.

Hinreichende Bedingungen für die Konvergenz in einer gegebenen Halbebene.

Obgleich in § 238 ein allgemeinerer Satz (54) bewiesen werden wird als der folgende Satz 52, möge doch zur Illustration der etwas schwierigen Beweismethode dieser wichtige Spezialfall vorangeschickt werden.

Satz 52: Es sei für jedes $\delta > 0$

$$a_n = O(e^{\lambda_n \delta}),$$

also[1] die Reihe

(1) $$\qquad\qquad\qquad \sum_{n=1}^{\infty} a_n e^{-\lambda_n s}$$

---

[1] Nach Hilfssatz 1.

für $\sigma > l$ absolut konvergent. Die hier durch die Reihe definierte Funktion $f(s)$ sei für $\sigma > \eta$ regulär, und bei jedem festen $\delta > 0$ sei für $\sigma > \eta$ gleichmäßig

$$f(s) = O(|t|^{\delta}).$$

Dann ist (1) für $\sigma > \eta$ konvergent.

Beweis: Für

$$\eta \gtreqless l$$

ist der Satz trivial; es darf also beim Beweise

$$\eta < l$$

angenommen werden.

Es ist für jedes $\gamma > \eta$ die Konvergenz von

$$\sum_{n=1}^{\infty} a_n e^{-\lambda_n \gamma}$$

zu beweisen, oder, was ganz dasselbe ist, die Existenz von

$$\lim_{m=\infty} \sum_{n=1}^{m} a_n e^{-\lambda_n \gamma} = \lim_{m=\infty} \sum_{\lambda_n < w_m} a_n e^{-\lambda_n \gamma};$$

übrigens bedarf dies nur für $\eta < \gamma \leq l$ eines Beweises.

Da die Dirichletsche Reihe

$$f(s + \gamma) = \sum_{n=1}^{\infty} a_n e^{-\lambda_n \gamma} e^{-\lambda_n s}$$

für $\sigma = l - \eta$ wegen

$$l + \gamma - \eta > l$$

absolut konvergiert, ist nach Satz 46

$$2 \pi i \sum_{n=1}^{m} a_n e^{-\lambda_n \gamma} = \lim_{\omega=\infty} \int_{l-\eta-\omega i}^{l-\eta+\omega i} \frac{e^{w_m s}}{s} f(s + \gamma) ds.$$

Diese Identität genügt allerdings nicht für den vorliegenden Zweck; man hat jedoch genauer nach der (im Beweise des Satzes 46 vorgekommenen) Formel (1) des § 231 für $\omega > 0$ die Abschätzung

$$\left| \int_{l-\eta-\omega i}^{l-\eta+\omega i} \frac{e^{w_m s}}{s} f(s + \gamma) ds - 2 \pi i \sum_{n=1}^{m} a_n e^{-\lambda_n \gamma} \right|$$

$$\leq \frac{2}{\omega} \sum_{n=1}^{m} |a_n| e^{-\lambda_n \gamma} \frac{e^{(w_m - \lambda_n)(l-\eta)}}{w_m - \lambda_n} + \frac{2}{\omega} \sum_{n=m+1}^{\infty} |a_n| e^{-\lambda_n \gamma} \frac{e^{(w_m - \lambda_n)(l-\eta)}}{\lambda_n - w_m}$$

$$= \frac{2 e^{w_m (l-\eta)}}{\omega} \sum_{n=1}^{\infty} |a_n| \frac{e^{-\lambda_n (l+\gamma-\eta)}}{|w_m - \lambda_n|}.$$

Wegen

$$a_n = O\left(e^{\lambda_n \frac{\gamma - \eta}{2}}\right)$$

ist

$$|a_n| e^{-\lambda_n (l + \gamma - \eta)} = O\left(e^{-\lambda_n \left(l + \frac{\gamma - \eta}{2}\right)}\right);$$

also ist nach dem Hilfssatz 3 des § 235 die von ω unabhängige Summe

$$\sum_{n=1}^{\infty} |a_n| \frac{e^{-\lambda_n (l + \gamma - \eta)}}{|w_m - \lambda_n|}$$

unterhalb einer auch von m unabhängigen Schranke gelegen. Falls also ω irgend eine positive Funktion von m bedeutet, ist

$$(2) \qquad 2\pi i \sum_{n=1}^{m} a_n e^{-\lambda_n \gamma} = \int_{l-\eta-\omega i}^{l-\eta+\omega i} \frac{e^{w_m s}}{s} f(s + \gamma)\, ds + O\left(\frac{e^{w_m (l-\eta)}}{\omega}\right),$$

wo die Abschätzung sich auf ganzzahlig wachsendes m bezieht.

Ich setze nun für ω eine solche Funktion von m, daß ω und sogar (für einen späteren Zweck) $\omega^{\frac{1}{2}}$ stärker als $e^{w_m (l-\eta)}$ unendlich wird; ich setze nämlich

$$\omega = e^{3 w_m (l - \eta)}.$$

Dann ist nach (2)

$$(3) \qquad 2\pi i \sum_{n=1}^{m} a_n e^{-\lambda_n \gamma} = \int_{l-\eta-\omega i}^{l-\eta+\omega i} \frac{e^{w_m s}}{s} f(s + \gamma)\, ds + o(1).$$

Es werde nun der **Cauchy**sche Integralsatz auf den Integranden

$$\frac{e^{w_m s}}{s} f(s + \gamma)$$

und das Rechteck mit den Ecken $l - \eta \pm \omega i$, $-\dfrac{\gamma - \eta}{2} \pm \omega i$ angewendet, auf und in welchem der Integrand nach Voraussetzung bis auf den etwaigen[1] Pol $s = 0$ mit dem Residuum $f(\gamma)$ regulär ist:

$$(4) \quad \begin{cases} \displaystyle \int_{l-\eta-\omega i}^{l-\eta+\omega i} \frac{e^{w_m s}}{s} f(s + \gamma)\, ds = 2\pi i f(\gamma) + \int_{l-\eta-\omega i}^{-\frac{\gamma-\eta}{2}-\omega i} \frac{e^{w_m s}}{s} f(s + \gamma)\, ds + \int_{-\frac{\gamma-\eta}{2}-\omega i}^{-\frac{\gamma-\eta}{2}+\omega i} \frac{e^{w_m s}}{s} f(s + \gamma)\, ds \\[2em] \qquad\qquad + \displaystyle \int_{-\frac{\gamma-\eta}{2}+\omega i}^{l-\eta+\omega i} \frac{e^{w_m s}}{s} f(s + \gamma)\, ds. \end{cases}$$

---

[1] Für $f(\gamma) = 0$ ist $s = 0$ eine reguläre Stelle, also die folgende Formel (4) auch richtig.

Nach Voraussetzung ist[1] für $\sigma > \eta$ gleichmäßig, also für $\sigma \geqq \dfrac{\eta + \gamma}{2}$ gleichmäßig

$$f(s) = O\left(|t|^{\frac{1}{2}}\right),$$

d. h. für $\sigma \geqq -\dfrac{\gamma - \eta}{2}$ gleichmäßig

$$f(s + \gamma) = O\left(|t|^{\frac{1}{2}}\right);$$

der Integrand ist also im ersten und dritten Integral auf der rechten Seite von (4), deren Weglänge fest ist, gleichmäßig

$$O\left(\frac{e^{wm\,(l - \eta)}}{\omega}\,\sqrt{\omega}\right) = O\left(\frac{e^{wm\,(l - \eta)}}{\sqrt{\omega}}\right)$$
$$= O\left(e^{-\frac{1}{2}\,wm\,(l - \eta)}\right)$$
$$= o(1);$$

diese beiden Integrale haben also für $m = \infty$ den Limes 0. Aus (3) und (4) folgt daher

$$(5) \qquad 2\pi i\left(\sum_{n=1}^{m} a_n e^{-\lambda_n \gamma} - f(\gamma)\right) = \int_{-\frac{\gamma - \eta}{2} - \omega i}^{-\frac{\gamma - \eta}{2} + \omega i} \frac{e^{wms}}{s}\, f(s + \gamma)\, ds + o(1).$$

Nach Voraussetzung ist nun für jedes $\delta > 0$ auf der Geraden $\sigma = -\dfrac{\gamma - \eta}{2}$

$$f(s + \gamma) = O(|t|^{\delta});$$

daher ist für jedes feste $\delta > 0$

$$\int_{-\frac{\gamma - \eta}{2} - \omega i}^{-\frac{\gamma - \eta}{2} + \omega i} \frac{e^{wms}}{s}\, f(s + \gamma)\, ds = O\left(e^{-wm\frac{\gamma - \eta}{2}} \int_{1}^{\omega} \frac{t^{\delta}}{t}\, dt\right)$$
$$= O\left(e^{-wm\frac{\gamma - \eta}{2}}\, \omega^{\delta}\right)$$
$$= O\left(e^{wm\left(-\frac{\gamma - \eta}{2} + \delta(l - \eta)\right)}\right).$$

Wird hierin z. B.

$$\delta = \frac{\gamma - \eta}{7\,(l - \eta)}$$

---

[1] Ich verwende vorläufig die Voraussetzung mit $O(|t|^{\delta})$ nicht in vollem Umfang.

gesetzt, so ist bewiesen, daß

$$\int\limits_{-\frac{\gamma-\eta}{2}-\omega i}^{-\frac{\gamma-\eta}{2}+\omega i} \frac{e^{w_m s}}{s} f(s+\gamma)\,ds = o(1)$$

ist. Nach (5) ist daher

$$\sum_{n=1}^{m} a_n e^{-\lambda_n \gamma} = f(\gamma) + o(1),$$

d. h. die Reihe

$$\sum_{n=1}^{\infty} a_n e^{-\lambda_n \gamma}$$

konvergent (und natürlich $= f(\gamma)$).

Damit ist der Satz 52 bewiesen.

Mit Rücksicht auf die Analogie zum späteren Satz 54 habe ich den Satz 52 in der obigen Gestalt formuliert. Nachträglich läßt sich leicht zeigen, daß die Annahme

$$a_n = O(e^{\lambda_n \delta}),$$

welche absolute Konvergenz von (1) für $\sigma > l$ bewirkte, fallen gelassen werden kann, wenn nur überhaupt die Reihe (1) ein Konvergenzgebiet besitzt. Ich behaupte also jetzt den

Satz 53: Es sei

$$(1) \qquad \sum_{n=1}^{\infty} a_n e^{-\lambda_n s}$$

in einer gewissen Halbebene konvergent. Die hier durch die Reihe definierte Funktion $f(s)$ sei für $\sigma > \eta$ regulär, und bei jedem festen $\delta > 0$ sei für $\sigma > \eta$ gleichmäßig

$$f(s) = O(|t|^\delta).$$

Dann ist (1) für $\sigma > \eta$ konvergent.

Beweis: Es sei H irgend ein solcher reeller Wert, daß (1) für $\sigma > H$ konvergiert; dann ist für alle $\delta > 0$

$$a_n = O\big(e^{\lambda_n (H+\delta)}\big).$$

Ich setze

$$a_n e^{-\lambda_n H} = a_n',$$

so daß bei jedem $\delta > 0$

$$a_n' = O\big(e^{\lambda_n \delta}\big)$$

ist, und führe statt s die neue komplexe Variable

$$s' = s - H$$
$$= \sigma' + t'i$$

ein; dann ist die für $\sigma' > l$ durch

$$f(s) = \sum_{n=1}^{\infty} a_n e^{-\lambda_n s}$$

$$= \sum_{n=1}^{\infty} a_n e^{-\lambda_n H} e^{-\lambda_n (s-H)}$$

$$(6) \qquad = \sum_{n=1}^{\infty} a_n' e^{-\lambda_n s'}$$

definierte Funktion für $\sigma' > \eta - H$ regulär und bei gegebenem $\delta > 0$ gleichmäßig

$$= O(|t|^\delta)$$
$$= O(|t'|^\delta).$$

Daher konvergiert nach Satz 52 die Reihe (6) für

$$\sigma' > \eta - H,$$

d. h. die Reihe (1) für

$$\sigma > \eta.$$

§ 237.

Hilfssätze aus der Funktionentheorie.

Erster Hilfssatz: Es möge die analytische Funktion $F(s)$ folgende Eigenschaften haben:

1. Sie ist regulär im Gebiet $\sigma_1 \leq \sigma \leq \sigma_2$, $t \geq t_0$, wo σ_1, σ_2, t_0 fest und $\sigma_2 > \sigma_1$, $t_0 > 0$ ist.

2. Auf dem Rande dieses Gebietes, d. h. auf der endlichen Strecke $\sigma_1 \leq \sigma \leq \sigma_2$, $t = t_0$ und auf den unendlichen Strecken $\sigma = \sigma_1$, $t \geq t_0$ sowie $\sigma = \sigma_2$, $t \geq t_0$ ist

$$(1) \qquad |F(s)| \leq C,$$

wo C eine Konstante ist.

3. Im Streifen $\sigma_1 \leq \sigma \leq \sigma_2$ ist gleichmäßig

$$(2) \qquad F(s) = O(t^c),$$

wo c eine Konstante ist[1].

---

1) Natürlich genügt es, wie der folgende Beweis zeigt, vorauszusetzen, daß für jedes $\delta > 0$ gleichmäßig

$$F(s) = O(e^{\delta t})$$

ist.

Dann ist im ganzen Bereich $\sigma_1 \leq \sigma \leq \sigma_2$, $t \geq t_0$

$$|F(s)| \leq C.$$

Beweis: Es sei ε irgend eine positive Konstante. Dann ist die Funktion

$$G(s) = e^{i \varepsilon s} F(s)$$

für $\sigma_1 \leq \sigma \leq \sigma_2$, $t \geq t_0$ regulär. Ebenda ist wegen $t_0 > 0$

$$(3) \qquad |G(s)| = e^{-\varepsilon t} |F(s)|$$
$$< |F(s)|.$$

Insbesondere auf dem Rande des Gebietes ist also nach (1)

$$(4) \qquad |G(s)| < C.$$

Andererseits ist wegen (2) und (3) im Streifen $\sigma_1 \leq \sigma \leq \sigma_2$ gleichmäßig

$$G(s) = O(e^{-\varepsilon t} t^c),$$

also ebenda gleichmäßig

$$(5) \qquad \lim_{t = \infty} G(s) = 0.$$

Jeder Punkt im Innern des Gebietes $\sigma_1 \leq \sigma \leq \sigma_2$, $t \geq t_0$ läßt sich also nach (4) und (5) in ein Rechteck mit den Ecken $\sigma_1 + t_0 i$, $\sigma_2 + t_0 i$, $\sigma_1 + t_1 i$, $\sigma_2 + t_1 i$ einschließen, auf dessen Rande

$$|G(s)| < C$$

ist; t_1 braucht dazu nur hinreichend groß gewählt zu werden. Daher ist für jeden Punkt des Gebietes

$$|G(s)| < C,$$

also nach (3)

$$|F(s)| < C e^{\varepsilon t}.$$

Da dies für alle $\varepsilon > 0$ gilt, ist

$$|F(s)| \leq C,$$

was zu beweisen war.

Zweiter Hilfssatz: Es sei

$$\sigma_1 < \sigma_2,$$

und eine analytische Funktion $f(s)$ habe die Eigenschaften:
     1. $f(s)$ ist regulär für $\sigma_1 \leq \sigma \leq \sigma_2$.
     2. Für $\sigma = \sigma_1$ sei

$$(6) \qquad f(s) = O(|t|^k),$$

wo $k > 0$ konstant ist.

3. Für $\sigma = \sigma_2$ sei

$$(7) \qquad f(s) = O(1).$$

4. Für $\sigma_1 \leqq \sigma \leqq \sigma_2$ sei gleichmäßig

$$(8) \qquad f(s) = O(|t|^c),$$

w o c konstant ist[1].

Dann ist für $\sigma_1 \leqq \sigma \leqq \sigma_2$ gleichmäßig

$$(9) \qquad f(s) = O\left(|t|^{k\frac{\sigma_2 - \sigma}{\sigma_2 - \sigma_1}}\right).$$

Der Exponent nimmt linear von k zu 0 ab.

Beweis: Wir nehmen die spezielle Funktion

$$g(s) = \frac{s^{\frac{k}{\sigma_2 - \sigma_1}(\sigma_2 - s)}}{\sin\left(\frac{\pi k}{2(\sigma_2 - \sigma_1)}\, s\right)}$$

$$(10) \qquad = \frac{e^{\frac{k}{\sigma_2 - \sigma_1}(\sigma_2 - s)\log s}}{\sin\left(\frac{\pi k}{2(\sigma_2 - \sigma_1)}\, s\right)}$$

zu Hilfe, welche für reelle $s > 0$ durch den reellen Logarithmus definiert, in der längs der reellen Achse von 0 bis $-\infty$ aufgeschnittenen Ebene meromorph ist und insbesondere regulär für

$$\sigma_1 \leqq \sigma \leqq \sigma_2, \qquad t > 0$$

und

$$\sigma_1 \leqq \sigma \leqq \sigma_2, \qquad t < 0.$$

Für $\sigma_1 \leqq \sigma \leqq \sigma_2$ ist gleichmäßig bei wachsendem positivem t

$$\left| e^{\frac{k}{\sigma_2 - \sigma_1}(\sigma_2 - s)\log s} \right| = e^{\frac{k}{\sigma_2 - \sigma_1}\Re\left((\sigma_2 - \sigma - ti)\log(\sigma + ti)\right)}$$

$$= e^{\frac{k}{\sigma_2 - \sigma_1}\Re\left((\sigma_2 - \sigma - ti)\left(\log t + \frac{\pi}{2}i + O\left(\frac{1}{t}\right)\right)\right)}$$

$$= e^{\frac{k}{\sigma_2 - \sigma_1}\left((\sigma_2 - \sigma)\log t + \frac{\pi}{2}t + O(1)\right)}$$

$$(11) \qquad = e^{\frac{\pi k}{2(\sigma_2 - \sigma_1)}t}\, t^{k\frac{\sigma_2 - \sigma}{\sigma_2 - \sigma_1}}\, e^{O(1)}.$$

---

1) Die Annahme

$$f(s) = O\left(e^{\delta|t|}\right)$$

bei jedem $\delta > 0$ würde genügen.

Andererseits ist

$$\left| \frac{1}{\sin\left(\dfrac{\pi k}{2\,(\sigma_2 - \sigma_1)}\, s \right)} \right| = \frac{2}{\left| e^{\frac{\pi k}{2\,(\sigma_2 - \sigma_1)}\,(-t + \sigma i)} - e^{\frac{\pi k}{2\,(\sigma_2 - \sigma_1)}\,(t - \sigma i)} \right|} ;$$

im Nenner der rechten Seite hat das erste Glied wegen

$$\left| e^{\frac{\pi k}{2\,(\sigma_2 - \sigma_1)}\,(-t + \sigma i)} \right| = e^{-\frac{\pi k}{2\,(\sigma_2 - \sigma_1)}\,t}$$

gleichmäßig für $t = \infty$ den Limes 0; der Quotient des zweiten Gliedes durch

$$e^{\frac{\pi k}{2\,(\sigma_2 - \sigma_1)}\,t}$$

hat den absoluten Betrag 1. Daher ist für $\sigma_1 \leqq \sigma \leqq \sigma_2$ gleichmäßig bei wachsendem positivem t

$$(12) \qquad \frac{1}{\sin\left(\dfrac{\pi k}{2\,(\sigma_2 - \sigma_1)}\, s \right)} = e^{-\frac{\pi k}{2\,(\sigma_2 - \sigma_1)}\,t}\, e^{O\,(1)}.$$

Aus (10), (11) und (12) folgt für $\sigma_1 \leqq \sigma \leqq \sigma_2$ gleichmäßig bei wachsendem positivem t

$$g(s) = t^{\,k\frac{\sigma_2 - \sigma}{\sigma_2 - \sigma_1}}\, e^{O\,(1)},$$

also bei wachsendem $|t|$

$$g(s) = |t|^{\,k\frac{\sigma_2 - \sigma}{\sigma_2 - \sigma_1}}\, e^{O\,(1)};$$

d. h. es gibt zwei positive Konstanten A und B derart, daß für $\sigma_1 \leqq \sigma \leqq \sigma_2$, $|t| \geqq 1$

$$(13) \qquad A\,|t|^{\,k\frac{\sigma_2 - \sigma}{\sigma_2 - \sigma_1}} < |g(s)| < B\,|t|^{\,k\frac{\sigma_2 - \sigma}{\sigma_2 - \sigma_1}}$$

ist.

Ich setze nun

$$\frac{f(s)}{g(s)} = F(s).$$

Diese Funktion erfüllt, $t_0 = 1$ gesetzt, alle Voraussetzungen des ersten Hilfssatzes; denn erstens ist $g(s)$ für $\sigma_1 \leqq \sigma \leqq \sigma_2$, $t \geqq 1$ von Null verschieden, also $f(s)$ ebenda regulär. Zweitens ist für $\sigma = \sigma_1$ und wachsendes t nach (6) und der ersten Hälfte von (13)

$$F(s) = O\left(\frac{t^k}{t^{\,k\frac{\sigma_2 - \sigma_1}{\sigma_2 - \sigma_1}}} \right)$$

$$= O(1),$$

ferner für $\sigma = \sigma_2$ und wachsendes t nach (7) und der ersten Hälfte von (13)

$$F(s) = O\left(\frac{1}{k^{\frac{\sigma_2 - \sigma_2}{\sigma_2 - \sigma_1}}}\right)$$

$$= O(1).$$

Drittens ist nach (8) und der ersten Hälfte von (13) für $\sigma_1 \leqq \sigma \leqq \sigma_2$ gleichmäßig

$$F(s) = O\left(\frac{t^c}{k^{\frac{\sigma_2 - \sigma}{\sigma_2 - \sigma_1}}}\right)$$

$$= O\left(\frac{t^c}{t^0}\right)$$

$$= O(t^c).$$

Nach dem ersten Hilfssatz ist also für $\sigma_1 \leqq \sigma \leqq \sigma_2$, $t \geqq 1$

$$F(s) = O(1),$$

folglich in Verbindung mit der zweiten Hälfte von (13) für $\sigma_1 \leqq \sigma \leqq \sigma_2$

$$f(s) = O\left(t^{k\frac{\sigma_2 - \sigma}{\sigma_2 - \sigma_1}}\right).$$

Ganz ebenso ergibt sich für $\sigma_1 \leqq \sigma \leqq \sigma_2$ und negatives t

$$f(s) = O\left((-t)^{k\frac{\sigma_2 - \sigma}{\sigma_2 - \sigma_1}}\right),$$

also zusammenfassend die Behauptung (9).

§ 238.

Hinreichende Bedingungen für die Konvergenz in einem Teil einer gegebenen Halbebene.

Satz 54: Es sei für jedes $\delta > 0$

$$a_n = O(e^{\lambda n^\delta}),$$

also die Reihe

(1)
$$\sum_{n=1}^{\infty} a_n e^{-\lambda_n s}$$

für $\sigma > l$ absolut konvergent. Die hier durch die Reihe definierte Funktion $f(s)$ sei für $\sigma > \eta$ regulär; ein festes $k > 0$ sei so beschaffen, daß für $\sigma > \eta$ gleichmäßig

$$f(s) = O(|t|^k)$$

ist. Dann ist (1) für

$$\sigma > \frac{\eta + kl}{1 + k}$$

konvergent.

Natürlich enthält dies den Satz 52; denn unter seinen Voraussetzungen ist nach Satz 54 die Reihe (1) bei jedem $\delta > 0$ für

$$\sigma > \frac{\eta + \delta l}{1 + \delta},$$

d. h. eben für $\sigma > \eta$ konvergent.

Beweis: Da für $\eta \geqq l$ der Satz wegen

$$\frac{\eta + kl}{1 + k} \geqq \frac{l + kl}{1 + k}$$
$$= l$$

trivial ist, darf $\eta < l$ angenommen werden. Alsdann ist der in der Behauptung auftretende Wert

$$\frac{\eta + kl}{1 + k} < \frac{l + kl}{1 + k}$$
$$= l,$$

aber

$$\frac{\eta + kl}{1 + k} > \frac{\eta + k\eta}{1 + k}$$
$$= \eta.$$

Es sei

$$l \geqq \gamma > \frac{\eta + kl}{1 + k};$$

dann ist die Existenz von

$$\lim_{m = \infty} \sum_{n = 1}^{m} a_n e^{-\lambda_n \gamma} = \lim_{m = \infty} \sum_{\lambda_n < w_m} a_n e^{-\lambda_n \gamma}$$

zu beweisen.

Ich verstehe unter $\varepsilon < \gamma - \eta$ und g positive Konstanten, über die noch verfügt werden wird, und setze

$$\omega = \omega(m)$$
$$= e^{w_m g}.$$

Wie beim Beweise des Satzes 52 (damalige Formel (2), wo jetzt $\gamma - \varepsilon$ statt η geschrieben wird), ist hier[1]

---

1) In der Tat ist hier $f(s + \gamma)$ eine für $\sigma = l - \gamma + \varepsilon$ absolut konvergente Dirichletsche Reihe.

$$2\pi i \sum_{n=1}^{m} a_n e^{-\lambda_n \gamma} = \int_{l-\gamma+\varepsilon-\omega i}^{l-\gamma+\varepsilon+\omega i} \frac{e^{wms}}{s} f(s+\gamma)\, ds + O\left(\frac{e^{wm(l-\gamma+\varepsilon)}}{\omega}\right)$$

$$(2) \qquad = \int_{l-\gamma+\varepsilon-\omega i}^{l-\gamma+\varepsilon+\omega i} \frac{e^{wms}}{s} f(s+\gamma)\, ds + O\left(e^{wm(l-\gamma-g+\varepsilon)}\right).$$

Es werde nun der Cauchysche Satz auf das Rechteck mit den Ecken $l-\gamma+\varepsilon\pm\omega i$, $\eta-\gamma+\varepsilon\pm\omega i$ angewendet, auf und in welchem wegen

$$(\eta-\gamma+\varepsilon)+\gamma = \eta+\varepsilon$$
$$> \eta$$

und

$$\eta-\gamma+\varepsilon < 0,$$
$$l-\gamma+\varepsilon > 0$$

der Integrand mit eventueller Ausnahme des sicher darin gelegenen Punktes $s=0$ regulär ist. Unter allen Umständen liefert (2)

$$2\pi i\left(\sum_{n=1}^{m} a_n e^{-\lambda_n \gamma} - f(\gamma)\right) = O\left(e^{wm(l-\gamma-g+\varepsilon)}\right) + \int_{l-\gamma+\varepsilon-\omega i}^{\eta-\gamma+\varepsilon-\omega i} \frac{e^{wms}}{s} f(s+\gamma)\, ds$$

$$+ \int_{\eta-\gamma+\varepsilon-\omega i}^{\eta-\gamma+\varepsilon+\omega i} \frac{e^{wms}}{s} f(s+\gamma)\, ds + \int_{\eta-\gamma+\varepsilon+\omega i}^{l-\gamma+\varepsilon+\omega i} \frac{e^{wms}}{s} f(s+\gamma)\, ds$$

$$(3) \qquad = O\left(e^{wm(l-\gamma-g+\varepsilon)}\right) + I_1 + I_2 + I_3.$$

Hierin ist

$$I_2 = O\left(e^{wm(\eta-\gamma+\varepsilon)} \int_{1}^{\omega} \frac{t^k}{t}\, dt\right)$$

$$= O\left(e^{wm(\eta-\gamma+\varepsilon)}\, \omega^k\right)$$

$$(4) \qquad = O\left(e^{wm(\eta-\gamma+kg+\varepsilon)}\right).$$

Zur Abschätzung von I_3 wende ich den zweiten Hilfssatz des § 237 an: Auf unser $f(s)$,

$$\sigma_1 = \eta+\varepsilon,$$
$$\sigma_2 = l+\varepsilon.$$

Seine Voraussetzungen sind offenbar erfüllt. Also ist im Intervall $\eta+\varepsilon \leqq \sigma \leqq l+\varepsilon$ gleichmäßig

$$f(s) = O\left(|t|^{k\frac{l+\varepsilon-\sigma}{l-\eta}}\right),$$

d. h. für $\eta - \gamma + \varepsilon \leqq \sigma \leqq l - \gamma + \varepsilon$ gleichmäßig

$$f(s + \gamma) = O\left(|t|^{\,k\,\frac{l-\gamma+\varepsilon-\sigma}{l-\eta}}\right).$$

Daher ist

$$I_3 = O \int\limits_{\eta-\gamma+\varepsilon}^{l-\gamma+\varepsilon} \frac{e^{w_m \sigma}}{\omega}\, \omega^{\,k\,\frac{l-\gamma+\varepsilon-\sigma}{l-\eta}}\, d\sigma$$

$$= O \int\limits_{\eta-\gamma+\varepsilon}^{l-\gamma+\varepsilon} e^{w_m \left(\sigma\left(1-\frac{kg}{l-\eta}\right) + \left(-1 + \frac{k}{l-\eta}(l-\gamma+\varepsilon)\right)g\right)}\, d\sigma,$$

also, da die lineare Funktion von σ im Exponenten ihren größten Wert am Anfang oder Ende des Intervalls erreicht [1],

$$I_3 = O\left(\frac{e^{w_m(\eta-\gamma+\varepsilon)}}{\omega}\,\omega^{\,k\,\frac{l-\gamma+\varepsilon-(\eta-\gamma+\varepsilon)}{l-\eta}}\right) + O\left(\frac{e^{w_m(l-\gamma+\varepsilon)}}{\omega}\,\omega^{\,k\,\frac{l-\gamma+\varepsilon-(l-\gamma+\varepsilon)}{l-\eta}}\right)$$

$$= O\left(e^{w_m(\eta-\gamma+\varepsilon)}\,\omega^{\,k-1}\right) + O\left(e^{w_m(l-\gamma+\varepsilon)}\,\omega^{-1}\right)$$

$$(5) \qquad = O\left(e^{w_m(\eta-\gamma+(k-1)g+\varepsilon)}\right) + O\left(e^{w_m(l-\gamma-g+\varepsilon)}\right).$$

Das erste Glied rechts in (5) ist gegen die Abschätzung (4) von I_2 zu vernachlässigen; das zweite kam schon in (3) vor.

Da I_1 aus Symmetriegründen dieselbe Abschätzung (5) liefert, ergibt sich aus (3), (4) und (5)

$$(6) \qquad \sum_{n=1}^{m} a_n e^{-\lambda_n \gamma} - f(\gamma) = O\left(e^{w_m(l-\gamma-g+\varepsilon)}\right) + O\left(e^{w_m(\eta-\gamma+kg+\varepsilon)}\right).$$

g werde nun so gewählt, daß beide Exponenten gleich werden; d. h. es werde

$$g = \frac{l-\eta}{1+k}$$

gesetzt, was wirklich positiv ist. Dann ist jener gemeinsame Wert der Exponenten in (6)

$$l - \gamma - \frac{l-\eta}{1+k} + \varepsilon = \frac{\eta + kl}{1+k} - \gamma + \varepsilon,$$

also bei passender Wahl des positiven ε negativ, womit der Satz 54 bewiesen ist.

---

[1] Wenn sie konstant ist, erreicht sie ihren größten Wert überall, also gewiß auch in den Endpunkten.

Er läßt sich wegen

$$l - \frac{\eta + kl}{1+k} = \frac{l-\eta}{1+k}$$

für $\eta < l$ auch so interpretieren. Wenn

$$a_n = O\big(e^{\lambda_n\,\delta}\big)$$

ist und $f(s)$ über l hinaus in einem Streifen der Dicke D regulär und $O(|t|^k)$ ist $(k > 0)$, so ist die Reihe (1) über l hinaus in einem Streifen der Dicke $\dfrac{D}{1+k}$ konvergent.

Satz 55: Es seien alle Voraussetzungen des Satzes 54 erfüllt und außerdem

$$\eta + kl < 0.$$

Dann konvergiert die Reihe (1) für

$$\sigma > \eta + kl.$$

Für

$$\eta + kl \geqq 0$$

wäre dies auch richtig, aber nichts Neues, da alsdann

$$\frac{\eta + kl}{1+k} \leqq \eta + kl$$

ist.

Der Satz 55 besagt wegen

$$l - (\eta + kl) = D - kl$$

die Konvergenz über l hinaus in einem Streifen der Dicke $D - kl$.

Beweis: Es sei β die Konvergenzabszisse von (1); wenn

$$\beta = -\infty$$

ist, ist die Behauptung trivial. Wenn β endlich ist, ist für jedes $\delta > 0$

$$a_n = O\big(e^{\lambda_n(\beta + \delta)}\big).$$

Ich setze

$$a_n e^{-\lambda_n\beta} = a_n',$$

so daß

$$a_n' = O\big(e^{\lambda_n\,\delta}\big)$$

ist, und führe statt s die neue komplexe Variable

$$s' = s - \beta$$
$$= \sigma' + t'i$$

ein. Dann ist die für $\sigma' > l$ durch

$$f(s) = \sum_{n=1}^{\infty} a_n e^{-\lambda_n s}$$

$$= \sum_{n=1}^{\infty} a_n e^{-\lambda_n \beta} e^{-\lambda_n (s-\beta)}$$

$$(7) \qquad = \sum_{n=1}^{\infty} a_n' e^{-\lambda_n s'}$$

$$= g(s')$$

definierte analytische Funktion von s' für

$$\sigma' > \eta - \beta$$

regulär; für

$$\sigma' > \eta - \beta$$

ist außerdem

$$g(s') = O(|t|^k)$$
$$= O(|t'|^k).$$

Daher konvergiert nach dem Satze 54 die Reihe (7) für

$$\sigma' > \frac{\eta - \beta + kl}{1 + k},$$

also die Reihe (1) für

$$\sigma > \frac{\eta - \beta + kl}{1 + k} + \beta.$$

Daher ist

$$\beta \leqq \frac{\eta - \beta + kl}{1 + k} + \beta,$$

$$0 \leqq \frac{\eta - \beta + kl}{1 + k},$$

$$\beta \leqq \eta + kl,$$

womit der Satz 55 bewiesen ist.

Aus dem Satz 54 ergibt sich noch eine interessante Folgerung:

Satz 56: Es sei für alle $\delta > 0$

$$a_n = O(e^{\lambda_n \delta}),$$

aber für kein $\varepsilon > 0$

$$a_n = O(e^{-\lambda_n \varepsilon});$$

mit anderen Worten, es sei

$$\limsup_{n=\infty} \frac{\log |a_n|}{\lambda_n} = 0.$$

Wenn $E > l$ ist und für $\sigma > l - E$

$$f(s) = O(|t|^k)$$

ist, so ist

$$k \geq \frac{E}{l} - 1.$$

Beweis: k darf > 0 angenommen werden. Nach dem Satz 54, in welchem $\eta = l - E$ gesetzt werden kann, konvergiert die Reihe (1) für

$$\sigma > \frac{l - E + kl}{1 + k}$$
$$= l - \frac{E}{1 + k};$$

wäre nun

$$k < \frac{E}{l} - 1,$$

so wäre jene Schranke

$$l - \frac{E}{1 + k} < l - \frac{E}{\dfrac{E}{l}}$$
$$= 0;$$

also wäre für ein gewisses $\varepsilon > 0$

$$a_n = O(e^{-\lambda_n \varepsilon}),$$

gegen die Annahme.

Die Sätze 54 und 55 besagen zusammenfassend die Konvergenz von (1) für

$$\sigma > \mathrm{Min.}\left(\frac{\eta + kl}{1 + k},\ \eta + kl\right).$$

Sie lassen sich leicht in eine Form setzen, in der auf die Annahme

$$a_n = O(e^{\lambda_n \delta})$$

verzichtet wird:

Satz 57: Es sei die Reihe

$$(1) \qquad \sum_{n=1}^{\infty} a_n e^{-\lambda_n s}$$

für $\sigma > H$ konvergent. Die hier durch die Reihe definierte Funktion sei für $\sigma > \eta$ regulär, und für $\sigma > \eta$ sei gleichmäßig

$$f(s) = O(|t|^k),$$

wo $k > 0$ ist. Dann ist (1) für

$$\sigma > \eta + kl$$

konvergent.

Beweis: Wenn

$$a_n e^{-\lambda_n H} = a_n',$$

$$s' = s - H$$

$$= \sigma' + t' i$$

gesetzt wird, ist mit Rücksicht auf

$$a_n' = O\left(e^{\lambda_n \delta}\right)$$

die durch

$$\sum_{n=1}^{\infty} a_n' e^{-\lambda_n s'}$$

definierte Funktion von s' für $\sigma' > \eta - H$ regulär und gleichmäßig

$$= O\left(|t|^k\right)$$

$$= O\left(|t'|^k\right).$$

Nach den Sätzen 54 und 55 konvergiert also die Reihe

$$\sum_{n=1}^{\infty} a_n' e^{-\lambda_n s'}$$

für

$$\sigma' > \mathrm{Min.}\left(\frac{\eta - H + kl}{1 + k},\ \eta - H + kl\right),$$

d. h. die Reihe (1) für

$$\sigma > H + \mathrm{Min.}\left(\frac{\eta - H + kl}{1 + k},\ \eta - H + kl\right)$$

$$= \mathrm{Min.}\left(\frac{\eta + k(H + l)}{1 + k},\ \eta + kl\right).$$

Das Teilresultat

$$\sigma > \frac{\eta + k(H + l)}{1 + k}$$

ist hierbei wertlos. Denn

1. im Falle

$$\eta + kl \geqq H$$

ist

$$\eta + kH + kl \geqq H + kH,$$

$$\frac{\eta + k(H + l)}{1 + k} \geqq H;$$

2. im Falle

$$\eta + kl < H$$

ist

$$\eta - H + kl < \frac{\eta - H + kl}{1 + k},$$

$$\eta + kl < \frac{\eta + k(H + l)}{1 + k}.$$

Das Ergebnis lautet also: (1) konvergiert für

$$\sigma > \eta + kl.$$

———

Einundachtzigstes Kapitel.

Anwendungen.

———

§ 239.

Darstellung von Dirichletschen Reihen, welche in einer Halbebene nicht verschwinden.

Dieser Paragraph stellt eine Anwendung des Satzes 53 dar.

Nach dem Satz 18 läßt sich jede für $\sigma > \alpha$ konvergente und ein absolutes Konvergenzgebiet besitzende Dirichletsche Reihe[1]

$$f(s) = \sum_{n=1}^{\infty} a_n e^{-l_n s},$$

wo (ohne Beschränkung der Allgemeinheit) $a_1 \neq 0$ ist, ohne daß die l_n Einschränkungen unterworfen sind, in einer gewissen Halbebene $\sigma > G$ in die Form

$$(1) \qquad\qquad f(s) = e^{-l_1 s + g(s)}$$

setzen, wo

$$(2) \qquad\qquad g(s) = \sum_{n=1}^{\infty} b_n e^{-\lambda_n s}$$

eine dort absolut konvergente Dirichletsche Reihe ist.[2] Der Beweis zeigte die Gültigkeit von (1) nicht etwa für $\sigma > \alpha$ und konnte es auch nicht, da ja z. B. beim Vorhandensein einer Nullstelle von $f(s)$ in der Halbebene $\sigma > \alpha$ die durch $g(s)$ für $\sigma > G$ definierte Funktion nicht einmal für $\sigma > \alpha$ regulär ist. Es besteht nun aber, falls, wie

---

1) Ich schreibe mit Absicht statt λ hier einen anderen Buchstaben.

2) Umgekehrt definiert natürlich im Falle des Vorhandenseins eines absoluten Konvergenzgebietes von (2) die rechte Seite von (1) eine ebenda absolut konvergente Dirichletsche Reihe.

stets in diesem Teil, die λ_n (nicht die l_n) bis auf weiteres (bis zum Satz 60 einschließlich) die Einschränkungen des § 235 erfüllen[1], der merkwürdige

Satz 58: Wenn die Reihe

$$\sum_{n=1}^{\infty} a_n e^{-l_n s}$$

für $\sigma > \beta$ konvergiert und von Null verschieden ist, so ist die Reihe

$$\sum_{n=1}^{\infty} b_n e^{-\lambda_n s}$$

für $\sigma > \beta$ konvergent.

Das Überraschende liegt darin, daß ja bekanntlich aus der Regularität einer Funktion für $\sigma > \beta$ und ihrer Entwickelbarkeit in eine Dirichletsche Reihe für $\sigma > G$ keineswegs die Konvergenz dieser Reihe für $\sigma > \beta$ folgt.

Der Satz 58 umfaßt den Fall $\lambda_n = \log n$, also auch den Fall $l_n = \log n$, d. h. den Fall, daß die Reihe $f(s)$, von der man ausgeht, vom Typus

$$f(s) = \sum_{n=1}^{\infty} \frac{a_n}{n^s}$$

ist.

Ich beweise an Stelle des Satzes 58 gleich den allgemeineren

Satz 59: Es sei die durch die Reihe

$$(3) \qquad \sum_{n=1}^{\infty} a_n e^{-l_n s}$$

in ihrem Konvergenzgebiet definierte analytische Funktion $f(s)$ für $\sigma > \beta$ regulär und von Null verschieden; es sei ferner bei festem $\delta > 0$ für $\sigma \geq \beta + \delta$ gleichmäßig

$$f(s) e^{l_1 s} = O\big(|t|^k\big)$$

mit einem konstanten k oder auch nur gleichmäßig

$$f(s) e^{l_1 s} = O\big(e^{|t|^\varepsilon}\big)$$

mit jedem konstanten ε; dann ist die Reihe

$$(4) \qquad \sum_{n=1}^{\infty} b_n e^{-\lambda_n s}$$

für $\sigma > \beta$ konvergent.

---

1) Daraus folgt gewiß, daß, wenn die Reihe (2) ein Konvergenzgebiet besitzt, die formal nach (1) gebildete Reihe $f(s)$ ein absolutes Konvergenzgebiet hat.

Es wird also bei Satz 59 nicht mehr Konvergenz von $f(s)$ für $\sigma > \beta$ vorausgesetzt. Der Satz 58 ist offenbar hierin enthalten, da nach Satz 45 aus der Konvergenz von $f(s)$ für $\sigma > \beta$ im Gebiete $\sigma \geqq \beta + \delta$ die gleichmäßige Gültigkeit von

$$f(s)e^{l_1 s} = o(|t|)$$

folgt.

Beweis: Es seien $\delta > 0$ und $\varepsilon > 0$ fest. Für $\sigma \geqq \beta + \delta$ ist

$$\left| f(s)e^{l_1 s} \right| < c_1 e^{|t|^\varepsilon};$$

wenn $g(s)$ die durch die Reihe (4) für $\sigma > G$ definierte, für $\sigma > \beta$ reguläre Funktion bezeichnet, ist also für $\sigma \geqq \beta + \delta$

$$\left| e^{g(s)} \right| < c_1 e^{|t|^\varepsilon},$$

$$e^{\Re g(s)} < c_1 e^{|t|^\varepsilon},$$

$$\Re g(s) < c_2 + |t|^\varepsilon,$$

also für $\sigma \geqq \beta + \delta$, $|t| \geqq 1$

$$(5) \qquad \Re g(s) < c_3 |t|^\varepsilon.$$

In die Formel des § 73

$$(6) \qquad |F(s)| \leqq |\Im F(s_0)| + |\Re F(s_0)| \frac{r + \varrho}{r - \varrho} + 2A \frac{\varrho}{r - \varrho}$$

setze ich ein:

$$F(s) = g(s),$$

$$s_0 = \sigma_0 + ti,$$

wo σ_0 eine fest oberhalb $\beta + 2\delta$ und oberhalb der Grenzgeraden absoluter Konvergenz von (4) gewählte Zahl ist,

$$r = \sigma_0 - \beta - \delta$$

und

$$\varrho = \sigma_0 - \beta - 2\delta.$$

Für $|t| \geqq 1 + \sigma_0 - \beta - \delta = t_0$ gehören alle Punkte u, v des Kreises $|s - s_0| \leqq r$ dem Gebiet

$$u \geqq \beta + \delta, \quad |v| \geqq 1$$

an. Wegen

$$|\Re F(s_0)| < c_4,$$

$$|\Im F(s_0)| < c_5$$

und der aus (5) fließenden Abschätzung

$$A < c_3(|t| + \sigma_0 - \beta - \delta)^\varepsilon$$

$$< c_6 |t|^\varepsilon$$

ist nach (6) im Kreise $|s - s_0| \leq \varrho$, also speziell für $s = \sigma + ti$, $\beta + 2\delta \leq \sigma \leq \sigma_0$, $|t| \geq t_0$

$$|g(s)| < c_4 + c_5 \frac{r + \varrho}{r - \varrho} + 2\,c_6\,|t|^\varepsilon \frac{\varrho}{r - \varrho}$$
$$< c_7\,|t|^\varepsilon.$$

Außerdem ist natürlich für $s = \sigma + ti$, $\sigma \geq \sigma_0$, $|t| \geq t_0$

$$|g(s)| < c_8\,|t|^\varepsilon.$$

Daher ist, was auch das feste positive ε sei, für $\sigma \geq \beta + 2\,\delta$ gleichmäßig

$$g(s) = O\big(|t|^\varepsilon\big).$$

Nach dem Satz 53 ist also die Reihe (4) für $\sigma > \beta + 2\delta$ konvergent, d. h., da $\delta > 0$ beliebig klein war, für $\sigma > \beta$, und der Satz 59 ist bewiesen.

Eine interessante Folgerung ist der

Satz 60: Es habe die Dirichletsche Reihe (3) die endliche Gerade $\sigma = \gamma$ als Grenze der absoluten Konvergenz; die durch (3) definierte Funktion $f(s)$ sei auf dieser Geraden und darüber hinaus in einem Streifen von größerer Dicke als l, d. h. von der Dicke $l + \delta$, wo $\delta > 0$ ist, regulär, und es sei für $\sigma > \gamma - l - \delta$ gleichmäßig

$$f(s)e^{l_1 s} = O\big(e^{|t|^\varepsilon}\big);$$

dann gehört der Halbebene $\sigma > \gamma - l - \delta$ mindestens eine Nullstelle der Funktion $f(s)$ an.

Beweis: Wäre für $\sigma > \gamma - l - \delta$

$$f(s) \neq 0,$$

so wäre nach dem Satz 59 die Reihe (4) für $\sigma > \gamma - l - \delta$ konvergent, also für $s = \gamma - \dfrac{\delta}{2}$ absolut konvergent; folglich wäre die Reihe (3) für $s = \gamma - \dfrac{\delta}{2}$ absolut konvergent. Damit ist der Satz 60 bewiesen.

Er gilt insbesondere für Reihen des Spezialtypus

$$f(s) = \sum_{n=1}^{\infty} \frac{a_n}{n^s}.$$

Es ist nicht ohne Interesse, für diesen Typus[1], wenn obendrein die Voraussetzung

$$f(s) = O\big(e^{|t|^\varepsilon}\big)$$

---

1) Man vergesse nicht, daß a_1 von Null verschieden angenommen war.

durch die mehr verlangende

$$f(s) = O\big(|t|^k\big)$$

bei einem $k > 0$ ersetzt wird, einen einfacheren Beweis anzuführen, welcher den Satz 59 nicht benutzt und damit die Heranziehung des Satzes aus § 73 vermeidet.

Es gibt ein $G \geq \gamma$, so daß $g(s)$ für $\sigma > G$ absolut konvergiert; dann ist für jedes ganzzahlige $m \geq 1$ die Funktion

$$(f(s))^{\frac{1}{m}} = e^{\frac{1}{m} g(s)}$$

für $\sigma > G$ regulär und in eine dort absolut konvergente Dirichletsche Reihe $f_m(s)$ vom Spezialtypus entwickelbar[1]. Wäre nun der Satz falsch, d. h. wäre für $\sigma > \gamma - 1 - \delta$

$$f(s) \neq 0,$$

so wäre die durch die Reihe definierte Funktion $f_m(s)$ für $\sigma > \gamma - 1 - \delta$ regulär und

$$O\Big(|t|^{\frac{k}{m}}\Big).$$

Nach dem Satz 57 konvergiert also die Dirichletsche Reihe $f_m(s)$ für

$$\sigma > \gamma - 1 - \delta + \frac{k}{m},$$

d. h., wenn nur das m hinreichend groß gewählt ist, für $\sigma > \gamma - 1 - \frac{\delta}{2}$, also alsdann absolut für $s = \gamma - \frac{\delta}{4}$. Alsdann wäre aber auch die Reihe für

$$(f_m(s))^m = f(s)$$

für $s = \gamma - \frac{\delta}{4}$ absolut konvergent, entgegen der Definition von γ.

---

1) Daß $(f(s))^{\frac{1}{m}}$ in eine solche Reihe entwickelbar ist, läßt sich natürlich auch ohne Einführung des $g(s)$ nach dem binomischen Satz genau so begründen, wie beim Beweise des Satzes 18 die Darstellung von $f(s)$ als $e^{g(s)}$ begründet wurde. Für alle hinreichend großen σ ist nämlich

$$\left|\frac{a_2}{2^s}\right| + \left|\frac{a_3}{3^s}\right| + \cdots < |a_1|,$$

also durch Anwendung der Binomialreihe

$$\Big(a_1 + \frac{a_2}{2^s} + \frac{a_3}{3^s} + \cdots\Big)^{\frac{1}{m}} = a_1^{\frac{1}{m}}\Big(1 + \frac{1}{m\,a_1}\Big(\frac{a_2}{2^s} + \frac{a_3}{3^s} + \cdots\Big) + \cdots\Big),$$

wo beliebig umgeordnet werden darf.

Beispiel: Es sei $\chi(n)$ ein Nicht-Hauptcharakter nach irgend einem Modul und

$$L(s) = \sum_{n=1}^{\infty} \frac{\chi(n)}{n^s}$$

unsere alte, für $\sigma > 0$ und nicht weiter konvergente, für $\sigma > 1$ und nicht weiter absolut konvergente Dirichletsche Reihe. $L(s)$ definiert, wie wir in § 124 ohne Benutzung der viel tiefer liegenden Funktionalgleichung durch partielle Summation bewiesen haben, eine für $\sigma > -1$ reguläre Funktion, die zufolge der damaligen Formeln offenbar für $\sigma > -\delta$, wo $0 < \delta < 1$ und δ fest ist, der Abschätzung

$$L(s) = O(|t|^2)$$

gleichmäßig genügt. Der Satz 60 (und zwar sogar sein zuletzt einfacher bewiesener Spezialfall) besagt also, daß nach Annahme eines $\delta > 0$ die Funktion nicht für $\sigma > -\delta$ von Null verschieden sein kann. Wir hatten seinerzeit in § 130 die Existenz der nicht trivialen Wurzeln von $L(s)$ nur vermittelst der Funktionalgleichung erschlossen (auch die der trivialen, welche jedoch direkter festzustellen gewesen wäre). Im Falle

$$\chi(-1) = 1$$

ist nun die triviale Wurzel 0 vorhanden; aber im Falle

$$\chi(-1) = -1$$

ist ja 0 keine Wurzel, und doch haben wir hier als Anwendung unseres allgemeinen Satzes für jedes $\delta > 0$ die Existenz einer der Halbebene $\sigma > -\delta$ angehörigen Wurzel der Funktion $L(s)$ erschlossen. Wir wissen von früher, daß jede solche Wurzel, wenn nur $\delta < 1$ ist, in Wahrheit dem Streifen $0 < \sigma < 1$ angehört.

Nun wollen wir aber über unsere spezielle Funktion $L(s)$ aus dem Satz 58 auch etwas Neues herausholen. Es bezeichne Θ die obere Grenze der reellen Teile der Nullstellen von $L(s)$. Zufolge der Funktionalgleichung ist

$$\tfrac{1}{2} \leqq \Theta \leqq 1;$$

denn sonst wäre $L(s)$ für $\tfrac{1}{2} \leqq \sigma < 1$ von Null verschieden, also alle nicht trivialen Wurzeln dem Streifen $0 < \sigma < \tfrac{1}{2}$ angehörig. Wenn aber $\sigma_0 + t_0 i$ eine Wurzel von $L(s)$ in diesem Streifen ist, so ist $1 - \sigma_0 - t_0 i$ eine Wurzel von $\overline{L}(s)$, also $1 - \sigma_0 + t_0 i$ eine von $L(s)$, und die Annahme war falsch.

Es sei andererseits Θ' die Konvergenzabszisse der zu

$$f(s) = L(s)$$

gehörigen Funktion

$$g(s) = \sum_{p,m}{}' \frac{\chi(p^m)}{m\, p^{m s}},$$

welche die Gleichung

$$f(s) = e^{g(s)}$$

jedenfalls für $\sigma > 1$ erfüllt. Dann ist gewiß

$$\Theta \leqq \Theta' \leqq 1,$$

da aus

$$\Theta' < \Theta$$

das Nichtverschwinden von $L(s)$ für $\sigma > \Theta'$ folgen würde. Nach dem Satz 58 ist andererseits die Reihe $g(s)$ für $\sigma > \Theta$ konvergent, d. h.

$$\Theta' \leqq \Theta,$$
$$\Theta = \Theta'.$$

Die Reihe

$$\sum_{p,m}{}' \frac{\chi(p^m)}{m\, p^{m s}}$$

konvergiert also genau bis zur oberen Grenze der Abszissen ihrer singulären Punkte; d. h. sie konvergiert in der größtmöglichen Halbebene, welche innen keinen singulären Punkt enthält.

Dasselbe behaupte ich von der Reihe

$$\sum_{p}{}' \frac{\chi(p)}{p^s}.$$

Wegen

$$\Theta = \Theta' \geqq \tfrac{1}{2}$$

ist zunächst klar, daß diese Reihe eine Konvergenzabszisse $\leqq \Theta$ hat; ich habe also nur zu zeigen, daß in jeder Nähe der Geraden $\sigma = \Theta$ ein singulärer Punkt liegt. Nun ist für $\sigma > \Theta$

$$\sum_{p}{}' \frac{\chi(p)}{p^s} = \log L(s) - \tfrac{1}{2} \sum_{p}{}' \frac{\chi^2(p)}{p^{2 s}} + R_1(s),$$

wo $R_1(s)$ für $\sigma > \tfrac{1}{3}$ regulär ist. Da $\chi^2(n)$ wieder ein Charakter ist, dem $L_0(s)$ entspreche, ist für $\sigma > \tfrac{1}{2}$

$$\sum_{p}{}' \frac{\chi^2(p)}{p^{2 s}} = \log L_0(2 s) + R_2(s),$$

wo $R_2(s)$ für $\sigma > \tfrac{1}{4}$ regulär ist. Daher ist für $\sigma > \Theta$

$$\sum_{p}{}' \frac{\chi(p)}{p^s} = \log L(s) - \tfrac{1}{2} \log L_0(2 s) + R_3(s),$$

wo $R_3(s)$ für $\sigma > \frac{1}{3}$ regulär ist. Im Falle $\Theta > \frac{1}{2}$ ist wegen $2\Theta > 1$ klar, daß nach passender Annahme eines $\delta > 0$ für $\sigma > \Theta - \delta$

$$-\tfrac{1}{2} \log L_0(2s) + R_3(s)$$

regulär ist, also im Streifen $\Theta - \delta < \sigma \leqq \Theta$ die durch

$$\sum_{p}' \frac{\chi(p)}{p^s}$$

definierte Funktion mindestens einen singulären Punkt besitzt, nämlich eine passend wählbare Nullstelle von $L(s)$. Im Falle $\Theta = \frac{1}{2}$ ist auf der Geraden $\sigma = \Theta$ mit etwaiger Ausnahme[1] des Punktes $s = \frac{1}{2}$ die Funktion

$$-\tfrac{1}{2} \log L_0(2s) + R_3(s)$$

regulär und auf dieser Geraden $\log L(s)$ unendlich oft singulär. Damit ist die Behauptung in jedem Falle bewiesen.

Im Anschluß erinnere ich daran, daß im § 93 analog festgestellt war, daß die Dirichletsche Reihe für

$$\frac{\zeta'(s)}{\zeta(s)} + \zeta(s)$$

genau bis zur oberen Grenze der Abszissen ihrer singulären Punkte konvergiert.

Ob dies auch für die Reihe auf der rechten Seite von

$$\frac{1}{\zeta(s)} = \sum_{n=1}^{\infty}{}' \frac{\mu(n)}{n^s}$$

der Fall ist, weiß ich nicht und werde im nächsten Paragraphen mit viel mehr Mühe viel weniger herausbekommen.

Es versteht sich von selbst, daß die Sätze dieses Paragraphen auch so formuliert werden können, daß von a-Stellen statt von Nullstellen gesprochen wird.

§ 240.

Spezielle Untersuchungen über die Riemannsche Zetafunktion.

Satz: Es ist für $0 \leqq \sigma \leqq 1$ gleichmäßig

$$\zeta(s) = O\!\left(t^{\frac{1-\sigma}{2}} \log t\right).$$

---

[1] $\chi^2(n)$ kann ja der Hauptcharakter sein.

Vorbemerkung: Für unsere Anwendungen auf Dirichletsche Reihen würde übrigens

$$\zeta(s) = O\left(t^{\frac{1-\sigma}{2}+\delta}\right)$$

(für alle $\delta > 0$) genügen; aber auch das hatten wir keineswegs in § 228 schon gehabt; sondern unser damaliges Resultat lautete

$$\zeta(s) = O\left(t^{\frac{1}{2}+\delta}\right) \qquad \text{für } 0 \leqq \sigma \leqq \tfrac{1}{2},$$
$$\zeta(s) = O(t^{1-\sigma+\delta}) \qquad \text{für } \tfrac{1}{2} \leqq \sigma \leqq 1.$$

Beweis: Für $\sigma = 1$ ist nach § 46

$$\zeta(s) = O(\log t).$$

Daraus folgt für $\sigma = 0$ nach der Formel

$$|\zeta(\sigma + ti)| = |\zeta(1 - \sigma + ti)| \, O\left(t^{\frac{1}{2}-\sigma}\right)$$

des § 228 weiter:

$$\zeta(ti) = O(\sqrt{t} \log t),$$

d. h. für $\sigma = 0$

$$\zeta(s) = O\left(t^{\frac{1}{2}} \log t\right).$$

Es bezeichne $\log s$ den für $s > 0$ reellen, in der Halbebene $\sigma \geqq 0$ exkl. $s = 0$ regulären Zweig, und es werde

$$\frac{\zeta(s)}{\log s} = f(s)$$

gesetzt. Dann ist $f(s)$ bis auf den Pol (zweiter Ordnung) $s = 1$ für $\sigma \geqq 0$ exkl. $s = 0$ regulär; weil für $0 \leqq \sigma \leqq 1$ gleichmäßig

$$\frac{1}{\log s} = O\left(\frac{1}{\log t}\right)$$

ist, ergibt sich

$$f(ti) = O(\sqrt{t}),$$
$$f(1 + ti) = O(1)$$

und für $0 \leqq \sigma \leqq 1$ gleichmäßig[1]

$$f(s) = O(t^c).$$

Nach dem zweiten Hilfssatz des § 237 ist daher für $0 \leqq \sigma \leqq 1$ gleichmäßig

$$f(s) = O\left(t^{\frac{1-\sigma}{2}}\right),$$

______

1) Übrigens kann hierin c nach § 228 jede Zahl $> \tfrac{1}{2}$ bedeuten.

also wegen der dort gleichmäßig gültigen Relation

$$\log (\sigma + ti) = O(\log t)$$

gleichmäßig

$$\zeta(s) = O\!\left(t^{\frac{1-\sigma}{2}} \log t\right),$$

was zu beweisen war.

Satz: Wenn die Riemannsche Vermutung

$$\zeta(s) \neq 0 \qquad \text{für } \sigma > \tfrac{1}{2}$$

wahr ist, so ist für festes η des Intervalls

$$\tfrac{1}{2} < \eta < 1$$

und jedes feste $\delta > 0$ in der Halbebene $\sigma \geqq \eta$ gleichmäßig

$$\frac{1}{\zeta(s)} = O\!\left(t^{\frac{1-\eta}{2\,\eta-1}+\delta}\right).$$

Beweis: Unter Annahme der Richtigkeit der Riemannschen Vermutung definiert

$$Z(s) = \log \zeta(s)$$
$$= \sum_{p,m} \frac{1}{m\,p^{m s}}$$

eine in der Viertelebene $\sigma > \tfrac{1}{2}$, $t > 0$ reguläre Funktion. Ich verstehe unter ε eine beliebige feste Zahl derart, daß

$$0 < \varepsilon < \eta - \tfrac{1}{2}$$

ist, und wende, $t \geqq 2$ angenommen, die Ungleichung des § 73

$$\Re F(s) \geqq - |\Re F(s_0)| \frac{r+\varrho}{r-\varrho} - 2\,A\,\frac{\varrho}{r-\varrho}$$

an auf:

$$F(s) = Z(s),$$
$$s_0 = 1 + \varepsilon + ti,$$
$$r = \tfrac{1}{2},$$
$$\varrho = 1 + \varepsilon - \eta.$$

Es ist

$$|\Re \log \zeta(s_0)| < c_1$$

und, weil alle Punkte des Kreises $|s - s_0| \leqq r$ der Halbebene $\sigma \geqq \tfrac{1}{2} + \varepsilon$ angehören, in welcher für $t \geqq 1$

$$|\zeta(s)| < c_2 t^{\frac{1}{4}}$$

ist, für $t \geq 2$

$$A < \log c_2 + \tfrac{1}{4} \log \left(t + \tfrac{1}{2}\right)$$
$$< c_3 + \tfrac{1}{4} \log t.$$

Also ist speziell für $\eta \leq \sigma \leq 1 + \varepsilon$, $t \geq 2$

$$\Re \log \zeta(\sigma + ti) > - c_1 \frac{\tfrac{3}{2} + \varepsilon - \eta}{\eta - \tfrac{1}{2} - \varepsilon} - \left(2 c_3 + \tfrac{1}{2} \log t\right) \frac{1 + \varepsilon - \eta}{\eta - \tfrac{1}{2} - \varepsilon} .$$

$$= - \frac{1 - \eta + \varepsilon}{2\eta - 1 - 2\varepsilon} \log t - c_4,$$

$$|\zeta(\sigma + ti)| = e^{\Re \log \zeta(\sigma + ti)}$$

$$> \frac{1}{c_5} t^{- \frac{1 - \eta + \varepsilon}{2\eta - 1 - 2\varepsilon}} .$$

Es ist daher für $\eta \leq \sigma \leq 1 + \varepsilon$ gleichmäßig

$$\frac{1}{\zeta(s)} = O\left(t^{\frac{1 - \eta + \varepsilon}{2\eta - 1 - 2\varepsilon}}\right),$$

also für $\sigma \geq \eta$ gleichmäßig

$$\frac{1}{\zeta(s)} = O\left(t^{\frac{1 - \eta + \varepsilon}{2\eta - 1 - 2\varepsilon}}\right).$$

Da dies für jedes positive $\varepsilon < \eta - \tfrac{1}{2}$ gilt, ist für jedes feste $\delta > 0$ in der Halbebene $\sigma \geq \eta$ gleichmäßig

$$\frac{1}{\zeta(s)} = O\left(t^{\frac{1 - \eta}{2\eta - 1} + \delta}\right),$$

wie behauptet.

Satz: Wenn die Riemannsche Vermutung

$$\zeta(s) \neq 0 \quad \text{für } \sigma > \tfrac{1}{2}$$

richtig ist, ist die Reihe

$$(1) \qquad \sum_{n=1}^{\infty} \frac{\mu(n)}{n^s} .$$

über die Gerade $\sigma = 1$ hinaus und zwar mindestens für $\sigma > 2\sqrt{2} - 2 = 0{,}82 \cdots$ konvergent.

Beweis: Der Satz 54 wäre für jedes η des Intervalls $\tfrac{1}{2} < \eta < 1$ anwendbar auf

$$f(s) = \frac{1}{\zeta(s)},$$

$$l = 1,$$

$$k = \frac{1 - \eta}{2\eta - 1} + \delta;$$

in der Tat wäre nach dem Obigen für $\sigma \geq \eta$ gleichmäßig

$$f(s) = O\left(|t|^{\frac{1-\eta}{2\eta-1}+\delta}\right).$$

Der Satz 54 ergibt also die Konvergenz der Reihe (1) für

$$\sigma > \frac{\eta + \frac{1-\eta}{2\eta-1} + \delta}{1 + \frac{1-\eta}{2\eta-1} + \delta},$$

also, da $\delta > 0$ hierin beliebig ist, für

$$\sigma > \frac{\eta + \frac{1-\eta}{2\eta-1}}{1 + \frac{1-\eta}{2\eta-1}}$$

$$= \frac{2\eta^2 - 2\eta + 1}{\eta}$$

$$= -2 + \left(2\eta + \frac{1}{\eta}\right).$$

Die günstigste Wahl von η ist offenbar

$$\eta = \frac{1}{\sqrt{2}};$$

sie liefert die Konvergenz von (1) für

$$\sigma > 2\sqrt{2} - 2,$$

also die Relation

$$\sum_{n=1}^{x} \mu(n) = O(x^{0,83}).$$

Falls die obere Grenze Θ der reellen Teile der Nullstellen der Zetafunktion größer als $\frac{1}{2}$ und kleiner als 1 ist, liefert offenbar das vorige Beweisverfahren an den betreffenden Stellen folgende Abänderungen unterwegs:

$$\Theta < \eta < 1,$$

$$0 < \varepsilon < \eta - \Theta,$$

$$r = 1 - \Theta,$$

$$|\zeta(s)| < c_2 t^{\frac{1-\Theta}{2}},$$

$$A < c_3 + \frac{1-\Theta}{2} \log t,$$

$$\frac{1}{\zeta(s)} = O\left(t^{(1-\Theta)\frac{1-\eta}{\eta-\Theta}+\delta}\right);$$

Konvergenz von (1) für

$$\sigma > \frac{\eta + (1 - \Theta)\dfrac{1 - \eta}{\eta - \Theta}}{1 + (1 - \Theta)\dfrac{1 - \eta}{\eta - \Theta}}$$

$$= \frac{\eta^2 - \eta + 1 - \Theta}{\Theta\eta + 1 - 2\Theta};$$

günstigster Wert: größere Wurzel von

$$\frac{d}{d\eta}\frac{\eta^2 - \eta + 1 - \Theta}{\Theta\eta + 1 - 2\Theta} = 0,$$

d. h. von

$$\Theta\eta^2 + (2 - 4\Theta)\eta + (\Theta^2 + \Theta - 1) = 0,$$

also

$$\eta = \frac{1}{\Theta}\left(2\Theta - 1 + (1 - \Theta)^{\frac{3}{2}}\right);$$

Konvergenz von (1) für

$$\sigma > \frac{3\Theta - 2 + 2(1 - \Theta)^{\frac{3}{2}}}{\Theta^2}.$$

Siebenundzwanzigster Teil.

Dirichletsche Reihen mit positiven Koeffizienten.

Zweiundachtzigstes Kapitel.

Abschätzung der Koeffizientensumme.

§ 241.

Satz mit Voraussetzungen auf der Geraden $\sigma = \eta$.

Die λ_n seien jetzt wieder eine ganz beliebige Folge mit

$$\lambda_1 < \lambda_2 < \cdots < \lambda_n < \lambda_{n+1} < \cdots,$$
$$\lim_{n = \infty} \lambda_n = \infty.$$

Dem Satz des § 66 entspricht der

Satz 61: Es habe die Reihe

$$(1) \qquad \sum_{n=1}^{\infty} a_n e^{-\lambda_n s}$$

einen Konvergenzbereich. Es sei stets

$$a_n \geqq 0,$$

so daß (1) einen absoluten Konvergenzbereich besitzt. Es sei $f(s)$ für $\sigma \geq \eta$, wo $\eta > 0$ ist, regulär bis auf den Pol erster Ordnung $s = \eta$ mit dem Residuum r, und es sei für $\sigma \geqq \eta$ gleichmäßig bei absolut wachsendem t

$$f(s) = O(|t|^k),$$

wo k konstant ist. Dann ist

$$\sum_{\lambda_n \leqq x} a_n = \frac{r}{\eta}\, e^{\eta x} + o\,(e^{\eta x}).$$

Beweis: k darf > 0 angenommen werden; c sei eine — nach Voraussetzung vorhandene — Zahl $> \eta$, für welche die Reihe konvergiert, d. h. absolut konvergiert. Dann ist, wenn ν ganz und $> k + 1$ gewählt wird,

$$\int_{c-\infty i}^{c+\infty i} \frac{e^{xs}}{s^\nu} f(s)\, ds = \int_{c-\infty i}^{c+\infty i} \frac{e^{xs}}{s^\nu} \sum_{n=1}^{\infty} a_n e^{-\lambda_n s}\, ds$$

$$= \sum_{n=1}^{\infty} a_n \int_{c-\infty i}^{c+\infty i} \frac{e^{(x-\lambda_n)s}}{s^\nu}\, ds,$$

also nach dem Hilfssatz 5 des § 66, bei dem natürlich die Zahl 2 nicht wesentlich ist und durch jedes $c > 0$ ersetzt werden kann,

$$= \frac{2\pi i}{(\nu-1)!} \sum_{\lambda_n \leqq x} a_n (x - \lambda_n)^{\nu-1}.$$

In der nach dem Cauchyschen Satz richtigen Gleichung

$$\int_{c-\omega i}^{c+\omega i} \frac{e^{xs}}{s^\nu} \left(f(s) - \frac{r}{s-\eta} \right) ds = \int_{c-\omega i}^{\eta-\omega i} \frac{e^{xs}}{s^\nu} \left(f(s) - \frac{r}{s-\eta} \right) ds$$

$$+ \int_{\eta-\omega i}^{\eta+\omega i} \frac{e^{xs}}{s^\nu} \left(f(s) - \frac{r}{s-\eta} \right) ds + \int_{\eta+\omega i}^{c+\omega i} \frac{e^{xs}}{s^\nu} \left(f(s) - \frac{r}{s-\eta} \right) ds$$

haben wegen

$$f(s) = O(|t|^k)$$

und der Festsetzung $\nu > k + 1$ für $\omega = \infty$ alle drei Integrale rechts einen Limes, davon das erste und dritte den Limes 0; daher ist

$$\frac{2\pi i}{(\nu-1)!} \sum_{\lambda_n \leqq x} a_n (x - \lambda_n)^{\nu-1} = \int_{c-\infty i}^{c+\infty i} \frac{e^{xs}}{s^\nu} \left(f(s) - \frac{r}{s-\eta} \right) ds + r \int_{c-\infty i}^{c+\infty i} \frac{e^{xs}}{s^\nu} \frac{ds}{s-\eta}$$

$$= \int_{\eta-\infty i}^{\eta+\infty i} \frac{e^{xs}}{s^\nu} \left(f(s) - \frac{r}{s-\eta} \right) ds + r \int_{c-\infty i}^{c+\infty i} \frac{e^{xs}}{s^\nu} \frac{ds}{s-\eta}.$$

Hierin ist für wachsendes x

$$(2) \qquad \int_{c-\infty i}^{c+\infty i} \frac{e^{xs}}{s^\nu} \frac{ds}{s-\eta} = 2\pi i\, \frac{e^{\eta x}}{\eta^\nu} + o\left(e^{\eta x}\right);$$

denn, wenn der Cauchysche Satz auf das Rechteck mit den Ecken $c \pm \omega i$, $b \pm \omega i$ angewendet wird, wo $\omega > 0$, $b < 0$ ist, so ist das Residuum im Punkte η

$$\frac{e^{\eta x}}{\eta^\nu},$$

dasjenige im Punkte 0

$$-\left(\frac{x^{\nu-1}}{(\nu-1)!\,\eta} + \frac{x^{\nu-2}}{(\nu-2)!\,\eta^2} + \cdots + \frac{x}{1!\,\eta^{\nu-1}} + \frac{1}{\eta^\nu} \right) = o\,(e^{\eta x}),$$

folglich

$$\int_{-\omega i}^{c+\omega i} \frac{e^{xs}}{s^\nu} \frac{ds}{s-\eta} = \frac{2\pi i}{\eta^\nu} e^{\eta x} + o\,(e^{\eta x}) + \int_{c-\omega i}^{b-\omega i} \frac{e^{xs}}{s^\nu} \frac{ds}{s-\eta} + \int_{b-\omega i}^{b+\omega i} \frac{e^{xs}}{s^\nu} \frac{ds}{s-\eta} + \int_{b+\omega i}^{c+\omega i} \frac{e^{xs}}{s^\nu} \frac{ds}{s-\eta}$$

$$= \frac{2\pi i}{\eta^\nu} e^{\eta x} + o\,(e^{\eta x}) + \int_{c-\omega i}^{-\infty-\omega i} \frac{e^{xs}}{s^\nu} \frac{ds}{s-\eta} + \int_{-\infty+\omega i}^{c+\omega i} \frac{e^{xs}}{s^\nu} \frac{ds}{s-\eta},$$

woraus wegen der Abschätzung

$$\left| \int_{-\infty \pm \omega i}^{c \pm \omega i} \frac{e^{xs}}{s^\nu} \frac{ds}{s-\eta} \right| \leq \frac{1}{\omega^{\nu+1}} \int_{-\infty}^{c} e^{x\sigma}\,d\sigma$$

(2) folgt.

Ferner ist nach dem Hilfssatz 4 des § 66, bei dem natürlich die Zahl 1 nicht wesentlich ist und durch η ersetzt werden kann,

$$\int_{\eta-\infty i}^{\eta+\infty i} \frac{e^{xs}}{s^\nu} \left(f(s) - \frac{r}{s-\eta} \right) ds = o\,(e^{\eta x});$$

daher ist

$$\sum_{\lambda_n \leq x} a_n (x-\lambda_n)^{\nu-1} = \frac{(\nu-1)!}{\eta^\nu} r\, e^{\eta x} + o(e^{\eta x}),$$

also, wenn

$$e^{\eta x} = y$$

gesetzt wird,

$$\frac{\eta^\nu}{(\nu-1)!} \frac{1}{r} \sum_{\lambda_n \leq \frac{1}{\eta}\log y} a_n \left(\frac{1}{\eta}\log y - \lambda_n \right)^{\nu-1} = y + o(y),$$

wo sich die Abschätzung auf unendlich werdendes y bezieht.

Ich kann jetzt den Hilfssatz 1 des § 66 anwenden, in welchem natürlich an die Stelle der ganzzahligen Ausnahmepunkte 1, 2, ...

eine beliebige monoton ins Unendliche wachsende Folge $x_1, x_2, \ldots$ treten kann. Jener Hilfssatz ergibt hier

$$\frac{\eta^{\nu-1}}{(\nu-2)!} \frac{1}{r} \sum_{\lambda_n \leq \frac{1}{\eta}\log y} a_n\left(\frac{1}{\eta}\log y - \lambda_n\right)^{\nu-2} = y + o(y),$$

$$\cdot \quad \cdot \quad \cdot \quad \cdot \quad \cdot \quad \cdot \quad \cdot \quad \cdot \quad \cdot \quad \cdot \quad \cdot \quad \cdot$$

$$\eta \frac{1}{r} \sum_{\lambda_n \leq \frac{1}{\eta}\log y} a_n = y + o(y),$$

$$\sum_{\lambda_n \leq x} a_n = \frac{r}{\eta} e^{\eta x} + o(e^{\eta x}),$$

was zu beweisen war.

§ 242.

Satz mit Voraussetzungen über eine Gerade hinaus.

Den Schlüssen des § 65 entspricht der
Satz 62: Es habe

$$\sum_{n=1}^{\infty} a_n e^{-\lambda_n s},$$

wo stets

$$a_n \geq 0$$

ist, ein Konvergenzgebiet. Die dort durch die Reihe definierte Funktion sei für $\sigma \geq \eta$, wo $\eta > 0$ ist, bis auf den Pol erster Ordnung $s = \eta$ mit dem Residuum r regulär; sie sei für

$$|t| \geq t_0, \quad \sigma \geq \eta - \frac{1}{\log^g |t|},$$

wo $g > 0$ ist, regulär; dortselbst sei gleichmäßig

$$f(s) = O\left(\log^A |t|\right).$$

Dann ist für alle $\delta > 0$

$$\sum_{\lambda_n \leq x} a_n = \frac{r}{\eta} e^{\eta x} + O\left(e^{\eta x - \frac{g+1+\delta}{\sqrt{x}}}\right).$$

Beweis: Wie oben ergibt sich, $\nu = 2$ gesetzt,

$$2\pi i \sum_{\lambda_n \leq x} a_n(x - \lambda_n) = \int_{c-\infty i}^{c+\infty i} \frac{e^{xs}}{s^2} f(s)\, ds,$$

$$2\pi i \sum_{\lambda_n \leq \log x} a_n (\log x - \lambda_n) = \int_{c-\infty i}^{c+\infty i} \frac{x^s}{s^2} f(s)\, ds$$

$$= \int_{c-x^c i}^{c+x^c i} \frac{x^s}{s^2} f(s)\, ds + O \int_{x^c}^{\infty} \frac{x^c}{t^2}\, dt$$

$$= \int_{c-x^c i}^{c+x^c i} \frac{x^s}{s^2} f(s)\, ds + O(1).$$

Bei der Anwendung des Cauchyschen Satzes auf den Weg des § 65, wo nur c statt 2, η statt 1 getreten ist, kommen außer dem Pol $s = \eta$ für das höchste Glied nur die Integralabschätzungen

$$\int_{\eta - \frac{1}{(c \log x)^g}}^{c} \frac{x^{\sigma + x^c i}}{(\sigma + x^c i)^2} f(\sigma + x^c i)\, d\sigma = O\left(\frac{x^c}{x^{2c}} \log^A x\right)$$
$$= o(1)$$

und

$$\int_{t_0}^{x^c} \frac{x^{\eta - \frac{1}{\log^g t}}}{t^2} \log^A t\, dt = O\left(x^\eta e^{-\frac{g+1+\delta}{}\sqrt{\log x}}\right)$$

in Betracht. Für alle $k > g + 1$ kommt also heraus:

$$\sum_{\lambda_n \leq \log x} a_n (\log x - \lambda_n) = \frac{r}{\eta^2} x^\eta + O\left(x^\eta e^{-\sqrt[k]{\log x}}\right),$$

$$(1) \qquad \sum_{\lambda_n \leq x} a_n (x - \lambda_n) = \frac{r}{\eta^2} e^{\eta x} + O(e^{\eta x - \sqrt[k]{x}}).$$

Aus (1) folgt einerseits, wenn δ eine positive Konstante ist und

$$\varepsilon = \varepsilon(x) = e^{-\frac{k+\delta}{}\sqrt{x}}$$

gesetzt wird,

$$\sum_{\lambda_n \leq x + \varepsilon} a_n (x + \varepsilon - \lambda_n) = \frac{r}{\eta^2} e^{\eta(x+\varepsilon)} + O(e^{\eta(x+\varepsilon) - \sqrt[k]{x+\varepsilon}})$$

$$= \frac{r}{\eta^2} e^{\eta(x+\varepsilon)} + O(e^{\eta x - \sqrt[k]{x}}),$$

also durch Subtraktion der Relation (1) hiervon

$$\varepsilon \sum_{\lambda_n \leq x} a_n + \sum_{x < \lambda_n \leq x + \varepsilon} a_n (x + \varepsilon - \lambda_n) = \frac{r}{\eta^2} e^{\eta x}(e^{\eta \varepsilon} - 1) + O(e^{\eta x - \sqrt[k]{x}}).$$

Hierin ist

$$\varepsilon \sum_{\lambda_n \leqq x} a_n + \sum_{x < \lambda_n \leqq x+\varepsilon} a_n (x + \varepsilon - \lambda_n) \geqq \varepsilon \sum_{\lambda_n \leqq x} a_n$$

und daher

$$\sum_{\lambda_n \leqq x} a_n \leqq \frac{r}{\eta^2} e^{\eta x} \frac{e^{\eta \varepsilon} - 1}{\varepsilon} + O\left(\frac{1}{\varepsilon} e^{\eta x - \sqrt[k]{x}}\right)$$

$$= \frac{r}{\eta^2} e^{\eta x}(\eta + o(\varepsilon)) + O(e^{\eta x - \sqrt[k]{x} + \sqrt[k+\delta]{x}})$$

$$= \frac{r}{\eta} e^{\eta x} + O(e^{\eta x - \sqrt[k+\delta]{x}}) + O(e^{\eta x - \sqrt[k]{x} + \sqrt[k+\delta]{x}})$$

$$= \frac{r}{\eta} e^{\eta x} + O(e^{\eta x - \sqrt[k+\delta]{x}}).$$

Andererseits folgt aus (1), wenn $x - \varepsilon(x)$ statt x geschrieben wird,

$$\sum_{\lambda_n \leqq x - \varepsilon} a_n (x - \varepsilon - \lambda_n) = \frac{r}{\eta^2} e^{\eta (x - \varepsilon)} + O(e^{\eta (x - \varepsilon) - \sqrt[k]{x - \varepsilon}})$$

$$= \frac{r}{\eta^2} e^{\eta (x - \varepsilon)} + O(e^{\eta x - \sqrt[k]{x}}),$$

also durch Subtraktion dieser Relation von (1)

$$\varepsilon \sum_{\lambda_n \leqq x} a_n + \sum_{x - \varepsilon < \lambda_n \leqq x} a_n (x - \varepsilon - \lambda_n) = \frac{r}{\eta^2} e^{\eta x}(1 - e^{-\eta \varepsilon}) + O(e^{\eta x - \sqrt[k]{x}}),$$

folglich wegen

$$\varepsilon \sum_{\lambda_n \leqq x} a_n + \sum_{x - \varepsilon < \lambda_n \leqq x} a_n (x - \varepsilon - \lambda_n) \leqq \varepsilon \sum_{\lambda_n \leqq x} a_n$$

weiter

$$\sum_{\lambda_n \leqq x} a_n \geqq \frac{r}{\eta^2} e^{\eta x} \frac{1 - e^{-\eta \varepsilon}}{\varepsilon} + O\left(\frac{1}{\varepsilon} e^{\eta x - \sqrt[k]{x}}\right)$$

$$= \frac{r}{\eta} e^{\eta x} + O(e^{\eta x - \sqrt[k+\delta]{x}}).$$

Zusammengefaßt erhält man also für jedes $\delta > 0$

$$\sum_{\lambda_n \leqq x} a_n = \frac{r}{\eta} e^{\eta x} + O(e^{\eta x - \sqrt[k+\delta]{x}});$$

hierbei war k eine beliebige Zahl $> g + 1$; für jedes $\delta > 0$ ist daher

$$\sum_{\lambda_n \leqq x} a_n = \frac{r}{\eta} e^{\eta x} + O(e^{\eta x - \sqrt[g+1+\delta]{x}}).$$

Dreiundachtzigstes Kapitel.

Das Verhalten der Funktion auf der Konvergenzgeraden.

§ 243.

Existenz eines singulären Punktes auf der Konvergenzgeraden.

Satz 63: Es habe die Reihe

$$\sum_{n=1}^{\infty} a_n e^{-\lambda_n s},$$

wo stets

$$a_n \geq 0$$

ist, die im Endlichen gelegene Grenzgerade $\sigma = \alpha$. Dann ist $s = \alpha$ ein singulärer Punkt der für $\sigma > \alpha$ durch die Reihe definierten analytischen Funktion $f(s)$.

Beweis: Ohne Beschränkung der Allgemeinheit darf

$$\lambda_1 \geq 0$$

angenommen werden.

In der Umgebung von $s = \alpha + 1$ mit einem Radius $r \geq 1$ gilt die Potenzreihe

$$f(s) = \sum_{\nu=0}^{\infty} \frac{(s-\alpha-1)^{\nu}}{\nu!} f^{(\nu)}(\alpha+1)$$

$$= \sum_{\nu=0}^{\infty} \frac{(s-\alpha-1)^{\nu}}{\nu!} \sum_{n=1}^{\infty} a_n(-1)^{\nu} \lambda_n^{\nu} e^{-\lambda_n(\alpha+1)}$$

$$= \sum_{\nu=0}^{\infty} \frac{(\alpha+1-s)^{\nu}}{\nu!} \sum_{n=1}^{\infty} a_n \lambda_n^{\nu} e^{-\lambda_n(\alpha+1)}.$$

Wäre $s = \alpha$ eine reguläre Stelle, so wäre

$$r > 1,$$

also, wenn η zwischen $\alpha + 1 - r$ und α gewählt wird,

$$f(\eta) = \sum_{\nu=0}^{\infty} \frac{(\alpha+1-\eta)^{\nu}}{\nu!} \sum_{n=1}^{\infty} a_n \lambda_n^{\nu} e^{-\lambda_n(\alpha+1)},$$

folglich, da in der Doppelreihe rechts alle Glieder ≥ 0 sind,

$$f(\eta) = \sum_{n=1}^{\infty} a_n e^{-\lambda_n(\alpha+1)} \sum_{\nu=0}^{\infty} \frac{(\alpha+1-\eta)^\nu \lambda_n^\nu}{\nu!}$$

$$= \sum_{n=1}^{\infty} a_n e^{-\lambda_n(\alpha+1)} e^{\lambda_n(\alpha+1-\eta)}$$

$$= \sum_{n=1}^{\infty} a_n e^{-\lambda_n \eta};$$

also wäre gegen die Voraussetzung α nicht die Konvergenzabszisse.

Der hiermit bewiesene Satz 63 lehrt u. a., daß unter den Voraussetzungen der Sätze 61 und 62 die (absolute) Konvergenz der betreffenden Reihe für $\sigma > \eta$ von vornherein hätte festgestellt werden können.

§ 244.

Über die Nullstellen auf der Konvergenzgeraden.

Satz 64: Es habe

$$(1) \qquad \sum_{n=1}^{\infty} a_n e^{-\lambda_n s},$$

wo

$$a_1 > 0$$

und stets

$$(2) \qquad a_n \geq 0$$

ist, die Konvergenzabszisse α, und es sei[1] für $\sigma > \alpha$

$$(3) \qquad \sum_{n=1}^{\infty} a_n e^{-\lambda_n s} = e^{-\lambda_1 s + \sum_{n=1}^{\infty} b_n e^{-\nu_n s}},$$

wo stets

$$(4) \qquad b_n \geq 0$$

ist. Die durch (1) für $\sigma > \alpha$ definierte Funktion $f(s)$ habe im Punkte $s = \alpha$ (der nach Satz 63 jedenfalls singulär ist) einen Pol erster Ordnung und sei sonst für $\sigma = \alpha$ regulär. Dann ist für $s = \alpha + ti$, $t \gtrless 0$

$$f(s) \neq 0.$$

---

[1] Nach dem Satz 18 gilt eine Darstellung (3) in einer gewissen, eventuell kleineren, Halbebene jedenfalls; allerdings ist dabei nicht notwendig (4) erfüllt. Aus (4) folgt jedoch (2).

Beweis: Es ist für $\sigma > \alpha$, $t \gtrless 0$

$$|f(\sigma + ti)| = e^{-\lambda_1 \sigma + \sum_{n=1}^{\infty} b_n e^{-\nu_n \sigma} \cos(\nu_n t)},$$

$$|f(\sigma + 2ti)| = e^{-\lambda_1 \sigma + \sum_{n=1}^{\infty} b_n e^{-\nu_n \sigma} \cos(2\nu_n t)},$$

$$f(\sigma) = e^{-\lambda_1 \sigma + \sum_{n=1}^{\infty} b_n e^{-\nu_n \sigma}},$$

also

$$|f(\sigma + ti)|^4 |f(\sigma + 2ti)| (f(\sigma))^3 = e^{-8\lambda_1 \sigma + \sum_{n=1}^{\infty} b_n e^{-\nu_n \sigma}(3 + 4\cos(\nu_n t) + \cos(2\nu_n t))}$$

$$\geqq e^{-8\lambda_1 \sigma},$$

$$|f(\sigma + ti)| \geqq \frac{e^{-2\lambda_1 \sigma}}{(f(\sigma))^{\frac{3}{4}} |f(\sigma + 2ti)|^{\frac{1}{4}}},$$

also für $\alpha < \sigma < \alpha + 1$, $t \gtrless 0$

$$(5) \qquad |f(\sigma + ti)| > \frac{(\sigma - \alpha)^{\frac{3}{4}}}{c |f(\sigma + 2ti)|^{\frac{1}{4}}},$$

$$\frac{|f(\sigma + ti)|}{\sigma - \alpha} > \frac{1}{c(\sigma - \alpha)^{\frac{1}{4}} |f(\sigma + 2ti)|^{\frac{1}{4}}}.$$

Wenn σ zu α abnimmt, konvergiert für $t \gtrless 0$ der Nenner der rechten Seite gegen 0; also ist

$$\lim_{\sigma = \alpha} \frac{|f(\sigma + ti)|}{\sigma - \alpha} = \infty,$$

$$f(\alpha + ti) \neq 0.$$

Offenbar bleibt der Satz gültig, falls auf die Annahme

$$a_n \geqq 0$$

verzichtet wird und erst von einer gewissen Stelle an

$$b_n \geqq 0$$

ist, und sogar, falls die Voraussetzung

$$b_n \geqq 0$$

für eine solche unendliche Teilmenge fallen gelassen wird, daß für diese Teilmenge

$$\sum' |b_n| e^{-\nu_n \alpha}$$

konvergiert. Denn (5) und damit alles Folgende bleibt bestehen.

Quellenangaben.

§§ 1—11.

In dieser Einleitung des Werkes sind alle erforderlichen Zitate angegeben.

§ 12.

Das Zeichen $O(g(x))$ habe ich zuerst bei Herrn Bachmann (**1**, S. 401) vorgefunden. Das hier hinzugefügte Zeichen $o(g(x))$ entspricht dem, was ich in meinen Abhandlungen früher mit $\{g(x)\}$ zu bezeichnen pflegte.

§ 13.

Diese Folgerungen aus der Divergenz der harmonischen Reihe waren schon Euler bekannt; vgl. z. B. **1**, S. 172—174 und 187 bis 188; **2**, S. 229 und 235.

§ 14.

Legendre **2a**, S. 12—15; **2b**, S. 412—414; **4**, Bd. 2, S. 86—89; **5**, Bd. 2, S. 84—87.

§ 15.

Die Entwicklung des Primzahlproblems hat bei diesem wenig tiefliegenden Satz nicht erst haltgemacht. Mit heuristischer Begründung steht er schon bei Euler (**1**, S. 174) und Legendre (**2a**, S. 464).

§ 16.

Ich habe für meine Zwecke nicht nötig, die schärfere sogenannte Stirlingsche Formel für $T(x)$ abzuleiten. Für ganze x lautet dieselbe übrigens

$$T(x) = x \log x - x + \tfrac{1}{2} \log x + \log \sqrt{2\pi} + \frac{\Theta}{12\,x},$$

wo

$$0 < \Theta < 1$$

ist. Für nicht ganze x ist diese Formel auf $T([x])$ anzuwenden, was ja mit $T(x)$ übereinstimmt.

§ 17.

Die grundlegende Identität ist unabhängig von Tschebyschef (4a, S. 371; 4b, S. 20; 4c, S. 55) und de Polignac (3, S. 15) entdeckt worden. Der beim Beweise benutzte Satz über die Zerlegung von $[x]!$ in Primzahlpotenzen steht schon bei Legendre (2b, S. 8—9; 3, S. 9—11; 4, Bd. 1, S. 10—11; 5, Bd. 1, S. 11).

§ 18.

Das Ergebnis wurde zuerst von Tschebyschef (4a, S. 371—379; 4b, S. 20—26; 4c, S. 55—61) bewiesen; die vorliegende Beweisführung schließt sich mehr an Herrn Mertens (2, S. 47—48) an.

§ 19.

Den Satz mit Beweis entnehme ich aus meinen Arbeiten 9, S. 142 bis 143, und 34, S. 174—175; es hatte sich vielleicht mancher Leser von Tschebyschef dies ähnlich zurechtgelegt. Allgemein bekannt war es nicht; es war auch früher übersehen worden, daß bei Tschebyschef (vgl. § 4) implizit und bei Sylvester (8, S. 9) explizit bewiesen steht: Aus der damals noch unbewiesenen Relation

$$\vartheta(x) \sim x$$

folgt der Primzahlsatz

$$\pi(x) \sim \frac{x}{\log x}$$

unmittelbar. Der Satz des Textes sagt noch mehr aus.

§ 20.

Tschebyschef 4a, S. 379—381; 4b, S. 26—27; 4c, S. 61—63.

§§ 21—22.

Ich stelle den Tschebyschefschen (4a, S. 371—382; 4b, S. 20 bis 28; 4c, S. 55—64) Beweis dar, vermeide jedoch die Anwendung der Stirlingschen Formel, wodurch er noch etwas elementarer und nicht länger wird.

§ 23.

Mit diesen sukzessiven Verengerungen der Schranken beschäftigen sich die Abhandlungen: Sylvester 3 und 8; Petersen 1; Gram 5; von Sterneck 4; Fanta 2. Ich bin im Texte nicht über einige Ausführungen von Sylvester 3 hinausgegangen. Daß ich jene elementare Methode für aussichtslos halte, wird im § 159 näher begründet.

§§ 24—25.

Die vorliegenden Beweise sind meiner Arbeit **9**, S. 140—142, entnommen. Die Sätze selbst sind aber, wie der Leser aus § 4 weiß, schon in den Resultaten von Tschebyschefs Arbeit **2** enthalten.

§ 26.

Mertens **2**, S. 48—49.

§ 27.

Klassische Betrachtung aus der Integralrechnung.

§ 28.

Mertens **2**, S. 49—52. Der Beweis des Textes ist elementarer als der entsprechende Passus dort. Übrigens bestimme ich hier nicht die Konstante B; dies wird in § 36 geschehen.

§ 29.

Dirichlet bewies in **17** (a, S. 273—275; b, S. 252—253; c, S. 254—256; d, S. 255—257) und **18** (S. 249—250), daß eine in einem Punkte konvergente oder auch nur zwischen endlichen Schranken schwankende Dirichletsche Reihe rechts davon konvergiert. Das ist der Kern des Satzes dieses Paragraphen. Vorläufig ist nur von Reihen mit reellen Koeffizienten und Variabeln die Rede.

§ 30.

Die gleichmäßige Konvergenz für $s \geq s_0 + \varepsilon$ $(\varepsilon > 0)$ und damit die Stetigkeit für $s > s_0$ bewies Dirichlet in **17** (a, S. 275—276; b, S. 253—254; c, S. 256—257; d, S. 257—258) und **18** (S. 250 bis 251). Die gliedweise Differentiierbarkeit für $s > s_0$ sowie die gleichmäßige Konvergenz für $s \geq s_0$ und damit die Stetigkeit in s_0 nach rechts bewies Herr Dedekind in dem von ihm herausgegebenen Buche Dirichlet **17**: a, S. 410—414; b, S. 374—375; c, S. 379 bis 381 (vgl. **18**, S. 371—372); d, S. 379—381. Der allgemeine Reihensatz im § 30 steht zuerst bei P. du Bois-Reymond bewiesen: Neue Lehrsätze über die Summen unendlicher Reihen, Antrittsprogramm, Freiburg i. B. (26 S.), S. 10; 1870.

§ 31.

Erster Satz: Dirichlet **14**. Zweiter Satz: Hölder **1**, S. 547. Dritter Satz: Berger **4**, S. 20—21 (unter der Annahme der Existenz von $\lim\limits_{x=\infty} \dfrac{S(x)}{\frac{x}{\log x}}$); Landau **9**, S. 146. Viele Sätze ähnlicher Art stehen bei Berger **4**, Pringsheim **1** und Franel **6**.

§ 32.

Cahen **3**, S. 89—91. Ein Teil des Satzes war schon von Stieltjes (**2**, S. 369) bewiesen worden.

§ 33.

Die Produktdarstellung der Zetafunktion steht bei Euler (**1**, S. 174—175; **2**, S. 225); die daraus folgende Reihe für $\log \zeta(s)$ ist in den Entwicklungen bei Dirichlet (**2**; **4**) oft benutzt; die Reihe für $\dfrac{\zeta'(s)}{\zeta(s)}$ folgt unmittelbar daraus.

§ 34.

So ungefähr hätte Tschebyschef in **2** schließen können, wenn er nur den vorliegenden Satz hätte beweisen wollen. Die Anwendung des Satzes auf $\psi(x)$ ist für jeden Kenner des zweiten Satzes aus § 31 unmittelbar.

§ 35.

Dirichlet **17**a, S. 243—244; **17**b, S. 225—226; **17**c, S. 227 bis 228; **17**d, S. 228—229; **18**, S. 220—221.

§ 36.

Beweis des (Tschebyschefschen) Satzes über die Unbestimmtheitsgrenzen von $\dfrac{\pi(x)\log x}{x}$: Landau **9**, S. 148. Die Konstante B ist zuerst von Herrn Mertens (**2**, S. 49—52) bestimmt worden. Hier ist es etwas einfacher.

§§ 37—39.

Ich beweise hier die Sätze von Tschebyschef **2**. Zur Vermeidung seiner komplizierteren Betrachtungen über Stetigkeit von Integralen nach einem Parameter habe ich für $\zeta(s)$ die Gleichung

$$(1 - 2^{1-s})\zeta(s) = \sum_{n=1}^{\infty} \frac{(-1)^{n+1}}{n^s}$$

an Stelle von Tschebyschefs Integraldarstellung

$$\zeta(s) = \frac{1}{\Gamma(s)} \int\limits_0^\infty \frac{u^{s-1}}{e^u - 1}\, du$$

zugrunde gelegt. Bei späterer Gelegenheit (§ 72) wird jene Integral-darstellung auch vorkommen und von Nutzen sein.

§ 40.

Riemann (**1; 2**) sagt ohne nähere Begründung (die er sich zweifellos richtig zurechtgelegt hat), daß die für $\sigma > 1$ konvergente Reihe

$$\sum_{n=1}^\infty \frac{1}{n^s}$$

dort eine Funktion der komplexen Veränderlichen s definiert; heute begründet man das eben auf Grund des allgemeinen Weierstraßschen Satzes.

§ 41.

Riemann **1; 2**.

§ 42.

Die Existenz der absoluten Konvergenzhalbebene einer Dirichlet-schen Reihe ist bei Scheibner (**2**, S. 24—25) bewiesen, ebenso die Tatsache, daß aus der Konvergenz für s_0 die absolute Konvergenz für $\Re(s) > \Re(s_0) + 1$ folgt. Die Existenz der Konvergenzhalbebene einer Dirichletschen Reihe ist von Herrn Jensen (**1**, S. 70) entdeckt worden. Die gleichmäßige Konvergenz und der analytische Charakter der Dirichletschen Reihen im Sinne des Textsatzes ist zuerst von Herrn Cahen (**3**, S. 83 und 93) hervorgehoben worden.

§ 43.

Daß $\zeta(s) - \dfrac{1}{s-1}$ für $\sigma > 0$ regulär ist, ist zuerst von Riemann (**1; 2**) bewiesen worden, durch das vorliegende elegante Verfahren zuerst von Herrn de la Vallée Poussin (**1**, S. 6—8). Daß

$$\lim_{s=1} \left(\zeta(s) - \frac{1}{s-1} \right) = C$$

ist, ist schon aus einer Formel Tschebyschefs (**1**a, S. 210; **1**b, S. 204; **2**a, S. 142; **2**b, S. 342; **2**c, S. 30; **8**, S. 216) ersichtlich.

§ 44.

Das ist nur eine unmittelbare Folgerung aus § 43.

§ 45.

Der Satz

$$\zeta(1 + ti) \neq 0$$

ist unabhängig von den Herren Hadamard (**4**, S. 200—202) und de la Vallée Poussin (**2**, S. 224—242) entdeckt worden. Die vorliegende Beweisanordnung schließt sich an Herrn Mertens (**9**) an.

§ 46.

Daß

$$\zeta(1 + ti) = O(\log t)$$

ist, ist von Herrn Mellin (**2**, S. 49) entdeckt worden; das ist der Kern des ersten Satzes dieses Paragraphen. Der Beweis dieses Satzes in der vorliegenden Fassung und der von mir herrührenden beiden anderen Sätze mit Folgerungen stammt aus meinen Abhandlungen **10**, S. 649—654; **36**, S. 750—751.

§ 47.

Landau **10**, S. 654—655; **36**, S. 752. Daß

$$\frac{1}{\zeta(1 + ti)} = O(\log^c t)$$

ist, wo c eine absolute Konstante ist, ist einer meiner wichtigsten Hilfssätze.

§ 48.

Landau **10**, S. 654—656.

§ 49.

Ein altbekanntes spezielles Integral.

§ 50.

Hadamard **4**, S. 213; Landau **10**, S. 657—659.

§ 51.

Landau **10**, S. 659—661.

§ 52.

Der Übergang von

$$\sum_{n=1}^{x} \varLambda(n) \log \frac{x}{n} \sim x$$

zu

$$\sum_{n=1}^{x} \varLambda(n) \sim x$$

ist zuerst von Herrn Hadamard (**4**, S. 217—218) ausgeführt worden.

§§ 53—54.

Die zuerst von Herrn de la Vallée Poussin (**9**) bewiesenen Ergebnisse

$$\psi(x) = x + O\left(x\,e^{-\sqrt[\gamma]{\log x}}\right),$$

$$\vartheta(x) = x + O\left(x\,e^{-\sqrt[\gamma]{\log x}}\right),$$

$$\pi(x) = Li(x) + O\left(x\,e^{-\sqrt[\gamma]{\log x}}\right)$$

habe ich auf diesem Wege zuerst im Jahre 1903 bewiesen: **10**, S. 662—663; **13**, S. 529—532.

§ 55.

Die Formel für $\displaystyle\sum_{p \leqq x} \frac{\log p}{p}$ steht zuerst bei Herrn de la Vallée Poussin (**9**, S. 57) bewiesen. So nahe auch die Behandlung von $\displaystyle\sum_{p \leqq x} F(p)$ im Sinne des Textes liegt, hat man in jener Zeit doch unnötigerweise solche Summen meist durch erneute Anwendung der Theorie der Zetafunktion behandelt, statt durch partielle Summation von einem Resultate zum andern hinüberzusteigen.

§ 56.

Landau **3**.

§ 57.

Cipolla **1**, wo die im Text angedeutete weitere Kette von Sätzen ausgeführt ist.

§ 58.

Landau **8**. Die Fragestellung rührt von Lionnet (**1**) her.

§ 59.

Landau **11.**

§ 60.

Wigert **2.**

§ 61.

Landau **12.**

§ 62.

Der Satz über die Zahl 30 ist mit Benutzung der Tschebyschefschen Primzahltheorie zuerst von Herrn Schatunowsky (**2**)
bewiesen worden, ohne dieselbe zuerst von mir (**5**), auf dem Wege
des Textes von Herrn Bonse (**1**). Der allgemeinere Satz wurde aus
der Tschebyschefschen Primzahltheorie zuerst von Herrn Maillet
(**1**) gefolgert, ohne dieselbe zuerst von Herrn Remak (**1**) bewiesen.
Ich beweise ihn im Text durch die sehr naheliegende Fortführung der
Bonseschen Methode, was für $r = 2$ und $r = 3$ schon bei diesem
steht. Überhaupt ist beim ganzen Problem in Wahrheit für festes r

$$p_1 \cdots p_\nu = e^{\nu \log \nu + o(\nu \log \nu)},$$

$$p_{\nu+1}^{r+1} = e^{(r+1)\log \nu + o(\log \nu)},$$

also von einer gewissen Stelle an der erste Ausdruck reichlich von
höherer Ordnung, so daß es nicht zu verwundern ist, daß man dies
verschiedentlich elementar konstatieren kann.

§ 63.

Erster Satz: Piltz **1**, S. 9—11. Zweiter, dritter und vierter Satz:
Mertens **3.** Den dritten und vierten Satz hat natürlich, da

$$\zeta(1 + ti) \neq 0$$

damals noch nicht bekannt war, Herr Mertens so formuliert, daß er
nur von solchen t sprach, für welche diese Ungleichung erfüllt ist;
er hob dabei besonders hervor, daß er damit die Konvergenz von

$$\sum_p \frac{1}{p^{1+ti}}$$

für unendlich viele t (genauer gesagt: für alle reellen t mit etwaiger
Ausnahme einer Menge ohne Häufungsstelle im Endlichen) bewiesen
hatte.

$$\S\ 64.$$

Landau **36**, S. 753—758. Der im Text gegebene Beweis des Primzahlsatzes mit der schärferen Fassung der Abschätzung steht dort noch nicht.

$$\S\ 65.$$

Landau **34**, S. 185—191; **40**, S. 1102—1107. Nachdem ich a. a. O. das arithmetische Problem auf das Problem der Diskussion von U zurückgeführt und wie im Text $5{,}224 < U \leq 6$ bewiesen hatte, untersuchte mein Freund I. Schur die obere Abschätzung der Konstante U genauer und stellte durch einige Beispiele, z. B. durch das im Text erwähnte, fest, daß

$$U < 6$$

ist. Das beste seiner Beispiele ist

$$56 + 40\sqrt{2} + (93 + 64\sqrt{2})\cos\varphi + (50 + 32\sqrt{2})\cos 2\varphi$$
$$+ (14 + 8\sqrt{2})\cos 3\varphi + 2\cos 6\varphi + \cos 7\varphi$$
$$= 2(1+\cos\varphi)(1+2\cos\varphi)^2(1+\sqrt{2}\cos\varphi)^2(-1+2\sqrt{2}+(-1-\sqrt{2}+2\cos\varphi)^2),$$

wo

$$\frac{a_0 + a_1 + a_2 + a_3 + a_4 + a_5 + a_6 + a_7}{a_1 - a_0} = \frac{216 + 144\sqrt{2}}{37 + 24\sqrt{2}}$$
$$= 5{,}915 \cdots$$

ist, was

$$U < 5{,}916$$

lehrt.

Ganz kürzlich beschäftigte sich Herr O. Toeplitz erfolgreich mit der Verbesserung der Abschätzung von U nach unten und fand dabei:

Die in § 65 angegebene untere Schranke $5{,}224$ für den Ausdruck $\dfrac{a_0 + a_1 + \cdots + a_n}{a_1 - a_0}$, d. h. für U, und zugleich die dort ermittelte untere Schranke 5 für $\dfrac{a_0 + a_1 + a_2 + a_3}{a_1 - a_0}$ lassen sich folgendermaßen durch $5{,}49$ ersetzen.

Ein auf S. 252 benutzter Kunstgriff beruht darauf, daß nach Annahme irgend einer speziellen Funktion

$$G(\varphi) = e_0 + e_1 \cos\varphi + \cdots + e_n \cos n\varphi$$

mit reellen Koeffizienten, welche beständig ≥ 0 ist, die Koeffizienten jedes $g(\varphi)$ im Sinne von § 65 die Ungleichung

$$2\,e_0 a_0 + e_1 a_1 + \cdots + e_n a_n \geq 0$$

erfüllen; in der Tat ist ja

$$2e_0 a_0 + e_1 a_1 + \cdots + e_n a_n = \frac{1}{\pi} \int\limits_{-\pi}^{\pi} G(\varphi)\, g(\varphi)\, d\varphi.$$

Es seien nun $\varkappa$ und λ zwei positive Konstanten, über die noch verfügt werden wird. Setzt man

$$G(\varphi) = (1 - \cos \varphi)(-1 + \varkappa - 2 \cos \varphi)^2$$
$$= 1 + \varkappa^2 + (-2\varkappa - \varkappa^2) \cos \varphi + 2\varkappa \cos 2\varphi - \cos 3\varphi,$$

so ergibt sich

$$2(1 + \varkappa^2)a_0 - (2\varkappa + \varkappa^2)a_1 + 2\varkappa a_2 - a_3 \geqq 0,$$

also a fortiori

$$2(1 + \varkappa^2)a_0 - (2\varkappa + \varkappa^2)a_1 + 2\varkappa a_2 \geqq 0,$$
$$a_2 \geqq -\frac{1 + \varkappa^2}{\varkappa} a_0 + \frac{2 + \varkappa}{2} a_1.$$

Setzt man

$$G(\varphi) = 2(1 - \cos \varphi)(1 + \cos \varphi)(\lambda - 2 \cos \varphi)^2$$
$$= 1 + \lambda^2 - 2\lambda \cos \varphi - \lambda^2 \cos 2\varphi + 2\lambda \cos 3\varphi - \cos 4\varphi,$$

so ergibt sich

$$2(1 + \lambda^2)a_0 - 2\lambda a_1 - \lambda^2 a_2 + 2\lambda a_3 - a_4 \geqq 0,$$

also a fortiori

$$2(1 + \lambda^2)a_0 - 2\lambda a_1 - \lambda^2 a_2 + 2\lambda a_3 \geqq 0,$$
$$a_3 \geqq -\frac{1 + \lambda^2}{\lambda} a_0 + a_1 + \frac{\lambda}{2} a_2.$$

Daher ist

$$a_0 + a_1 + a_2 + a_3 \geqq -\frac{1 - \lambda + \lambda^2}{\lambda} a_0 + 2 a_1 + \frac{2 + \lambda}{2} a_2,$$

also unter Benutzung der vorher für a_2 gefundenen Ungleichung

$$a_0 + a_1 + a_2 + a_3 \geqq -\left(\frac{1 - \lambda + \lambda^2}{\lambda} + \frac{2 + \lambda}{2}\frac{1 + \varkappa^2}{\varkappa}\right)a_0 + \left(2 + \frac{2 + \lambda}{2}\frac{2 + \varkappa}{2}\right)a_1.$$

Es werde nun

$$\varkappa = 2{,}27$$

und

$$\lambda = 1{,}27$$

genommen. Dann ist

$$\frac{1 - \lambda + \lambda^2}{\lambda} + \frac{2 + \lambda}{2}\frac{1 + \varkappa^2}{\varkappa} = 5{,}48 \cdots$$
$$< 5{,}49$$

und

$$2 + \frac{2+\lambda}{2} \, \frac{2+\varkappa}{2} = 5{,}49 \cdots$$

$$> 5{,}49;$$

also kommt heraus:

$$a_0 + a_1 + a_2 + a_3 > -\,5{,}49\,a_0 + 5{,}49\,a_1,$$

$$\frac{a_0 + a_1 + a_2 + a_3}{a_1 - a_0} > 5{,}49.$$

Folglich ist im Falle $n \geq 3$

$$\frac{a_0 + a_1 + \cdots + a_n}{a_1 - a_0} > 5{,}49;$$

für $n = 2$ war im § 65 sogar

$$\frac{a_0 + a_1 + \cdots + a_n}{a_1 - a_0} \geq 7$$

festgestellt. Stets ist also

$$\frac{a_0 + a_1 + \cdots + a_n}{a_1 - a_0} > 5{,}49;$$

daher ist

$$U \geq 5{,}49$$

und natürlich, da 5,49 durch eine etwas größere Zahl hätte ersetzt
werden können,

$$U > 5{,}49.$$

<h3 style="text-align:center">§ 66.</h3>

Landau **34**, S. 218—232; **36**, S. 758—764.

<h3 style="text-align:center">§ 67.</h3>

Im Sinne von Herrn de la Vallée Poussin (**1**, S. 6—8), der
für seinen Zweck nur den ersten Schritt zu machen brauchte, durchgeführt. Die Tatsache selbst, daß

$$\zeta(s) - \frac{1}{s-1}$$

eine ganze Funktion ist, ist schon von Riemann (**1**; **2**) bewiesen
worden.

<h3 style="text-align:center">§ 68.</h3>

Jensen **2**. Die Werte von $\zeta(-q)$ für $q = 0,\, 1,\, 2,\, \cdots$ waren
schon durch Riemann (**1**; **2**) bekannt.

§ 69.

Dieser Beweis der Hilfsformel aus der Theorie der Thetafunktionen rührt von Herrn G. Landsberg her: Zur Theorie der Gaussschen Summen und der linearen Transformation der Thetafunctionen, Journal für die reine und angewandte Mathematik, Bd. 111 (S. 234—253), S. 235—238; 1893.

§§ 70—71.

Riemann **1**; **2**. Das ist der zweite der dort gegebenen Riemannschen Beweise. Den ersten führe ich nicht an, um dem Leser nicht unnötige Schwierigkeiten in Bezug auf krummlinige Integrale als analytische Funktionen eines Parameters zu machen. Ich mache ausdrücklich darauf aufmerksam, daß meine Abkürzung $\xi(s)$ nicht dieselbe Bedeutung hat wie bei Riemann. Riemanns $\xi(s)$ ist das $\Xi(s) = \xi\left(\tfrac{1}{2} + si\right)$ des § 71.

§ 72.

Beweis der Fortsetzbarkeit: Hermite **1**. Beweis der Funktionalgleichung: Lerch **3**, S. 5—9. An die Formel (1) knüpfte übrigens auch Riemanns erster Beweis an.

§ 73.

Der erste Satz ist von Herrn C. Carathéodory; ich habe ihn im Anschluß an eine briefliche Mitteilung von ihm publiziert: **34**, S. 191 bis 193. Der zweite Satz ist (auf Grund einer weniger scharfen Abschätzung an Stelle des ersten Satzes) zuerst von Herrn Hadamard bewiesen worden: **1**, S. 186—187.

§ 74.

Diese Sätze verdankt man Herrn Hadamard (**1**); die vorliegenden Beweise sind unter Benutzung von mannigfachen Vereinfachungen anderer Autoren dem gegenwärtigen Stande der Funktionentheorie entsprechend durchgeführt.

§ 75.

Das Ergebnis ist zuerst von Herrn Hadamard (**1**, S. 210—215) erzielt worden, unter Anwendung eines anderen seiner funktionentheoretischen Theoreme.

§ 76.

Das ist die unmittelbare Interpretation des Hadamardschen Ergebnisses aus dem § 75.

§ 77.

Das sind ganz spezielle Fälle von Abschätzungen, welche Stieltjes in seiner Arbeit entwickelt hat: Sur le développement de log $\Gamma(a)$, Journal de Mathématiques pures et appliquées, Ser. 4, Bd. 5, S. 425 bis 444; 1889.

§ 78.

De la Vallée Poussin **9**, S. 7—29.

§ 79.

Landau **34**, S. 245—250.

§ 80.

Landau **34**, S. 213—214 und S. 240—241.

§ 81.

Landau **42**, S. 48—53.

§§ 82—88.

Die Endergebnisse dieser Untersuchungen, d. h. die genauen Formeln für $F(x, r)$ und $f(x, r)$ sind zuerst von Herrn von Mangoldt (**2**) bewiesen worden. Die vorliegenden, weit kürzeren Beweise sind von mir (**35** und **41**). Übrigens behandle ich zur Abwechselung in diesem Werke den vorliegenden Fall der Primzahlen überhaupt auf dem in **41** für die Primzahlen der arithmetischen Progression benutzten Wege (Vereinfachung des von Mangoldtschen Beweisganges) und umgekehrt später (in §§ 133—138) den Fall der Primzahlen der arithmetischen Progression im Anschluß an die in **35** und **41** für den Fall der Primzahlen überhaupt gegebene Beweisanordnung (erfolgreiche Durchführung des Riemannschen Ansatzes).

§ 89.

Der Beweis der gleichmäßigen Konvergenz in dem von Primzahlen freien Intervall ist neu.

§ 90.

Vgl. das zu § 77 Gesagte.

§ 91.

Diese Riemannsche Vermutung ist zuerst von Herrn von Mangoldt (**7**) bewiesen worden, alsdann auf dem vorliegenden vereinfach-
ten Wege von mir (**44**, S. 425—431).

§ 92.

Landau **44**, S. 431—435. Der benutzte algebraische Hilfssatz
ist zuerst von Tschebyschef bewiesen worden; vgl. S. 225 bzw. 302
seiner Abhandlung: Sur les questions de minima qui se
rattachent à la représentation approximative des fonctions.
a) Mémoires de l'Académie Impériale des Sciences des St.-Péters-
bourg, Sciences mathématiques et physiques, Ser. 6, Bd. 7, S. 199
bis 291; 1859. b) Œuvres, Bd. 1, S. 271—378; 1899. Der hier angegebene Beweis ist von Herrn Markoff gefunden und auf S. 76—77
von Herrn D. Seliwanoffs Lehrbuch der Differenzenrechnung
(Leipzig (Teubner); 1904) publiziert.

§ 93.

Landau **42**, S. 53—58.

§ 94.

Die Tatsache ist für $\eta = \frac{1}{2}$ zuerst von Herrn von Koch (**6**) bewiesen. Der Beweis des Textes ist neu.

§§ 95—101.

Das ist die klassische Dirichletsche Theorie der Charaktere;
vgl. z. B. Dirichlet **17**d, S. 331—347.

§§ 102—105.

Dieser Teil des Beweises des Satzes von der arithmetischen Progression ist nicht wesentlich von Dirichlets (**2**a, S. 64—70; **2**b,
S. 336—341; **4**, S. 414—421) Gange verschieden. Es ist wohl für
den Anfänger bequemer, mit $\dfrac{L_\varkappa'(s)}{L_\varkappa(s)}$ statt mit $\log L_\varkappa(s)$ zu operieren.

§ 106.

Hier weiche ich wesentlich von Dirichlet ab und folge bei der ersten Beweisanordnung meiner Arbeit **23**, S. 315—319, bei der zweiten der Mertensschen Arbeit **6**, S. 181—184, und meiner Arbeit **34**, S. 300—302.

§ 107.

Dirichlet **2a**, S. 66—67; **2b**, S. 338—339; **4**, S. 417.

§ 108.

Diese Beweisanordnung ist für $l = 1$ von Herrn Wendt (**1**), für $l = k - 1$ von Herrn Bauer (**4**; **5**). Daß man den Fall $l = 1$ elementar erledigen kann, war schon vordem vielen bekannt; vgl. Serret (**1**, S. 188—189; ein nicht trivialer Schluß wird hier dem Leser überlassen), Genocchi (**2**, S. 263; **3**, S. 925—926; **4**, S. 413), Lefébure (**1**, S. 294; **3**, S. 122), Bang (**1**, S. 133) und Zsigmondy (**1**, S. 283). Daß $l = 1$ elementar erledigt werden kann, ist übrigens vom Standpunkte des Kreisteilungskörpers der $k$ten Einheitswurzeln aus ganz evident. Auch für $l = k - 1$ war ein elementarer Beweis schon von Genocchi (**2**, S. 264—267; **3**, S. 926; **4**, S. 413) geführt.

§§ 109—110.

Mertens **2**, S. 58—62.

§§ 111—112.

Das sind unmittelbare Folgerungen aus den allgemeinen Sätzen über reelle Dirichletsche Reihen in ihrer Anwendung auf die Dirichletsche Identität. Sie bezeichnen ungefähr die äußersten Grenzen, welche mit Dirichletschen Mitteln hätten erreicht werden können.

§ 113.

de Polignac **11** (wo die gefundenen Schranken weniger scharf sind, aber $\liminf > 0$ zuerst bewiesen ist); Herr Stanewitsch (**3**) hat die de Polignacsche Methode wiedergefunden und mit dem vorliegenden Ergebnis $\frac{19}{50} a$ dargestellt. Für beliebiges k war der Nachweis von $\liminf > 0$ nicht früher geführt worden als implizite durch den Beweis von $\lim = \frac{1}{h}$ in neuerer Zeit.

§ 114.

Die $L_\varkappa(s)$ sind zuerst von den Herren Hadamard (4) und de la Vallée Poussin (1; 2) als analytische Funktionen von s für die Theorie der arithmetischen Progression verwertet worden.

§ 115.

Der Satz wurde zuerst von den Herren Hadamard (4, S. 209) und de la Vallée Poussin (2, S. 351—353) bewiesen; den einfacheren Beweis des Textes habe ich erst kürzlich gefunden: 40, S. 1096—1098.

§ 116.

Landau 13, S. 512—517.

§§ 117—119.

Landau 40, S. 1098—1101.

§ 120.

Landau 13, S. 532.

§ 121.

Landau 13, S. 533—535.

§§ 122—123.

Landau 34, S. 297—299.

§ 124.

Analog wie für $\xi(s)$ in § 67 nach Herrn de la Vallée Poussin. Daß $\mathfrak{z}(s) - \dfrac{1}{s-1}$ eine ganze Funktion ist, war bereits Herrn Kinkelin (1) bekannt.

§ 125.

Lipschitz 7, S. 142—144.

§ 126.

Der Satz ist für den wesentlichsten Fall $k = p^\lambda$ von Herrn Kinkelin (1, S. 29) bewiesen, von Lipschitz (7, S. 143) unter Weglassung des Beweises ausgesprochen. Allgemein ist er von Herrn de la Vallée Poussin (2, S. 320—321, 323—325, 327—328, 330—332) bewiesen.

Der vorliegende Beweis rührt von meinem Freund I. Schur her und ist zuerst auf S. 430—431 meiner Arbeit **41** publiziert.

§§ 127—130.

De la Vallée Poussin **2**, S. 281—342. Die Funktionalgleichung zwischen $L(s, \chi)$ und $L(1-s, \bar{\chi})$ ist von Herrn Kinkelin (**1**, S. 19 bis 32) entdeckt worden; derselbe behandelt übrigens ausführlich nur die Fälle $k = p^{\lambda}$ und $k = p_1 p_2 \cdots p_{\nu}$. Lipschitz (**7**) hat die Kinkelinschen Resultate wiedergefunden und für beliebige k formuliert. Die Sätze des § 129 sind von Herrn Hadamard (**1**); vgl. über sie das zu § 74 Gesagte. Herr de la Vallée Poussin verwendet, was etwas umständlicher ist, andere Hadamardsche Sätze für den vorliegenden Zweck. Im übrigen schließe ich mich möglichst genau der eleganten Darstellung Herrn de la Vallée Poussins an.

§§ 131—132.

Daß diese Relationen mit absolut konstanten, d. h. von k unabhängigen a und α bestehen, ist hier zum ersten Male bewiesen. An einer Stelle meiner Arbeit **44** (S. 440—444) hatte ich nur im Anschluß an Herrn de la Vallée Poussins Vorbild des allgemeinen Primzahlproblems bewiesen, daß a bei festem k konstant gewählt werden kann, und alsdann daraus durch meine übliche komplexe Integration, daß bei festem k die Zahl α konstant gewählt werden kann. Dies Resultat über α würde sich aus dem über a auch durch Herrn de la Vallée Poussins kompliziertere Methode ergeben. Jenes Resultat über a hat er übrigens auch nie ausgeführt. Doch entnehme ich einer brieflichen Mitteilung von Herrn de la Vallée Poussin, daß er genau die Formel

$$\Pi(x) = \frac{1}{h} Li(x) + O\left(x\, e^{-\alpha\sqrt{\log x}}\right),$$

allerdings mit von k abhängigem α, in dem Schlußabsatz (S. 6) der Einleitung seiner Arbeit **9** gemeint hat, den er niemals in einer späteren Publikation erläutert hat: „La méthode que nous allons suivre s'étend d'elle-même aux nombres premiers de la progression arithmétique. Nous y reviendrons plus tard."

§§ 133—138.

Landau **41**. Vgl. das zu §§ 82—88 Gesagte.

§§ 139—140.

Landau **44**, S. 435—440.

§ 141.

Klassische Sätze aus der elementaren Zahlentheorie; vgl. ein beliebiges Lehrbuch derselben.

§ 142.

Historische Bemerkungen über diese Fragen der elementaren Zahlentheorie siehe bei Herrn Bachmann (**2**, S. 2—3).

§ 143.

Vgl. das zu § 141 Gesagte.

§ 144.

Zwar war die Zerlegbarkeit der Zahlen $\neq 4^a(8\,m + 7)$ in drei Quadrate schon durch elementare Methoden vor Dirichlet von Gauß bewiesen (Literaturangaben und Einzelheiten siehe bei Herrn Bachmann **2**, S. 133—146); aber die vorliegende, von Dirichlet (**13**; **16**) stammende Einführung des Satzes von der arithmetischen Progression führt wesentlich schneller zum Ziele. Übrigens brauche ich jenen Satz über Zerlegbarkeit in drei Quadrate für das sechsunddreißigste Kapitel, hätte ihn also im Interesse der meisten Leser ohnedies entwickeln müssen, selbst wenn er nicht allein schon eine Anwendung der Primzahltheorie dargestellt hätte.

§§ 145—146.

Literaturangaben über die Waringsche Vermutung „Jede positive ganze Zahl läßt sich als Summe einer festen, nur von n abhängigen Anzahl von nicht negativen $n$ten Potenzen darstellen" vgl. in meiner Arbeit **37**, in der ich zuerst das Ergebnis dieses Kapitels bewiesen habe, und in einer dort zitierten Abhandlung von Herrn Maillet. Seitdem ist es Herrn Hilbert gelungen, durch Beweis der Waringschen Vermutung ein seit mehr als einem Jahrhundert erstrebtes Ziel zu erreichen: Beweis für die Darstellbarkeit der ganzen Zahlen durch eine feste Anzahl n^{ter} Potenzen (Waringsches Problem). a) Nachrichten der Königlichen Gesellschaft der Wissenschaften zu Göttingen, mathematisch-physikalische Klasse, Jahrgang 1909, S. 17—36. b) Mathematische Annalen, Bd. 67, S. 281

bis 300; 1909. Ferner erschien inzwischen von Herrn A. Wieferich (dem in Bezug auf das Waringsche Problem viel zu verdanken ist) noch die Arbeit: Zur Darstellung der Zahlen als Summen von 5ten und 7ten Potenzen positiver ganzer Zahlen, Mathematische Annalen, Bd. 67, S. 61—75; 1909.

§ 147.

Markoff **1** und **2** nach hinterlassenen Papieren von Tschebyschef.

§ 148.

Størmer **1**.

§ 149.

Iwanoff **1**; **3**, S. 109—120.

§ 150.

In dieser Einleitung zum dritten Buch sind alle erforderlichen Zitate angegeben.

§ 151.

Der erste Satz ist das Fundament bei Möbius (**1**). Der zweite Satz steht mit unstrenger Begründung bei Meissel (**1**a, S. 3—6; **1**b, S. 301—303); er steht bewiesen bei Bugaïeff (**2**, S. 179).

§ 152.

Der erste Satz steht gleichzeitig zuerst 1857 bei Herrn Dedekind (**1**, S. 21) und Liouville (**1**, S. 111), die asymptotische Folgerung über $\Phi(x)$ bei Herrn Mertens (**1**, S. 290—291). Der zweite Satz steht in veränderter Bezeichnung bei Möbius (**1**a, S. 107; **1**b, S. 593—594), die asymptotische Folgerung über $Q(x)$ bei Gegenbauer (**6**, S. 47).

§ 153.

Erster Satz: Gram **1**, S. 197—198; weiteres: Landau **6**, S. 573 bis 574.

§ 154.

Unmittelbare Folgerungen aus früher erwähnten Sätzen.

§ 155.

Landau **25**, S. 608—611.

§ 156.

Landau **1**, S. 6—15.

§ 157.

Landau **14**, S. 541—548, mit den auf Grund von § 65 möglichen Verschärfungen.

§ 158.

Landau **14**, S. 549—551, mit den Verschärfungen.

§ 159.

Landau **25**, S. 602—605.

§ 160.

Landau **25**, S. 597—602 (direkt ohne den allgemeinen Grenzwertsatz); **39**.

§ 161.

Unmittelbare Interpretation des Ergebnisses über $M(x)$.

§ 162.

Landau **25**, S. 611—613.

§ 163.

Landau **34**, S. 214—216 und 251.

§ 164.

Landau **34**, S. 251—252.

§ 165.

Landau **34**, S. 217.

§§ 166—167.

Wie schon in § 150 gesagt, ist — wenn es auch nicht immer von den Autoren erwähnt zu werden brauchte — jeder Satz über $\lambda(n)$ gleichzeitig mit dem entsprechenden über $\mu(n)$ als bewiesen anzusehen gewesen; die vermittelnden Identitäten sind ja unmittelbar aus den entsprechenden Dirichletschen Reihen ablesbar.

§ 168.

In dieser Einleitung zum vierten Buch sind alle erforderlichen Zitate angegeben.

§§ 169—175.

Landau **18; 19**. In den vorliegenden Paragraphen ist die Restabschätzung genauer, nämlich $\alpha\sqrt{\log x}$ (mit absolut konstantem α) statt des damaligen $\sqrt[\gamma]{\log x}$ (wo γ von k abhing) im Exponenten.

§ 176.

In dieser Einleitung zum fünften Buch sind alle erforderlichen Zitate angegeben.

§§ 177—183.

Landau **43**. Der bei der Konstantenbestimmung in § 181 benutzte Hilfssatz ist von Berger (**4**, S. 20—21). Bei der direkten Erledigung des besonders einfachen Falles $\eta = 2$ am Ende des § 181 benutzte ich Betrachtungen von Herrn Mertens (**1**, S. 291—294).

§§ 184—191.

Landau **33**, S. 81—107. Der Satz des § 185 ist von Stieltjes (**3**, S. 214).

§§ 192—195.

Landau **33**, S. 145—153.

§§ 196—199.

Landau **21**, S. 536—544.

§ 200.

Neu.

§§ 201—204.

Die Sätze sind, abgesehen von der bei mir schärferen — halb so großen — Konstanten c beim dritten und vierten, zuerst von Herrn Schmidt (**1**) bewiesen; die vorliegenden, wesentlich einfacheren Beweise sind von mir. Ich führe hier ausführlicher aus, was ich in **21**, S. 544—546, für den Kenner der Schmidtschen Arbeit viel kürzer skizzieren konnte.

§ 205.

In dieser Einleitung zum sechsten Buch sind alle erforderlichen Zitate angegeben.

§ 206.
Jensen **1**, 70—71.

§ 207.
Cahen **3**, S. 89—91. Die eine Hälfte des Satzes 5 war schon von Herrn Jensen (**3**, S. 835) bewiesen worden.

§ 208.
Cahen **3**, S. 82—84 und 93.

§ 209.
Satz 10: Dedekind bei Dirichlet **17**a, S. 410—414. Satz 11: Cahen **3**, S. 86—87. Satz 12: Perron **1**, S. 106—109. Satz 13: Fast trivial.

§ 210.
Dirichlet **17**a, S. 243—244 und 414.

§ 211.
Sätze 16 und 17: Perron **1**, S. 106—113. Satz 18: Neu.

§§ 212—213.
Landau **33**, S. 81—88 und 133—134. Der statt Satz 19 bewiesene allgemeinere Reihensatz über die Summen S ist von Stieltjes (**3**, S. 210—213).

§§ 214—216.
Spezialfall $\lambda_n = \log n$: Landau **33**, S. 111—117; drei dieser sechs Sätze 20—25 (nämlich die Sätze 21—23) waren für $\lambda_n = \log n$ schon von Stieltjes (**2**, S. 369; **3**, S. 215) ohne Mitteilung seines Beweises ausgesprochen worden. Allgemeiner Fall: Neu.

§ 217.
Sätze 26 und 27: Ausführung einer brieflichen Mitteilung des Herrn Phragmén vom August 1907, welche mein Desideratum auf S. 133, Z. 9 v. u.—S. 134, Z. 1 v. o. der Arbeit **33** erfüllte; ich hatte dort auf S. 132—133 nur funktionentheoretisch den Satz 27 im Spezialfall $\lambda_n = \log n$ bewiesen. Inzwischen haben die Herren Riesz (**2**, S. 20) und Bohr (**2**, S. 255) unabhängig beide Sätze gefunden und publiziert. Satz 28: Neu; im Spezialfall $\lambda_n = \log n$: Landau **33**, S. 136.

§ 218.

Stieltjes bewies in der zu § 77 genannten Arbeit noch viel genauere Abschätzungen über die Gammafunktion.

§ 219.

Landau **34**, S. 264—265.

§ 220.

Landau **34**, S. 265—266.

§§ 221—222.

Hadamard **6**, S. 60—63.

§§ 223—226.

Ich habe (**34**, S. 269—291) zuerst die Gültigkeit der Hadamardschen Mittelwertsformel über das absolute Konvergenzgebiet hinaus bewiesen; die vorliegenden Sätze, von Satz 35 an, rühren jedoch von Herrn Schnee her und erweitern den durch mich festgestellten Bereich. Um die sukzessiven Schritte an einem typischen Beispiel deutlich zu machen, so ist im Falle $b_n = O(1)$ die Gültigkeit der Formel

$$\lim_{\omega = \infty} \frac{1}{2\,\omega} \int_{-\omega}^{\omega} \left| \sum_{n=1}^{\infty} \frac{b_n}{n^{\beta + ti}} \right|^2 dt = \sum_{n=1}^{\infty} \frac{|\,b_n\,|^2}{n^{2\beta}}$$

durch Herrn Hadamard für $\beta > 1$ bewiesen, alsdann durch mich für $\beta > \dfrac{7 - \sqrt{17}}{4}$ und jetzt durch Herrn Schnee für $\beta > \dfrac{1}{2}$, also in dem größtmöglichen Gebiet, in welchem die Konvergenz der Reihe rechts gesichert ist. Die Sätze und Beweismethoden von Herrn Schnee entnehme ich dem mir freundlichst von ihm zur Verfügung gestellten Manuskript seiner demnächst erscheinenden Abhandlung: Über Mittelwertsformeln in der Theorie der Dirichlet'schen Reihen. Übrigens wird dort, desgl. von mir a. a. O., die Untersuchung nur für den Spezialtypus $\lambda_n = \log n$ durchgeführt.

§ 227.

Landau **34**, S. 294—297.

§ 228.

Die Mittelwertsformeln für $\zeta(s)$ und $\zeta^{(\nu)}(s)$ sind zuerst von mir (**34**, S. 292—294) in Teilen des Divergenzbereiches bewiesen worden;

dies Gebiet wurde von Herrn Schnee in seinem zu §§ 223—226 genannten Manuskript im Sinne des Textes erweitert. Die benutzte Abschätzung der Zetafunktion verdankt man Herrn Mellin (**2**, S. 47 bis 49).

§§ 229—230.

Diese Sätze 43—45 stehen implizite bei Herrn Perron (**1**, S. 96 bis 98).

§ 231.

In einem bestimmten Fall ($f(s) = \log \zeta(s)$), der aber der Allgemeinheit nichts nachgibt, hatte Riemann (**1**a, S. 675—676; **1**b, S. 140; **1**c, S. 149; **2**a, S. 12—13; **2**b, S. 170—171) den Satz 46 aus der sogenannten Fourierschen Integralformel

$$\frac{\pi}{2} \lim_{h=+0} (g(x+h) + g(x-h)) = \int_0^\infty d\mu \int_{-\infty}^\infty g(\beta) \cos \mu (\beta - x) d\beta$$

geschlossen. Das war kein Beweis; denn für die Gültigkeit der Fourierschen Formel waren noch keine hinreichenden Bedingungen festgestellt worden. Riemanns Begründung wurde erst 1883 dadurch streng, daß Herr C. Jordan (Cours d'Analyse, 1. Aufl., Bd. 2, S. 224—226) solche hinreichenden Bedingungen aufstellte, welche den Riemannschen Fall umfassen. Ein direkter Beweis des Satzes 46 ist dann von Herrn Phragmén (**2**, S. 741—744) angegeben worden.

§ 232.

Hadamard **9**, S. 328—329.

§ 233.

Perron **1**, 114—125. Für meine, durch das Vorangehende vorgebildeten Leser konnte ich den Perronschen Beweis des Hauptresultates (Satz 48) sehr zusammenziehen.

§ 234.

Das erstgenannte Beispiel zum Beweise des Satzes ist von mir (nach einer brieflichen Mitteilung publiziert bei Herrn Perron **1**, S. 129), das zweitgenannte von Herrn Perron (**1**, S. 125—129).

§ 235.

Die Fragestellung ist zuerst von mir mit Erfolg bearbeitet, und es hat zuerst ein Satz von mir in **34**, S. 252—253, in dieser Richtung einiges beantwortet.

§ 236.

Schnee **2**.

§ 237.

Erster Hilfssatz: Phragmén und Lindelöf, Sur une extension d'un principe classique de l'Analyse et sur quelques propriétés des fonctions monogènes dans le voisinage d'un point singulier, Acta Mathematica, Bd. 31 (S. 381—406), S. 382; 1908. Zweiter Hilfssatz: Lindelöf **5**, S. 346—348.

§ 238.

Satz 54 im Falle $0 < k < 1$: Schnee **2**; im Falle $k \geq 1$: Landau **46**, S. 124—130 und 149—150. Satz 55: Landau **46**, S. 130 bis 132 und 150. Satz 56: Mündliche Mitteilung von Herrn Bohr. Satz 57: Unmittelbare Folgerung aus den Sätzen 54 und 55.

§ 239.

Neu; die nach dem Beweise des Satzes 60 angegebene direktere Begründung eines Spezialfalls verdanke ich einer mündlichen Mitteilung von Herrn Bohr.

§ 240.

Einleitender Satz über $\zeta(s)$: Lindelöf **5**, S. 346—348. Weiteres: Reproduktion einer früheren Untersuchung von mir (**34**, S. 262—264) unter Benutzung des inzwischen entdeckten Satzes 54 und jener Lindelöfschen Abschätzung.

§§ 241—242.

Neu.

§ 243.

Landau **21**, S. 536—537.

§ 244.

Hadamard **4**, S. 202; die vorliegende Beweisanordnung schließt sich an Herrn Mertens (**9**) an.

Literaturverzeichnis.

Ajello, C.

1. Sul numero dei numeri primi inferiori ad un dato limite. Giornale di Matematiche, Bd. 34, S. 14—20; 1896.

Anonym.

1. La distribution des nombres premiers. Revue générale des Sciences pures et appliquées, Bd. 19, S. 85; 1908.
2. La théorie des nombres premiers. Revue générale des Sciences pures et appliquées, Bd. 19, S. 762; 1908.

Ascoli, G.

1. Sui numeri primi. Periodico di Matematica per l'insegnamento secondario, Ser. 3, Bd. 2, S. 126—128; 1905.

Axer, A.

1. Zahlentheoretische Funktionen und deren asymptotische Werte im Gebiete der aus den dritten Einheitswurzeln gebildeten ganzen komplexen Zahlen. Monatshefte für Mathematik und Physik, Bd. 15, S. 239—291; 1904.

Bachmann, P.

1. Zahlentheorie. Zweiter Theil. Die analytische Zahlentheorie. Leipzig (Teubner); 1894.
2. Zahlentheorie. Vierter Theil. Die Arithmetik der quadratischen Formen. Erste Abtheilung. Leipzig (Teubner); 1898.
3. Analytische Zahlentheorie. Encyklopädie der mathematischen Wissenschaften mit Einschluss ihrer Anwendungen, Bd. 1, S. 636—674; 1900 bis 1904.
4. Zahlentheorie. Fünfter Teil. Allgemeine Arithmetik der Zahlenkörper. Leipzig (Teubner); 1905.

Bang, A. S.

1. Taltheoretiske Undersøgelser. Tidsskrift for Mathematik, Ser. 5, Bd. 4, S. 70—80 und 130—137; 1886.
2. Om Primtal af bestemte Former. Nyt Tidsskrift for Mathematik, Bd. 2 B, S. 73—82; 1891.

Baranowski, A.

1. Ueber die Formeln zur Berechnung der Anzahl der eine gegebene Grenze nicht übersteigenden Primzahlen. Anzeiger der Akademie der Wissenschaften in Krakau, Jahrgang 1894, S. 280—281.
2. O wzorach służących do obliczenia liczby liczb pierwszych nie przekraczających danej granicy. Rozprawy Akademii Umiejętności w Krakowie, wydział matematyczno-przyrodniczy, Ser. 2, Bd. 8, S. 192 bis 219; 1895.

Barnes, E. W.

1. The theory of the Gamma function. The Messenger of Mathematics, Ser. 2, Bd. 29, S. 64—128; 1899.
2. The theory of the G-function. The quarterly Journal of pure and applied Mathematics, Bd. 31, S. 264—314; 1900.
3. The Genesis of the Double Gamma Functions. Proceedings of The London Mathematical Society, Ser. 1, Bd. 31, S. 358—381; 1900.
4. The Theory of the Double Gamma Function. Philosophical Transactions of the Royal Society of London, Series A, Bd. 196, S. 265—387; 1901.
5. A Memoir on Integral Functions. Philosophical Transactions of the Royal Society of London, Series A, Bd. 199, S. 411—500; 1902.
6. On the Classification of Integral Functions. Transactions of the Cambridge Philosophical Society, Bd. 19, S. 322—355; 1904.
7. On the Theory of the Multiple Gamma Function. Transactions of the Cambridge Philosophical Society, Bd. 19, S. 374—425; 1904.

Bartl, E.

1. Zur Theorie der Primzahlen. Erster Jahres-Bericht des K. K. Real-Obergymnasiums zu Mies, S. 35—48; 1871.

Baudrimont, A.

1. Démonstrations élémentaires relatives à la théorie des nombres premiers. Mémoires de la Société des Sciences physiques et naturelles de Bordeaux, Ser. 1, Bd. 3, S. 419—444; 1864.

Bauer, M.

1. Megjegyzés Dirichlet egyik tételére. Mathematikai és Physikai Lapok, Bd. 4, S. 331—336; 1895.
2. A számtani haladvány elméletéhez. Mathematikai és Physikai Lapok, Bd. 11, S. 313—317; 1902.
3. Zur Theorie der arithmetischen Progression. [Übersetzung von 2.] Archiv der Mathematik und Physik, Ser. 3, Bd. 5, S. 274—277; 1903.
4. A számtani haladványról. Mathematikai és Physikai Lapok, Bd. 14, S. 313—315; 1905.
5. Über die arithmetische Reihe. [Übersetzung von 4.] Journal für die reine und angewandte Mathematik, Bd. 131, S. 265—267; 1906.

Beaupain, J.

1. Sur une généralisation de la fonction $\zeta(s)$ de Riemann. Académie Royale de Belgique. Classe des Sciences. Mémoires. Collection in 4^0, Ser. 2, Bd. 1, No. 5, 26 S.; 1907.

Berger, A.

1. Om primtalens förekomst i talserien. Upsala (Edquist), 29 S.; 1875.
2. Sur quelques applications de la fonction gamma à la théorie des nombres. Nova Acta Regiae Societatis Scientiarum Upsaliensis, Ser. 3, Bd. 11, No. 1, 87 S.; 1883.
3. Om rötternas antal till kongruenser af andra graden. Öfversigt af Kongl. Vetenskaps-Akademiens Förhandlingar, Stockholm, Bd. 44, S. 127—151; 1887—1888.
4. Recherches sur les valeurs moyennes dans la théorie des nombres. Nova Acta Regiae Societatis Scientiarum Upsaliensis, Ser. 3, Bd. 14, No. 2, 130 S.; 1891.

Bernstein, F.

1. Über unverzweigte Abelsche Körper (Klassenkörper) in einem imaginären Grundbereich. Jahresbericht der Deutschen Mathematiker-Vereinigung, Bd. 13, S. 116—119; 1904.

Berton, V.-I.

1. Sur la détermination de limites entre lesquelles se trouve un nombre premier d'une forme donnée. Solution élémentaire dans un cas particulier. Comptes rendus hebdomadaires des séances de l'Académie des Sciences, Paris, Bd. 74, S. 1390—1393; 1872.

Berwi, N. W.

1. Die Auflösung einiger allgemeinen Fragen der Theorie der zahlentheoretischen Integrale. Mathematische Sammlung, herausgegeben von der Mathematischen Gesellschaft in Moskau, Bd. 18, S. 519 bis 585; 1896. [Russisch.]
2. Kurzer Abriss des gegenwärtigen Standes der Theorie der zahlentheoretischen Funktionen. Mathematische Sammlung, herausgegeben von der Mathematischen Gesellschaft in Moskau, Bd. 19, S. 182 bis 196; 1896. [Russisch.]
3. Einige zahlentheoretische Anwendungen der Analysis des Unendlichkleinen und analytische Anwendungen der Zahlentheorie. Funktionen mit singulären Linien. Arbeiten der physikalischen Sektion der Kaiserlichen Gesellschaft der Freunde der Naturkunde, Anthropologie und Ethnographie an der Kaiserlichen Universität zu Moskau, Bd. 8, Heft 1, S. 1—28; 1896. [Russisch.]

Bessel, F. W.

1. Siehe unter Olbers.
2. Siehe unter Gauss.

Birkhoff, G. D. und Vandiver, H. S.

1. On the Integral Divisors of $a^n - b^n$. Annals of Mathematics, Ser. 2, Bd. 5, S. 173—180; 1903—1904.

Bohr, H.

1. Sur la série de Dirichlet. Comptes rendus hebdomadaires des séances de l'Académie des Sciences, Paris, Bd. 148, S. 75—80; 1909.
2. Ueber die Summabilität Dirichletscher Reihen. Nachrichten der Königlichen Gesellschaft der Wissenschaften zu Göttingen, mathematisch-physikalische Klasse, Jahrgang 1909, S. 247—262.

Boije af Gennäs, C. O.

1. Trouver un nombre premier plus grand qu'un nombre premier donné. Öfversigt af Kongl. Svenska Vetenskaps-Akademiens Förhandlingar, Stockholm, Bd. 50, S. 469—471; 1893—1894.

Bonnet, O.

1. Note sur la convergence et la divergence des séries. Journal de Mathématiques pures et appliquées, Ser. 1, Bd. 8, S. 73—109; 1843.

Bonse, H.

1. Über eine bekannte Eigenschaft der Zahl 30 und ihre Verallgemeinerung. Archiv der Mathematik und Physik, Ser. 3, Bd. 12, S. 292—295; 1907.

Borel, É.

1. Sur les zéros des fonctions entières. Acta Mathematica, Bd. 20, S. 357—396; 1897.
2. Leçons sur les fonctions entières. Paris (Gauthier-Villars); 1900.

Bourguet, L.

1. Sur la fonction $\zeta(s)$ de Riemann. Comptes rendus hebdomadaires des séances de l'Académie des Sciences, Paris, Bd. 101, S. 304—307; 1885.

Braun, J.

1. Das Fortschreitungsgesetz der Primzahlen durch eine transcendente Gleichung exakt dargestellt. Wissenschaftliche Beilage zu dem Jahresbericht des Königlichen Friedrich-Wilhelms-Gymnasiums zu Trier, 90 S.; 1899.

Bresslau, H.

1. Dirichlets Satz von der arithmetischen Reihe für den Körper der dritten Einheitswurzeln. Inauguraldissertation, 52 S. Strassburg; 1907.

Brocard, H.

1. Sur la fréquence et la totalité des nombres premiers. Nouvelle Correspondance mathématique, Bd. 5, S. 1—7, 33—39, 65—71, 113 bis 117, 263—269, 370—373, 437—438 und Bd. 6, S. 255—263, 481—488, 529—542; 1879 und 1880.

Bugaïeff, N. W.

1. Résolution d'une question numérique. Comptes rendus hebdomadaires des séances de l'Académie des Sciences, Paris, Bd. 74, S. 449 bis 450; 1872.
2. Die Lehre von den zahlentheoretischen Derivierten. Mathematische Sammlung, herausgegeben von der Mathematischen Gesellschaft in Moskau, Bd. 5, Teil 1, S. 1—63 und Bd. 6, Teil 1, S. 133—180, 199 bis 254, 309—360; 1870 und 1872—1873. [Russisch.]
3. Problèmes sur quelques fonctions numériques. Nouvelles Annales de Mathématiques, Ser. 2, Bd. 13, S. 381—383; 1874.
4. Théorie des dérivées numériques. (Analyse faite par l'auteur.) Bulletin des Sciences mathématiques et astronomiques, Ser. 1, Bd. 10, S. 13—32; 1876.
5. Die Eigenschaften eines Zahlenintegrals nach den Divisoren und seine verschiedenen Anwendungen. Die logarithmischen Zahlenfunktionen. Mathematische Sammlung, herausgegeben von der Mathematischen Gesellschaft in Moskau, Bd. 13, S. 757—777; 1888. [Russisch.]
6. Sur une intégrale numérique suivant les diviseurs. Comptes rendus hebdomadaires des séances de l'Académie des Sciences, Paris, Bd. 106, S. 652—653; 1888.

Burhenne, G. H.

1. Ueber das Gesetz der Primzahlen. Archiv der Mathematik und Physik, Ser. 1, Bd. 19, S. 442—449; 1852.

Cahen, E.

1. Sur la somme des logarithmes des nombres premiers qui ne dépassent pas x. Comptes rendus hebdomadaires des séances de l'Académie des Sciences, Paris, Bd. 116, S. 85—88; 1893.
2. Sur un théorème de M. Stieljes (sic!). Comptes rendus hebdomadaires des séances de l'Académie des Sciences, Paris, Bd. 116, S. 490; 1893.
3. Sur la fonction $\zeta(s)$ de Riemann et sur des fonctions analogues. a) Annales scientifiques de l'École Normale supérieure, Ser. 3, Bd. 11, S. 75—164; 1894. b) Thèse, 93 S. Paris; 1894.

4. Sur une généralisation de la formule qui donne la constante d'Euler. Bulletin de la Société mathématique de France, Bd. 22, S. 227 bis 229; 1894.
5. Région de convergence d'une fonction. [Antwort auf Frage 830 von Franel.] L'Intermédiaire des Mathématiciens, Bd. 4, S. 82—83; 1897.
6. Éléments de la théorie des nombres. Paris (Gauthier-Villars); 1900.

Cantor, G.

1. Zur Theorie der zahlentheoretischen Functionen. a) Nachrichten von der Königlichen Gesellschaft der Wissenschaften und der Georg-Augusts-Universität zu Göttingen, Jahrgang 1880, S. 161—169. b) Mathematische Annalen, Bd. 16, S. 583—588; 1880.

Catalan, E.

1. Sur la théorie des nombres. Mémoires de la Société royale des Sciences de Liège. a) Ser. 2, Bd. 2 (Mélanges mathématiques), S. 133 bis 149; 1867. b) Ser. 2, Bd. 12, No. 2 (Mélanges mathématiques, 407 S.), S. 119—134; 1885.
2. Notes du Rédacteur. Nouvelle Correspondance mathématique, Bd. 4, S. 308—313; 1878.
3. Problèmes et théorèmes d'Arithmétique. a) Journal de Mathématiques élémentaires, Ser. 2, Bd. 6, S. 175—182; 1882. b) Mémoires de la Société royale des Sciences de Liège. α) Ser. 2, Bd. 10, No. 1, 12 S.; 1883. β) Ser. 2, Bd. 12, No. 2 (Mélanges mathématiques, 407 S.), S. 343—352; 1885.
4. Relations entre deux théorèmes empiriques. Mémoires de la Société royale des Sciences de Liège, Bd. 15, No. 1 (Mélanges mathématiques, 275 S.), S. 30—31; 1888.
5. Sur le postulatum de Bertrand. Mémoires de la Société royale des Sciences de Liège, Ser. 2, Bd. 15, No. 1 (Mélanges mathématiques, 275 S.), S. 108—111; 1888.

Cesàro, E.

1 Sur diverses questions d'arithmétique. Premier mémoire. Mémoires de la Société royale des Sciences de Liège, Ser. 2, Bd. 10, No. 6, 355 S.; 1883.
2. Généralisation de l'identité de MM. Tchébychew et de Polignac. Nouvelles Annales de Mathématiques, Ser. 3, Bd. 4, S. 418—422; 1885.
3. Étude moyenne du plus grand commun diviseur de deux nombres. a) Annali di Matematica pura ed applicata, Ser. 2, Bd. 13, S. 235—250; 1885. b) Excursions arithmétiques à l'infini [Sammlung von 9 in jenem Bande der Annali erschienenen Abhandlungen, Paris, Hermann], S. 1—16; 1885.

4. Le plus grand diviseur carré. a) Annali di Matematica pura ed applicata, Ser. 2, Bd. 13, S. 251—268; 1885. b) Excursions arithmétiques à l'infini, S. 17—34; 1885.

5. Sur le rôle arithmétique de $\sin \frac{\pi x}{2}$. a) Annali di Matematica pura ed applicata, Ser. 2, Bd. 13, S. 315—322; 1885. b) Excursions arithmétiques à l'infini, S. 81—88; 1885.

6. Sur l'inversion de certaines séries. a) Annali di Matematica pura ed applicata, Ser. 2, Bd. 13, S. 339—351; 1885. b) Excursions arithmétiques à l'infini, S. 105—117; 1885.

7. Sull' uso dell' integrazione in alcune questioni d'aritmetica. Rendiconti del Circolo Matematico di Palermo, Bd. 1, S. 293—298; 1887.

8. Medie ed assintotiche expressioni, in aritmetica. Giornale di Matematiche, Bd. 25, S. 1—13; 1887.

9. Sur une fonction arithmétique. Comptes rendus hebdomadaires des séances de l'Académie des Sciences, Paris, Bd. 106, S. 1340—1343; 1888.

10. Nuova contribuzione ai principii fondamentali dell' aritmetica assintotica. Atti della Reale Accademia delle Scienze Fisiche e Matematiche, Napoli, Ser. 2, Bd. 6, No. 11, 23 S.; 1894.

11. Sur une formule empirique de M. Pervouchine. Comptes rendus hebdomadaires des séances de l'Académie des Sciences, Paris, Bd. 119, S. 848—849; 1894.

12. Sulla distribuzione dei numeri primi. Rendiconto dell' Accademia delle Scienze Fisiche e Matematiche, Napoli, Ser. 3, Bd. 2, S. 297—304; 1896.

13. Remarques utiles dans les calculs de limites. Mathesis, Ser. 2, Bd. 7, S. 177—183; 1897.

14. Fréquence des nombres premiers. [Antwort auf Frage 1814 von Majol.] L'Intermédiaire des Mathématiciens, Bd. 7, S. 386—387; 1900.

Christie, R. W. D.

1. Sieve for Primes. Nature, Bd. 56, S. 10—11; 1897.

Cipolla, M.

1. La determinazione assintotica dell' n^{imo} numero primo. Rendiconto dell' Accademia delle Scienze Fisiche e Matematiche, Napoli, Ser. 3, Bd. 8, S. 132—166; 1902.

2. Su di una classe di polinomi. Periodico di Matematica per insegnamento secondario, Ser. 3, Bd. 1, S. 24—33; 1904.

3. Estensione delle formole di Meissel - Rogel e di Torelli sulla totalità dei numeri primi che non superano un numero assegnato. Annali di Matematica pura ed applicata, Ser. 3, Bd. 11, S. 253—267; 1905.

4. Specimen de calculo arithmetico-integrale. Parte I. Operationes fundamentale. Revista de mathematica, Bd. 9, 29 S.; 1909.

Comessatti, A.

1. Una dimostrazione della formola di Meissel. Periodico di Matematica per l'insegnamento secondario, Ser. 3, Bd. 3, S. 183—186; 1906.

Couturier, C.

1. Question 641. L'Intermédiaire des Mathématiciens, Bd. 2, S. 314—315; 1895.

Curtze, M.

1. Notes diverses sur la série de Lambert et la loi des nombres premiers. Annali di Matematica pura ed applicata, Ser. 2, Bd. 1, S. 285 bis 292; 1867—1868.

Czajkowski, K.

1. O mnogości liczb prostych. Sprawozdanie Dyrekcyi c. k. Gimnazyum w Buczaczu za rok szkolny 1901, S. 1—35.
2. O mnogości liczb prostych. Sprawozdanie Dyrekcyi c. k. Gimnazyum w Przemyślu za rok szkolny 1904, S. 1—21.

Dedekind, R.

1. Abrifs einer Theorie der höhern Congruenzen in Bezug auf einen reellen Primzahl-Modulus. Journal für die reine und angewandte Mathematik, Bd. 54, S. 1—26; 1857.

Desboves, A.

1. Sur un théorème de Legendre et son application à la recherche de limites qui comprennent entre elles des nombres premiers. Nouvelles Annales de Mathématiques, Ser. 1, Bd. 14, S. 281—295; 1855.

Dickson, L. E.

1. A new extension of Dirichlet's theorem on prime numbers. The Messenger of Mathematics, Ser. 2, Bd. 33, S. 155—161; 1904.

Dirichlet, G. Lejeune.

1. a) Über den Satz: dafs jede arithmetische Progression, deren erstes Glied und Differenz keinen gemeinschaftlichen Factor haben, unendlich viel Primzahlen enthält. Bericht über die zur Bekanntmachung geeigneten Verhandlungen der Königlich Preufsischen Akademie der Wissenschaften zu Berlin, Jahrgang 1837, S. 108—110. b) Beweis eines Satzes über die arithmetische Progression. Werke, Bd. 1, S. 307—312; 1889.
2. Beweis des Satzes, dafs jede unbegrenzte arithmetische Progression, deren erstes Glied und Differenz ganze Zahlen ohne gemeinschaftlichen Factor sind, unendlich viele Primzahlen

enthält. a) Abhandlungen der Königlichen Akademie der Wissenschaften
zu Berlin, Jahrgang 1837, mathematische Abhandlungen, S. 45—71;
1839. b) Werke, Bd. 1, S. 313—342; 1889.

3. Sur l'usage des séries infinies dans la théorie des nombres.
a) Journal für die reine und angewandte Mathematik, Bd. 18, S. 259 bis
274; 1838. b) Werke, Bd. 1, S. 357—374; 1889.

4. Démonstration de cette proposition: Toute progression arithmétique dont le premier terme et la raison sont des entiers
sans diviseur commun, contient une infinité de nombres premiers. [Übersetzung von 2, verfasst von O. Terquem.] Journal de Mathématiques pures et appliquées, Ser. 1, Bd. 4, S. 393—422; 1839.

5. Recherches sur diverses applications de l'Analyse infinité-
simale à la Théorie des Nombres. a) Journal für die reine und angewandte Mathematik, Bd. 19, S. 324—369 und Bd. 21, S. 1—12, 134
bis 155; 1839 und 1840. b) Werke, Bd. 1, S. 411—496; 1889.

6. a) Über eine Eigenschaft der quadratischen Formen. Bericht
über die zur Bekanntmachung geeigneten Verhandlungen der Königlich
Preufsischen Akademie der Wissenschaften zu Berlin, Jahrgang 1840,
S. 49—52. b) Auszug aus einer der Akademie der Wissenschaften
zu Berlin am 5ten März 1840 vorgelesenen Abhandlung. Journal
für die reine und angewandte Mathematik, Bd. 21, S. 98—100; 1840.
c) Über eine Eigenschaft der quadratischen Formen. Werke,
Bd. 1, S. 497—502; 1889.

7. a) Extrait d'une lettre de M. Lejeune-Dirichlet à M. Liouville.
Comptes rendus hebdomadaires des séances de l'Académie des Sciences,
Paris, Bd. 10, S. 285—288; 1840. b) Extrait d'une lettre de M. Lejeune-Dirichlet à M. Liouville. Journal de Mathématiques pures et
appliquées, Ser. 1, Bd. 5, S. 72—74; 1840. c) Sur la théorie des
nombres. Werke, Bd. 1, S. 619—623; 1889.

8. Untersuchungen über die Theorie der complexen Zahlen. a) Bericht über die zur Bekanntmachung geeigneten Verhandlungen der Königlich Preufsischen Akademie der Wissenschaften zu Berlin, Jahrgang 1841,
S. 190—194. b) Journal für die reine und angewandte Mathematik,
Bd. 22, S. 375—378; 1841. c) Werke, Bd. 1, S. 503—508; 1889.

9. Untersuchungen über die Theorie der complexen Zahlen. a) Abhandlungen der Königlichen Akademie der Wissenschaften zu Berlin,
Jahrgang 1841, mathematische Abhandlungen, S. 141—161; 1843.
b) Werke, Bd. 1, S. 509—532; 1889.

10. Recherches sur les formes quadratiques à coëfficients et à
indéterminées complexes. a) Journal für die reine und angewandte
Mathematik, Bd. 24, S. 291—371; 1842. b) Werke, Bd. 1, S. 533—618;
1889.

11. Recherches sur la théorie des nombres complexes. [Übersetzung
von 9, verfasst von H. Faye.] Journal de Mathématiques pures et
appliquées, Ser. 1, Bd. 9, S. 245—269; 1844.

12. Über die Bestimmung der mittleren Werthe in der Zahlentheorie. a) Abhandlungen der Königlichen Akademie der Wissenschaften zu Berlin, Jahrgang 1849, mathematische Abhandlungen, S. 69 bis 83; 1851. b) Werke, Bd. 2, S. 49—66; 1897.

13. Über die Zerlegbarkeit der Zahlen in drei Quadrate. a) Journal für die reine und angewandte Mathematik, Bd. 40, S. 228—232; 1850. b) Werke, Bd. 2, S. 89—96; 1897.

14. Sur un théorème relatif aux séries. a) Journal de Mathématiques pures et appliquées, Ser. 2, Bd. 1, S. 80—81; 1856. b) Journal für die reine und angewandte Mathematik, Bd. 53, S. 130—132; 1857. c) Werke, Bd. 2, S. 195—200; 1897.

15. Sur la détermination des valeurs moyennes dans la théorie des nombres. [Übersetzung von 12, verfasst von J. Houël.] Journal de Mathématiques pures et appliquées, Ser. 2, Bd. 1, S. 353—370; 1856.

16. Sur la possibilité de la décomposition des nombres en trois carrés. [Übersetzung von 13, verfasst von J. Houël.] Journal de Mathématiques pures et appliquées, Ser. 2, Bd. 4, S. 233—240; 1859.

17. Vorlesungen über Zahlentheorie. Herausgegeben und mit Zusätzen versehen von R. Dedekind. Braunschweig (Vieweg). a) 1. Aufl.; 1863. b) 2. Aufl.; 1871. c) 3. Aufl.; 1879. d) 4. Aufl.; 1894.

18. Lezioni sulla Teoria dei Numeri. [Übersetzung von 17 c), verfasst von A. Faifofer.] Venedig (Tipografia Emiliana); 1881.

19. Untersuchungen über verschiedene Anwendungen der Infinitesimalanalysis auf die Zahlentheorie. [Übersetzung von 5, verfasst von R. Haussner.] Leipzig (Engelmann), Ostwald's Klassiker der exakten Wissenschaften, Nr. 91; 1897.

Dormoy, E.

1. Formule générale des nombres premiers et théorie des objectifs. Paris (Dunod), 28 S.; 1865.

2. Formule générale des nombres premiers. Comptes rendus hebdomadaires des séances de l'Académie des Sciences, Paris, Bd. 63, S. 178 bis 181; 1866.

Drach, S. M.

1. On the Empirical Law in the Enumeration of Prime Numbers. The London, Edinburgh, and Dublin Philosophical Magazine and Journal of Science, Ser. 3, Bd. 24, S. 192—193; 1844.

Dupré, A.

1. Examen d'une proposition de Legendre relative à la théorie des nombres, ouvrage placé en première ligne par l'académie des sciences dans le concours pour le grand prix de mathématiques en 1858, suivi d'un mémoire sur la résolution des équations numériques. Paris (Mallet-Bachelier), 132 S.; 1859.

Epstein, P.

1. Zur Theorie allgemeiner Zetafunctionen. Mathematische Annalen, Bd. 56, S. 615—644; 1903.
2. Zur Theorie allgemeiner Zetafunktionen. II. Mathematische Annalen, Bd. 63, S. 205—216; 1907.

Estienne, J.-E.

1. Note relative au nombre des nombres premiers inférieurs à une limite donnée. Comptes rendus hebdomadaires des séances de l'Académie des Sciences, Paris, Bd. 114, S. 987; 1892.

Euklid.

1. Elementa, Bd. 2. Opera omnia [übersetzt und herausgegeben von J. L. Heiberg und H. Menge], Bd. 2. Leipzig (Teubner); 1884.

Euler, L.

1. Variae observationes circa series infinitas. Commentationes Academiae Scientiarum Imperialis Petropolitanae, Bd. 9 (Jahrgang 1737), S. 160—188; 1744.
2. Introductio in analysin infinitorum, Bd. 1. Lausanne (Bousquet); 1748.
3. Remarques sur un beau rapport entre les séries des puissances tant directes que réciproques (lu en 1749). Histoire de l'Académie Royale des Sciences et Belles-Lettres, Bd. 17 (Jahrgang 1761), S. 83—106. Berlin; 1768.
4. De summa seriei ex numeris primis formatae $\frac{1}{3} - \frac{1}{5} + \frac{1}{7} + \frac{1}{11} - \frac{1}{13} - \frac{1}{17} + \frac{1}{19} + \frac{1}{23} - \frac{1}{29} + \frac{1}{31}$ — etc. ubi numeri primi formae $4n - 1$ habent signum positivum, formae autem $4n + 1$ signum negativum. a) Opuscula analytica, Bd. 2, S. 240—256. St. Petersburg; 1785. b) Commentationes arithmeticae collectae, Bd. 2, S. 116 bis 126. St. Petersburg; 1849.
5. Continuatio Fragmentorum ex Adversariis mathematicis depromtorum. Opera postuma mathematica et physica, Bd. 1, S. 487 bis 518. St. Petersburg; 1862.

Fanta, E.

1. Beweis, dass jede lineare Function, deren Coefficienten dem cubischen Kreistheilungskörper entnommene ganze theilerfremde Zahlen sind, unendlich viele Primzahlen dieses Körpers darstellt. Monatshefte für Mathematik und Physik, Bd. 12, S. 1 bis 44; 1901.
2. Über die Vertheilung der Primzahlen. Monatshefte für Mathematik und Physik, Bd. 12, S. 299—313; 1901.

Fatou, P.

1. Sur les séries entières à coefficients entiers. Comptes rendus hebdomadaires des séances de l'Académie des Sciences, Paris, Bd. 138, S. 342—344; 1904.

Foussereau, G.

1. Sur la fréquence des nombres premiers. Annales scientifiques de l'École Normale supérieure, Ser. 3, Bd. 9, S. 31—34; 1892.

Franel, J.

1. Réponse à la question 245. L'Intermédiaire des Mathématiciens, Bd. 2, S. 153—154; 1895.
2. Question 830. L'Intermédiaire des Mathématiciens, Bd. 3, S. 103; 1896.
3. Question 858. L'Intermédiaire des Mathématiciens. a) Bd. 3, S. 152; 1896. b) Bd. 13, S. 81—82; 1906.
4. Sur la fonction $\xi(t)$ de Riemann et son application à l'arithmétique. Vierteljahrsschrift der Naturforschenden Gesellschaft in Zürich, Bd. 41, Teil 2, S. 7—19; 1896.
5. Sur une formule utile dans la détermination de certaines valeurs asymptotiques. Mathematische Annalen, **Bd. 51**, S. 369 bis 387; 1899.
6. Sur la théorie des séries. Mathematische Annalen, Bd. 52, S. 529 bis 549; 1899.

Frobenius, G.

1. Über Beziehungen zwischen den Primidealen eines algebraischen Körpers und den Substitutionen seiner Gruppe. a) Sitzungsberichte der Königlich Preussischen Akademie der Wissenschaften zu Berlin, Jahrgang 1896, S. 689—703. b) Mathematische und naturwissenschaftliche Mittheilungen aus den Sitzungsberichten der Königlich Preussischen Akademie der Wissenschaften zu Berlin, Jahrgang 1896, S. 275—289.

Furlan, V.

1. Über das Mertens'sche Postulat $|\sigma(n)| \leqq \sqrt{n}$. Monatshefte für Mathematik und Physik, Bd. 18, S. 235—240; 1907.

Furtwängler, Ph.

1. Allgemeiner Existenzbeweis für den Klassenkörper eines beliebigen algebraischen Zahlkörpers. Mathematische Annalen, Bd. 63, S. 1—37; 1907.

Gauss, C. F.

1. a) Gauss an Encke. Werke, Bd. 2, 1. Aufl., S. 444—447. Göttingen; 1863. b) Gauss an Enke (sic!). Werke, Bd. 2, 2. Aufl., S. 444—447. Göttingen; 1876.
2. Briefwechsel zwischen Gauss und Bessel. Leipzig (Engelmann); 1880.

Gazzaniga, P.

1. Gli elementi della teoria dei numeri. Verona-Padova (Drucker); 1903.

Gegenbauer, L.

1. Über einige zahlentheoretische Functionen. Sitzungsberichte der kaiserlichen Akademie der Wissenschaften in Wien, mathematisch-naturwissenschaftliche Classe, Bd. 89, Abth. 2, S. 37—79; 1884.
2. Zahlentheoretische Relationen. Sitzungsberichte der kaiserlichen Akademie der Wissenschaften in Wien, mathematisch-naturwissenschaftliche Classe, Bd. 89, Abth. 2, S. 841—850; 1884.
3. Über die Divisoren der ganzen Zahlen. Sitzungsberichte der kaiserlichen Akademie der Wissenschaften in Wien, mathematisch-naturwissenschaftliche Classe, Bd. 91, Abth. 2, S. 600—621; 1885.
4. Über die ganzen complexen Zahlen von der Form $a + bi$. Sitzungsberichte der kaiserlichen Akademie der Wissenschaften in Wien, mathematisch-naturwissenschaftliche Classe, Bd. 91, Abth. 2, S. 1047—1058; 1885.
5. Arithmetische Theoreme. Denkschriften der kaiserlichen Akademie der Wissenschaften in Wien, mathematisch-naturwissenschaftliche Classe, Bd. 49, Abth. 1, S. 1—36 und Abth. 2, S. 105—120; 1885.
6. Asymptotische Gesetze der Zahlentheorie. Denkschriften der kaiserlichen Akademie der Wissenschaften in Wien, mathematisch-naturwissenschaftliche Classe, Bd. 49, Abth. 1, S. 37—80; 1885.
7. Zur Theorie der aus den vierten Einheitswurzeln gebildeten complexen Zahlen. Denkschriften der kaiserlichen Akademie der Wissenschaften in Wien, mathematisch-naturwissenschaftliche Classe, Bd. 50, Abth. 1, S. 153—184; 1885.
8. Über Primzahlen. Sitzungsberichte der kaiserlichen Akademie der Wissenschaften in Wien, mathematisch-naturwissenschaftliche Classe, Bd. 94, Abth. 2, S. 903—910; 1887.
9. Über die Anzahl der Primzahlen. Sitzungsberichte der kaiserlichen Akademie der Wissenschaften in Wien, mathematisch-naturwissenschaftliche Classe, Bd. 95, Abth. 2, S. 94—96; 1887.
10. Note über die Anzahl der Primzahlen. Sitzungsberichte der kaiserlichen Akademie der Wissenschaften in Wien, mathematisch-naturwissenschaftliche Classe, Bd. 97, Abth. 2a, S. 374—377; 1889.
11. Zahlentheoretische Notiz. Sitzungsberichte der kaiserlichen Akademie der Wissenschaften in Wien, mathematisch-naturwissenschaftliche Classe, Bd. 97, Abth. 2a, S. 420—426; 1889.
12. Wahrscheinlichkeiten im Gebiete der aus den vierten Einheitswurzeln gebildeten complexen Zahlen. Sitzungsberichte der kaiserlichen Akademie der Wissenschaften in Wien, mathematisch-naturwissenschaftliche Classe, Bd. 98, Abth. 2a, S. 635—646; 1890.

13. Über complexe Primzahlen. Sitzungsberichte der kaiserlichen Akademie der Wissenschaften in Wien, mathematisch-naturwissenschaftliche Classe, Bd. 98, Abth. 2a, S. 1036—1091; 1890.
14. Zahlentheoretische Sätze. Denkschriften der kaiserlichen Akademie der Wissenschaften in Wien, mathematisch-naturwissenschaftliche Classe, Bd. 57, S. 497—530; 1890.
15. Einige arithmetische Sätze. Monatshefte für Mathematik und Physik, Bd. 1, S. 39—46; 1890.
16. Über arithmetische Progressionen, in denen Anfangsglied und Differenz theilerfremd sind. Sitzungsberichte der kaiserlichen Akademie der Wissenschaften in Wien, mathematisch-naturwissenschaftliche Classe, Bd. 100, Abth. 2a, S. 1018—1053; 1891.
17. Arithmetische Relationen. Sitzungsberichte der kaiserlichen Akademie der Wissenschaften in Wien, mathematisch-naturwissenschaftliche Classe, Bd. 100, Abth. 2a, S. 1054—1071; 1891.
18. Über die aus den vierten Einheitswurzeln gebildeten primären ganzen complexen Zahlen. Sitzungsberichte der kaiserlichen Akademie der Wissenschaften in Wien, mathematisch-naturwissenschaftliche Classe, Bd. 101, Abth. 2a, S. 984—1012; 1892.
19. Über den grössten gemeinsamen Theiler. Sitzungsberichte der kaiserlichen Akademie der Wissenschaften in Wien, mathematisch-naturwissenschaftliche Classe, Bd. 101, Abth. 2a, S. 1143—1221; 1892.
20. Über eine Relation des Herrn Nasimof. Sitzungsberichte der kaiserlichen Akademie der Wissenschaften in Wien, mathematisch-naturwissenschaftliche Classe, Bd. 102, Abth. 2a, S. 1265—1294; 1892.
21. Über die Tchebychef-de Polygnac'sche (sic!) Identität. Monatshefte für Mathematik und Physik, Bd. 3, S. 319—335; 1892.
22. Arithmetische Untersuchungen. Denkschriften der kaiserlichen Akademie der Wissenschaften in Wien, mathematisch-naturwissenschaftliche Classe, Bd. 60, S. 25—62; 1893.
23. Über reelle Primzahlen. Monatshefte für Mathematik und Physik, Bd. 4, S. 89—93; 1893.
24. Note über Primzahlen. Monatshefte für Mathematik und Physik, Bd. 4, S. 98; 1893.
25. Über die Anzahl der Darstellungen einer ganzen Zahl durch gewisse Formen. Sitzungsberichte der kaiserlichen Akademie der Wissenschaften in Wien, mathematisch-naturwissenschaftliche Classe, Bd. 103, Abth. 2a, S. 115—125; 1894.
26. Bemerkung über reelle Primzahlen. Monatshefte für Mathematik und Physik, Bd. 7, S. 73—76; 1896.
27. Bemerkung über einen die Anzahl der Primzahlen eines bestimmten Intervalles betreffenden Satz des Herrn J. J. Sylvester. Monatshefte für Mathematik und Physik, Bd. 10, S. 370—373; 1899.

28. Zur Theorie der biquadratischen Reste. Koninglijke Akademie van Wetenschappen te Amsterdam, Verslag van de gewone Vergaderingen der wis- en natuurkundige Afdeeling, Bd. 10, S. 195—207; 1902.

29. On the Theory of the Biquadratic Rest. [Übersetzung von **28.**] Koninglijke Akademie van Wetenschappen te Amsterdam, Proceedings of the Section of Sciences, Bd. 4, S. 169—181; 1902.

Genocchi, A.

1. Formole per determinare quanti siano i numeri primi fino ad un dato limite. (Riemann, Bericht der Akademie der Wissenschaften zu Berlin, November 1859). Annali di Matematica pura ed applicata, Ser. 1, Bd. 3, S. 52—59; 1860.

2. Intorno ad alcune forme di numeri primi. Annali di Matematica pura ed applicata, Ser. 2, Bd. 2, S. 256—267; 1868—1869.

3. Cenni di ricerche intorno ai numeri primi. Atti della Reale Accademia delle Scienze di Torino, Bd. 11, S. 924—927; 1875—1876.

4. Sur les diviseurs de certains polynômes et l'existence de certains nombres premiers. Comptes rendus hebdomadaires des séances de l'Académie des Sciences, Paris, Bd. 98, S. 411—413; 1884.

Gibson, G. A.

1. An Extension of Abel's Theorem on the Continuity of a Power Series. Proceedings of the Edinburgh Mathematical Society, Bd. 19, S. 67—70; 1901.

Glaisher, J. W. L.

1. On the Law of Distribution of Prime Numbers. Report on the forty-second Meeting of the British Association for the Advancement of Science; held at Brighton in August 1872. Teil 2, S. 19—21; 1873.

2. On the value of the constant in Legendre's formula for the number of primes inferior to a given number. Proceedings of the Cambridge Philosophical Society, Bd. 3, S. 296—309; 1880.

3. Note on the law of frequency of prime numbers. The Messenger of Mathematics, Ser. 2, Bd. 23, S. 97—107; 1894.

Graefe, Fr.

1. Bestimmung der Anzahl aller unter einer gegebenen Zahl m liegenden Primzahlen, wenn die unter $\sqrt{m}$ liegenden Primzahlen bekannt sind. Zeitschrift für Mathematik und Physik, Bd. 39, S. 38—50; 1894.

Gram, J. P.

1. Undersøgelser angaaende Mængden af Primtal under en given Grænse. Det Kongelige Danske Videnskabernes Selskabs Skrifter, naturvidenskabelig og mathematisk Afdeling, Ser. 6, Bd. 2, S. 183—308; 1881—1886.

2. Rapport sur quelques calculs entrepris par M. Bertelsen et concernant les nombres premiers. Acta Mathematica, Bd. 17, S. 301—314; 1893.
3. Studier over nogle numeriske Funktioner. Det Kongelige Danske Videnskabernes Selskabs Skrifter, naturvidenskabelig og mathematisk Afdeling, Ser. 6, Bd. 7, S. 1—34; 1890—1894.
4. Note sur le calcul de la fonction $\zeta(s)$ de Riemann. Oversigt over det Kongelige Danske Videnskabernes Selskabs Forhandlinger og dets Medlemmers Arbejder, Jahrgang 1895, S. 303—308.
5. Note sur le problème des nombres premiers. Oversigt over det Kongelige Danske Videnskabernes Selskabs Forhandlinger, Jahrgang 1897, S. 235—251; 1897—1898.
6. Note sur les zéros de la fonction $\zeta(s)$ de Riemann. a) Oversigt over det Kongelige Danske Videnskabernes Selskabs Forhandlinger, Jahrgang 1902, S. 3—15. b) Acta Mathematica, Bd. 27, S. 289 bis 304; 1903.

Guibert, Ad.

1. Propriétés relatives à des nombres premiers. Journal de Mathématiques pures et appliquées, Ser. 2, Bd. 7, S. 414—416; 1862.

Günther, S.

1. Ziele und Resultate der neueren mathematisch-historischen Forschung. Erlangen (Besold); 1876.

Hacks, J.

1. Einige Anwendungen der Function $[x]$. Acta Mathematica, Bd. 14, S. 329—336; 1890—1891.

Hadamard, J.

1. Étude sur les propriétés des fonctions entières et en particulier d'une fonction considérée par Riemann. Journal de Mathématiques pures et appliquées, Ser. 4, Bd. 9, S. 171—215; 1893.
2. Sur les zéros de la fonction $\zeta(s)$ de Riemann. Comptes rendus hebdomadaires des séances de l'Académie des Sciences, Paris, Bd. 122, S. 1470—1473; 1896.
3. Sur la fonction $\zeta(s)$. Comptes rendus hebdomadaires des séances de l'Académie des Sciences, Paris, Bd. 123, S. 93; 1896.
4. Sur la distribution des zéros de la fonction $\zeta(s)$ et ses conséquences arithmétiques. Bulletin de la Société mathématique de France, Bd. 24, S. 199—220; 1896.
5. Sur les séries de Dirichlet. Procès-verbaux des Séances de la Société des Sciences physiques et naturelles de Bordeaux, Année 1896—1897, S. 41—45; 1897.

6. Théorème sur les séries entières. Acta Mathematica, Bd. 22, S. 55—63; 1899.

7. Notice sur les travaux scientifiques de M. Jacques Hadamard. Paris (Gauthier-Villars), 59 S.; 1901.

8. Sur les séries de la forme $\sum a_n e^{-\lambda n^2}$. Nouvelles Annales de Mathématiques, Ser. 4, Bd. 4, S. 529—533; 1904.

9. Sur les séries de Dirichlet. Rendiconti del Circolo Matematico di Palermo, Bd. 25, S. 326—330; 1908.

10. Rectification à la Note "Sur les séries de Dirichlet„. Rendiconti del Circolo Matematico di Palermo, Bd. 25, S. 395—396; 1908.

11. Sur une propriété fonctionnelle de la fonction $\zeta(s)$ de Riemann. Bulletin de la Société mathématique de France, Bd. 37, S. 59 bis 60; 1909.

Halphen, G. H.

1. Sur l'approximation des sommes de fonctions numériques. Comptes rendus hebdomadaires des séances de l'Académie des Sciences, Paris, Bd. 96, S. 634—637; 1883.

Hansen, C.

1. Om en Gruppe hele transcendente Funktioner. Kopenhagener Dissertation. Leipzig (Druck von Teubner), 66 S.; 1904.

Hardy, G. H.

1. A Method for determining the Behaviour of certain Classes of Power Series near a singular Point on the Circle of Convergence. Proceedings of the London Mathematical Society, Ser. 2, Bd. 3, S. 381—389; 1905.

2. On Kummer's series for log $\Gamma(a)$. The quarterly Journal of pure and applied Mathematics, Bd. 37, S. 49—53; 1906.

3. On double Fourier series, and especially those which represent the double Zeta-function with real and incommensurable parameters. The quarterly Journal of pure and applied Mathematics, Bd. 37, S. 53—79; 1906.

4. On the expression of the Double Zeta-Function and Double Gamma-Function in terms of Elliptic Functions. Transactions of the Cambridge Philosophical Society, Bd. 20, S. 1—35; 1908.

5. Some multiple integrals. The quarterly Journal of pure and applied Mathematics, Bd. 39, S. 357—375; 1908.

Hargreave, C. J.

1. Analytical Researches concerning Numbers. The London, Edinburgh, and Dublin Philosophical Magazine and Journal of Science, Ser. 3, Bd. 35, S. 36—53; 1849.

2. On the Law of Prime Numbers. The London, Edinburgh, and Dublin Philosophical Magazine and Journal of Science, Ser. 4, Bd. 8, S. 114—122; 1854.

Hayashi, T.

1. An Expression of the Number of Primes lying between two given Integers. Archiv der Mathematik und Physik, Ser. 3, Bd. 1, S. 246—247; 1901.
2. On some Theorems concerning with Prime Numbers. Archiv der Mathematik und Physik, Ser. 3, Bd. 1, S. 248—251; 1901.

Herglotz, G.

1. Über die analytische Fortsetzung gewisser Dirichletscher Reihen. Mathematische Annalen, Bd. 61, S. 551—560; 1905.

Hermite, Ch.

1. Note au sujet de la Communication de M. Stieltjes «sur une fonction uniforme». Comptes rendus hebdomadaires des séances de l'Académie des Sciences, Paris, Bd. 101, S. 112—115; 1885.
2. Extrait de quelques lettres de M. Ch. Hermite à M. S. Píncherle (sic!). Annali di Matematica pura ed applicata, Ser. 3, Bd. 5, S. 57—72; 1901.
3. Correspondance d'Hermite et de Stieltjes. Herausgegeben von B. Baillaud und H. Bourget. 2 Bde. Paris (Gauthier-Villars); 1905.

Hilbert, D.

1. Die Theorie der algebraischen Zahlkörper. Jahresbericht der Deutschen Mathematiker-Vereinigung, Bd. 4, S. 175—546; 1897.
2. Mathematische Probleme. a) Nachrichten der Königlichen Gesellschaft der Wissenschaften zu Göttingen, mathematisch-physikalische Klasse, Jahrgang 1900, S. 253—297. b) Archiv der Mathematik und Physik, Ser. 3, Bd. 1, S. 44—63 und 213—237; 1901.
3. Sur les problèmes futurs des Mathématiques. [Übersetzung von 2, verfaßt von L. Laugel.] Compte rendu du deuxième congrès international des mathématiciens tenu à Paris du 6 au 12 août 1900, S. 58 bis 114. Paris (Gauthier-Villars); 1902.
4. Theorie der algebraischen Zahlkörper. Encyklopädie der mathematischen Wissenschaften mit Einschluss ihrer Anwendungen, Bd. 1, S. 675—698; 1900—1904.
5. Theorie des Kreiskörpers. Encyklopädie der mathematischen Wissenschaften mit Einschluss ihrer Anwendungen, Bd. 1, S. 699 bis 714; 1900—1904.

Hoffmann, K. E.

1. Ueber die Anzahl der unter einer gegebenen Grenze liegenden Primzahlen. Archiv der Mathematik und Physik, Ser. 1, Bd. 64, S. 333—336; 1879.

Hölder, O.

1. Grenzwerthe von Reihen an der Convergenzgrenze. Mathematische Annalen, Bd. 20, S. 535—549; 1882.

Holmgren. E.

1. Om primtalens fördelning. Öfversigt af Kongl. Svenska Vetenskaps-Akademiens Förhandlingar, Stockholm, Bd. 59, S. 221—225; 1902—1903.

Hossfeld, C.

1. Bemerkung über eine zahlentheoretische Formel. Zeitschrift für Mathematik und Physik, Bd. 35, S. 382—384; 1890.

Hurwitz, A.

1. Einige Eigenschaften der Dirichlet'schen Functionen $F(s) = \sum \left(\frac{D}{n}\right) \cdot \frac{1}{n^s}$, die bei der Bestimmung der Classenanzahlen binärer quadratischer Formen auftreten. Zeitschrift für Mathematik und Physik, Bd. 27, S. 86—101; 1882.

Isenkrahe, C.

1. Ueber eine Lösung der Aufgabe, jede Primzahl als Function der vorhergehenden Primzahlen durch einen geschlossenen Ausdruck darzustellen. Mathematische Annalen, Bd. 53, S. 42—44; 1900.

Iwanoff, I. I.

1. Über die Primteiler der Zahlen von der Form $A + x^2$. Nachrichten der Kaiserlichen Akademie der Wissenschaften zu St. Petersburg, Ser. 5, Bd. 3, S. 361—366; 1895. [Russisch.]
2. Einige Sätze über Primzahlen. Sitzungsberichte der Mathematischen Gesellschaft zu St. Petersburg, Jahre 1890—1899, S. 53—54 und 55—56; 1899. [Russisch.]
3. Über einige Fragen, welche in Zusammenhang mit der Primzahlrechnung stehen. St. Petersburg (Typographie der Kaiserlichen Akademie der Wissenschaften), 120 S.; 1901. [Russisch.]

Jensen, J. L. W. V.

1. Om Rækkers Konvergens. Tidsskrift for Mathematik, Ser. 5, Bd. 2, S. 63—72; 1884.
2. Sur la fonction $\zeta(s)$ de Riemann. Comptes rendus hebdomadaires des séances de l'Académie des Sciences, Paris, Bd. 104, S. 1156—1159; 1887.
3. Sur une généralisation d'un théorème de Cauchy. Comptes rendus hebdomadaires des séances de l'Académie des Sciences, Paris, Bd. 106, S. 833—836; 1888.

4. Opgaver til Løsning. 34. Nyt Tidsskrift for Mathematik, Bd. 4B, S. 54; 1893.

5. Réponse à la question 245. L'Intermédiaire des Mathématiciens, Bd. 2, S. 346—347; 1895.

6. Sur un nouvel et important théorème de la théorie des fonctions. Acta Mathematica, Bd. 22, S. 359—364; 1899.

Johnsen, A.

1. Legendres Formel. Nyt Tidsskrift for Matematik, Bd. 15A, S. 41 bis 44; 1904.

Johnson, W. W.

1. On the distribution of primes. The Analyst, Bd. 2, S. 9—11; 1875.

Jonquière, A.

1. Note sur la série $\sum\limits_{n=1}^{\infty} \dfrac{x^n}{n^s}$. Bulletin de la Société mathématique de France, Bd. 17, S. 142—152; 1889.

2. Note sur la série $\sum\limits_{n=1}^{\infty} \dfrac{x^n}{n^s}$. Öfversigt af Kongl. Svenska Vetenskaps-Akademiens Förhandlingar, Stockholm, Bd. 46, S. 257—268; 1889 bis 1890.

3. Ueber eine Verallgemeinerung der Bernoulli'schen Funktionen und ihren Zusammenhang mit der verallgemeinerten Riemann'schen Reihe. Bihang till Kongl. Svenska Vetenskaps-Akademiens Handlingar, Stockholm, Bd. 16, Teil 1, No. 6, 28 S.; 1890 bis 1891.

De Jonquières, E.

1. Formule pour déterminer combien il y a de nombres premiers n'excédant pas un nombre donné. Comptes rendus hebdomadaires des séances de l'Académie des Sciences, Paris, Bd. 95, S. 1144—1146; 1882.

2. Sur la formule récemment communiquée à l'Académie au sujet des nombres premiers. Comptes rendus hebdomadaires des séances de l'Académie des Sciences, Paris, Bd. 95, S. 1343—1344; 1882.

3. Addition à une Note sur les nombres premiers. Comptes rendus hebdomadaires des séances de l'Académie des Sciences, Paris, Bd. 96, S. 231—232; 1883.

Jordan, C.

1. Rapport sur le mémoire de M. Ch.-J. de la Vallée Poussin intitulé: Recherches analytiques sur la théorie des nombres premiers. Première partie: La fonction $\zeta(s)$ de Riemann et les nombres premiers en général. Annales de la Société scientifique de Bruxelles, Bd. 20, Teil 1, S. 91—96; 1896.

Jørgensen, N. R.

1. Om nogle Integraludtryk for $\log \Gamma(x)$ og $\psi(x)$. Nyt Tidsskrift for Matematik, Bd. 19 B, S. 15—22; 1908.

Kinkelin, H.

1. Allgemeine Theorie der harmonischen Reihen, mit Anwendung auf die Zahlen-Theorie. Programm der Gewerbeschule Basel 1861/1862, S. 1—32; 1862.

Kluyver, J. C.

1. Réponse à la question 245. L'Intermédiaire des Mathématiciens, Bd. 2, S. 155—158; 1895.
2. Sur les valeurs que prend la fonction $\zeta(s)$ de Riemann, pour s entier positif et impair. Bulletin des Sciences mathématiques, Ser. 2, Bd. 20, Teil 1, S. 116—119; 1896.
3. Benaderingsformules betreffende de priemgetallen beneden eene gegeven grens. Koninglijke Akademie van Wetenschappen te Amsterdam, Verslag von de gewone Vergaderingen der wis- en natuurkundige Afdeeling, Bd. 8, S. 672—682; 1900.
4. Approximation formulae concerning the prime numbers not exceeding a given limit. [Übersetzung von **3**.] Koninglijke Akademie van Wetenschappen te Amsterdam, Proceedings of the Section of Sciences, Bd. 2, S. 599—610; 1900.
5. Verallgemeinerung einer bekannten Formel. Nieuw Archief voor Wiskunde, Ser. 2, Bd. 4, S. 284—291; 1900.
6. Reeksen, afgeleid uit de reeks $\sum \frac{\mu(m)}{m}$. Koninglijke Akademie van Wetenschappen te Amsterdam, Verslag van de gewone Vergaderingen der wis- en natuurkundige Afdeeling, Bd. 12, S. 432—439; 1904.
7. Series derived from the series $\sum \frac{\mu(m)}{m}$. [Übersetzung von **6**.] Koninglijke Akademie van Wetenschappen te Amsterdam, Proceedings of the Section of Sciences, Bd. 6, S. 305—312; 1904.

Knopp, K.

1. Grenzwerte von Reihen bei der Annäherung an die Konvergenzgrenze. Inauguraldissertation, 50 S. Berlin; 1907.

Von Koch, H.

1. Sur la détermination du nombre des nombres premiers inférieurs à une quantité donnée. Comptes rendus hebdomadaires des séances de l'Académie des Sciences, Paris, Bd. 118, S. 850—853; 1894.
2. Sur la distribution des nombres premiers. Comptes rendus hebdomadaires des séances de l'Académie des Sciences, Paris, Bd. 130, S. 1243—1246; 1900.

3. Remarques sur les facteurs de Möbius. Öfversigt af Kongl. Svenska Vetenskaps-Akademiens Förhandlingar, Stockholm, Bd. 57, S. 659—668; 1900—1901.
4. Sur la distribution des nombres premiers. Öfversigt af Kongl. Svenska Vetenskaps-Akademiens Förhandlingar, Stockholm, Bd. 57, S. 669—674; 1900—1901.
5. Sur une méthode de décider si un nombre entier donné est premier ou composé. Öfversigt af Kongl. Svenska Vetenskaps-Akademiens Förhandlingar, Stockholm, Bd. 57, S. 789—794; 1900—1901.
6. Sur la distribution des nombres premiers. Acta Mathematica, Bd. 24, S. 159—182; 1901.
7. Ueber die Riemann'sche Primzahlfunction. Mathematische Annalen, Bd. 55, S. 441—464; 1902.
8. Sur la distribution des nombres premiers. Compte rendu du deuxième congrès international des mathématiciens tenu à Paris du 6 au 12 août 1900, S. 195—198. Paris (Gauthier-Villars); 1902.
9. Sur un théorème concernant les nombres premiers. Arkiv för matematik, astronomi och fysik, Bd. 1, S. 481—488; 1903—1904

Kraus, L.

1. Důkaz věty, že existuje nekonečně mnoho kmenných čísel $kp + 1$, je-li p kmenné. Časopis pro pěstování mathematiky a fysiky, Bd. 15, S. 61—62; 1886.

Kronecker, L.

1. Notiz über Potenzreihen. Monatsberichte der Königlichen Akademie der Wissenschaften zu Berlin aus dem Jahre 1878, S. 53—58; 1879.
2. Über die Irreductibilität von Gleichungen. a) Monatsberichte der Königlichen Akademie der Wissenschaften zu Berlin aus dem Jahre 1880, S. 155—162; 1881. b) Werke, Bd. 2, S. 83—93; 1897.
3. Vorlesungen über die Theorie der einfachen und der vielfachen Integrale. Herausgegeben von E. Netto. Leipzig (Teubner); 1894.
4. Vorlesungen über Zahlentheorie. Bd. 1, herausgegeben von K. Hensel. Leipzig (Teubner); 1901.

Kulik, J. P.

1. Über die Bestimmung der Anzahl der Primzahlen unterhalb einer gegebenen Zahl. Abhandlungen der königlichen böhmischen Gesellschaft der Wissenschaften, Ser. 5, Bd. 2, Teil 1, S. 17—18; 1843.

Kummer, E.

1. Neuer elementarer Beweis des Satzes, dass die Anzahl aller Primzahlen eine unendliche ist. Monatsberichte der Königlichen Akademie der Wissenschaften zu Berlin aus dem Jahre 1878, S. 777 bis 778; 1879.

Van Laar, J. J.

1. Over het aantal ondeelbare getallen beneden een willekeurig getal. Bepaling eener benedenste grens. Nieuw Archief voor Wiskunde, Ser. 1, Bd. 16, S. 209—214; 1889.

Lachtin, L. K.

1. Über einen empirischen von I. M. Perwuschin gefundenen zahlentheoretischen Satz. Mathematische Sammlung, herausgegeben von der Mathematischen Gesellschaft in Moskau, Bd. 16, S. 460—468; 1892. [Russisch.]

Laeng, F.

1. Nombres entiers N jouissant de cette propriété que les $\varphi(N)$ nombres premiers à N et non supérieurs à N soient tous des nombres premiers. [Antwort auf Frage 1656 von de Rocquigny.] L'Intermédiaire des Mathématiciens, Bd. 7, S. 253—254; 1900.

Lafay, A.

1. Note sur la série $\displaystyle\sum_{1}^{\infty} \frac{1}{n^s}$. Annales de la Faculté des Sciences de Toulouse, Ser. 1, Bd. 6, Teil I, 6 S.; 1892.

Landau, E.

1. Neuer Beweis der Gleichung $\displaystyle\sum_{k=1}^{\infty} \frac{\mu(k)}{k} = 0$. Inauguraldissertation, 16 S. Berlin; 1899.
2. Contribution à la théorie de la fonction $\zeta(s)$ de Riemann. Comptes rendus hebdomadaires des séances de l'Académie des Sciences, Paris, Bd. 129, S. 812—815; 1899.
3. Sur quelques problèmes relatifs à la distribution des nombres premiers. Bulletin de la Société mathématique de France, Bd. 28, S. 25—38; 1900.
4. Ueber die zahlentheoretische Function $\varphi(n)$ und ihre Beziehung zum Goldbachschen Satz. Nachrichten der Königlichen Gesellschaft der Wissenschaften zu Göttingen, mathematisch-physikalische Klasse, Jahrgang 1900, S. 177—186.
5. Über einen zahlentheoretischen Satz. Archiv der Mathematik und Physik, Ser. 3, Bd. 1, S. 138—142; 1901.
6. Ueber die asymptotischen Werthe einiger zahlentheoretischer Functionen. Mathematische Annalen, Bd. 54, S. 570 bis 591; 1901.
7. Ueber die mittlere Anzahl der Zerlegungen aller Zahlen von 1 bis x in drei Factoren. Mathematische Annalen, Bd. 54, S. 592 bis 601; 1901.
8. Solutions de questions proposées. 1075. Nouvelles Annales de Mathématiques, Ser. 4, Bd. 1, S. 281—282; 1901.

9. Ueber die zu einem algebraischen Zahlkörper gehörige Zetafunction und die Ausdehnung der Tschebyschefschen Primzahlentheorie auf das Problem der Vertheilung der Primideale. Journal für die reine und angewandte Mathematik, Bd. 125, S. 64—188; 1903.

10. Neuer Beweis des Primzahlsatzes und Beweis des Primidealsatzes. Mathematische Annalen, Bd. 56, S. 645—670; 1903.

11. Über den Verlauf der zahlentheoretischen Funktion $\varphi(x)$. Archiv der Mathematik und Physik, Ser. 3, Bd. 5, S. 86—91; 1903.

12. Über die Maximalordnung der Permutationen gegebenen Grades. Archiv der Mathematik und Physik, Ser. 3, Bd. 5, S. 92 bis 103; 1903.

13. Über die Primzahlen einer arithmetischen Progression. Sitzungsberichte der kaiserlichen Akademie der Wissenschaften in Wien, mathematisch-naturwissenschaftliche Klasse, Bd. 112, Abt. 2a, S. 493—535; 1903.

14. Über die zahlentheoretische Funktion $\mu(k)$. Sitzungsberichte der kaiserlichen Akademie der Wissenschaften in Wien, mathematisch-naturwissenschaftliche Klasse, Bd. 112, Abt. 2a, S. 537 bis 570; 1903.

15. Eine Anwendung des Eisensteinschen Satzes auf die Theorie der Gaussschen Differentialgleichung. Journal für die reine und angewandte Mathematik, Bd. 127, S. 92—102; 1904.

16. Über eine Darstellung der Anzahl der Idealklassen eines algebraischen Körpers durch eine unendliche Reihe. Journal für die reine und angewandte Mathematik, Bd. 127, S. 167 — 174; 1904.

17. Bemerkungen zu Herrn D. N. Lehmer's Abhandlung in Bd. 22 dieses Journals, S. 293 — 335. American Journal of Mathematics, Bd. 26, S. 209—222; 1904.

18. Bemerkungen zu der Abhandlung von Herrn Kluyver auf S. 432—439 des Bandes XII, „Reeksen, afgeleid uit de reeks $\sum \frac{\mu(m)}{m}$". Koninglijke Akademie van Wetenschappen te Amsterdam, Verslag van de gewone Vergaderingen der wis- en natuurkundige Afdeeling, Bd. 13, S. 71—83; 1905.

19. Remarks on the paper of Mr. Kluyver on page 305 of Vol. VI: "Series derived from the series $\sum \frac{\mu(m)}{m}$". [Übersetzung von 18.] Koninglijke Akademie van Wetenschappen te Amsterdam, Proceedings of the Section of Sciences, Bd. 7, S. 66—77; 1905.

20. Sur quelques inégalités dans la théorie de la fonction $\zeta(s)$ de Riemann. Bulletin de la Société mathématique de France, Bd. 33, S. 229—241; 1905.

21. Über einen Satz von Tschebyschef. Mathematische Annalen, Bd. 61, 527—550; 1905.

22. Über einen Satz von Herrn Phragmén. Acta Mathematica, Bd. 30, S. 195—201; 1906.

23. Über das Nichtverschwinden einer Dirichletschen Reihe. Sitzungsberichte der Königlich Preußischen Akademie der Wissenschaften, Berlin, Jahrgang 1906, S. 314—320.

24. Sur une inégalité de M. Hadamard. Nouvelles Annales de Mathématiques, Ser. 4, Bd. 6, S. 135—140; 1906.

25. Über den Zusammenhang einiger neuerer Sätze der analytischen Zahlentheorie. Sitzungsberichte der kaiserlichen Akademie der Wissenschaften in Wien, mathematisch - naturwissenschaftliche Klasse, Bd. 115, Abt. 2a, S. 589—632; 1906.

26. Euler und die Funktionalgleichung der Riemannschen Zetafunktion. Bibliotheca Mathematica, Ser. 3, Bd. 7, S. 69 bis 79; 1906—1907.

27. Über die Grundlagen der Theorie der Fakultätenreihen. Sitzungsberichte der mathematisch - physikalischen Klasse der Königlich Bayerischen Akademie der Wissenschaften, Bd. 36, S. 151—218; 1907.

28. Über die Verteilung der Primideale in den Idealklassen eines algebraischen Zahlkörpers. Mathematische Annalen, Bd. 63, S. 145—204; 1907.

29. Über die Konvergenz einiger Klassen von unendlichen Reihen am Rande des Konvergenzgebietes. Monatshefte für Mathematik und Physik, Bd. 18, S. 8—28; 1907.

30. Der Integrallogarithmus und die Zahlentheorie. Bemerkungen zu dem gleichnamigen § 39 in Herrn Nielsen's «Theorie des Integrallogarithmus und verwandter Transzendenten». Rendiconti del Circolo Matematico di Palermo, Bd. 23, S. 126—129; 1907.

31. Über einen Konvergenzsatz des Herrn Phragmén. Arkiv för matematik, astronomi och fysik, Bd. 3, No. 17, 10 S.; 1907.

32. Bemerkungen zu einer Arbeit des Herrn V. Furlan. Rendiconti del Circolo Matematico di Palermo, Bd. 23, S. 367—373; 1907.

33. Über die Multiplikation Dirichlet'scher Reihen. Rendiconti del Circolo Matematico di Palermo, Bd. 24, S. 81—160; 1907.

34. Beiträge zur analytischen Zahlentheorie. Rendiconti del Circolo Matematico di Palermo, Bd. 26, S. 169—302; 1908.

35. Neuer Beweis der Riemannschen Primzahlformel. Sitzungsberichte der Königlich Preußischen Akademie der Wissenschaften, Berlin, Jahrgang 1908, S. 737—745.

36. Zwei neue Herleitungen für die asymptotische Anzahl der Primzahlen unter einer gegebenen Grenze. Sitzungsberichte der Königlich Preußischen Akademie der Wissenschaften, Berlin, Jahrgang 1908, S. 746—764.

37. Über eine Anwendung der Primzahltheorie auf das Waringsche Problem in der elementaren Zahlentheorie. Mathematische Annalen, Bd. 66, S. 102—105; 1909.

38. Über die Einteilung der positiven ganzen Zahlen in vier Klassen nach der Mindestzahl der zu ihrer additiven Zusammensetzung erforderlichen Quadrate. Archiv der Mathematik und Physik, Ser. 3, Bd. 13, S. 305—312; 1908.

39. Über einen Grenzwertsatz. Sitzungsberichte der kaiserlichen Akademie der Wissenschaften in Wien, mathematisch-naturwissenschaftliche Klasse, Bd. 117, Abt. 2a, S. 1089—1094; 1908.

40. Über die Primzahlen in einer arithmetischen Progression und die Primideale in einer Idealklasse. Sitzungsberichte der kaiserlichen Akademie der Wissenschaften in Wien, mathematisch-naturwissenschaftliche Klasse, Bd. 117, Abt. 2a, S. 1095—1107; 1908.

41. Nouvelle démonstration pour la formule de Riemann sur le nombre des nombres premiers inférieurs à une limite donnée, et démonstration d'une formule plus générale pour le cas des nombres premiers d'une progression arithmétique. Annales scientifiques de l'École Normale supérieure, Ser. 3, Bd. 25, S. 399 bis 442; 1908.

42. Neue Beiträge zur analytischen Zahlentheorie. Rendiconti del Circolo Matematico di Palermo, Bd. 27, S. 46—58; 1909.

43. Lösung des Lehmer'schen Problems. American Journal of the Mathematics, Bd. 31, S. 86—102; 1909.

44. Über die Verteilung der Nullstellen der Riemannschen Zetafunktion und einer Klasse verwandter Funktionen. Mathematische Annalen, Bd. 66, S. 419—445; 1909.

45. Bemerkung zu meinem Aufsatze: Über die Grundlagen der Theorie der Fakultätenreihen. Sitzungsberichte der mathematisch-physikalischen Klasse der Königlich Bayerischen Akademie der Wissenschaften, Jahrgang 1909, 4 S.

46. Über das Konvergenzproblem der Dirichlet'schen Reihen. Rendiconti del Circolo Matematico di Palermo, Bd. 28, S. 113 bis 151; 1909.

Laurent, H.

1. Sur la théorie des nombres premiers. Comptes rendus hebdomadaires des séances de l'Académie des Sciences, Paris, Bd. 126, S. 809—810; 1898.

2. Sur les nombres premiers. Nouvelles Annales de Mathématiques, Ser. 3, Bd. 18, S. 234—241; 1899.

3. Théorie des nombres ordinaires et algébriques. Paris (Naud); 1904.

Le Besgue, V.-A.

1. Théorèmes nouveaux sur l'équation indéterminée $x^5 + y^5 = az^5$. Journal de Mathématiques pures et appliquées, Ser. 1, Bd. 8, S. 49 bis 70; 1843.

2. Remarques diverses sur les nombres premiers, Nouvelles Annales de Mathématiques, Ser. 1, Bd. 15, S. 130—134 und S. 236 bis 239; 1856.
3. Exercices d'analyse numérique. Paris (Leiber et Faraguet); 1859.
4. Arithmologie élémentaire — Application à l'algèbre. Nouvelles Annales de Mathématiques, Ser. 2, Bd. 1, S. 219—227, 254—266 und 405—413; 1862.

Lebon, E.

1. Sur le nombre des nombres premiers de 1 à N. Rendiconti del Circolo Matematico di Palermo, Bd. 18, S. 260—268; 1904.
2. Sur la somme des nombres premiers de 1 à N. Rendiconti del Circolo Matematico di Palermo, Bd. 18, S. 269—272; 1904.
3. 1^0 Sur le nombre des nombres premiers 1 à N; 2^0 Sur la somme des nombres premiers de 1 à N. Comptes rendus du congrès des sociétés savantes de Paris et des départements tenu à Paris en 1904. Section des Sciences, S. 2—4; 1904.
4. Sur le nombre des nombres premiers de 1 à N. Association Française pour l'avancement des sciences. Compte rendu de la 33e session (Grenoble; 1904), S. 171—181; 1905.
5. Sobre el número de números primos, desde 1 hasta N. Gaceta de Matemáticas, Bd. 3, S. 160—164; 1905.
6. Sur le nombre des nombres premiers de 1 à N. Comptes rendus du congrès des sociétés savantes de Paris et des départements tenu à Alger en 1905. Section des Sciences, S. 29—31; 1905.
7. Sur le nombre des nombres premiers de 1 à N. Association Française pour l'avancement des sciences. Compte rendu de la 34e session (Cherbourg; 1905), S. 8—20; 1906.

Lefébure, A.

1. Sur la composition de polynômes algébriques qui n'admettent que des diviseurs premiers d'une forme déterminée. Comptes rendus hebdomadaires des séances de l'Académie des Sciences, Paris, Bd. 98, S. 293—294; 1884.
2. Sur la composition de polynômes qui n'admettent que des diviseurs premiers d'une forme déterminée. Comptes rendus hebdomadaires des séances de l'Académie des Sciences, Paris, Bd. 98, S. 413—416; 1884.
3. Mémoire sur la composition de polynômes entiers qui n'admettent que des diviseurs premiers d'une forme déterminée. Annales scientifiques de l'École normale supérieure, Ser. 3, Bd. 1, S. 389—404 und Ser. 3, Bd. 2, S. 113—122; 1884 und 1885.

Legendre, A.-M.

1. Recherches d'Analyse indéterminée. Histoire de l'Académie Royale des Sciences, Paris, Jahrgang 1785, S. 465—559; 1788.

2. Essai sur la théorie des nombres. a) 1. Aufl. Paris (Duprat); 1798. b) 2. Aufl. Paris (Courcier); 1808.

3. Versuch über die Theorie der Zahlen. [Übersetzung des ersten Teiles von **2**b), verfasst von M. Creizenach.] Frankfurt a. M. (Sauerländer); 1829.

4. Théorie des nombres. 2 Bde. a) [3. Aufl. von **2**.] Paris (Didot); 1830. b) Facsimileneudruck [4. Aufl. von **2**]. Paris (Hermann); 1900.

5. Zahlentheorie. [Übersetzung von **4**, verfasst von H. Maser.] Leipzig (Teubner), 2. Bde. a) 1. Ausg.; 1886. b) 2. Ausg.; 1893.

Lehmer, D. N.

1. Asymptotic Evaluation of certain Totient Sums. a) American Journal of Mathematics, Bd. 22, S. 293—335; 1900. b) Dissertation, 45 S. Chicago; 1900.

Lerch, M.

1. Note sur la fonction $\Re (w, x, s) = \sum_{k=0}^{\infty} \dfrac{e^{2k\pi ix}}{(w+k)^s}$. Acta Mathematica, Bd. 11, S. 19—24; 1887—1888.

2. Sur certains développements en séries trigonométriques. Annales de la Faculté des Sciences de Toulouse, Ser. 1, Bd. 3, Teil C, 11 S.; 1889.

3. Základové theorie Malmsténovských řad. Rozpravy české akademie císaře Františka Josefa pro vědy, slovesnost a umění, 2. Kl., Bd. 1, No. 27, 70 S.; 1892.

4. Sur un théorème de Kronecker. Věstník královské české společnosti náuk, třída mathematicko-přírodovědecká, Jahrgang 1893, No. 9, 17 S.

5. Sur une fonction transcendante. Věstník královské české společnosti náuk, třída mathematicko-přírodovědecká, Jahrgang 1893, No. 24, 7 S.

6. Sur deux transcendantes considérées par Legendre. Věstník královské české společnosti náuk, třída mathematicko-přírodovědecká, Jahrgang 1893, No. 25, 5 S.

7. Studie v oboru Malmsténovských řad a invariantů forem kvadratických. Rozpravy české akademie císaře Františka Josefa pro vědy, slovesnost a umění, 2 Kl., Bd. 2, No. 4, 12 S.; 1893.

8. Další studie v oboru Malmsténovských řad. Rozpravy české akademie císaře Františka Josefa pro vědy, slovesnost a umění, 2. Kl., Bd. 3, No. 28, 63 S.; 1894.

9. Příspěvky k theorii funkcí elliptických, nekonečných řad a integrálů omezených (Pokračování). Rozpravy české akademie císaře Františka Josefa pro vědy, slovesnost a umění, 2. Kl., Bd. 4, No. 1, 55 S.; 1895.

10. Sur une intégrale définie qui représente la fonction $\zeta(s)$ de Riemann. Mathematical Papers read at the International Mathematical Congress held in Connection with the World's Columbian Exposition Chicago 1893, S. 165—166. New York (Macmillan and Co.); 1896.

11. Různé výsledky v theorii funkce gamma. Rozpravy české akademie císaře Františka Josefa pro vědy, slovesnost a umění, 2. Kl., Bd. 5, No. 14, 37 S.; 1896.

12. O Abelovské transformaci trigonometrických řad. Rozpravy české akademie císaře Františka Josefa pro vědy, slovesnost a umění, 2. Kl., Bd. 5, No. 24, 5 S.; 1896.

13. Sur quelques formules concernant les fonctions elliptiques et les intégrales Eulériennes. Věstník královské české společnosti náuk, třída mathematicko-přírodovědecká, Jahrgang 1897, No. 28, 11 S.

14. Sur quelques propriétés d'une transcendante uniforme. Compte rendu du quatrième Congrès scientifique international des catholiques tenu à Fribourg (Suisse) du 16 au 20 août 1897. Septième section. Sciences mathématiques, physiques et naturelles. Fribourg (Œuvre de Saint-Paul), S. 58—69; 1898.

15. Formule pour le calcul rapide d'un certain potentiel. Journal de Mathématiques pures et appliquées, Ser. 5, Bd. 5, S. 427—433; 1899.

16. Theorie funkce gamma. Věstník české akademie císaře Františka Josefa pro vědy, slovesnost a umění, Bd. 8, S. 308—324; 1899.

17. O některých konstantách z theorie harmonických řad. Rozpravy české akademie císaře Františka Josefa pro vědy, slovesnost a umění, 2. Kl., Bd. 8, No. 35, 9 S.; 1899.

18. Rychle konvergentní vyjádření některých limit. Rozpravy české akademie císaře Františka Josefa pro vědy, slovesnost u umění, 2. Kl., Bd. 8, No. 36, 9 S.; 1899.

19. Uwagi o równaniu Gaussa w teoryi funkcyi gamma. Prace matematyczno-fizyczne, Bd. 10, S. 1—7 und 269—270; 1899.

20. Sur les séries de Dirichlet. Comptes rendus hebdomadaires des séances de l'Académie des Sciences, Paris, Bd. 128, S. 1310—1311; 1899.

21. Sur la fonction $\zeta(s)$ pour les valeurs impaires de l'argument. Jornal de Sciencias Mathematicas e Astronomicas, Bd. 14, S. 65—69; 1901.

22. Sur la formule fondamentale de Dirichlet qui sert à déterminer le nombre des classes de formes quadratiques binaires définies. Comptes rendus hebdomadaires des séances de l'Académie des Sciences, Paris, Bd. 135, S. 1314—1315; 1902.

23. Sur le nombre des classes de formes quadratiques binaires d'un discriminant positif fondamental. Journal de Mathématiques pures et appliquées, Ser. 5, Bd. 9, S. 377—401; 1903.

24. De la fonction $\zeta(s)$. [Antwort auf Fragen 2712 und 2713 von Williot.] L'Intermédiaire des Mathématiciens, Bd. 11, S. 108—109; 1904.

25. Identité. [Antwort auf Frage 1069 von Rosace.] L'Intermédiaire des Mathématiciens, Bd. 14, S. 177—178; 1907.

26. Bemerkungen über eine Formel aus der Theorie der unvollständigen Gammafunktion und des Integrallogarithmus. Archiv der Mathematik und Physik, Ser. 3, Bd. 11, S. 42—51; 1907.

27. Sur une application de la théorie de la fonction $R(w, s)$
$= \sum\limits_{\nu=0}^{\infty} \dfrac{1}{(w+\nu)^s}$. Annaes Scientificos da Academia Polytechnica do Porto,
Bd. 2, S. 193—197; 1907.

Levi-Civita, T.

1. Di una espressione analitica atta a rappresentare il numero dei numeri primi compresi in un determinato intervallo. Atti della Reale Accademia dei Lincei. Rendiconti. Classe di scienze fisiche, matematiche e naturali, Ser. 5, Bd. 4, Sem. 1, S. 303—309; 1895.

Lévy, P.

1. Sur la densité des nombres premiers inférieurs à une grandeur donnée. Nouvelles Annales de Mathématiques, Ser. 4, Bd. 6, S. 385 bis 392; 1906.

Lewicki, W.

1. O miejscach zerowych funkcyi $\zeta(s)$. Wiadomości matematyczne, Bd. 8, S. 59—62; 1904.
2. Über die Nullpunkte der ζ-Funktion. Sammelschrift der mathematisch-naturwissenschaftlich-ärztlichen Section der Ševčenko-Gesellschaft der Wissenschaften in Lemberg, Bd. 10, No. 3, 3 S.; 1905. [Ruthenisch.]

Libri, G.

1. Mémoire sur la théorie des nombres. a) Journal für die reine und angewandte Mathematik, Bd. 9, S. 54—80, 169—188 und 261—276; 1832. b) Mémoires présentés par divers Savants à l'Académie Royale des Sciences de l'Institut de France, Bd. 5, S. 1—75; 1838.

Lietzmann, W.

1. Der Zusammenhang der Tschebyscheffschen Primzahltheorie mit der modernen analytischen Zahlentheorie. Mathematisch-naturwissenschaftliche Blätter, Bd. 4, S. 153—156, 188—190 und 201 bis 205; 1907.

Lindelöf, E.

1. Mémoire sur la théorie des fonctions entières de genre fini. Acta societatis scientiarum fennicae, Bd. 31, No. 1, 79 S.; 1903.
2. Quelques applications d'une formule sommatoire générale. Acta societatis scientiarum fennicae, Bd. 31, No. 3, 46 S.; 1903.
3. Sur une formule sommatoire générale. Acta Mathematica, Bd. 27, S. 305—311; 1903.
4. Le calcul des résidus et ses applications à la théorie des fonctions. Paris (Gauthier-Villars); 1905.

5. Quelques remarques sur la croissance de la fonction $\zeta(s)$. Bulletin des Sciences mathématiques, Ser. 2, Bd. 32, Teil 1, S. 341—356; 1908.

6. Mémoire sur certaines inégalités dans la théorie des fonctions monogènes et sur quelques propriétés nouvelles de ces fonctions dans le voisinage d'un point singulier essentiel. Acta societatis scientiarum fennicae, Bd. 35, No. 7, 35 S.; 1909.

Lionnet, F.-J.

1. Question 1075. Nouvelles Annales de Mathématiques, Ser. 2, Bd. 11, S. 190; 1872.

Liouville, J.

1. Sur l'expression $\varphi(n)$, qui marque combien la suite $1, 2, 3, \ldots, n$ contient de nombres premiers à n. Journal de Mathématiques pures et appliquées, Ser. 2, Bd. 2, S. 110—112; 1857.

2. Sur quelques fonctions numériques. Journal de Mathématiques pures et appliquées, Ser. 2, Bd. 2, S. 141—144, 244—248, 377—384 und 425—432; 1857.

3. Sur quelques séries et produits infinis. Journal de Mathématiques pures et appliquées, Ser. 2, Bd. 2, S. 433—440; 1857.

Lipschitz, R.

1. Untersuchung einer aus vier Elementen gebildeten Reihe. Journal für die reine und angewandte Mathematik, Bd. 54, S. 313—328; 1857.

2. Sur des séries relatives à la théorie des nombres. Comptes rendus hebdomadaires des séances de l'Académie des Sciences, Paris, Bd. 89, S. 948—950 und 985—987; 1879.

3. Sur une Communication de M. de Jonquières relative aux nombres premiers. Comptes rendus hebdomadaires des séances de l'Académie des Sciences, Paris, Bd. 95, S. 1344—1346 und Bd. 96, S. 58—61; 1882 und 1883.

4. Addition à une Note sur les nombres premiers. Comptes rendus hebdomadaires des séances de l'Académie des Sciences, Paris, Bd. 96, S. 114—115; 1883.

5. Application d'une méthode donnée par Legendre. Comptes rendus hebdomadaires des séances de l'Académie des Sciences, Paris, Bd. 96, S. 327—329; 1883.

6. Beiträge zur Kenntniss der Bernouillischen (sic!) Zahlen. Journal für die reine und angewandte Mathematik, Bd. 96, S. 1—16; 1884.

7. Untersuchungen der Eigenschaften einer Gattung von unendlichen Reihen. Journal für die reine und angewandte Mathematik, Bd. 105, S. 127—156; 1889.

8. Bemerkung zu dem Aufsatze: Untersuchung der Eigenschaften einer Gattung von unendlichen Reihen. Journal für die reine und angewandte Mathematik, Bd. 106, S. 27—29; 1890.

Littlewood, J. E.

1. On the Dirichlet Series and Asymptotic Expansions of Integral Functions of the Zero Order. Proceedings of the London Mathematical Society, Ser. 2, Bd. 7, S. 209—262; 1909.

Lorenz, L.

1. Om Primtalrækken. Tidsskrift for Mathematik, Ser. 4, Bd. 2, S. 1 bis 3; 1878.
2. Analytiske Undersøgelser over Primtalmængderne. Det Kongelige Danske Videnskabernes Selskabs Skrifter, naturvidenskabelig og mathematisk Afdeling, Ser. 6, Bd. 5, S. 427—450; 1889—1891.

Lucas, E.

1. Note sur l'application des séries récurrentes à la recherche de la loi de distribution des nombres premiers. Comptes rendus hebdomadaires des séances de l'Académie des Sciences, Paris, Bd. 82, S. 165—167; 1876.

Lugli, A.

1. Sul numero dei numeri primi da 1 ad n. Giornale di Matematiche, Bd. 26, S. 86—95; 1888.

Maillet, E.

1. Nombres entiers N jouissant de cette propriété que les $\varphi\,(N)$ nombres premiers à N et non supérieurs à N soient tous des nombres premiers. [Antwort auf Frage 1656 von de Rocquigny.] L'Intermédiaire des Mathématiciens, Bd. 7, S. 254; 1900.

Majol, E.-A.

1. Question 1814. L'Intermédiaire des Mathématiciens, Bd. 7, S. 122 bis 123; 1900.

Malmstén, C. J.

1. Specimen analyticum, theoremata quaedam nova de integralibus definitis, summatione serierum earumque in alias series transformatione exhibens. Dissertation, 84 S. Upsala; 1842.
2. De integralibus quibusdam definitis, seriebusque infinitis. Journal für die reine und angewandte Mathematik, Bd. 38, S. 1.—39; 1849.

Von Mangoldt, H.

1. Auszug aus einer Arbeit unter dem Titel: Zu Riemann's Abhandlung „Über die Anzahl der Primzahlen unter einer gegebenen Grösse". a) Sitzungsberichte der Königlich Preussischen Akademie der Wissenschaften zu Berlin, Jahrgang 1894, S. 883—896. b) Mathematische und naturwissenschaftliche Mittheilungen aus den Sitzungsberichten der Königlich Preussischen Akademie der Wissenschaften zu Berlin, Jahrgang 1894, S. 337—350.

2. Zu Riemanns Abhandlung „Ueber die Anzahl der Primzahlen unter einer gegebenen Grösse“. Journal für die reine und angewandte Mathematik, Bd. 114, S. 255—305; 1895.

3. Extrait d'un travail intitulé Sur le Mémoire de Riemann relatif au nombre des nombres premiers inférieurs à une grandeur donnée. [Übersetzung von 1, verfasst von L. Laugel.] Annales scientifiques de l'École Normale supérieure, Ser. 3, Bd. 13, S. 61—78; 1896.

4. Beweis der Gleichung $\sum\limits_{k=1}^{\infty}{}' \frac{\mu(k)}{k} = 0$. a) Sitzungsberichte der Königlich Preussischen Akademie der Wissenschaften zu Berlin, Jahrgang 1897, S. 835—852. b) Mathematische und naturwissenschaftliche Mittheilungen aus den Sitzungsberichten der Königlich Preussischen Akademie der Wissenschaften zu Berlin, Jahrgang 1897, S. 493—510.

5. Démonstration de l'équation $\sum\limits_{k=1}^{\infty}{}' \frac{\mu(k)}{k} = 0$. [Übersetzung von 4, verfasst von L. Laugel.] Annales scientifiques de l'École Normale supérieure, Ser. 3, Bd. 15, S. 431—454; 1898.

6. Ueber eine Anwendung der Riemannschen Formel für die Anzahl der Primzahlen unter einer gegebenen Grenze. Journal für die reine und angewandte Mathematik, Bd. 119, S. 65—71; 1898.

7. Zur Verteilung der Nullstellen der Riemannschen Funktion $\xi(t)$. Mathematische Annalen, Bd. 60, S. 1—19; 1905.

Mansion, P.

1. Démonstration simplifiée du théorème de Dirichlet sur la progression arithmétique; par Ch.-J. de la Vallée Poussin, professeur d'analyse à l'Université de Louvain. Rapport. Bulletin de l'Académie royale des Sciences, des Lettres et des Beaux-Arts de Belgique, Ser. 3, Bd. 31, S. 19—24; 1896.

2. Rapport sur la quatrième partie des Recherches analytiques sur la théorie des nombres premiers de M. Ch.-J. de Vallée Poussin. Annales de la Société scientifique de Bruxelles, Bd. 22, Teil 1, S. 1—3; 1898.

3. Sur la fonction $\zeta(s)$ de Riemann et le nombre des nombres premiers inférieurs à une limite donnée; par Ch.-J. de la Vallée Poussin. Rapport. Bulletin de l'Académie royale des Sciences, des Lettres et des Beaux-Arts de Belgique, Ser. 3, Bd. 36, S. 10—21; 1898.

Märcker, E. F.

1. Ueber Primzahlen. Journal für die reine und angewandte Mathematik, Bd. 20, S. 350—359; 1840.

Markoff, A. A.

1. Démonstration d'un théorème de Tchébychef. (Extrait des papiers laissés par l'auteur.) Comptes rendus hebdomadaires des séances de l'Académie des Sciences, Paris, Bd. 120, S. 1032—1034; 1895.
2. Über die Primteiler der Zahlen von der Form $1 + 4x^2$. Nachrichten der Kaiserlichen Akademie der Wissenschaften zu St. Petersburg, Ser. 5, Bd. 3, S. 55—58; 1895. [Russisch.]

Mathews, G. B.

1. Theory of numbers, Bd. 1. Cambridge (Deighton, Bell and Co.); 1892.

Meissel, E.

1. Observationes quaedam in theoria numerorum. a) Berlin (typis A. G. Haynii), 16 S.; 1850. b) Journal für die reine und angewandte Mathematik, Bd. 48, S. 301—316; 1854.
2. Beiträge zur Analysis der Zahlen. Programm der Realschule zu Iserlohn, S. 1—26; 1866.
3. Ueber die exacte Bestimmung der Primzahlenmenge innerhalb gegebener Grenzen. Bericht über die Provinzial-Gewerbeschule zu Iserlohn von Michaelis 1868 bis Michaelis 1869, S. 3—14; 1869.
4. Ueber die Bestimmung der Primzahlmenge innerhalb gegebener Grenzen. Mathematische Annalen, Bd. 2, S. 636—642; 1870.
5. Berechnung der Menge von Primzahlen, welche innerhalb der ersten Hundert Millionen natürlicher Zahlen vorkommen. Mathematische Annalen, Bd. 3, S. 523—525; 1871.
6. Ueber Primzahlmengen. Mathematische Annalen, Bd. 21, S. 304; 1883.
7. Über die relative Menge gewisser Formprimzahlen innerhalb beträchtlicher Zahlenräume. Jahres-Bericht über die Ober-Realschule in Kiel während des Schuljahres $18^{83}|_{84}$, S. 1—8; 1884.
8. Berechnung der Menge von Primzahlen, welche innerhalb der ersten Milliarde natürlicher Zahlen vorkommen. Mathematische Annalen, Bd. 25, S. 251—257; 1885.

Mellin, Hj.

1. Über eine Verallgemeinerung der Riemannschen Function $\zeta(s)$. Acta societatis scientiarum fennicae, Bd. 24, No. 10, 50 S.; 1899.
2. Eine Formel für den Logarithmus transcendenter Funktionen von endlichem Geschlecht. Acta societatis scientiarum fennicae, Bd. 29, No. 4, 50 S.; 1900.
3. Eine Formel für den Logarithmus transcendenter Functionen von endlichem Geschlecht. Acta Mathematica, Bd. 25, S. 165—183; 1902.
4. Die Dirichletschen Reihen, die zahlentheoretischen Funktionen und die unendlichen Produkte von endlichem Geschlecht. Acta societatis scientiarum fennicae, Bd. 31, No. 2, 48 S.; 1903.

5. Die Dirichlet'schen Reihen, die zahlentheoretischen Funktionen und die unendlichen Produkte von endlichem Geschlecht. Acta Mathematica, Bd. 28, S. 37 – 64; 1904.
6. Grundzüge einer einheitlichen Theorie der Gamma- und der hypergeometrischen Funktionen. Annales academiae scientiarum fennicae, Ser. A, Bd. 1, No. 3, 54 S.; 1909.

Merrifield, C. W.

1. Question 2536. The Educational Times and Journal of the College of Preceptors, Bd. 20, S. 208; 1868.
2. Solution of the question 2536. a) Mathematical questions with their solutions, reprinted from the "Educational Times", Ser. 1, Bd. 9, S. 85—86; 1868. b) The Educational Times and Journal of the College of Preceptors, Bd. 21, S. 43; 1869.
3. The Sums of the Series of Reciprocals of the Prime Numbers and of their Powers. Proceedings of the Royal Society of London, Bd. 33, S. 4—10; 1882.

Mertens, F.

1. Ueber einige asymptotische Gesetze der Zahlentheorie. Journal für die reine und angewandte Mathematik, Bd. 77, S. 289—338; 1874.
2. Ein Beitrag zur analytischen Zahlentheorie. Journal für die reine und angewandte Mathematik, Bd. 78, S. 46—62; 1874.
3. Ueber die Convergenz einer aus Primzahlpotenzen gebildeten unendlichen Reihe. Nachrichten von der Königlichen Gesellschaft der Wissenschaften und der Georg-Augusts-Universität zu Göttingen, Jahrgang 1887, S. 265—269.
4. Über Dirichlet'sche Reihen. Sitzungsberichte der kaiserlichen Akademie der Wissenschaften in Wien, mathematisch-naturwissenschaftliche Classe, Bd. 104, Abth. 2a, S. 1093—1153; 1895.
5. Über das Nichtverschwinden Dirichlet'scher Reihen mit reellen Gliedern. Sitzungsberichte der kaiserlichen Akademie der Wissenschaften in Wien, mathematisch-naturwissenschaftliche Classe, Bd. 104, Abth. 2a, S. 1158—1166; 1895.
6. Ueber Multiplication und Nichtverschwinden Dirichletscher Reihen. Journal für die reine und angewandte Mathematik, Bd. 117, S. 169—184; 1897.
7. Über Dirichlet's Beweis des Satzes, dass jede unbegrenzte ganzzahlige arithmetische Progression, deren Differenz zu ihren Gliedern theilerfremd ist, unendlich viele Primzahlen enthält. Sitzungsberichte der kaiserlichen Akademie der Wissenschaften in Wien, mathematisch-naturwissenschaftliche Classe, Bd. 106, Abth. 2a, S. 254—286; 1897.

8. Über eine zahlentheoretische Function. Sitzungsberichte der kaiserlichen Akademie der Wissenschaften in Wien, mathematisch-naturwissenschaftliche Classe, Bd. 106, Abth. 2a, S. 761—830; 1897.

9. Über eine Eigenschaft der Riemann'schen ζ-Function. Sitzungsberichte der kaiserlichen Akademie der Wissenschaften in Wien, mathematisch-naturwissenschaftliche Classe, Bd. 107, Abth. 2a, S. 1429—1434; 1898.

10. Eine asymptotische Aufgabe. Sitzungsberichte der kaiserlichen Akademie der Wissenschaften in Wien, mathematisch-naturwissenschaftliche Classe, Bd. 108, Abth. 2a, S. 32—37; 1899.

11. Beweis, dass jede lineare Function mit ganzen complexen theilerfremden Coëfficienten unendlich viele complexe Primzahlen darstellt. Sitzungsberichte der kaiserlichen Akademie der Wissenschaften in Wien, mathematisch-naturwissenschaftliche Classe, Bd. 108, Abth. 2a, S. 517—556; 1899.

12. Über einen Satz von Dirichlet. Sitzungsberichte der kaiserlichen Akademie der Wissenschaften in Wien, mathematisch-naturwissenschaftliche Classe, Bd. 109, Abth. 2a, S. 415—480; 1900.

13. Dowód, że każda funkcya liniowa o spółczynnikach całkowitych zespolonych i niespółdzielnych przedstawia nieskończenie wiele liczb pierwszych. [Übersetzung von 11.] Prace matematyczno-fizyczne, Bd. 11, S. 194—222; 1900.

Meyer, A.

1. Ueber einen Satz von Dirichlet. Journal für die reine und angewandte Mathematik, Bd. 103, S. 98—117; 1888.

Minin, A. P.

1. Reihe von Funktionen $(n + 1 - x)$ für die Entwickelung der Funktion $\Theta(n)$, welche die Anzahl der Primzahlen darstellt, welche nicht grösser als n sind. Arbeiten der physikalischen Sektion der Kaiserlichen Gesellschaft der Freunde der Naturkunde, Anthropologie und Ethnographie an der Kaiserlichen Universität zu Moskau, Bd. 9, Heft 2 S. 21; 1898. [Russisch.]

Möbius, A. F.

1. Über eine besondere Art von Umkehrung der Reihen. a) Journal für die reine und angewandte Mathematik, Bd. 9, S. 105—123; 1832. b) Gesammelte Werke, Bd. 4, S. 589—612; 1887.

Moreau, C.

1. Extrait d'une Lettre. Nouvelles Annales de Mathématiques, Ser. 2, Bd. 12, S. 322—324; 1873.

Moret, F.

1. Mémoire sur la théorie des nombres premiers considérés dans les progressions arithmétiques. Comptes rendus hebdomadaires des séances de l'Académie des Sciences, Paris, Bd. 56, S. 349 bis 350; 1863.

Moschcowitsch, A.

1. Über eine arithmetische Aufgabe. Bote der Experimentalphysik und elementaren Mathematik, Bd. 25, S. 270—279; 1901. [Russisch.]

Nielsen, N.

1. Theorie des Integrallogarithmus und verwandter Transzendenten. Leipzig (Teubner); 1906.
2. Sur la convergence uniforme d'une classe de séries infinies. Annali di Matematica pura ed applicata, Ser. 3, Bd. 15, S. 275—282; 1908.
3. Lehrbuch der unendlichen Reihen. Leipzig und Berlin (Teubner); 1909.
4. Note sur les intégrales d'Euler et de Weierstrass concernant la fonction gamma. Nieuw Archief voor Wiskunde, Ser. 2, Bd. 8, S. 315—325; 1909.

Olbers, W. und Bessel, F. W.

1. Briefwechsel zwischen W. Olbers und F. W. Bessel. Herausgegeben von A. Erman. Bd. 1. Leipzig (Avenarius und Mendelssohn); 1852.

Oppermann, L.

1. Om vor Kundskab om Primtallenes Mængde mellem givne Grændser. Oversigt over det Kongelige Danske Videnskabernes Selskabs Forhandlinger og dets Medlemmers Arbejder, Jahrgang 1882, S. 169 bis 179; 1882—1883.
2. Remarques sur notre connaissance des nombres premiers et de la loi de leur fréquence. Oversigt over det Kongelige Danske Videnskabernes Selskabs Forhandlinger og dets Medlemmers Arbejder, Jahrgang 1882, Résumé du Bulletin de l'Académie Royale Danoise des Sciences et des Lettres pour l'année 1882, S. 9—12; 1882—1883.

Paci, P.

1. Sul numero dei numeri primi inferiori ad un dato numero. Parma (Tipografia della Società fra gli Operai-tipografi), 10 S.; 1879.

Pascal, E.

1. Repertorio di matematiche superiori (definizioni, formole, teoremi, cenni bibliografici), Bd. 1. Mailand (Hoepli); 1898.

2. Repertorium der höheren Mathematik (Definitionen, Formeln, Theoreme, Literatur) [Übersetzung von 1, verfasst von A. Schepp], Bd. 1. Leipzig (Teubner); 1900.
3. Repertoryum matematyki wyższej [Übersetzung von 1, verfasst von S. Dickstein], Bd. 1. Warschau (Verlag der Redaktion der „Wiadomości matematyczne"); 1900.

Pellet, A.

1. Sur la fonction Γ et ses analogues. Comptes rendus hebdomadaires des séances de l'Académie des Sciences, Paris, Bd. 136, S. 1052—1053; 1903.
2. Sur un théorème de Lejeune-Dirichlet. Comptes rendus hebdomadaires des séances de l'Académie des Sciences, Paris, Bd. 136, S. 1235 bis 1236; 1903.
3. Question 3018. L'Intermédiaire des Mathématiciens, Bd. 13, S. 36; 1906.
4. Produit infini. [Antwort auf Frage 3018 von Pellet.] L'Intermédiaire des Mathématiciens, Bd. 13, S. 254—255; 1906.
5. Sur les fonctions ζ. Association Française pour l'avancement des sciences. Compte rendu de la 35e session (Lyon; 1906), Teil 2, S. 20 bis 25; 1907.
6. Identité. [Antwort auf Frage 1069 von Rosace.] L'Intermédiaire des Mathématiciens, Bd. 14, S. 175—177; 1907.
7. Sur les fonctions $\zeta(a, s)$. Association Française pour l'avancement des sciences. Compte rendu de la 37e session (Clermont-Ferrand; 1908), S. 31—32; 1909.

Perott, J.

1. Sur l'infinité de la suite des nombres premiers. Bulletin des Sciences mathématiques et astronomiques, Ser. 2, Bd. 5, Teil 1, S. 183 bis 184; 1881.
2. Remarque du sujet du théorème d'Euclide sur l'infinité du nombre des nombres premiers. American Journal of Mathematics, Bd. 11, S. 99—138 und Bd. 13, S. 235—308; 1889 und 1891.

Perron, O.

1. Zur Theorie der Dirichletschen Reihen. Journal für die reine und angewandte Mathematik, Bd. 134, S. 95—143; 1908.

Perwuschin, I. M.

1. Zahlentheoretische Aufgabe. Eine Formel für Primzahlen. Nachrichten der physiko-mathematischen Gesellschaft der Kaiserlichen Universität zu Kasan, Ser. 2, Bd. 1, Teil 2, S. 70—71; 1891. [Russisch.]
2. Les formules pour la détermination approximative des nombres premiers, de leur somme et de leur différence d'après le numéro de ces nombres. Nachrichten der physiko-mathematischen Gesellschaft der Kaiserlichen Universität zu Kasan, Ser. 2, Bd. 4, Teil 2, S. 94—96; 1894.

3. Formule pour la détermination approximative des nombres premiers, de leur somme et de leur différence d'après le numéro de ces nombres. Verhandlungen des ersten internationalen Mathematiker-Kongresses in Zürich vom 9. bis 11. August 1897, S. 166—167. Leipzig (Teubner); 1898.

Petersen, J.

1. Om Primtal. Tidsskrift for Mathematik, Ser. 4, Bd. 6, S. 138—143; 1882.
2. Mindre Meddelelser. Forhandlingerne ved de Skandinaviske Naturforskeres 14. Møde i Kjøbenhavn den 4—9. Juli 1892, S. 354—355. Kopenhagen; 1892.
3. Forelæsninger over Funktionsteori. Kopenhagen (Schønberg); 1895.
4. Vorlesungen über Funktionstheorie. [Übersetzung von 3.] Kopenhagen (Høst); 1898.

Pexider, J. V.

1. Anzahl der Primzahlen unter einer gegebenen Grenze. Mitteilungen der Naturforschenden Gesellschaft in Bern, Jahrgang 1906, S. 82—91; 1907.

Pfeiffer, E.

1. Über die Periodicität in der Teilbarkeit der Zahlen und über die Verteilung der Klassen positiver quadratischer Formen auf ihre Determinanten. Jahresbericht der Pfeiffer'schen Lehr- und Erziehungs-Anstalt zu Jena über das Schuljahr von Ostern 1885 bis Ostern 1886, S. 1—21; 1886.

Phragmén, E.

1. Sur le logarithme intégral et la fonction $f(x)$ de Riemann. Öfversigt af Kongl. Vetenskaps-Akademiens Förhandlingar, Stockholm, Bd. 48, S. 599—616; 1891—1892.
2. Über die Berechnung der einzelnen Glieder der Riemann'schen Primzahlformel. Öfversigt af Kongl. Vetenskaps-Akademiens Förhandlingar, Stockholm, Bd. 48, S. 721—744; 1891—1892.
3. Sur la distribution des nombres premiers. Comptes rendus hebdomadaires des séances de l'Académie des Sciences, Paris, Bd. 114, S. 337 bis 340; 1892.
4. Sur un théorème de Dirichlet. Öfversigt af Kongl. Vetenskaps-Akademiens Förhandlingar, Stockholm, Bd. 49, S. 199—206; 1892—1893.
5. Sur une loi de symétrie relative à certaines formules asymptotiques. Öfversigt af Kongl. Vetenskaps-Akademiens Förhandlingar, Stockholm, Bd. 58, S. 189—202; 1901—1902.

Piarron de Mondésir, É. S.

1. Sur les nombres premiers. Formules pour le calcul exact de la totalité des nombres premiers compris entre 0 et un nombre pair quelconque $2N$. Association Française pour l'avancement des sciences. Compte rendu de la 6e session (Le Havre; 1877), S. 79—92; 1878.

Piltz, A.

1. Ueber das Gesetz, nach welchem die mittlere Darstellbarkeit der natürlichen Zahlen als Produkte einer gegebenen Anzahl Faktoren mit der Grösse der Zahlen wächst. Inauguraldissertation, 31 S. Berlin; 1881.
2. Über die Häufigkeit der Primzahlen in arithmetischen Progressionen und über verwandte Gesetze. Habilitationsschrift, 48 S. Jena; 1884.
3. Ueber zahlentheoretische Interferenzerscheinungen. Sitzungsberichte der Jenaischen Gesellschaft für Medicin und Naturwissenschaft für das Jahr 1885 (Jenaische Zeitschrift für Naturwissenschaft, Bd. 19, Supplement), S. 42—43; 1885.
4. Eine Mittheilung aus der Zahlentheorie. Verhandlungen der Gesellschaft Deutscher Naturforscher und Ärzte, 64. Versammlung, Teil 2, S. 15—16; 1892.

Pincherle, S.

1. Sulle funzioni analitiche semplici (sunto). Rendiconto delle sessioni della R. Accademia delle Scienze dell'Istituto di Bologna, Ser. 2, Bd. 12, S. 47—48; 1908.
2. Alcune spigolature nel campo delle funzioni determinanti. Atti del IV Congresso Internazionale dei Matematici (Roma, 6—11 Aprile 1908), Bd. 2, S. 44—48. Rom (Tipografia della R. Accademia dei Lincei); 1909.

Poincaré, H.

1. Sur la distribution des nombres premiers. Comptes rendus hebdomadaires des séances de l'Académie des Sciences, Paris, Bd. 113, S. 819; 1891.
2. Extension aux nombres premiers complexes des théorèmes de M. Tchebicheff. Journal de Mathématiques pures et appliquées, Ser. 4, Bd. 8, S. 25—68; 1892.

De Polignac, A.

1. Recherches nouvelles sur les nombres premiers. Comptes rendus hebdomadaires des séances de l'Académie des Sciences, Paris, Bd. 29, S. 397—401; 1849.
2. Rectification à une précédente communication relative à la théorie des nombres. Comptes rendus hebdomadaires des séances de l'Académie des Sciences, Paris, Bd. 29, S. 738—739; 1849.
3. Recherches nouvelles sur les nombres premiers. Paris (Bachelier), 28 S.; 1851.
4. Nouvelles recherches sur les nombres premiers. Journal de Mathématiques pures et appliquées, Ser. 1, Bd. 19, S. 305—333; 1854.
5. Nouvelles recherches sur les nombres premiers. Comptes rendus hebdomadaires des séances de l'Académie des Sciences, Paris, Bd. 45, S. 406—410 und 431—434; 1857.

6. Recherches sur les nombres premiers. Comptes rendus hebdomadaires des séances de l'Académie des Sciences, Paris, Bd. 45, S. 575 bis 580; 1857.

7. Recherches nouvelles sur les nombres premiers. Comptes rendus hebdomadaires des séances de l'Académie des Sciences, Paris, Bd. 45, S. 882—886; 1857.

8. Sur quelques formules très-générales qui se présentent dans la théorie des nombres premiers. Mémoires de l'Académie Impériale des Sciences, Inscriptions et Belles-Lettres de Toulouse, Ser. 5, Bd. 1, S. 308—334; 1857.

9. Recherches nouvelles sur les nombres premiers. Comptes rendus hebdomadaires des séances de l'Académie des Sciences, Paris, Bd. 49, S. 350—352; 1859.

10. Nouvelles recherches sur les nombres premiers. Comptes rendus hebdomadaires des séances de l'Académie des Sciences, Paris, Bd. 49, S. 386—390; 1859.

11. Recherches sur les nombres premiers. Comptes rendus hebdomadaires des séances de l'Académie des Sciences, Paris, Bd. 49, S. 624—628 und 724—729; 1859.

12. Sur le nombre de nombres premiers d'une classe déterminée compris entre deux limites finies données. Comptes rendus hebdomadaires des séances de l'Académie des Sciences, Paris, Bd. 50, S. 575 bis 579; 1860.

13. Note sur les nombres premiers des différentes classes par rapport à la raison d'une progression arithmétique donnée. Comptes rendus hebdomadaires des séances de l'Académie des Sciences, Paris, Bd. 54, S. 158—159; 1862.

Poretzky, P. S.

1. Zur Lehre von den Primzahlen. Sitzungsberichte der Sektion der physikalisch-mathematischen Wissenschaften der Naturforschenden Gesellschaft an der Kaiserlichen Universität zu Kasan, Ser. 1, Bd. 6, S. 52 bis 142; 1888. [Russisch.]

Poukka, K. A.

1. Über die Cauchy'schen reziproken Funktionen und deren Anwendung auf die analytische Fortsetzung der Taylor'schen Reihe. Dissertation, 49 S. Helsingfors; 1907.

Preobrajensky, P. W.

1. Über die Anzahl der Primzahlen und zusammengesetzten Zahlen zwischen gegebenen Grenzen. Mathematische Sammlung, herausgegeben von der Mathematischen Gesellschaft in Moskau, Bd. 13, S. 707—738; 1888. [Russisch.]

2. Das Prinzip der Knotenpunkte. Sitzungsberichte der Sektion der physikalisch-mathematischen Wissenschaften der Naturforschenden Gesellschaft an der Kaiserlichen Universität zu Kasan, Ser. 1, Bd. 7, S. 5—41; 1889. [Russisch.]

3. Über ein merkwürdiges Maximum der Riemann'schen Funktion, welche die Anzahl der Primzahlen darstellt, welche nicht grösser als eine gegebene Grösse sind. Arbeiten der physikalischen Sektion der Kaiserlichen Gesellschaft der Freunde der Naturkunde, Anthropologie und Ethnographie an der Kaiserlichen Universität zu Moskau, Bd. 5, Heft 1, S. 27—28; 1892. [Russisch.]

Preyer, W.

1. Über den Ursprung des Zahlbegriffs aus dem Tonsinn und über das Wesen der Primzahlen. Hamburg und Leipzig (Voss), 36 S.; 1891.

Pringsheim, A.

1. Zur Theorie der Dirichlet'schen Reihen. Mathematische Annalen, Bd. 37, S. 38—60; 1890.

Remak, R.

1. Elementare Verallgemeinerung einer bekannten Eigenschaft der Zahl 30. Archiv der Mathematik und Physik, Ser. 3, Bd. 15, S. 186 bis 193; 1909.

Riemann, B.

1. Ueber die Anzahl der Primzahlen unter einer gegebenen Grösse. a) Monatsberichte der Königlichen Preussischen Akademie der Wissenschaften zu Berlin aus dem Jahre 1859, S. 671—680; 1860. b) Gesammelte mathematische Werke und wissenschaftlicher Nachlass, 1. Aufl., S. 136—144; 1876. c) Gesammelte mathematische Werke und wissenschaftlicher Nachlass, 2. Aufl., S. 145—155; 1892.

2. Sur le nombre des nombres premiers inférieurs à une grandeur donnée. [Übersetzung von 1, verfasst von L. Laugel.] a) Paris (Gauthier-Villars), 23 S.; 1895. b) Œuvres mathématiques, S. 165 bis 176; 1898.

Riesz, M.

1. Sur les séries de Dirichlet. Comptes rendus hebdomadaires des séances de l'Académie des Sciences, Paris, Bd. 148, S. 1658—1660; 1909.

2. Sur la sommation des séries de Dirichlet. Comptes rendus hebdomadaires des séances de l'Académie des Sciences, Paris, Bd. 149, S. 18 bis 21; 1909.

De Rocquigny, G.

1. Question 1656. L'Intermédiaire des Mathématiciens, Bd. 6, S. 243; 1899.

Rogel, F.

1. Die Bestimmung der Anzahl Primzahlen, welche nicht grösser als eine gegebene Zahl sind. Archiv der Mathematik und Physik, Ser. 2, Bd. 7, S. 381—388; 1889.
2. Zur Bestimmung der Anzahl Primzahlen unter gegebenen Grenzen. Mathematische Annalen, Bd. 36, S. 304—315; 1890.
3. Über Primzalmengen (sic!). Sitzungsberichte der königlich böhmischen Gesellschaft der Wissenschaften, mathematisch-naturwissenschaftliche Classe, Jahrgang 1895, No. 22, 11 S.
4. Entwicklungen einiger zahlentheoretischen Functionen in unendliche Reihen. Sitzungsberichte der königlich böhmischen Gesellschaft der Wissenschaften, mathematisch-naturwissenschaftliche Classe, Jahrgang 1897, No. 46, 26 S.
5. Transformationen arithmetischer Reihen. Sitzungsberichte der königlich böhmischen Gesellschaft der Wissenschaften, mathematisch-naturwissenschaftliche Classe, Jahrgang 1897, No. 51, 31 S.
6. Recursive Bestimmung der Anzahl Primzahlen unter gegebenen Grenzen. Sitzungsberichte der königlich böhmischen Gesellschaft der Wissenschaften, mathematisch-naturwissenschaftliche Classe, Jahrgang 1899, No. 22, 20 S.
7. Die Bestimmung der Anzal (sic!) der unter einer gegebenen Grenze liegenden Primzalen (sic!). Archiv der Mathematik und Physik, Ser. 2, Bd. 17, S. 225—237; 1900.

Rosace*).

1. Question 1069. L'Intermédiaire des Mathématiciens, Bd. 4, S. 122 und Bd. 14, S. 74—75; 1897 und 1907.

Von Schaper, H.

1. Ueber die Theorie der Hadamard'schen Funktionen und ihre Anwendung auf das Problem der Primzahlen. Inauguraldissertation, 68 S. Göttingen; 1898.

Schapira, H.

1. Cribrum algebraicum oder die cofunctionale Entstehung der Primzahlen. Jahresbericht der Deutschen Mathematiker-Vereinigung, Bd. 5, Heft 1, S. 69—72; 1901.

Schatunowsky, S.

1. Aufgabe No. 446. Bote der Experimentalphysik und elementaren Mathematik, Bd. 14, S. 65; 1893. [Russisch.]
2. Lösung der Aufgabe No. 446. Bote der Experimentalphysik und elementaren Mathematik, Bd. 15, S. 276—278; 1893. [Russisch.]

---

*) Pseudonym von E. Cesàro.

Scheffler, H.

1. Beleuchtung und Beweis eines Satzes aus Legendre's Zahlentheorie. Leipzig (Förster), 40 S.; 1893.

Scheibner, W.

1. Ueber die Anzahl der Primzahlen unter einer beliebigen Grenze. Zeitschrift für Mathematik und Physik, Bd. 5, S. 233 bis 252; 1860.
2. Über unendliche Reihen und deren Convergenz. Leipzig (Hirzel), 48 S.; 1860.

Schering, E.

1. Beweis des Dirichletschen Satzes, dass durch jede eigentlich primitive quadratische Form unendlich viele Primzahlen dargestellt werden. Gesammelte mathematische Werke, Bd. 2, S. 357—365; 1909.

Scherk, H. F.

1. Bemerkungen über die Bildung der Primzahlen aus einander Journal für die reine und angewandte Mathematik, Bd. 10, S. 201 bis 208; 1833.

Schlömilch, O.

1. Lehrsatz. Archiv der Mathematik und Physik, Ser. 1, Bd. 12, S. 415; 1849.
2. Ueber eine Eigenschaft gewisser Reihen. Zeitschrift für Mathematik und Physik, Bd. 3, S. 130—132; 1858.
3. Ueber die Summen von Potenzen der reciproken natürlichen Zahlen. a) Berichte über die Verhandlungen der Königlich Sächsischen Gesellschaft der Wissenschaften zu Leipzig, mathematisch-physische Classe, Bd. 29, S. 106—109; 1877. b) Zeitschrift für Mathematik und Physik, Bd. 23, S. 135—137; 1878.
4. Ueber einen zahlentheoretischen Satz von Legendre. Zeitschrift für Mathematik und Physik, Bd. 40, S. 125; 1895.

Schmidt, E.

1. Über die Anzahl der Primzahlen unter gegebener Grenze. Mathematische Annalen, Bd. 57, S. 195—204; 1903.

Schnee, W.

1. Über irreguläre Potenzreihen und Dirichletsche Reihen. I. Teil. Inauguraldissertation, 80 S. Berlin; 1908.
2. Zum Konvergenzproblem der Dirichletschen Reihen. Mathematische Annalen, Bd. 66, S. 337—349; 1909.
3. Über Dirichlet'sche Reihen. Rendiconti del Circolo Matematico di Palermo, Bd. 27, S. 87—116; 1909.

Schönbaum, E.

1. Několik kapitol z nauky o číslech. Časopis pro pěstování mathematiky a fysiky, Bd. 34, S. 265—300; 1905.

Schröder, E.

1. Eine Verallgemeinerung der Mac-Laurin'schen Summenformel nebst Beiträgen zur Kenntniss der Bernoulli'schen Function. Programm der Kantonsschule in Zürich, 28 S.; 1867.

Serret, J.-A.

1. Note sur un théorème de la théorie des nombres. Journal de Mathématiques pures et appliquées, Ser. 1, Bd. 17, S. 186—189; 1852.
2. Cours d'algèbre supérieure. a) 2. Aufl. Paris (Mallet-Bachelier); 1854. b) 3. Aufl., Bd. 2. Paris (Gauthier-Villars); 1866. c) 4. Aufl., Bd. 2. Paris (Gauthier-Villars); 1879. d) 5. Aufl., Bd. 2. Paris (Gauthier-Villars); 1885.
3. Handbuch der höheren Algebra, Bd. 2. [Übersetzung von **2** b) und **2** c), verfasst von G. Wertheim.] Leipzig (Teubner). a) 1. Aufl.; 1868. b) 2. Aufl.; 1879.

Sierpiński, W.

1. O pewnem zagadnieniu z rachunku funkcyj asymptotycznych. Prace matematyczno-fizyczne, Bd. 17, S. 77—118; 1906.
2. O sumowaniu szeregu $\sum\limits_{n>a}^{n\leqq b} \tau(n)f(n)$, gdzie $\tau(n)$ oznacza liczbę rozkładów liczby n na sumę kwadratów dwóch liczb całkowitych. Prace matematyczno-fizyczne, Bd. 18, S. 1—59; 1907.
3. O rozkładach liczb całkowitych na różnicę dwóch kwadratów. Wiadomości matematyczne, Bd. 11, Supplement, S. 89—110; 1907.

Sludsky, T. A.

1. Note über die Anzahl und die Form der Primzahlen. Mathematische Sammlung, herausgegeben von der Mathematischen Gesellschaft in Moskau, Bd. 3, Teil 1, S. 214—216; 1868. [Russisch.]

Smith, H. J. S.

1. On the History of the Researches of Mathematicians on the subject of the series of Prime numbers. a) Proceedings of the Ashmolean Society, Bd. 3, S. 128—131; 1857. b) Collected Mathematical Papers, Bd. 1, S. 35—37; 1894.
2. On the Present State and Prospects of some Branches of Pure Mathematics. Proceedings of the London Mathematical Society, Ser. 1, Bd. 8, S. 6—29; 1876—1877.

Speckmann, G.

1. Beiträge zur Zahlenlehre. Oldenburg (Eschen und Fasting), 64 S.; 1893.
2. Beweis des Satzes, dass jede unbegrenzte arithmetische Reihe, in welcher das Anfangsglied zur Differenz relativ prim ist, unendlich viele Primzahlen enthält. Archiv der Mathematik und Physik, Ser. 2, Bd. 12, S. 439—441; 1894.
3. Zum Beweise des Satzes, dass jede unbegrenzte arithmetische Reihe, in welcher das Anfangsglied zur Differenz relativ prim ist, unendlich viele Primzahlen enthält. Archiv der Mathematik und Physik, Ser. 2, Bd. 15, S. 326—328; 1897.
4. Ueber Primzahlen. Archiv der Mathematik und Physik, Ser. 2, Bd. 16, S. 335—336; 1898.
5. Ueber die Anzahl der Primzahlen innerhalb einer bestimmten Grenze. Archiv der Mathematik und Physik, Ser. 2, Bd. 16, S. 447; 1898.
6. Ueber Primzahlmengen. Archiv der Mathematik und Physik, Ser. 2, Bd. 16, S. 447—448; 1898.
7. Formeln für Primzahlen. Archiv der Mathematik und Physik, Ser. 2, Bd. 16, S. 448; 1898.
8. Ueber Primzahlen. Archiv der Mathematik und Physik, Ser. 2, Bd. 17, S. 119—120; 1900.
9. Ueber arithmetische Reihen, worin Anfangsglied und Differenz teilerfemd sind. Archiv der Mathematik und Physik, Ser. 2, Bd. 17, S. 121—122; 1900.

Stäckel, P.

1. Ueber Goldbachs empirisches Theorem: Jede grade Zahl kann als Summe von zwei Primzahlen dargestellt werden. Nachrichten der Königlichen Gesellschaft der Wissenschaften zu Göttingen, mathematisch-physikalische Klasse, Jahrgang 1896, S. 292—299.

Stadigh, V. E. E.

1. Ein Satz über Funktionen, die algebraische Differentialgleichungen befriedigen, und über die Eigenschaft der Funktion $\zeta(s)$ keiner solchen Gleichung zu genügen. Dissertation, 46 S. Helsingfors; 1902.

Stanewitsch, W. I.

1. Sur un théorème arithmétique de M. Poincaré. Comptes rendus hebdomadaires des séances de l'Académie des Sciences, Paris, Bd. 114, S. 109—112; 1892.
2. Über die Note von Poincaré, welche in den Comptes rendus, 14. XII, 1891, t. 113 gedruckt ist und die Verteilung der Primzahlen behandelt. Sitzungsberichte der Mathematischen Gesellschaft zu St. Petersburg, Jahre 1890—1899, S. 20; 1899. [Russisch.]

3. Über Primzahlen von der Form $4m + 1$ und $4m - 1$. Sammlung des Instituts Kaiser Alexander I der Ingenieure für Verkehrswege, Bd. 50, S. 433—439; 1899. [Russisch.]

Von Sterneck, R. Daublebsky.

1. Über einige specielle zahlentheoretische Functionen. Monatshefte für Mathematik und Physik, Bd. 7, S. 37—48; 1896.
2. Empirische Untersuchung über den Verlauf der zahlentheoretischen Function $\sigma(n) = \sum_{x=1}^{x=n} \mu(x)$ im Intervalle von 0 bis 150000. Sitzungsberichte der kaiserlichen Akademie der Wissenschaften in Wien, mathematisch-naturwissenschaftliche Classe, Bd. 106, Abth. 2a, S. 835—1024; 1897.
3. Bemerkung über die Summierung einiger zahlentheoretischen Functionen. Monatshefte für Mathematik und Physik, Bd. 9, S. 43 bis 45; 1898.
4. Zur Tschebyschef'schen Primzahlentheorie. Sitzungsberichte der kaiserlichen Akademie der Wissenschaften in Wien, mathematisch-naturwissenschaftliche Classe, Bd. 109, Abth. 2a, S. 1137—1158; 1900.
5. Empirische Untersuchung über den Verlauf der zahlentheoretischen Function $\sigma(n) = \sum_{x=1}^{x=n} \mu(x)$ im Intervalle von 150000 bis 500000. Sitzungsberichte der kaiserlichen Akademie der Wissenschaften in Wien, mathematisch-naturwissenschaftliche Classe, Bd. 110, Abth. 2a, S. 1053—1102; 1901.

Stieltjes, T. J.

1. Sur une fonction uniforme. Comptes rendus hebdomadaires des séances de l'Académie des Sciences, Paris, Bd. 101, S. 153—154; 1885.
2. Sur une loi asymptotique dans la théorie des nombres. Comptes rendus hebdomadaires des séances de l'Académie des Sciences, Paris, Bd. 101, S. 368—370; 1885.
3. Note sur la multiplication de deux séries. Nouvelles Annales de Mathématiques, Ser. 3, Bd. 6, S. 210—215; 1887.
4. Siehe unter Hermite.

Størmer, C.

1. Une application d'un théorème de Tchebycheff. Archiv for Mathematik og Naturvidenskab, Bd. 24, No. 5, 26 S.; 1902.

Studnička, F. J.

1. Poznámka o číslech sudých. Časopis pro pěstování mathematiky a fysiky, Bd. 26, S. 207—208; 1897.

Sylvester, J. J.

1. On the partition of an even number into two primes. a) The Messenger of Mathematics, Ser. 2, Bd. 1, S. 127—128; 1872. b) Proceedings of the London Mathematical Society, Ser. 1, Bd. 4, S. 4—6; 1871—1873. c) The collected mathematical papers, Bd. 2, S. 709 bis 711; 1908.
2. On the theorem that an arithmetical progression which contains more than one, contains an infinite number of prime numbers. a) The Messenger of Mathematics, Ser. 2, Bd. 1, S. 143—144; 1872. b) Proceedings of the London Mathematical Society, Ser. 1, Bd. 4, S. 6—8; 1871—1873. c) The collected mathematical papers, Bd. 2, S. 712—713; 1908.
3. On Tchebycheff's Theorem of the Totality of Prime Numbers comprised within given Limits. American Journal of Mathematics, Bd. 4, S. 230—247; 1881.
4. Note sur le théorème de Legendre cité dans une Note insérée dans les Comptes rendus. Comptes rendus hebdomadaires des séances de l'Académie des Sciences, Paris, Bd. 96, S. 463—465; 1883.
5. On certain Inequalities relating to Prime Numbers. Nature, Bd. 38, S. 259—262; 1888.
6. Preuve élémentaire du théorème de Dirichlet sur les progressions arithmétiques dans le cas où la raison est 8 ou 12. Comptes rendus hebdomadaires des séances de l'Académie des Sciences, Paris, Bd. 106, S. 1278—1281 und 1385—1386; 1888.
7. Sur certains cas du théorème de Dirichlet regardant les séries arithmétiques. Association Française pour l'avancement des sciences. Compte rendu de la 17e session (Oran; 1888), Teil 2, S. 118—120; 1888.
8. On arithmetical series. The Messenger of Mathematics, Ser. 2, Bd. 21, S. 1—19 und 87—120; 1892.
9. On the Goldbach-Euler Theorem regarding Prime Numbers. Nature, Bd. 55, S. 196—197; 1896—1897.
10. On the Goldbach-Euler Theorem concerning Primes. Nature, Bd. 55, S. 269; 1896—1897.

Teege, H.

1. Beweis, dass die unendliche Reihe $\sum_{n=1}^{n=\infty} \left(\frac{P}{n}\right) \frac{1}{n}$ einen positiven von Null verschiedenen Wert hat. Mittheilungen der Mathematischen Gesellschaft in Hamburg, Bd. 4, Heft 1, S. 1—11; 1901.

Thomas, K.

1. Das System der absoluten Primzahlen. Nebst nothgedrungener Abwehr. Rudolstadt (Hofbuchdruckerei), 24 S.; 1860.

Thue, A.

1. Mindre meddelelser. I. Archiv for Mathematik og Naturvidenskab, Bd. 16, S. 255—265; 1893.
2. Mindre meddelelser. II. Archiv for Mathematik og Naturvidenskab, Bd. 19, No. 4, 27 S.; 1897.

Tonelli, L.

1. Sulle serie di Dirichlet. Atti della Reale Accademia dei Lincei. Rendiconti. Classe di scienze fisiche, matematiche e naturali, Ser. 5, Bd. 18, Sem. 1, S. 233—338; 1909.

Torelli, G.

1. Sulla totalità dei numeri primi fino a un limite assegnato. Atti della Reale Accademia delle Scienze Fisiche e Matematiche, Napoli, Ser. 2, Bd. 11, No. 1, 222 S.; 1902.
2. Sur quelques théorèmes de M. Poincaré sur les idéaux premiers. Rendiconti del Circolo Matematico di Palermo, Bd. 16, S. 100—103; 1902.
3. Nuove formole per calcolare la totalità dei numeri primi non superiori a un limite assegnato, contenuti nella serie naturale, o in una progressione aritmetica. Rendiconto dell'Accademia delle Scienze Fisiche et Matematiche, Napoli, Ser. 3, Bd. 10, S. 350—362; 1904.
4. Nuove formole per calcolare la totalità dei numeri primi non superiori a un limite assegnato, contenuti nella serie naturale, o in una progressione aritmetica. Nota II. Rendiconto dell'Accademia delle Scienze Fisiche e Matematiche, Napoli, Ser. 3, Bd. 11, S. 101 bis 109; 1905.

Tschebyschef, P.

1. Theorie der Kongruenzen. St. Petersburg. a) 1. Aufl. (Druck der Kaiserlichen Akademie der Wissenschaften); 1849. b) 2. Aufl. (Verlag der Gesellschaft zur Unterstützung von Studenten der St. Petersburger Universität); 1879. c) 3. Aufl. (Verlag der Gesellschaft zur Unterstützung von Studenten der St. Petersburger Universität); 1901. [Russisch.]
2. a) Sur la fonction qui détermine la totalité des nombres premiers inférieurs à une limite donnée. Mémoires présentés à l'Académie Impériale des Sciences de St.-Pétersbourg par divers Savants et lus dans ses Assemblées, Bd. 6, S. 141—157; 1851. b) Sur la totalité des nombres premiers inférieurs à une limite donnée. Journal de Mathématiques pures et appliquées, Ser. 1, Bd. 17, S. 341—365; 1852. c) Sur la fonction qui détermine la totalité des nombres premiers inférieurs à une limite donnée. Œuvres*), Bd. 1, S. 27 bis 48; 1899.

---

*) Die gleichzeitig mit der französischen erschienene russische Ausgabe der Werke enthält in russischer Übersetzung die Abhandlungen **2, 3, 4, 5, 6** und **7**, sowie alle daraus zitierten Stellen mit denselben Seitenzahlen wie die französische Ausgabe.

3. Note sur différentes séries. a) Journal de Mathématiques pures et appliquées, Ser. 1, Bd. 16, S. 337—346; 1851. b) Œuvres, Bd. 1, S. 97 bis 108; 1899.

4. Mémoire sur les nombres premiers. a) Journal de Mathématiques pures et appliquées, Ser. 1, Bd. 17, S. 366—390; 1852. b) Mémoires présentés à l'Académie Impériale des Sciences de St.-Pétersbourg par divers Savants et lus dans ses Assemblées, Bd. 7, S. 15—33; 1854. c) Œuvres, Bd. 1, S. 49—70; 1899.

5. Lettre de M. le professeur Tchébychev à M. Fuss, sur un nouveau théorème relatif aux nombres premiers contenus dans les formes $4n + 1$ et $4n + 3$. a) Bulletin de la Classe physico-mathématique de l'Académie Impériale des Sciences, St. Petersburg Bd. 11, S. 208; 1853. b) Œuvres, Bd. 1, S. 697—698; 1899.

6. Sur une transformation de séries numériques. a) Nouvelle Correspondance mathématique, Bd. 4, S. 305—308; 1878. b) Œuvres, Bd. 2, S. 705—707; 1907.

7. Sur les sommes composées des coefficients des séries à termes positifs. a) Acta Mathematica, Bd. 9, S. 182—184; 1887. b) Œuvres, Bd. 2, S. 733—735; 1907.

8. Teoria delle congruenze. [Übersetzung von 1, verfasst von I. Massarini.] Rom (Loescher); 1895.

Tuxen, C.

1. Bidrag til Læren om Primtallene. Tidsskrift for Mathematik, Ser. 4, Bd. 5, S. 16—25; 1881.

Vahlen, K. Th.

1. Untersuchungen über Linearformen, welche unendlich viele Primzahlen enthalten. Schriften der physikalisch-ökonomischen Gesellschaft zu Königsberg in Pr., Bd. 38, Sitzungsberichte, S. 47; 1897.

Valle, G.

1. Sulla totalità dei numeri primi compresi fra due limiti dati. Memorie della Pontificia Accademia dei Nuovi Lincei, Bd. 14, S. 143 bis 161; 1898.

De la Vallée Poussin, Ch.

1. Démonstration simplifiée du théorème de Dirichlet sur la progression arithmétique. Mémoires couronnés et autres mémoires publiés par l'Académie royale des Sciences, des Lettres et des Beaux-Arts de Belgique, Bd. 53, No. 6, 32 S.; 1895—1896.

2. Recherches analytiques sur la théorie des nombres premiers. Première partie: La fonction $\zeta(s)$ de Riemann et les nombres premiers en général. Deuxième partie: Les fonctions de Dirichlet et les nombres premiers de la forme linéaire $Mx + N$.

Troisième partie: Les formes quadratiques de déterminant négatif. Annales de la Société scientifique de Bruxelles, Bd. 20, Teil 2, S. 183—256 und 281—397; 1896.

3. Résumé de la deuxième et de la troisième partie du Mémoire intitulé: Recherches analytiques sur la théorie des nombres premiers. Annales de la Société scientifique de Bruxelles, Bd. 21, Teil 1, S. 1—13; 1897.

4. Résumé de la quatrième partie de ses Recherches analytiques sur la théorie des nombres premiers. Annales de la Société scientifique de Bruxelles, Bd. 21, Teil 1, S. 60—72; 1897.

5. Recherches analytiques sur la théorie des nombres premiers. Quatrième partie: Les nombres premiers représentables par une forme quadratique de déterminant positif. Cinquième partie: Nombres premiers représentables simultanément par une forme linéaire et une forme quadratique. Annales de la Société scientifique de Bruxelles, Bd. 21, Teil 2, S. 251—368; 1897.

6. Recherches analytiques sur la théorie des nombres premiers. Compte rendu du quatrième Congrès scientifique international des catholiques tenu à Fribourg (Suisse) du 16 au 20 août 1897. Septième section. Sciences mathématiques et naturelles. Fribourg (Œuvre de Saint-Paul), S. 101—102; 1898.

7. Sur les valeurs moyennes de certaines fonctions arithmétiques. Annales de la Société scientifique de Bruxelles, Bd. 22, Teil 1, S. 84 bis 90; 1898.

8. Sur la théorie des nombres premiers. Verhandlungen des ersten internationalen Mathematiker-Kongresses in Zürich vom 9. bis 11. August 1897, S. 194—195. Leipzig (Teubner); 1898.

9. Sur la fonction $\zeta(s)$ de Riemann et le nombre des nombres premiers inférieurs à une limite donnée. Memoires couronnés et autres mémoires publiés par l'Académie royale des Sciences, des Lettres et des Beaux-Arts de Belgique, Bd. 59, No. 1, 74 S.; 1899—1900.

Vandiver, H. S.

1. Siehe unter Birkhoff.

Varisco, D.

1. Sui numeri primi. Jesi (Rocchetti), 16 S.; 1886.

Vecchi, M.

1. Sulla funzione $\zeta(s)$ di Riemann. Paris (Hermann). I. Carattere analitico della funzione $\zeta(s)$, 23 S.; 1899. II. Gli zeri della funzione $\zeta(s)$, 12 S.; 1899. III. Il problema della distribuzione dei numeri primi, 14 S.; 1900.

Von Vieth, C. J.

1. Anwendungen einer vielfach komplexen Grösse auf die Zahlentheorie. Inauguraldissertation, 50 S. Leipzig; 1893.

Vollprecht, H.

1. Ueber die Bestimmung der Anzahl der Primzahlen bis zu einer gegebenen Zahl N mit Hilfe der Primzahlen, welche kleiner als $\sqrt{N}$ sind. Zeitschrift für Mathematik und Physik, Bd. 40, S. 118—123; 1895.

Voronoï, G.

1. Sur un problème du calcul des fonctions asymptotiques. Journal für die reine und angewandte Mathematik, Bd. 126, S. 241 bis 282; 1903.

Wallner, C. R.

1. Die Verteilung der Primzahlen nach neuen Gesichtspunkten behandelt. Inauguraldissertation, 53 S. München; 1905.

Weber, H.

1. Beweis des Satzes, dass jede eigentlich primitive quadratische Form unendlich viele Primzahlen darzustellen fähig ist. Mathematische Annalen, Bd. 20, S. 301—329; 1882.
2. Ueber einen in der Zahlentheorie angewandten Satz der Integralrechnung. Nachrichten der Königlichen Gesellschaft der Wissenschaften zu Göttingen, mathematisch-physikalische Klasse, Jahrgang 1896, S. 275—281.
3. Ueber Zahlengruppen in algebraischen Körpern. Mathematische Annalen, Bd. 48, S. 433—473; 1897.
4. Ueber Zahlengruppen in algebraischen Körpern. (Zweite Abhandlung.) Mathematische Annalen, Bd. 49, S. 83—100; 1897.
5. Ueber Zahlengruppen in algebraischen Körpern. Dritte Abhandlung. Anwendung auf die complexen Multiplicationen und Theilung der elliptischen Functionen. Mathematische Annalen, Bd. 50, S. 1—26; 1898.
6. Lehrbuch der Algebra, Bd. 2. Braunschweig (Vieweg). a) 1. Aufl.; 1896. b) 2. Aufl.; 1899.
7. Über komplexe Primzahlen in Linearformen. Journal für die reine und angewandte Mathematik, Bd. 129, S. 35—62; 1905.

Wendt, E.

1. Elementarer Beweis des Satzes, dass in jeder unbegrenzten arithmetischen Progression $my+1$ unendlich viele Primzahlen vorkommen. Journal für die reine und angewandte Mathematik, Bd. 115, S. 85—88; 1895.

Wertheim, G.

1. Elemente der Zahlentheorie. Leipzig (Teubner); 1887.
2. Anfangsgründe der Zahlenlehre. Braunschweig (Vieweg); 1902.

Weyr, Ed.

1. Důkaz, že počet čísel kmenných je nekonečně velký. Časopis pro pěstování mathematiky a fysiky, Bd. 11, S. 53—54; 1882.

Wigert, S.

1. Remarque sur le nombre des nombres premiers inférieurs à une quantité donnée. Öfversigt af Kongl. Vetenskaps-Akademiens Förhandlingar, Stockholm, Bd. 52, S. 341—347; 1895—1896.
2. Sur l'ordre de grandeur du nombre des diviseurs d'un entier. Arkiv för matematik, astronomi och fysik, Bd. 3, No. 18, 9 S.;1906—1907.
3. Sur un théorème de la théorie des fonctions analytiques. Arkiv för matematik, astronomi och fysik, Bd. 5, No. 8, 10 S.; 1909.

Williot, V.

1. Études sur les nombres premiers. Première Partie. La voie de Riemann. Paris (Hermann), 39 S.; 1903.
2. Question 2712. L'Intermédiaire des Mathématiciens, Bd. 11, S. 5—6; 1904.
3. Question 2713. L'Intermédiaire des Mathématiciens, Bd. 11, S. 6—7; 1904.
4. Convergence de la série $\sum\limits_{n=1}^{\infty} \dfrac{\mu(n)}{n^s}$ pour $s > \dfrac{1}{2}$. [Antwort auf Frage 641 von Couturier.] L'Intermédiaire des Mathématiciens, Bd. 11, S. 12 bis 14; 1904.
5. Question 3116. L'Intermédiaire des Mathématiciens, Bd. 13, S. 258; 1906.

Wirtinger, W.

1. Einige Anwendungen der Euler-Maclaurin'schen Summenformel, insbesondere auf eine Aufgabe von Abel. Acta Mathematica, Bd. 26, S. 255—271; 1902.
2. Über eine besondere Dirichletsche Reihe. Journal für die reine und angewandte Mathematik, Bd. 129, S. 214—219; 1905.

Wolfskehl, P.

1. Nombres entiers N jouissant de cette propriété que les $\varphi(N)$ nombres premiers à N et non supérieurs à N soient tous des nombres premiers. [Antwort auf Frage 1656 von de Rocquigny.] L'Intermédiaire des Mathématiciens, Bd. 7, S. 254; 1900.

2. Ueber eine Aufgabe der elementaren Arithmetik. Mathematische Annalen, Bd. 54, S. 503—504; 1901.

Zignago, J.

1. Intorno ad un teorema di aritmetica. Annali di Matematica pura ed applicata, Ser. 2, Bd. 21, S. 47—55; 1893.

Zsigmondy, K.

1. Zur Theorie der Potenzreste. Monatshefte für Mathematik und Physik, Bd. 3, S. 265—284; 1892.
2. Über einige allgemein giltige, additiv gebildete Kriterien für Primzahlen. Monatshefte für Mathematik und Physik, Bd. 5, S. 123—128; 1894.

Druck von B. G. Teubner in Leipzig.